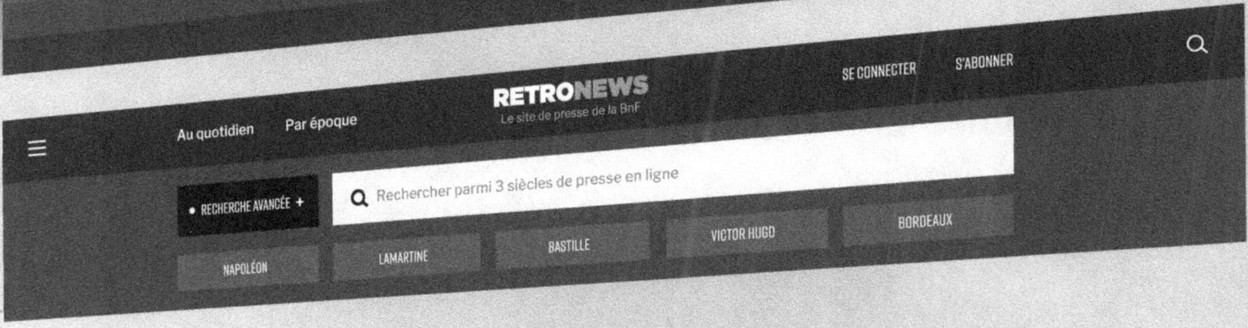

ARCHIVES

DES

DÉCOUVERTES

ET

DES INVENTIONS NOUVELLES.

On trouve aux mêmes adresses :

Archives des Découvertes et des Inventions nouvelles faites pendant les années 1809, 1810, 1811, 1812, 1813, 1814, 1815, 1816, 1817, 1818, 1819, 1820, 1821, 1822, 1823, 1824 et 1825, à raison de 7 fr. le volume. . . . . 119 fr.

ARCHIVES
DES
DÉCOUVERTES
ET
DES INVENTIONS NOUVELLES,

Faites dans les Sciences, les Arts et les Manufactures, tant en France que dans les Pays étrangers,

PENDANT L'ANNÉE 1826;

Avec l'indication succincte des principaux produits de l'Industrie française; la liste des Brevets d'invention, de perfectionnement et d'importation accordés par le Gouvernement pendant la même année, et des Notices sur les Prix proposés ou décernés par différentes Sociétés savantes, françaises et étrangères, pour l'encouragement des Sciences et des Arts.

PARIS,

Chez TREUTTEL et WÜRTZ, rue de Bourbon, n° 17;
ET MÊME MAISON DE COMMERCE,
A STRASBOURG, rue des Serruriers, n° 30;
A LONDRES, 30, Soho Square.

M. DCCC. XXVII.

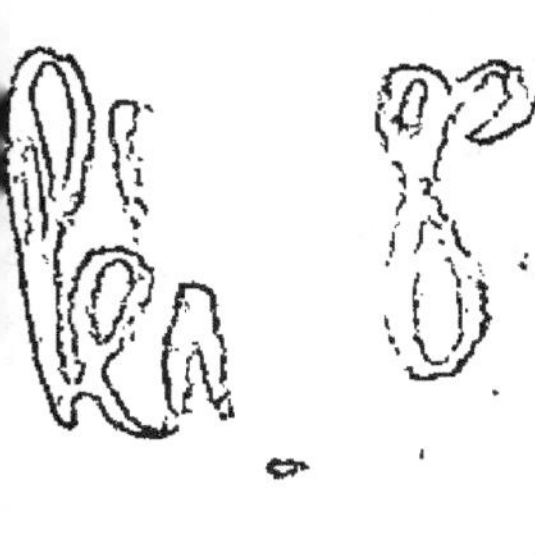

ARCHIVES
DES DÉCOUVERTES
ET
DES INVENTIONS NOUVELLES.

PREMIÈRE SECTION.
SCIENCES.

I. SCIENCES NATURELLES.

GÉOLOGIE.

Géologie des côtes de la Nouvelle-Hollande; par M. le capitaine King.

La côte nord-est de la Nouvelle-Hollande, vue de la mer, est en général montagneuse jusqu'au cap Weymouth, entre les deuxième et troisième degrés de latitude sud, et il existe en particulier une chaîne de hautes montagnes de plus de 150 milles, qui commence à environ 25° de latitude, et se prolonge dans une direction à peu près parallèle à la côte, sans interruption. L'aspect de cette chaîne de montagnes et de différens autres groupes est irrégulier, et ressemble aux montagnes primitives; les sommets en aiguilles sont aussi très nombreux sur le continent et les îles adjacentes. Le mont Dryander, une des principales montagnes, a près de 4,500 pieds de haut; sa latitude est environ 20° 12′; le mont Hinchinbroke, dont la latitude est de 8° 22′, a plus de 2,000 pieds de haut, et plusieurs autres montagnes sont d'une élévation considérable.

On a trouvé sur cette côte, dans une étendue de 500 milles et dans des lieux séparés, du granit, et des roches de formation trappéenne dans plusieurs des îles voisines.

A la latitude de 14° la ligne de la côte se trouve rejetée d'environ 40 milles à l'ouest de sa première direction, et vers le même point, l'élévation de la côte diminue. Vers le cap York, le point le plus au nord de la Nouvelle-Hollande, la hauteur moyenne des terres n'est pas de plus de 4 à 500 pieds.

Les bords du golfe de Carpentaria sont très peu élevés et très uniformes. La roche sur le bord de la rivière Coen est un grès calcaire d'une formation récente. A l'ouest, les bords du golfe sont plus élevés et plus inégaux, et les échantillons de roches qu'on y a trouvés consistent en granit et en roches primitives schisteuses, sur lesquels reposent un grès quartzeux et un conglomérat dont les caractères sont identiques avec les roches qu'on trouve en abondance plus loin, à l'ouest, sur les bords septentrionaux et sur la côte au nord-ouest, et aussi avec les grès et les conglomérats les plus anciens de l'Europe. Le klingstein et plusieurs autres roches trappéennes se trouvent aussi dans les îles voisines.

Le continent de la côte septentrionale entre le 135ᵉ degré de longitude jusqu'à l'île Melville, située au 131ᵉ degré, est en général peu élevé, et coupé par les deux rivières Liverpool et Alligator.

Le golfe de Cambridge est un des points les plus remarquables de la côte de la Nouvelle-Hollande; il est situé au nord-ouest. Sa longitude est environ 121°, et sa latitude 15. Ce golfe s'avance de plus de 60 milles dans les terres, entre des montagnes de 150 et de 400 pieds de haut; dont les sommets sont composés d'un grès d'une teinte rougeâtre.

La côte au nord-ouest est très irrégulièrement découpée, et la mer qui la baigne est parsemée d'îles nombreuses, dont les formes, aussi-bien que celles des montagnes du continent voisin, sont remarquables par leurs sommets plats. En deux endroits différens, on a trouvé l'épidote en quantité considérable, cristallisée en veines, et aussi compacte, formant une partie d'un conglomérat et amygdaloïde. La rivière du Prince-Régent, la principale sur cette côte, a un cours de plus de 60 milles, et ses bords sont composés de grès.

La côte occidentale est couverte, en plusieurs endroits, de sable, auquel sont associées, dans quelques cas, des couches et des masses d'une brèche arénacée très récente, qui abonde en coquilles cimentées par la chaux carbonatée. Cette formation, qui est particulièrement remarquable dans les îles et sur les bords adjacens de Sharks-Bay, est analogue à celle qui se présente en Sicile, à Nice, et dans quelques autres endroits des bords de la Méditerranée.

Dans la Nouvelle-Hollande, cette brèche consiste principalement en sable cimenté par de la chaux carbonatée stalagmitique et tufacée, et contenant des fragmens angulaires de la même nature, mais préalablement réunis et brisés, avec un grand nombre de coquilles et de fragmens de coquilles qui ressemblent beaucoup à celles qui se trouvent dans les mers voisines. L'époque de sa formation paraît être plus récente que celle des couches qui composent les bassins de Paris et de Londres, mais antérieure au gravier diluvien. Les concrétions calcaires de la Nouvelle-Hollande ont souvent une apparence qui les fait prendre pour des coraux et des branches d'arbres pétrifiés. (*Extrait d'un Mémoire lu par M.* KING, *à la Société Géologique de Londres.*)

Hauteur comparative des différentes chaînes de montagnes du globe; par M. DE HUMBOLDT.

En comparant les sommets les plus élevés des montagnes de l'Europe, de l'Amérique et de l'Asie, on trouve qu'ils sont comme les nombres 10, 14, 18, 24.

En comparant la hauteur moyenne des crêtes, on trouve que dans presque toutes les chaînes elle est à celle des sommets comme 1 est à 1 $\frac{8}{10}$, ou comme 1 à 2. Dans les Pyrénées, la différence est beaucoup moindre, et même la hauteur moyenne de la crête des Hautes-Pyrénées est supérieure à celle des Hautes-Alpes, tandis que les sommets de la première chaîne sont loin d'atteindre ceux de la seconde. La proportion de la crête aux sommets n'est donc, dans les Pyrénées, que dans la proportion de 1 à 1 $\frac{1}{2}$.

La hauteur moyenne des continens au-dessus du niveau des mers est limitée entre 120 et 160 mètres.

La chaîne de l'Himalaya ne diffère pas moins de celle des Andes par son élévation que par la nature minéralogique de ses masses. L'une des cimes de l'Himalaya, le pic de *Jawahir*, surpasse de 676 toises le sommet le plus élevé des Andes; et il en existe un autre, nommé *Dhawalagiri*, ou Montblanc, qui atteint la hauteur prodigieuse de 4,390 toises.

Dans les Andes dominent les porphyres ou les trachytes, et les phonolites du terrain basaltique, toutes roches qui paraissent soulevées ou altérées pa le feu. On les voit percer dans un point seulement les roches appelées communément *primitives*. Celles-ci dominent au contraire dans l'Himalaya; il se compose de granits, de gneiss, de micaschiste, avec disthène et de ces amphibolites qu'on désigne ordinairement sous le nom de *grunstein primitif*. Les environs du lac Mahasarowar et du glacier des sources du Gange y offrent une ressemblance frappante avec la constitution géognostique des Alpes, aux environs du Saint-Gothard.

Les neiges perpétuelles commencent sur le Chimborazo, à 2,460 toises; mais sur la pente boréale de l'Himalaya, elles ne commencent qu'à 140 toises plus haut, circonstance qui tient au rayonnement de la chaleur des plateaux élevés de l'Asie. (*Analyse des travaux de l'Académie des Sciences pour* 1825.)

Forme et climat du plateau de la presqu'île Ibérique; par LE MÊME.

Le plateau de l'Espagne forme une étendue de 4,200 milles carrés géographiques, et a toujours une hauteur de 2,200 pieds, ce qui est un fait unique en Europe. Madrid est à 340 toises au-dessus de la mer. Au sud de Valence, il y a des rochers d'un calcaire semblable à celui de Tarragone, Oropesa et la Manche. Des nagelfluh couvrent ce calcaire au col de Ballaguer. La Sierra de Santa-Anna a 73 et 78 toises d'élévation, et offre du calcaire et un dépôt argilo gypseux et salifère, comme celui de Villa-Rubia et de la Manche. Le calcaire présente un aspect singulier au contact des amas gypseux. A Venta de Moxente, à 165 toises, les couches calcaires sont dérangées. Au Monte-Puerto de Almansa, qui a 373 toises de hauteur, on arrive au plateau qui s'étend de la Manche au royaume de Léon. La plaine a l'air d'un fond de mer, et sur elle s'élèvent les coteaux d'El Ronete (474 toises), où le calcaire supporte un grès siliceux et ferrugineux. A Minaya, le calcaire devient très poreux et semblable au calcaire jurassique. A Pedernosa (359 toises), il y a des cailloux siliceux et calcédoniques, provenant d'un dépôt calcaire analogue à celui de Vallecas, près de Madrid. Autour de Toboso, un grès couvre le calcaire; il alterne avec des nagelfluh, et contient de gros rognons de quartz, à cause du voisinage du granit de Tolède. En deçà d'Ocana, dans la vallée du Tage, il y a de petites buttes calcaires. Autour d'Aranjuez, à 258 toises, tous les coteaux sont composés d'argile à sélénites et avec des couches calcaires.

Dans la vallée, un nagelfluh calcaire couvre le calcaire. A Villa-Rubia, la formation gypseuse contient du sel moins pur que celui de Cardona et de Mingranilla, près Cabriel, dans la Manche. Madrid est bâti en partie sur du gypse et une argile muriatifère. A l'Escurial, à 541 toises, et à Guadarama, 500 toises, il y a du granit amphibolique qui forme la chaîne entre les deux Castilles. D'Ataguinas à Astorga, il y a une plaine de 30 milles. A Villalpando, à 320 toises, un grès couvre le calcaire jurassique. A Lonora, il y a du gneiss. A Puerto-Manzanal, à 567 toises, on trouve une chaîne de grauwacke, de 5 milles de large; dans la vallée de Villafranca, du schiste argileux à fer micacé. Venta del Pagador de Castro, à 480 toises, est situé sur la pente sud d'une chaîne de micaschiste s'élevant à 580 toises, et contenant des couches de calcaire compacte ou grenu à trilobites. Au sud de los Nogales, à 225 toises, il y a sur le micaschiste de la dolomie. Entre Sobrado et Luzo, à 209 toises, le micaschiste se trouve au milieu de granits grossiers, et se décomposant en boules; le gneiss et le micaschiste alternent ensuite jusqu'à Vamonde. La pente vers Betanzos et la Corogne est un plateau granitique, dans les anfractuosités duquel paraît du micaschiste. On sait que le granit de la Galice est stannifère. (*Herta*, 1re année, vol. 4.)

Histoire physique des Antilles; par M. Moreau de Jonnès.

L'auteur présume que la base première de toutes les îles Antilles, est le prolongement d'une grande chaîne primitive qui, après s'être détachée de la chaîne des Andes et avoir traversé, dans la direction du nord-est, le nord de l'Amérique méridionale, s'est abaissée sous l'Océan, en se contournant d'abord vers le nord, puis vers le nord-ouest. A la vérité, aucune partie de cette chaîne primitive ne se montre à découvert dans la moitié la plus méridionale de cet archipel ou dans les Antilles proprement dites; mais on l'observe vers le nord dans ces grandes îles désignées sous le nom de *Grandes-Antilles*.

Sur cette base de roches primitives sous-marines, dans la partie de l'Océan où sont les Antilles proprement dites, se sont déposées, à une époque extrêmement reculée, antérieure à celles de beaucoup d'anciennes formations sous-marines, des masses que l'auteur regarde comme sous-marines, et qui paraissent analogues à ces dépôts connus en Amérique et ailleurs, dans les terrains de transition et de grès rouge, et auxquels plusieurs géologues célèbres attribuent une origine ignée. Une partie seulement de ce vaste dépôt volcanique ancien s'élève au-dessus de la surface de la mer.

Postérieurement, ce sol volcanique a été recouvert

par un dépôt calcaire très solide, ayant en quelques points plus de 1,000 pieds d'épaisseur, renfermant des coquillages appartenant à des espèces et des genres qu'on ne connaît plus aujourd'hui dans ces mers. On ne peut donc rapporter ce dépôt qu'à un des terrains calcaires anciens. Dans toute la ligne des Antilles proprement dites, il constitue le sol des îles les plus écartées vers l'orient et une partie du sol de quelques autres.

Ce terrain calcaire, après sa consolidation et à une époque plus récente, fut recouvert par différens dépôts successifs, en général très peu épais, même dans leur ensemble, d'un autre calcaire renfermant un grand nombre de coquillages et autres corps marins analogues à ceux qui vivent encore aujourd'hui dans l'Océan.

Enfin, des éruptions volcaniques ont eu lieu sur divers points de la même ligne où existaient déjà quelques îles calcaires, ou plutôt un peu plus à l'ouest de cette ligne; leurs déjections forment de nouvelles îles beaucoup plus élevées que les premières, et c'est dans ces îles nouvelles que se trouvent les volcans qu'on voit souvent brûler de nos jours, et ces solfatares qui indiquent une extinction encore incomplète; ces éruptions ont précédé une partie des dépôts successifs des seconds terrains calcaires.

Ainsi, dans l'archipel des Antilles proprement dites, il y a des *îles calcaires* et des *îles volcaniques;* les premières sont sur toute la ligne, les plus avancées du côté de l'ancien continent, et les autres, au contraire, les plus reculées du côté du golfe du Mexique; et il est très remarquable qu'à la Guadeloupe, qui n'est qu'une réunion de deux îles à peine séparées, la plus orientale est calcaire, et la plus occidentale volcanique. (*Le Globe*, 5 janvier 1826.)

Origine des îles de Corail; par M. ESCHENHOLZ.

Les îles basses de la mer du Sud et de l'Océan indien doivent le plus souvent leur origine aux opérations de diverses espèces de coralligènes. Leur situation par rapport les unes aux autres, leur forme générale circulaire et leur non-existence dans d'autres parties des mêmes océans, nous portent à conclure que les coraux ont établi leurs édifices sur des bancs en pleine mer, ou, pour parler plus correctement, sur les sommets des montagnes sous-marines. D'une part, par leur accroissement, ils s'élèvent vers le niveau de la surface de la mer; de l'autre, ils augmentent sans cesse l'étendue de leur propre travail. La plus grande espèce de corail, qui forme des blocs de plusieurs toises de diamètre, semble préférer les plus violens ressacs du bord extérieur du récif, et c'est par les obstacles apportés à la continuation de la vie, au milieu de la largeur de l'écueil, par l'amas des coquilles abandonnées par leurs animaux et par les fragmens de coraux, qu'on trouve une raison probable de l'élévation du bord extérieur du récif au niveau de la surface. Aussitôt qu'il a atteint cette hauteur et qu'il demeure presque à sec à marée basse, et pendant le reflux, les coraux cessent de bâtir et s'arrêtent à cette élévation ; des coquilles marines, des fragmens de coraux, des oursins, dont les pointes brisées sont réunies par un soleil brûlant au milieu d'un sable calcaire sédimenteux qui résulte de la pulvérisation des coquilles mentionnées, forment un tout ou une pierre solide, qui, sans cesse augmentée par de nouveaux matériaux, acquiert un plus grand volume, jusqu'à ce qu'enfin son élévation est telle que de grandes marées de certaines saisons de l'année peuvent seules la recouvrir. La chaleur du soleil pénètre ainsi la masse de pierre, qui est si desséchée, qu'elle se fend en plusieurs endroits et se réduit en fragmens. Ceux-ci sont séparés et roulés les uns sur les autres à l'époque des grandes marées. Le ressac, agissant sans cesse, rejette des blocs de corail ordinairement d'une brasse de longueur et de 3 ou 4 pieds d'épaisseur, et des tests d'animaux marins entre et sous les pierres fondamentales. Par suite le sable calcaire s'étend sans obstacle, et reçoit les semences des arbres et des plantes que les flots y apportent, auxquelles il présente un sol sur lequel elles végètent avec vigueur et ombragent leur surface d'une blancheur éblouissante. Des troncs d'arbres entiers que les courans des rivières ont transportés des contrées et des îles lointaines, s'y arrêtent après avoir longtemps flotté au hasard, et s'y décomposent. Sur ces débris flottans arrivent sur ces terres, pour en former les premiers habitans, des petits animaux, tels que des lézards et des insectes, même avant que les arbrisseaux puissent former des bois. Les oiseaux de mer viennent nicher, et des oiseaux terrestres égarés trouvent un asile dans les buissons. Enfin, à une époque plus avancée, lorsque le travail s'est consolidé avec maturité, l'homme vient aussi y porter ses pas. Il bâtit sa hutte sur un sol fertile que la décomposition du feuillage a formé, et s'arroge lui-même le droit de propriété comme maître de cette nouvelle création.

Nous venons de voir de quelle manière le bord extérieur de l'édifice coralligène sous-marin s'élevait graduellement jusqu'au niveau de la mer, et comment ce récif acquérait successivement les qualités de terre. L'île, par cela même, affecte nécessairement la forme circulaire et renferme un lac dans son milieu. Ce lac est toutefois non complétement fermé et alimenté par la mer ; les remparts extérieurs consistent en un grand nombre d'îles plus petites, qui sont séparées les unes des autres par des espaces plus ou moins grands. Le nombre de ces îlots, dans les plus grandes îles de corail, monte jusqu'à soixante, et entre eux la profondeur n'est point assez grande pour que le récif dessèche à basse mer. Cette mer intérieure a généralement dans le milieu une profondeur de 30 à 35 brasses ; mais, sur les bords qui avoisinent la terre, la profondeur décroît graduellement. Dans ces mers où règnent des moussons constantes les vagues ne défilent que sur un des côtés du récif ou de l'île ; et il est naturel que cette partie, exposée à toute la furie des vagues, soit principalement formée de blocs de corail brisés et de fragmens de coquilles, et s'élève davantage au-dessus de l'élément d'où elle est sortie. Mais jusqu'ici la formation de ces îles et leur nature ne peuvent être présentées avec certitude.

Le côté sous le vent de quelques récifs de coraux, dans l'Océan pacifique, qui est soumis aux vents périodiques, souvent n'est point encore sorti de dessous la surface de l'eau, tandis que le côté opposé est déjà dans son état de perfection dans la région atmosphérique. Le récif premier est même coupé en plusieurs endroits par des espaces plus ou moins larges, de la même profondeur que la mer intérieure, qui semblent avoir été laissés par la nature comme des portes ouvertes pour que le navigateur pût trouver dans leur intérieur un port sûr et paisible.

Dans leur forme extérieure les îles de corail ne se ressemblent point les unes et les autres, mais l'étendue de chacune d'elles dépend probablement du développement des sommets sous-marins sur lesquels reposent leurs bases. Celles de ces îles qui sont plus longues que larges, et qui sont opposées dans leur plus grande étendue aux vents et aux vagues, sont plus productives que celles dont la situation n'est pas si bien adaptée pour une formation prompte. Dans les grandes chaînes d'îles il y a toujours quelques îlots isolés qui ont l'apparence d'une terre haute. Ceux-ci, occupant le sommet d'un angle avancé en mer, sont exposés aux vagues des deux côtés, et par cela même presque entièrement formés de larges blocs de corail privé du plus petit fragment de coquilles et de sable de corail placé dans les intervalles. Ils ne sont nullement adaptés pour servir de support aux plantes qui demandent une certaine profondeur, et seulement ils fournissent une base aux arbres élevés munis de racines fibreuses qui donnent à ces îles, vues à une certaine distance, et toujours très petites, la forme montagneuse. Les plages intérieures de ces îles sur lesquelles la mer vint déferler sont composées de sable fin que la marée montante y apporte. Entre les petites îles, et même dans le milieu de la mer intérieure, on trouve des espèces plus grêles de corail qui recherchent une situation abritée, et qui élèvent avec le temps, quoiqu'avec lenteur, des bancs jusqu'au niveau de la mer, qui s'accroissent successivement, et à la longue remplissent le lagon intérieur, de manière que primitivement une rangée d'îles finit par former une terre continue. Lés îles ainsi formées retiennent dans leur milieu une surface unie, qui est toujours plus basse que l'enceinte qui les entoure sur les bords. Parmi les particularités de ces îles, on doit noter que nulle rosée n'apparaît au soir, qu'elles n'occasionnent point d'orages, et que par conséquent les vents n'ont point de prise sur leur surface uniforme. Cette position sur des îles basses expose parfois les habitans à de grands dangers lorsque les vagues viennent se briser sur leurs bords (*Voyage de découvertes de* KOTZEBUE, t. 3.)

Sur les sources d'huile de pétrole et les volcans de l'Inde.

Il existe près du village de Memboo, dans le pays

des Birmans, un enfoncement circulaire d'environ 400 pieds de diamètre, vers le centre duquel est un étang d'huile de pétrole, dont, en dix ou douze endroits, les eaux bouillonnent avec une force considérable. Le diamètre de l'étang est d'environ 35 pieds, et d'une profondeur immense, ou plutôt inconnue. Tout à l'entour se trouvent rangées, comme en un cercle, un certain nombre de petites ouvertures d'où suinte aussi l'huile de pétrole. Un nombre égal de sources d'eau salée s'entremêle à ces ouvertures, dont elles ne sont séparées que par des espaces de quelques pieds de terre ferme.

A 40 pieds du nord du principal puits, et au centre de l'enfoncement, est une autre fontaine d'huile de pétrole d'une moindre étendue, mais que l'on suppose être tout aussi profonde que l'autre, et, comme celle-ci, entourée de plusieurs ouvertures plus petites, d'où coule des unes, de l'huile de pétrole, et des autres, de l'eau salée.

A environ 500 verges au sud-ouest de ces sources, on rencontre une douzaine de petits volcans, dont le plus grand nombre jettent non de la lave rouge et brûlante, mais un peu de terre liquide bleuâtre qui, se séchant en tombant sur les flancs du cône, en accroît insensiblement les dimensions.

Ces volcans ont chacun 20 à 25 pieds de hauteur, et un cratère du diamètre de 8 à 10 pieds, auquel le cône doit évidemment son élévation au-dessus du niveau de la plaine, en ce qu'il paraît se composer entièrement de la matière rejetée. Indépendamment de cette matière terreuse, laquelle conserve sa couleur en se séchant, sans retenir sensiblement aucun goût ou odeur, chaque cratère vomit six fois par minute, des bouffées d'un gaz semblable à une fumée légère, éruption précédée d'un grondement sourd et d'une espèce de mouvement convulsif du cône. Les cratères en activité sont remplis jusqu'au bord d'une matière liquide, qui parfois s'affaisse de quelques pouces; ils ont l'aspect d'un entonnoir de 10 à 12 pieds de profondeur, se terminant au fond par une ouverture de quelques pouces.

Le sol environnant est fortement imprégné de sel; en lavant la terre et en faisant évaporer l'eau tirée des sources on obtient un sel pur. Les étangs, soit d'huile de pétrole, soit d'eau salée, sont presque de niveau avec la surface du terrain, et leur eau n'est pas sensiblement plus chaude que l'eau de la rivière voisine. On tire de ces étangs un peu d'huile de pétrole, dont on se sert dans la construction des bateaux. Il n'existe aucune végétation quelconque dans ces lieux. (*London and Paris Observer*, décembre 1825.)

Volcan existant à Owhyee, l'une des îles Sandwich, dans la mer du Sud.

M. William Ellis, missionnaire, a parcouru une grande étendue volcanique de cette île parsemée de montagnes et d'abîmes brûlans. Le cratère de Kirauca lui apparut tout à coup. Nous nous trouvâmes, dit-il, sur la crête d'un précipice à pic et en face d'une plaine de 15 à 16 milles de circonférence, affaissée de 2 à 400 pieds au-dessous de son ancien niveau. La surface de cette plaine était inégale et parsemée d'énormes pierres et de roches volcaniques. Vers son centre, et à la distance d'un mille et demi, on apercevait le grand cratère. Arrivés sur son bord, un spectacle à la fois sublime et effrayant s'offrit à nos regards. Devant nous se développait en forme de croissant un gouffre d'environ 2 milles de longueur, du nord-est au sud-ouest, sur près d'un mille de largeur et 800 pieds de profondeur. Vers le milieu le fond du volcan était rempli de laves en liquéfaction; au sud-ouest et au nord, il présentait l'aspect d'une vaste mer de matière enflammée dans un terrible état d'ébullition, et dont les vagues s'entrechoquaient et se brisaient avec violence; cinquante et un monticules coniques de différentes formes et dimensions, et pourvus chacun d'un cratère, surgissaient tant des environs que du fond du gouffre; vingt-deux petits cratères vomissaient constamment d'épaisses colonnes d'une fumée noire entremêlée d'une flamme brillante; et, en même temps, quelques uns de ces volcans secondaires jetaient des torrens de laves, qui, s'écoulant de leurs flancs déchirés, allaient se perdre dans cette mer de matière enflammée.

Les parois intérieures du gouffre, quoique composées de différentes couches d'anciennes laves, s'élevaient d'un vaste lit horizontal de lave solide et noire, d'une largeur irrégulière, mais qui s'étendait dans tout le pourtour du croissant. Au-dessous de cette couche, les parois, changeant de direction, allaient graduellement en pente vers le fond du volcan, lequel s'entr'ouvrait à une distance de 3 à 400 pieds. Ces parois grisâtres, et, dans certains endroits, en apparence, calcinées, du grand cratère; les crevasses qui entrecoupaient la plaine; ces longs bancs de soufre qu'on apercevait de l'autre côté du goufre; la vigoureuse activité de cette multitude de volcans secondaires; ces épaisses colonnes de vapeurs et de fumée qui s'élevaient aux extrémités septentrionale et méridionale de la plaine, et enfin cette chaîne de rochers qui la ceignaient de tous côtés, et qui, dans certains endroits, s'élevaient à pic, à une hauteur de 3 à 400 pieds; ces divers aspects, réunis sous un même point de vue, offraient à l'œil un immense panorama volcanique, dont l'effet pittoresque et imposant s'augmentait encore du grondement continuel qui partait du foyer de ces divers volcans. (*Philosoph. Magazine*, mars 1826.)

Sur le Porphyre de Toplitz en Bohême; par M. DE NAUMANN.

Le Mittelgebirge, près Toplitz, est entièrement et exclusivement formé de basalte et de klingstein; on n'y reconnaît aucune autre espèce de roches volcaniques. Au pied de ces montagnes se présente, à Toplitz, un porphyre feldspathique rouge, qui semble former l'extrémité d'un rameau porphyrique non interrompu d'Altenberg à Toplitz; c'est de ce porphyre que sortent les célèbres sources d'eau thermale de

Toplitz ; elles amènent au jour des fragmens, non seulement de porphyre, mais encore de quartz, de basalte, de granit et de gneiss. Une formation de calcaire marneux, stratifié horizontalement, se montre autour du porphyre, sur lequel ses couches s'appuient, de manière à indiquer dans quelques localités que, d'abord horizontales, elles sont devenues inclinées par suite du soulèvement des buttes porphyriques ; ailleurs, au contraire, que le soulèvement du terrain inférieur les a brisées sans déranger la position de celles qui sont restées. Dans le voisinage des points de contact ce porphyre est traversé de nombreux filons de silex corné ou *hornstein*, qui renferment des fragmens de porphyre, tandis que des fragmens de hornstein se montrent aussi dans le porphyre de leurs parois. Ces filons pénètrent du porphyre dans le calcaire, où ils entrent jusqu'à 6 et 8 pieds de profondeur, en changeant quelquefois de nature, de manière à devenir, soit un vrai silex pyromaque, soit une marne plus ou moins siliceuse ; mais, dans ces différens cas, ils renferment toujours des fossiles, semblables à ceux du terrain calcaire. Quelquefois un singulier mélange de porphyre, de hornstein et de calcaire silicifère, forme, entre le porphyre et le calcaire, une sorte de croûte d'aspect presque scorifié. Ailleurs et souvent, de minces veinules de spath pesant se montrent dans le porphyre près de la jonction des deux roches. Il paraît que les deux terrains ont été en même temps dans un état de mollesse ou de fluidité, igné pour l'un, aqueux pour l'autre, dont la simultanéité et le contact ont seuls pu produire les circonstances singulières qu'il signale.

La montagne du Schlossberg, près Toplitz, est basaltique dans sa partie inférieure ; mais le cône du sommet, dont les pentes sont plus roides, et qui s'élève beaucoup plus haut que tout ce qui l'entoure, est formé en entier de klingstein, stratifié en couches minces, lesquelles présentent de tous côtés une inclinaison semblable à la pente de la montagne, tandis qu'au sommet du cône elles se montrent horizontales. Cette sorte de structure en cloche paraît indiquer d'une manière suffisante la formation de la montagne. (*Leonhard's Zeitschrift fur Mineralogie*, octobre 1825.)

Existence des Dolomies à Cette, département de l'Hérault ; par M. Marcel de Serres.

L'auteur a reconnu que le massif inférieur sur lequel repose le calcaire jurassique de la montagne de Cette, dans le même lieu où existent des brèches osseuses, est en entier composé de dolomies grises, ou doubles carbonates de chaux et magnésie. Ces dolomies, à aspect cristallin, sont souvent traversées par de petites veinules calcaires rouges et blanches ; elles sont plus denses que le calcaire jurassique, qui leur est supérieur, et beaucoup plus dures même que le marbre, quoique moins tenaces ; aussi sont-elles exploitées avec plus d'avantage pour la jetée que l'on construit au-devant du port de Cette.

Les brèches osseuses qui ont coulé jusque dans les

fentes de ces dolomies, sont beaucoup plus riches en ossemens fossiles que les plus supérieures, mais elles y ont moins de solidité; la formation de ces brèches est totalement indépendante de celle des dolomies; ces dernières ne contiennent aucun débris de corps organisés. (*Nouveau Bulletin de la Soc. philomatique*, octobre 1825.)

Gisement des minerais de zinc en Angleterre; par M. DUFRESNOY.

Les minerais de zinc présentent, en Angleterre, deux gisemens différens, 1°. en filons, dans le calcaire de transition le plus moderne, désigné en Angleterre sous les noms de *calcaire métallifère*, ou de *calcaire des montagnes*, ou même de *calcaire carbonifère*, à cause de sa liaison avec le terrain houiller qui le recouvre. La calamine et la blende accompagnent le plus souvent les nombreux filons de galène qui traversent ce terrain en Cumberland, en Derbyshire, en Flintshire, etc. Quelquefois, comme à Matlock, les filons ne contiennent que de la calamine. A Holywell, la calamine ne se trouve que dans celles des ramifications du riche filon plombifère de cette localité, qui vont de l'est à l'ouest, tandis que la blende se trouve indifféremment dans toutes les directions.

2°. Dans le calcaire magnésien des Anglais, la calamine se présente en petits filons contemporains, qui courent dans toutes les directions et semblent former des réseaux; elle y est accompagnée de galène, rarement assez abondante pour être exploitée. Les exploitations des gites de calamine de ce genre sont principalement situées sur les flancs de la chaîne de Mendip-Hill. (*Annales des Mines*, 1825, 3e livr.)

Marbre fossile ou élastique; par M. Dewey.

L'auteur vient de découvrir de grandes carrières de marbre fossile, à New-Ashford, dans le Berkshire, où il a pu s'en procurer des plaques de 5 à 6 pieds de long sur 7 pouces de largeur. La couleur est variable du blanc avec une teinte rosâtre, au gris, et à la couleur gorge de pigeon. Son grain est tantôt fin, tantôt grossièrement granuleux, à texture lâche. Il n'est pas rare de voir une des extrémités d'un grand bloc, flexible, et l'autre ne l'être pas; le poli en est beau, et paraît être un carbonate de chaux sans magnésie.

Dolomieu attribuait la flexibilité de cette espèce de marbre au desséchement. Fleuriau de Bellevue assure qu'un marbre non élastique le devient par cette même circonstance; néanmoins, le marbre du Berkshire perd de sa flexibilité en se desséchant. Cette propriété tient sans doute à la même cause que dans les autres corps denses. (*Amer. Journ. of Science*, juin 1825.)

Apparence de Bois fossile sur la côte du comté de Norfolk en Angleterre.

Une marée extraordinaire, qui eut lieu sur les côtes du comté de Norfolk, le 5 février 1825, précipita dans la mer de grandes masses de rochers, dont quelques uns avaient plus de 200 pieds d'élévation. Cet événement fournit l'occasion d'examiner une couche mise à découvert, composée d'argile, de sable et de matière végétale, à environ 4 pieds d'épaisseur; elle renfermait des troncs d'arbres fossiles, qui s'y trouvaient debout, et aussi près les uns des autres que dans les bois ordinaires, la base étant fortement enracinée dans ce qui paraît être le terrain où ils étaient plantés; ils sont tous brisés à environ un pied et demi de la base; les branches sont dispersées horizontalement autour, et on y trouve de petites couches de feuilles décomposées; mais on n'y a pas rencontré des fruits ni des graines. Les arbres paraissent être des pins, des ormeaux et des chênes, et ils sont aplatis par la pression de la couche qui leur était superposée; on n'y a trouvé aucun ossement fossile. (*Société Géologique de Londres.*)

Sur les Schistes calcaires oolitiques de Stonesfield en Angleterre, et sur les ossemens de mammifères qu'ils renferment; par M. Prevost.

Les schistes calcaires oolitiques de Stonesfield, près Oxford, renferment, avec des mollusques, des insectes, des poissons, des reptiles fossiles, des ossemens d'oiseaux et ceux d'un petit mammifère que l'on a rapproché des dydelphes, et comparé même à un *opossum.*

M. *Prevost*, qui a visité les lieux, a reconnu que les portions de mâchoires trouvées à Stonesfield, ont sans doute appartenu à un animal mammifère, probablement insectivore, et analogue, sous quelques rapports, aux dydelphes, mais d'un genre inconnu; que ces fragmens étaient enveloppés dans les feuillets de la roche qui constitue les schistes calcaires oolitiques, mais qu'il n'est pas aussi certain que ces schistes eux-mêmes faisaient partie de la formation oolitique à laquelle on les rapporte; et les doutes que l'on peut élever à ce sujet résultent de ce que ces schistes sont particuliers à une seule localité; qu'ils ne sont pas évidemment recouverts par les couches que l'on dit être plus récentes qu'eux; qu'à peu de distance on voit ces mêmes couches, regardées comme plus récentes, recouvrir immédiatement d'autres couches, qu'il faudrait regarder comme plus anciennes que les schistes oolitiques à ossemens, sans que ceux-ci se trouvent placés entre les deux systèmes; que la plupart des fossiles qui accompagnent les os des mammifères ne se voient réunis que dans un seul autre lieu, auprès de Tilgate en Sussex, mais là dans des assises supérieures à la formation oolitique.

L'auteur pense que l'on pourrait considérer les couches de Stonesfield comme constituant un terrain remanié, déposé dans un bassin particulier dans une cavité du sol oolitique. (*Nouv. Bull. de la Soc. philomatique*, avril 1825.)

Grotte à ossemens, découverte dans le Lanark (Canada supérieur); *par M.* Bigsby.

Cette caverne, découverte en 1824 dans le territoire de Lanark, au Canada supérieur, sur les bords du Mississipi, branche de l'Ottawa, se trouve à 23 milles au nord du village de Perth. Elle est à 10 pieds au-dessous de la surface extérieure, avec laquelle elle communique par une sorte de tuyau assez large pour permettre à un homme de s'y introduire. Cette ouverture est de 2 pieds 3 pouces sur 1 pied 9 pouces. La grotte a 25 pieds de long, 15 de large, 5 de haut dans le milieu, s'abaissant graduellement de chaque côté. A l'extrémité la plus éloignée de la première ouverture est une fente trop étroite pour pouvoir y pénétrer. Le sol de cette grotte est couvert de débris d'un calcaire granulaire brun, dans lequel elle est creusée. Les murs et la voûte sont revêtus de petites concrétions calcaires ; les os sont à l'état d'os fossiles très gros, et formant surtout un amas près, mais non précisément au-dessous de l'ouverture supérieure. L'animal dont les os ont été trouvés dans cette grotte était beaucoup trop grand pour avoir pu y pénétrer vivant ou entier. (*Americ. Journ. of Scienc.*, juin 1825.)

Caverne à ossemens, d'Adelsberg en Carniole ; par M. BERTRAND GESLIN.

Le sol de cette caverne, ouverte dans un calcaire compacte blanc secondaire, est formé d'un limon argileux rouge, contenant des ossemens d'ours. Après une heure et demie de marche dans cette caverne, l'auteur rencontra, dans une salle assez haute et longue, un amas très gros, de forme conique, qui renfermait le squelette d'un jeune ours ; la position de ce squelette fit naître à l'auteur l'idée que cet amas pouvait être tombé par le plafond ; mais ayant examiné la voûte, il ne put y découvrir aucune fente. M. *Geslin* s'est avancé jusqu'à une heure et un quart de marche, trouvant toujours des ossemens dans le limon argileux du sol. Il pense, d'après cela, que les ossemens y existent de deux manières : 1°. épars, dans le limon argileux qui forme le sol des chambres; 2°. enfouis, dans des amas formés de blocs de calcaire secondaire compacte blanc et de limon argileux jaune. Il en conclut que leur présence dans les cavernes a eu lieu à deux époques peu éloignées; la première, celle où les ours habitaient ces cavernes; la seconde, celle où ils y auraient été transportés par une catastrophe assez générale, époque qui serait contemporaine des brèches osseuses, et produite comme celles-ci par un phénomène de remplissage. (*Bulletin des Sciences naturelles*, mai 1826.)

ZOOLOGIE.

Sur la portée du Rhinocéros; par Hodgson.

La gestation du rhinocéros a été supposée, par Buffon, ne pas excéder neuf mois, et la vie de cet animal égaler celle de l'homme; cette supposition a été adoptée par les naturalistes qui ont écrit les derniers sur cette matière. M. *Hodgson* affirme qu'environ dix-huit mois antérieurement au mois de mai 1825, il y eut une copulation volontaire entre deux rhinocéros mâle et femelle gardés dans la ménagerie du rajah de Népaul, et qu'après un intervalle de dix-sept à dix-huit mois, la femelle a mis bas un beau jeune rhinocéros mâle. Lorsqu'il n'avait encore que trois jours, il ne différait de la mère que par une légère teinte lilas de la peau, et par l'absence de la corne nasale. Au bout d'un mois cette teinte s'était changée déjà en une couleur foncée, et la corne commençait à percer la peau frontale. A cette époque l'animal avait 3 pieds 10 pouces de longueur sur 4 pieds 5 pouces de circonférence, et 2 pieds 5 pouces de hauteur. (*Oriental Magazine*, cah. v, 1825.)

Nouvelle espèce de Singe; par M. Eschholz.

Cette espèce de singe fut apportée par les habitans de Sumatra, et sa ressemblance avec la figure grippée d'une vieille femme lui valut le nom de *presbytis*. Sa longueur est de 18 pouces, de la tête à la racine de la queue; le dos est recouvert de poils ondulés, longs de 2 pouces, d'un jaune blanchâtre à la base, et d'un gris bleu au sommet; la tête est traversée par une bande noire, et l'intervalle, entre cette bande et les sourcils, est couvert de poils jaunâtres; la peau des oreilles est rougeâtre et revêtue de poils longs et jaunâtres; la face est brune; les paupières sont rougeâtres; un poil blanc et court revêt les lèvres; le pelage des flancs, long de 2 pouces, est blanc; la queue est plus longue que le corps, d'un gris bleuâtre au commencement et d'un gris jaunâtre en dessous; elle est terminée par une touffe de poils longs d'un pouce et demi; les deux doigts du milieu sont beaucoup plus grands que les autres.

Les arcades zygomatiques sont considérablement

projetées en avant, et le nez est très peu apparent; le profil est presque perpendiculaire, parce que le front, les os du nez, la mâchoire supérieure et la symphise du menton sont perpendiculaires. (*Extrait du Voyage de découvertes de* KOTZEBUÉ.)

Sur l'Échidné épineux; par M. GARNOT.

Peu de jours avant son départ de Portjakson, en 1824, l'auteur acheta un échidné vivant, que depuis quelque temps on élevait en domesticité. On l'enferma dans une caisse avec de la terre, mais il ne toucha ni aux légumes, ni à la soupe, ni à la viande fraîche qu'on lui donna; il dédaignait aussi de prendre des mouches qu'on attirait près de lui. Ce qu'il recherchait avec plaisir, c'était l'eau. A peine en avait-on versé dans son vase qu'il venait en boire, en tirant sa langue de deux pouces et en lappant; il aimait aussi le lait du coco.

M. *Garnot* s'étant aperçu que la caisse garnie de terre où il l'avait d'abord placé ne lui convenait pas, il le tira de sa prison et le laissa libre. Dès-lors cet animal commença ses promenades autour de la chambre où il était. Il se promenait habituellement quatre heures sur vingt-quatre; lorsqu'il rencontrait un obstacle dans la route qu'il avait adoptée, il faisait tous ses efforts pour le vaincre, et il ne changeait de direction que lorsqu'il voyait l'impossibilité de le franchir. Souvent après avoir fait un tour de chambre, il se promenait ensuite quelques instans le long d'une cloison, allant et venant, sans dépasser les limites qu'il s'était prescrites. M. *Garnot* reconnut que cet animal faisait en une minute un trajet de 30 à 36 pieds, quoique sa marche fût lourde et qu'elle fût roulante.

Un jour ne le voyant pas faire sa promenade ordinaire, M. *Garnot* le retira de son coin, et le remua très fortement pour s'assurer s'il vivait encore; il faisait de si faibles mouvemens qu'il paraissait près de mourir; on le porta au soleil, on lui frictionna le ventre avec un linge chaud, et peu à peu il revint à la vie, et reprit enfin son activité habituelle. Quelques jours après l'échidné resta sans mouvement quarante-huit, soixante-douze, soixante-dix-huit et même quatre-vingts heures endormi. Quelquefois on l'a tiré de son sommeil; mais ordinairement il ne prenait son activité que lorsque le temps du réveil s'effectuait naturellement. Il était d'un naturel doux et paisible, et se laissait caresser. Il paraissait craintif; au moindre bruit il se roulait en boule comme le hérisson, et l'on n'apercevait plus le bout de son nez, qu'il allongeait doucement lorsque le bruit cessait. Cet animal mourut subitement au bout de trois mois, peut-être par accident. (*Nouveau Bulletin de la Société philomatique*, mars 1825.)

Nouveau genre de monstres, nommés Hypognathes; *par M.* Geoffroy-Saint-Hilaire.

L'auteur a été conduit à former ce nouveau genre de monstres par l'observation de trois espèces de veaux bicéphales à têtes opposées et attachées ensemble par la symphise de leur mâchoire inférieure.

Un de ces monstres a été observé vivant par l'auteur. Quoiqu'il eût la déglutition très difficile, on parvint à prolonger son existence jusqu'à sept mois en le nourrissant de lait au moyen d'un biberon. Ce monstre était de l'espèce que M. *Geoffroy* nomme *hypognathe rochier*, parce que dans ce cas les os du crâne monstrueux, quoique distincts, sont ramassés et ne forment point de boîte. Il portait, attaché à sa mâchoire inférieure, une mâchoire surnuméraire, également garnie de dents incisives et de dents molaires. Ces dents ne pouvaient servir à l'animal pour la mastication ; mais, de même que dans la série des êtres à l'état normal, on voit un organe modifié servir aux fonctions les plus diverses, il semble que chez les monstres par excès les pièces surnuméraires prennent aussi une formation. A voir la dextérité avec laquelle l'animal se servait de ses dents pour peigner son poil, on eût dit en quelque façon un nouvel organe.

M. *Geoffroy* trouva d'abord quelque difficulté à expliquer la formation de ces sortes de monstres bicéphales d'après la théorie de M. Serrés ; mais il parvint cependant à la concilier avec les lois d'organisation indiquées par ce savant anatomiste, et montre que, dans ce cas, l'hypothèse des *greffes* reçoit un nouvel échec, puisque, dans cette hypothèse, on ne saurait comment expliquer cette répétition de la même monstruosité observée sur trois individus avec les mêmes circonstances. (*Le Globe*, 19 janvier 1826.)

Habitudes du Castor; par LE MÊME.

Le castor dont il s'agit a vécu à la ménagerie du Muséum d'histoire naturelle de Paris. Cet animal est un de ces castors du Rhône qui vivent solitaires à la manière des rats d'eau, mais l'industrie qu'il déploya prouve combien sont naturelles les ressources que fournissent aux animaux de son espèce des conditions natives. Voici les faits que M. *Geoffroy* rapporte.

Notre castor n'avait pour se défendre des grands froids d'hiver qu'une litière alors un peu plus abondante. Il arriva qu'une nuit le froid devint plus vif, les volets de la loge fermaient mal, et l'animal dut songer aux moyens de se soustraire aux effets d'une température devenue très rigoureuse. On avait coutume, afin de l'occuper la nuit et de fournir un aliment à son goût pour ronger, de lui donner une certaine quantité de branches fraîches; ce bois était trouvé écorcé le lendemain. Enfin, on ne manquait pas avant de l'enfermer, par l'abaissement de son volet, de lui donner chaque soir ses vivres, consistant en légumes et en fruits. Il avait neigé, et la neige s'était amassée dans un coin de sa loge. Ce furent autant de matériaux à la disposition du castor, et dont il détourna l'usage en les employant cette fois à se former une muraille qui le défendît de l'air extérieur et du froid. Il se servit de ses branches d'arbre pour les entrelacer aux barreaux de la loge. Ce travail ressemblait parfaitement à celui des vanniers. Dans les intervalles que laissent chacune des branches, il plaça tout ce qui lui restait, ses carottes, ses pommes et sa litière, selon les vides laissés ; chaque sorte était coupée de manière à remplir tous ces interstices. Enfin, comme si l'animal eût compris qu'il fallait revêtir le tout d'un ciment plus compacte, il employa la neige à remplir les plus petits vides restés. La neige se gela aux parois de l'auvent, et le lendemain, après quelque peine, en levant celui-ci, la muraille protectrice du castor fut mise à découvert. (*Mém. du Muséum d'hist. nat.*, t. 12.)

Sur le Fou de Bassan (pelecanus Bassanus, *Linn.*); *par M.* FERRARY.

Cet oiseau est de la grosseur d'une oie ; mais la tête et le cou sont plus gros et bien mieux garnis de plumes ; la longueur totale est de 3 pieds, la largeur des ailes étendues est de 5 pieds ; il a un cri très fort, rauque, tenant de celui de l'oie et du corbeau, gris, mantelé ; il marche bien plus difficilement que l'oie ; il a beaucoup des habitudes du cygne, portant la tête et le cou, et se comportant dans l'eau comme lui ; il répand, à 7 ou 8 pieds autour de lui, une forte odeur de musc, qui se soutient dans l'appartement où il a passé la nuit pendant plus de vingt-quatre heures. Cet animal est susceptible de s'apprivoiser. Dans les premiers jours l'auteur ne pouvait lui faire manger qu'en lui présentant, entre des pinces du poisson, comme des morceaux de congre, ou du foie de raie ou de chien de mer, qu'il mangeait très bien. Au bout de huit jours il n'était plus besoin que de lui jeter les mêmes alimens ; il les prenait avec le bout du bec en secouant la tête; il les faisait entrer même en très gros morceaux dans son estomac. Quinze jours après il venait demander à manger, et si l'on tardait à lui donner sa nourriture habituelle, il faisait entendre son cri rauque, et suivait, comme un chien, la personne qui lui apportait ordinairement à manger. Il entrait pour cela dans les appartemens n'ayant peur ni des chiens ni des chats. Il se couchait sous les tables ou sous d'autres meubles, et ne mangeait qu'une ou deux fois par jour, ne touchant aux alimens qu'on lui offrait que lorsqu'il avait l'estomac vide. Pendant tout ce temps on ne l'a pas vu boire, quoiqu'on l'eût mis dans une grande auge remplie d'eau, et où il nageait très bien. Quand on manquait de poisson, il s'accommodait fort bien de viande, qu'il finit même par préférer au poisson. D'un naturel assez doux; il pinçait très fort quand on cherchait à le prendre.

Ce bel oiseau, qui est si commun aux Hébrides, en Écosse et en Norwège, ne vient en France que comme oiseau de passage, et encore ce ne sont que quelques individus. On le rencontre sur les côtes de Bretagne. (*Nouveau Bull. de la Soc. philomat.*, janvier 1826.)

Sur le vol et les allures du Pélican; par M. ROULIN.

Les observations de l'auteur sont relatives au *pelecanus fuscus;* ce n'est point en rasant la surface des flots qu'il cherche sa nourriture, il s'en tient au contraire à 15 ou 20 pieds, dans des cercles qu'il décrit en volant. Quand de cette hauteur il aperçoit un poisson, il se précipite et s'enfonce dans l'eau, qu'il fait jaillir loin autour de lui. S'il manque son coup, il s'élève de nouveau pour recommencer la même manœuvre; mais il est plus fréquent de lui voir faire capture, et alors il va se poser à quelque distance, afin d'y savourer sa proie tout à son aise, et de préférence près des autres oiseaux de son espèce, quand il s'en trouve dans le voisinage. La chute du pélican sur sa proie s'opère dans l'instant même le plus rapide de son vol, et il tombe avec la même roideur qu'un oiseau frappé par le chasseur. On les voit le plus souvent par troupes de dix à douze, placés sur la même ligne, et la tête redressée au-dessus des vagues, ressemblant à une longue barque conduite par des rameurs.

Cette espèce est très abondante dans les mers des Antilles et sur toutes les côtes de l'Amérique méridionale. (*Journ. de Physiol. expérim.*, juin 1826.)

Nouvelle espèce de Goeland, tirée en Shetland; par M. Edmonston.

Les goelands sont assez difficiles à caractériser, parce que leur plumage diffère dans les divers âges, et que les espèces de ce genre n'ont souvent que de très légères nuances pour les faire distinguer l'une de l'autre. L'espèce que présente l'auteur est ainsi décrite: longue de 2 pieds 9 pouces; envergure, 5 pieds 4 pouces; les iris gris argentés, les pieds couleur de chair. La couleur générale du corps est cendrée, avec une légère teinte brune très foncée sur le dos ; quelques plumes cependant offrent une faible teinte de bleu. La tête présente de petites raies grises ; le croupion et la poitrine sont irrégulièrement traversés par des bandes d'un brun pâle, et les plumes primaires et secondaires sont d'un blanc mat. Le bec est à peu près de la même longueur que celui du goeland, (*Larus Glaucus*, Temm.), mais plus grêle et moins crochu. Il y a douze plumes à la queue, d'un gris blanchâtre, dont quelques unes sont largement et irrégulièrement lisérées en blanc sale ; son poids est inférieur à celui du *larus marinus*.

Cette espèce arrive au milieu de l'automne en Shetland, et s'en va à la fin du printemps. Elle se tient de préférence à l'entrée des baies, à peu de distance de terre. Les pêcheurs la prennent souvent à la ligne. Lorsqu'elle vole, elle étend plus ses ailes que les autres espèces, et son vol est aussi moins bruyant. (*Mem. of the Werner. Society*, vol. IV.)

Nouvel animal de la famille des chauves-souris ; par M. Savi.

Cet animal, que l'auteur désigne sous le nom de *dinops cestoni*, appartient à un genre nouveau, qui a particulièrement des affinités avec les chéiroptères des genres *molossus* et *nyctinomus*, par la forme des oreilles, des lèvres et de la queue, mais qui en diffère néanmoins par le nombre des incisives. Il a le corps couvert d'un poil épais et doux, d'un gris brun, tendant légèrement au jaunâtre, un peu plus brun seulement sur le dos; ailes d'un brun noir; museau, lèvres et oreilles noirs; ces dernières grandes, arrondies, un peu échancrées sur leur bord externe; queue longue, d'un brun noir. La longueur du corps est de 3 pouces, celle de la queue 1 pouce 9 lignes; l'envergure des ailes est de 1 pied 3 pouces. Cet individu a été pris près de Pise, en Italie. (*Nuov. gior. di Lett.*; n° 21.)

Nouvelle espèce de Perroquet de l'Australasie; par M. Swainson.

Ce perroquet est un peu plus grand que le lory de Ceram; son bec est comparativement plus fort et plus épais que celui de cet oiseau, et sa mandibule supérieure est remarquable, en ce qu'elle a un sillon légèrement creusé sur sa ligne moyenne; sa mandibule inférieure est plus longue que haute avec le tranchant épais et obtus et la base triangulaire. Les narines ont leur ouverture très large et parfaitement ronde. Le plumage entier de la tête et de la région des oreilles est ou d'un rouge foncé, ou d'un châtain brun, qui devient plus pâle sur la partie inférieure des joues et sur le mentón, où il commence à être mêlé avec du vert. Toutes les parties supérieures du corps sont d'un riche vert de pré changeant, et présentant, sous certains aspects, des teintes dorées, et sous d'autres, des nuances brunes. Toutes les parties inférieures sont plus jaunâtres. A la base des ailes et près des scapulaires, il y a une petite tache d'un rouge obscur. Les pennes alaires, sur leur bord externe, sont d'un vert foncé, et sur leur face inférieure, d'un noir terne; les seconde et troisième sont les plus longues; les couvertures inférieures des ailes et les plumes des côtés du corps qui les joignent, sont d'un bleu de ciel brillant; la queue est de longueur moyenne, arrondie, et l'extrémité de ses pennes est obtusément pointue; sa face supérieure est verte, et l'inférieure jaunâtre. Les tarses sont noirs et assez courts. (*Philosophical Journal.*)

Mœurs du Coucou; par M. Blakwall.

Le docteur Jenner, qui a fait des recherches très curieuses sur les mœurs des coucous, a observé que les nids qu'ils préfèrent pour déposer leurs œufs sont ceux de la fauvette d'hiver ou mouchet, de la lavandière, de l'alouette des prés, du bruant, du gros-bec verdier, et du tarier, mais surtout ceux du premier de ces oiseaux; l'œuf du coucou n'est déposé que lorsqu'il y en a un ou deux de pondus par l'oiseau auquel appartient le nid; il arrive fréquemment que celui-ci jette ses propres œufs, et très rarement celui du coucou. Le jeune coucou, qui éclot souvent le premier, étant encore aveugle, jette hors du nid les petits passereaux qui naissent ensuite, en les portant sur son dos, les contenant avec ses ailes jusque sur les bords du nid, d'où, par une secousse, il les précipite; ensuite il tâtonne avec le bout de ses ailes, afin de s'assurer s'il a réussi; dans ce cas, il retourne au fond du nid, où il reste tranquille. Après le douzième jour, il cesse de chercher à expulser les autres petits; mais si l'on place dans le nid un oiseau trop gros pour qu'il puisse le soulever, il en témoigne beaucoup d'inquiétude. Son dos, dans le premier âge, est large et creux, comme pour servir de réceptacle aux petits qu'il doit rejeter, ensuite ce dos reprend la forme ordinaire de celui des autres oiseaux. Les œufs du coucou, en général très petits relativement à leur taille, varient considérablement dans leurs dimensions et dans leurs couleurs. Les coucous adultes partant en juillet, n'auraient pas le temps d'élever eux-mêmes leurs petits, qui, après être restés quinze jours dans l'œuf, demeurent trois semaines dans le nid où ils ont été déposés, et reçoivent encore de la nourriture de leurs parens adoptifs cinq semaines plus tard.

A ces détails, M. *Blakwall* ajoute les suivans : 1°. Les œufs pondus par les coucous ne sont guère qu'au nombre de quatre à six; 2°. les coucous vivent par paires; une paire de coucous observée pendant quinze jours, chassait les autres oiseaux de la même espèce du canton qu'elle habitait; 3°. l'auteur a remarqué, le 5 mai, une famille de coucous qui, placée à près de 20 pieds de distance d'un nid d'alouettes à peine commencé, paraissait le guetter attentivement, et fonder ses vues sur lui. Sept jours après, il trouva en effet, dans le même nid, un œuf de coucou; 4°. l'oiseau dont le nid est préféré par le coucou est l'alouette, ce qui lui est plus commode, ce nid étant à terre; 5°. les vieux mâles perdent leur voix avant de partir, et cela est précédé par une sorte de bégaiement. (*Trans. of the Litter. Soc. of Manchester*, vol. IV.)

Cétacé échoué au Havre ; par M. DE BLAINVILLE.

Le 9 septembre 1825, dans le milieu du jour, les douaniers du poste de Saint-Adrest, petit village près du Havre, sur la rive droite de l'embouchure de la Seine, aperçurent un gros animal qui se débattait sur le rivage, n'ayant plus assez d'eau pour se remettre à flot et rentrer dans la mer. S'étant aperçus que c'était un souffleur, ils réussirent à s'en emparer, l'assommèrent, et le transportèrent dans un cabaret voisin.

Le corps de ce cétacé était, comme à l'ordinaire, fusiforme, c'est-à-dire rempli au milieu et atténué vers les extrémités. La ligne dorsale était plus relevée et plus bombée vers l'occiput et au milieu du dos; au-delà de la nageoire, elle se relevait en carène, qui était d'autant plus marquée, qu'elle était plus voisine de la nageoire caudale. On remarquait aussi, de chaque côté de la queue, un indice de carène, mais bien moins longue et bien moins sensible; le ventre était un peu plus arrondi que le dos. La longueur totale était de 15 pieds, et la circonférence de 7 pieds et demi en arrière des nageoires pectorales. La tête assez distincte par un rétrécissement, du reste du corps, avait 2 pieds 7 pouces de long de l'extrémité du museau à l'occiput. Le front était aussi fortement bombé à son origine nasale ; l'évent avait 3 pouces de largeur; il était peu courbé, les cornes en avant. L'œil, assez grand, avait 2 pouces de diamètre longitudinal ; l'ouverture des paupières était de 15 lignes;

la supérieure était assez distincte. Les mâchoires, prolongées en forme de bec subcylindrique, n'étaient pas séparées du reste de la tête par une sorte de pli radical, comme dans les véritables dauphins; la supérieure était un peu plus courte et plus étroite que l'autre; elle offrait en dedans, tout le long du palais, une rigole latérale, dans laquelle pénétrait le bord gengival de l'inférieure, tandis que le sien pénétrait dans une rainure semblable de la supérieure. L'ouverture de la bouche était extrêmement grande (deux pieds environ); il n'y avait aucune trace de dents sur le bord des mâchoires, non plus que de rugosités au palais; tout était parfaitement lisse. Les nageoires ou membres antérieurs étaient fort petits proportionnellement, puisqu'ils n'avaient que 18 pouces de longueur sur 6 pouces de large; leur forme était ovale, allongée, un peu angulaire vers le milieu du bord postérieur; leur racine était à 3 pieds 10 pouces de l'extrémité du museau. La nageoire dorsale était également fort petite, surbaissée, triangulaire, arquée et recourbée à l'extrémité; elle commençait à 9 pieds 1 pouce de l'extrémité du museau, avait 10 pouces de bord et onze de hauteur à son sommet. La nageoire caudale était fort large; ses deux cornes, assez arquées et un peu pointues, comprenaient entre elles une longueur de 3 pieds.

La couleur générale était d'un gris luisant, plus foncé en dessus et blanchâtre en dessous. La peau, qui offrait la structure de celles des cétacés, était lisse partout, si ce n'est sous la gorge. Il pesait 3,000 livres environ. (*Nouv. Bull. de la Soc. philomatique*, septembre 1825.)

Crocodile apprivoisé.

M. *Anderson*, qui a visité l'île de Sumatra en 1823, a vu, près de l'embouchure d'une rivière de cette île, un crocodile que les pêcheurs avaient apprivoisé. Cet animal était de la plus grande taille, de plus de 6 mètres de longueur. Son dos, qui s'élevait un peu au-dessus de l'eau, ressemblait à un rocher. Il était devenu sédentaire, et ne s'éloignait point des habitations des pêcheurs, qui pourvoyaient largement à sa nourriture, en lui abandonnant les débris des gros poissons qu'ils prenaient et préparaient en les découpant. Le crocodile ne manquait jamais de venir à leur appel pour prendre ses repas, se laissait toucher partout, souffrait même que l'on jouât avec sa formidable tête. Lorsque M. *Anderson* le vit approcher de sa chaloupe, il voulut mettre en sûreté plusieurs objets dont il craignait que l'animal ne fît sa proie; mais les pêcheurs le rassurèrent, et ils attestèrent qu'il ne leur prenait jamais rien et se contentait de ce qu'on lui jetait. Il ne permettait point que d'autres crocodiles fréquentassent le lieu dont il avait pris possession, et soutenait par la force les droits qu'il s'était attribués. Les qualités extraordinaires de cet individu lui avaient attiré la vénération des superstitieux Malais. (*Quarterly Review*.)

Sur l'appareil flotteur de la Janthine; par M. COATES.

Dans un voyage aux Indes orientales, l'auteur a observé les vésicules aériennes attachées à la partie postérieure du pied de la janthine, et destinées à la supporter à la surface des eaux. Dans la *junthina fragilis*, cet appareil flotteur est convexe, caréné en dessus et concave en dessous, rétréci et composé de vésicules larges. Dans la *J. globosa*, les vésicules sont plus petites, plates en dessus et en dessous, et les œufs, réunis par une extrémité, forment ainsi un disque spiral en demi-cercle. Dans la *J. exigua*, cet appareil est droit comme dans la *fragilis*; mais les vésicules sont plus petites. Les œufs de la janthine sont renfermés dans de petits sacs membraneux, assez denses, attachés en rond aux fibres nacrées du dessous de l'appareil flotteur par de petits pédoncules filamenteux assez semblables à des fibres. Ces sacs sont recouverts de substance gélatineuse et d'éminences coniques. Des cloisons incomplètes en isolent l'intérieur; dans l'*exigua*, elles sont partielles; dans la *globosa*, le sac entier paraît divisé en compartimens. La partie la plus extérieure de l'appareil flotteur renferme de petites coquilles toutes formées; la partie la plus éloignée renferme seulement des œufs.

Cet animal se nourrit de crustacés et de mollusques, et son canal intestinal en entier est susceptible d'une grande dilatation. Les jeunes coquilles sont d'une couleur jaune doré et parfaitement lisses. (*Ann. of Philosophy*, novembre 1825.)

Poisson vénéneux des Antilles ; par M. Ferguson.

L'auteur se trouvant, en 1815, à la Guadeloupe, observa un empoisonnement causé par un poisson vénéneux. Après la prise de cette île par les Anglais, les troupes furent souvent réduites à ne vivre que de poisson. Le quartier-maître général fit servir sur la table de sa famille et de ses esclaves un hasang aux gros yeux (scomber); tous manifestèrent des symptômes d'empoisonnement après l'ingestion de cet aliment ; mais on remarqua que les domestiques nègres éprouvèrent des accidens bien plus graves que les personnes blanches. Les symptômes les plus saillans furent le cholera-morbus; des taches rouges sur la peau, imitant celles de la scarlatine; des douleurs aiguës jusque dans le système osseux, et plus particulièrement à la face; un état fébrile et des convulsions, ou des spasmes plus ou moins forts, avec des douleurs nerveuses très remarquables de la plante des pieds, qui persistent lors même que les autres symptômes sont dissipés. Les médecins de la colonie furent appelés; ils prescrivirent le sulfate de potasse et les boissons mucilagineuses, qui produisirent les résultats les plus satisfaisans.

Un autre cas d'empoisonnement fut encore produit à la Basse-Terre par un très petit poisson nommé *cavalier à dos vert,* dont un seul fut trouvé vénéneux ; les symptômes furent les mêmes que ceux indiqués précédemment, mais moins intenses. Les colons reconnaissent seize espèces de poissons toxicophères ;

mais ceux qui sont susceptibles d'acquérir au plus haut degré cette funeste propriété, sont surtout la *sardine dorée* (*clupea thryssa*), la *bécune* (*pesca major*) et les xiphias, etc.

Certains poissons possèdent en propre une action vénéneuse intense, mais rien n'indique le lieu où réside la matière vénéneuse. La *molette à nez jaune* est, suivant M. *Ferguson*, le seul poisson vénéneux en tout temps; les autres ne le sont qu'accidentellement, après avoir mangé des alimens qui leur donnent une propriété toxicophère. Les grands poissons ne deviennent vénéneux que parce qu'ils mangent en grande quantité la molette à nez jaune, et lorsque la digestion a porté dans leurs veines la matière vénéneuse.

Le meilleur remède contre cet empoisonnement consiste à administrer en quantité le jus de canne à sucre; du reste, une diète sévère est exigée, ainsi que les privations des liqueurs fortes et de tout aliment épicé. (*Transact. of the royal Soc. of Edimb.*, vol. IX.)

Sur les membres postérieurs des Ophidiens; par M. Mayer.

L'auteur a reconnu chez les serpens, et principalement chez les *boa*, les vestiges de pieds postérieurs; il a découvert plusieurs osselets en série, qui étaient disposés comme les phalanges d'un véritable doigt; à droite et à gauche étaient des vestiges de doigts latéraux, et au-delà se prolongeait une tige osseuse qui ressemble à un tibia; enfin, ce qui donne à tout cela l'apparence d'un appareil complet, c'est un ensemble de muscles *adducteurs*, *abducteurs*, *extenseurs* et *fléchisseurs*, comme sont les muscles, ainsi nommés, pour le pied des mammifères. Cet appareil aurait d'ailleurs plus d'importance par la réalité de ses élémens que par sa position et ses usages; il est étendu et caché sous la peau, en dedans des muscles abdominaux, qui se terminent près de l'anus. Il n'y a de visible au-dehors que l'ongle ou le prétendu crochet qu'on avait autrefois considéré comme un des moyens de l'appareil génital.

M. *Mayer* a trouvé sur la plupart des petits serpens ces mêmes vestiges, mais qui se prononçaient moins fortement, et qui le plus souvent consistaient en une seule tige s'unissant à la peau, et sans donner d'ongle ou même de tubérosité au-dehors. (*Annales des Sciences naturelles*, t. VII.)

Sur les Serpens de Singapore.

On compte quarante à cinquante espèces distinctes de serpens dans l'île de Java; plusieurs sont considérées comme entièrement nouvelles. On distingue parmi elles le python ou *ulaz sawah*, improprement appelé *boa constrictor*, et deux curieuses espèces de serpens à chaperon. Dans une si grande variété de reptiles, on en compte seulement six de venimeux, et encore leur morsure n'est-elle pas des plus dangereuses; car le plus redoutable d'entre eux cause rarement la mort d'une volaille en moins d'une demi-heure et jamais celle d'un homme. Le plus venimeux de tous ces reptiles est un serpent vert, dont le corps est marqué de taches noires et jaunes, et la mâchoire armée de deux grands crochets à venin. Cet animal, dans ses habitudes, est si indolent et si peu irritable, que les Malais le manient long-temps sans crainte quoique ses crochets ne soient pas arrachés. Un Malais apporta à un Anglais, habitant Singapore, une couple de serpens d'espèces différentes, attachés par le cou et en travers du corps à une perche. Le plus grand avait six pieds de longueur et l'autre à peu près quatre. Dans cette position le premier saisit la tête de l'autre dans sa gueule et l'y retint fortement, ne pouvant avaler sa proie à cause de la ligature qui lui serrait le cou; on détendit celle-ci, et alors commença l'œuvre de la déglutition. En une demi-heure de temps, et avec un mouvement lent et progressif, le premier de ces reptiles avala entièrement l'autre, et cela sans se laisser distraire de son but par la présence des personnes témoins de cette scène, et malgré qu'on le touchât et le maniât fréquemment, tant son existence animale semblait absorbée tout entière par le seul besoin de satisfaire son vorace appétit. (*Asiat. Journ.*, mars 1826.)

Sur la transformation du Conferva Zonata *en animaux infusoires ; par M.* Hofman.

L'auteur ayant soumis au microscope quelques paquets de *conferva zonata*, il vit dans les filamens de cette plante des taches noires produites par une masse grenue, qui se résolut en animaux infusoires du genre *vorticella*. Il ne resta aux tuyaux des conferves que les parois et les articulations. M. *Hofman* a distingué la rotation des vorticelles et leur forme ovulaire, un peu plus pointue à l'un des bouts qu'à l'autre. Leur mouvement cessait dès que l'eau du porte-objet du microscope était évaporée jusqu'à un certain degré.

M. Horneman a observé un fait semblable sur la matière verte qui couvrait l'eau d'un fossé. C'était la *conferva flos aquæ* de Linnée. Il vit la substance globuleuse dans les filamens de cette conferve se dissoudre, et présenter à l'œil des petits corps comme les infusions du genre monade. (*Tidskrift for natur videnscab.*, n° 10, 1824.)

Nouveau genre de limaçon terrestre trouvé en Bavière; par M. Spix.

Cet animal habite l'intérieur des vieilles souches déjà pourries des chênes et des pins qui ont été abattus, et se trouve toujours accompagné des *formica herculanea* et *rufa*, avec lesquelles il semble vivre en famille. Il a un demi-pouce de long et un peu moins de largeur : il est ovale, plat, un peu convexe en dessus; sa cuirasse est de nature du cuir, avec des réseaux bruns irréguliers, un peu saillans, perlés et rectiformes. Il est quelquefois sillonné de plis transversaux comme les oscabrions; ses bords sont garnis de franges fines; il est un peu échancré vers la tête, et muni postérieurement d'un test de la grosseur d'une tête d'épingle, creux, vitré, friable, non spiral, lequel est armé à son sommet de deux points transparens et poreux. Le corps est entièrement charnu, plat, soyeux et brillant lorsqu'il a peu d'humidité, bleuâtre quelquefois vers son milieu par le canal intestinal qui paraît au travers de la peau : la tête se trouve à l'extrémité opposée au test; tantôt elle est saillante, tantôt retirée en dedans, nue, un peu sphérique; la bouche inférieure est allongée, garnie de quelques glandes, et sans mâchoire à l'intérieur. Sur la nuque, immédiatement sous l'échancrure de la cuirasse, se trouve de chaque côté un tentacule court, obtus, concave antérieurement et charnu, et en avant de la tête se trouve aussi de chaque côté un autre tentacule charnu, cylindriforme, qui a la faculté de s'allonger et de se rétracter, et au sommet duquel sont placés deux filamens cornés, qui, à la place d'yeux, servent à tâter et reconnaître les objets. Le canal intestinal commence dans la bouche, s'enfle ensuite en forme de poire, fait quelques tours vers la tête, et paraît là recevoir, comme chez les insectes, plusieurs canaux absorbans; il s'ouvre immédiatement sous la cuirasse. A l'intérieur du test de la cuirasse sortent deux canaux blancs, dont chacun forme un embranchement fourchu, et se perd dans le canal intestinal; l'auteur croit qu'ils servent à la respiration. Comme les limaçons ne respirent que par des branchies, et les insectes par des trachées, il doit paraître très remarquable que ce nouveau limaçon diffère entièrement des autres sous le rapport des organes de la respiration, et se rapproche des insectes.

Sons produits sous l'eau par le Tritonia arborescens; *par M.* Grant.

Ayant placé ensemble dans une jarre de cristal remplie d'eau de mer, quelques petites espèces de *Doris*, plusieurs individus du petit *Tritonia coronata*, d'*Eolis peregrina*, et deux *Tritonia arborescens*, l'auteur entendit un son aigu, une espèce de tintement, qui partait de l'intérieur du vase. Il sépara, dans différens vaisseaux, ces gastéropodes, et remarqua que les sons qu'il avait entendus étaient produits par les *Tritonia arborescentes*, et par eux seuls. Ces sons, lorsque ces animaux se trouvent dans un vase de verre, ressemblent beaucoup au tintement que produit un fil d'acier dont on frappe successivement les côtés de la jarre : l'animal ne fait entendre qu'un tintement à la fois, son qui se répète à des intervalles d'une minute ou deux : il est plus prolongé et plus fréquent lorsque le *Tritonia* est animé, et qu'il se donne du mouvement. On ne l'entend pas lorsque l'animal a froid et est dans l'état de torpeur. Dans un vase de verre le bruit est doux et distinct à la distance de 12 pieds.

Ces sons partent de la bouche de l'animal. Au moment où se fait le tintement, on voit les lèvres se séparer soudain, comme pour permettre à l'eau de se précipiter dans la petite cavité buccale. (*Edimb. philos. Journ.*, janvier 1826.)

Eponge végétaliforme colossale.

On a découvert dans l'île de Singapore, aux Indes occidentales, une production que les Indiens appellent *sounge*. Sa forme est celle d'une coupe ou plutôt d'un gobelet supporté par un pied cylindrique renflé à la base qui s'attache au sol du rivage par des espèces de sillons irréguliers ; sa texture est composée de tubes ou cellules, de divers diamètres, dont l'ouverture est couverte par des fibres cotonneuses radiées ; la circonférence de la coupe, prise dans sa partie supérieure, est de 4 pieds 3 pouces ; au milieu elle n'est que de 22 pouces ½ ; la circonférence de la tige au pied est de 17 pouces.

Le colonel *Hardwick* a reconnu que cette production est une éponge formée par des vers marins, mais qui n'est point flexible comme l'éponge officinale. (*Revue Encycl.*, novembre 1825.)

Combat des fourmis ; par M. Hanhart.

L'auteur a été témoin d'un combat que se sont livré deux espèces de fourmis, la *formica rufa*, et une petite noire, qu'il ne désigne pas. Il a vu ces insectes venir en armées rangées, de leurs fourmillières respectives, et s'avancer les unes vers les autres dans le plus grand ordre. Les *formica rufa* marchent une de front, sur une ligne de 9 à 12 pieds de long, flanquée de plusieurs corps en masses carrées de vingt à soixante individus. La deuxième espèce, formant une armée beaucoup plus nombreuse, marchait à la rencontre de ses ennemis sur une ligne fort étendue, et de un à trois individus de front. Elle laissa un détachement au pied de la fourmillière, afin de la défendre contre une attaque inopinée : le reste de l'armée qui marchait au combat, avait son aile droite soutenue par un corps en masse de plusieurs centaines d'individus, et l'aile gauche était soutenue par un corps semblable de plus de mille. Ces groupes avançaient dans le plus grand ordre et sans changer de forme; ils ne prirent aucune part au combat: celui de l'aile droite fit halte et forma l'armée de réserve, tandis que le corps qui marchait en masse à l'aile gauche manœuvra de manière à tourner l'armée ennemie, et s'avança, sans combattre, au pas précipité dans la fourmillière des *formica rufa*, qu'il prit d'assaut.

Les deux armées s'attaquèrent et combattirent pendant long-temps, sans que leurs lignes de bataille en fussent rompues; mais à la fin le désordre s'étant mis sur divers points, on se battit par groupes détachés; et après une bataille des plus acharnées, qui dura trois à quatre heures, les *formica rufa* furent mises en déroute, et forcées à abandonner leurs deux fourmillières pour aller s'établir sur un autre point avec les débris de leur armée.

Ce qu'il y avait de plus intéressant c'était de voir ces insectes faire réciproquement des prisonniers, et transporter leurs congénères blessés vers leurs fourmillières.

Leur dévoûment pour ces derniers alla jusqu'au

point que les *formica rufa*, en les emportant dans leur déroute, se laissèrent tuer par les petites noires sans se défendre, plutôt que d'abandonner leur précieuse charge. (*Wissench. Zeitschrift V. Basel.*, 1825.)

Habitudes des larves des lampyres; par M. M.

L'auteur ayant recueilli un assez grand nombre de larves de lampyres, les plaça dans un vase fermé, sur du terreau humide, en leur donnant pour aliment différentes espèces de feuilles auxquelles ces larves ne touchèrent pas. Il imagina alors de leur donner un limaçon qu'il avait tué préalablement. Le limaçon n'était pas depuis une heure dans le bocal, que les larves s'en approchèrent et se mirent à le déchiqueter avec leurs mandibules très arquées et très aiguës. Dès le lendemain, soit par l'affaissement des parties charnues du limaçon, soit qu'elles en eussent déjà dévoré une portion considérable, elles s'étaient tellement enfoncées dans la coquille, qu'on ne voyait plus que la partie postérieure de leur corps : de temps en temps elles quittaient leur proie, se promenaient sur la terre humide; et, quelques heures après, revenaient à la curée.

M. *M.*, curieux de voir comment elles se comporteraient avec un limaçon vivant, en jeta un dans le bocal. Cet animal, en rampant sur la terre, se trouva sur la route d'une larve de lampyre, qui, élevant de suite la partie antérieure de son corps, avança ses mandibules, et le pinça au-dessous de la bouche, avec une telle force et une telle ténacité, qu'il rentra brusquement dans sa coquille en entraînant avec lui son ennemie ; elle se dégagea presqu'à l'instant, mais elle ne s'éloigna pas ; elle tournait autour du limaçon, montait sur sa coquille, et chaque fois qu'il montrait ses cornes, une morsure le faisait rentrer en lui-même. Bientôt une autre larve vint à l'aide de la première, et ensemble elles combattirent le limaçon pendant plusieurs heures. Le lendemain, cet animal était mort, et les larves le mangèrent comme elles avaient mangé son prédécesseur.

S'étant nourries de limaçons pendant tout l'hiver, elles éprouvèrent au mois de juin leur transformation, qui dura quinze jours : elles mirent sept jours à prendre la figure de nymphes, et restèrent en cet état huit jours pleins.

M. *M.* a observé sur la larve des lampyres une espèce de houppe nerveuse, composée de sept à huit rayons blancs que la larve fait à volonté sortir de l'anus, pour s'en servir comme d'un point d'appui pour avancer sur le terrain, ou, comme d'une main, pour débarrasser sa tête et les différentes parties de son corps que cette houppe peut atteindre, des saletés dont elles se recouvrent.

La nymphe est plus courte et plus grosse que la larve; sa couleur est jaune clair, avec deux taches roses sur la partie postérieure et latérale de chaque anneau de l'abdomen, et aussi deux taches de même couleur aux angles postérieurs du corselet ; ses antennes, très apparentes, sont formées de onze articles ; ses tarses sont distinctement formés de cinq articles, quoique un peu empâtés. Les derniers anneaux de l'abdomen sont fort brillans, surtout lorsqu'on touche cette nymphe. Pendant les huit jours que l'état de nymphe dure, les couleurs se rembrunissent progressivement jusqu'à ce qu'elles viennent tout-à-fait semblables à celles de l'insecte parfait.

Pendant tout le temps de la transformation, la larve, lorsqu'elle quitte sa peau, et la nymphe, restent couchées sur le dos, et cette dernière ne se retourne sur ses pattes que lorsqu'elle est tout-à-fait arrivée au dernier état. (*Nouv. Bull. de la Société philom.*, février 1826.)

Sur les Bélemnites ; par M. DE BLAINVILLE.

Les bélemnites sont des coquilles intermédiaires aux os de sèche et aux coquilles polythalames des spirales et des argonautes ; comme les premiers, elles étaient tout-à-fait intérieures, ainsi que le prouvent les impressions vasculaires qu'on remarque sur certaines espèces, et leur mode d'accroissement ; comme dans les secondes, une partie de l'animal était contenue dans la cavité plus ou moins considérable et cloisonnée dont elles sont creusées.

Elles sont composées de couches en forme de cônes, qui s'emboîtent les uns dans les autres, comme des cornets de papier extrêmement minces ; mais la plus nouvelle et la plus grande en dehors, la plus petite et la plus ancienne en dedans, de manière à ce que les stries d'accroissement ne sont visibles qu'à l'intérieur, au contraire de ce qui a lieu dans les autres coquilles.

Dans l'état où nous les connaissons, elles ont été altérées dans leur structure minéralogique et sont évidemment spathifiées, mais la coquille elle-même est restée.

Ce qu'on nomme l'*alvéole* des bélemnites, est, au contraire, un moule de substance minéralogique très variable, et qui s'est formé dans la cavité de la coquille dont il représente la forme et la disposition.

En suivant l'augmentation de la cavité des bélemnites, depuis les espèces où elle est à peu près nulle, jusqu'à celles où elle s'accroît tellement que l'épaisseur des couches dont le sommet est surchargé, est à peine plus grande que dans la circonférence de la cavité, on passe insensiblement aux orthocérates véritables, dont le caractère principal est cette minceur des parois, l'étendue de la cavité à la base et la position latérale du siphon.

Le nombre des espèces caractérisées par M. *de Blainville* est de trente-six; mais il est probable qu'il en existe davantage, même en Europe. Il a remarqué que plus leur cavité est grande, plus elles sont anciennes; plus la cavité diminue, plus le sommet est surchargé; plus la bélemnite appartient à des terrains nouveaux, plus elle est libre dans la roche qui la contient, et plus elle offre d'analogie avec les os de sèche.

La formation crayeuse est caractérisée par des espèces particulières de bélemnites. On n'a pas encore observé de bélemnite véritable, au-dessus des terrains de craie, mais bien des béloptères, c'est-à-dire des corps cétacés, qui offrent déjà une plus grande analogie avec ce que nous connaissons d'existant aujourd'hui à la surface de la terre. L'auteur ne croit pas non plus qu'on en ait trouvé dans des terrains de transition, ni même dans ceux où existent les orthocératites.

Quoiqu'on n'ait encore observé des bélemnites que dans des formations européennes, il est plus que probable qu'il en existe dans beaucoup d'autres parties du monde, et surtout dans le versant oriental du grand bassin de l'Océan septentrional, qui présente cette particularité, d'offrir beaucoup d'espèces animales vivantes et fossiles, à peu près analogues à ce que nous connaissons dans le versant opposé en Europe.

De ce qu'on trouve des bélemnites, quelquefois de la même espèce, en très grande quantité, dans un espace assez circonscrit, il en faut conclure que les animaux dont elles faisaient partie vivaient ensemble et en troupes.

Les têtes parasites, qu'on remarque souvent adhérant à la surface des bélemnites, ne sont pas nécessairement leurs contemporaines ; on conçoit en effet que les bélemnites ayant pu se trouver long-temps au fond de la mer, depuis leur mort, des animaux parasites beaucoup plus nombreux qu'elles ont pu s'y attacher. (*Même journal.* Novembre 1825.)

Sur les Animaux microscopiques; par M. Bory de Saint-Vincent.

L'auteur a publié une méthode complète de la distribution des animaux microscopiques. Commençant par les plus simples, par ces monades si petites, que grossies mille fois, elles ne paraissent pas encore plus grandes que des piqûres d'aiguille, il passe par degrés à ceux qui ont une organisation plus compliquée, qui montrent des formes de vases ou de bourses garnis de cils ou de poils, soit à leur surface, soit à leurs bords; qui sont munis de queues ou même de membres, d'espèces de roues dentées ou vibratiles, et où l'on aperçoit, même à l'extérieur, une sorte d'estomac. M. *Bory de Saint-Vincent* marque, pour chaque ordre, pour chaque famille, les rapports que ces divisions semblent avoir avec des animaux plus volumineux. Il porte le nombre de leurs genres à quatre-vingt-deux; mais il révoque fortement en doute que ce soit ces animaux qui donnent à l'eau de la mer cette phosphorescence que l'on cherche depuis si long-temps à expliquer; il affirme que des eaux très phosphorescentes, qu'il a examinées avec soin, ne contenaient aucun de ces animaux, et qu'au contraire, des eaux qui en fourmillaient ne donnaient aucune lueur. Il reconnaît cependant que plusieurs grands zoophytes ou mollusques, les pyrosomes, certaines méduses, des beroes, etc., sont très lumineux; mais la lumière qu'ils font jaillir se distingue aisément de celle qui, dans certains parages, éclaire toute la surface de la mer. (*Analyse des travaux de l'Académie des Sciences pendant* 1825.)

Croissance des Perles.

Les perles prennent généralement la couleur de la coquille, et ne sont autre chose que la substance de la coquille même, disposée en couches concentriques et tendant plus ou moins à la forme sphérique. Linnée et d'autres savans ont rapporté que les Chinois provoquent ces animaux vivans dans les coquilles à faire des perles, en les piquant à l'aide de pointes de fer. Ce procédé a été répété sur quelques individus de la grande moule des étangs d'Angleterre (*anodonta cycnea*). Quelques uns périrent; d'autres, étant encore vivans, furent replongés dans l'eau et y demeurèrent avec les pointes de fer pendant dix-huit mois. Au bout de ce temps, on trouva à la pointe des piqûres de fer, des petits ronds ou bien une substance muqueuse sous une forme ronde. Dans une des coquilles, on observa par le microscope que ce mucus formait un noyau, autour duquel se plaçait la matière calcaire. On varia ces expériences en prenant des fils de fer terminés par des petits boutons de verre, acier, etc. On voit aussi dans des coquilles qui ont été entamées par des animaux aquatiques, un travail qui tend à mettre l'habitant de la coquille à couvert des attaques, par le moyen de la sécrétion d'une matière qui affecte toujours la forme ronde; les perles sont blanchâtres, bleuâtres, jaunâtres, suivant la couleur de la coquille. (*Edimb. philos. Journal.* Juillet 1825.)

Propriété locomotrice du Peigne commun des côtes de France ; par M. Lesson.

Plusieurs auteurs ont déjà mentionné la faculté locomotrice dont jouissent les peignes communs de France. M. *Lesson* a eu l'occasion de l'observer en 1825, à la Tremblade, sur les côtes de l'Océan. Des pêcheurs avaient apporté des paniers remplis de ces mollusques ; M. *Lesson* en plaça un au bord de l'eau, de manière que le fond seul était mouillé, et que ses bords s'élevaient de près de 6 pouces au-dessus du niveau de la mer. Les peignes qui formaient la couche supérieure, gênés dans leurs mouvemens par ceux qui étaient au-dessous, finirent cependant, après bien des essais infructueux, par s'élancer de leur prison. A peine sentaient-ils la surface de la mer que frappant à coups pressés leurs valves, ils couraient pendant quelques secondes sur l'eau, faisaient même des sortes de bonds, et se laissaient ensuite précipiter au fond ; tous répétèrent ce manége, et ceux qui avaient été comprimés par les couches supérieures se trouvant alors plus à l'aise, escaladèrent le bord du panier avec la plus grande facilité ; en moins d'un quart d'heure, il ne renferma plus de peignes. Le mouvement locomoteur s'opérait par une suite non interrompue et très vive d'ouvertures et de fermetures des deux valves, qui, frappant l'eau, se déployaient et permettaient au mollusque de s'avancer jusqu'à ce que la fatigue du muscle le forçât de se laisser tomber au fond de l'eau. (*Bullet. des Sc. natur.* Juillet 1826.)

Sur les Méduses; par M. Rosenthal.

L'auteur a fait des recherches sur la *Medusa aurita*, Linn., qui se trouve en tout temps dans la mer Baltique, près de Greifswald, et en nombre fort considérable dans toutes les saisons de l'année; on en voit de grandeurs fort différentes, depuis un pouce jusqu'à cinq pouces de diamètre; les jeunes diffèrent considérablement des adultes par la longueur de leurs bras, qui, dans les individus qui n'ont qu'un pouce, n'existent même pas du tout, et l'on ne trouve chez ces mêmes individus à la face inférieure du corps que le rebord quadrangulaire qui entoure la bouche. Il est rare de rencontrer des individus à cinq bras, et quelquefois on en voit qui en ont six.

La vitalité de ces animaux est très grande; coupés par morceaux, chaque partie se meut encore longtemps, et surtout lorsque l'eau dans laquelle on les tient reste pure et sans mélange d'eau douce; tandis que les individus entiers périssent promptement lorsqu'on ne renouvelle pas souvent l'eau, ou lorsqu'on les place dans de l'eau douce. (*Zeitschr. fur physiol.* tom. 1, liv 2.)

BOTANIQUE.

Flore des îles Malouines; par M. Gaudichaud.

La partie extérieure du sol des Malouines se compose d'une tourbe spongieuse. Ce sol, rebelle à la culture, produit en abondance les plantes que ne repousse point sa nature tourbeuse; mais si la végétation de ce pays est riche en individus; elle est pauvre en espèces. On ne voit pas un seul arbre dans tout l'archipel des Malouines, et le plus grand arbrisseau qui s'y trouve a tout au plus six pieds. Presque partout les plantes semblent passées au niveau, tant sont rares les espèces qui s'élèvent au-dessus des autres.

Les familles dominantes sont les lichens, les fougères, les mousses, les cypéracées, les graminées, les composées et les renonculacées. Sept espèces de graminées auxquelles se joignent trois cypéracées, et quatre joncées, se multiplient dans les Malouines avec une telle profusion; elles forment des touffes si rapprochées, et les autres végétaux sont, en général, si peu apparens, qu'elles semblent être seules maîtresses du terrain. En écartant ces gazons, on aperçoit une prodigieuse quantité de lichens, de mousses, de marchantias et des phanérogames à tiges débiles et rampantes.

M. *Gaudichaud* a recueilli aux Malouines, cent vingt-huit espèces appartenant à quarante familles; quarante-deux à quarante-six d'entre elles n'étaient pas encore connues; vingt-huit à vingt-neuf espèces croissent également dans l'Amérique méridionale, trente-une en Europe; dix au cap de Bonne-Espérance. (*Nouv. Bull. de la Soc. philom.* Octobre 1825.)

Recherches microscopiques sur le pollen; par M. Guillemin.

Ces recherches ont été faites au moyen du microscope achromatique de M. Selligue. Considérant d'abord la structure de chaque grain de poussière fécondante, l'auteur fait voir que cet organe est un utricule dont la forme est très variable, qui, toujours composé d'une seule membrane, n'adhère jamais à l'anthère à l'époque de la maturité, et renferme une multitude de granules d'une extrême ténuité. La membrane utriculaire est tantôt hérissée d'éminences ou d'aspérités, quelquefois elle offre de simples facettes ou des bosses disposées symétriquement. Lorsque le pollen est parfaitement lisse dans sa superficie, il n'est recouvert d'aucun enduit visqueux, tandis que les moindres éminences sont des indices de viscosité. Les papilles, les éminences mamelonnées, etc., qui recouvrent certains grains de pollen, sont de véritables organes sécréteurs, et l'enduit visqueux qui les recouvre en est le produit.

M. *Guillemin* divise le pollen en deux ordres principaux, savoir : les pollens visqueux et les pollens non visqueux ; il s'est convaincu, par un grand nombre d'observations, que dans la même famille on ne rencontre point en même temps des pollens visqueux et des pollens non visqueux. Il a vu de plus que les genres d'une même famille n'offrent que des modifications dans la forme de leurs grains polliniques ; mais en même temps que des familles très éloignées par d'autres caractères se rapprochaient néanmoins par une identité dans leurs pollens. (*Extr. d'un Mém. lu à l'Académie des Sciences, le* 21 mars 1825.)

Sur quelques végétaux microscopiques, et sur le rôle que leurs analogues jouent dans la formation et l'accroissement du tissu cellulaire; par M. Turpin.

L'auteur s'est proposé de faire connaître le végétal le plus simple, celui qui forme le premier degré visible de l'organisation végétale; il avait cru d'abord que c'était les *monilia*, qui ne sont composées que de petites vésicules unies les unes aux autres, sur une même ligne; mais ayant ensuite observé ces mêmes vésicules entièrement isolées, il les a regardées comme les premiers élémens de la végétation. Si l'on suspend dans une serre chaude des morceaux de verre, ils sont bientôt couverts de petits végétaux. En les examinant avec le microscope, on voit que ce sont des globules luisans, diaphanes, vésiculeux, immobiles, de grosseurs différentes, isolés ou réunis en groupes fixés par un point au corps sur lequel ils naissent. Cette substance, que l'auteur a nommée *globuline*, le plus ordinairement verte, offre aussi d'autres couleurs telles que le pourpre, le jaune, le noir. La *globuline* est, selon M. *Turpin*, le premier degré visible du règne végétal; l'odeur qu'elle répand est celle de la moisissure. C'est une espèce bien distincte qui ne devient jamais ni une *trémelle* ni une *mousse*, et qu'on doit bien se garder de confondre avec la matière verte des eaux croupissantes, et des infusions de viandes, matière qui n'est qu'un amas de petits animaux. La globuline n'est pas non plus une production spontanée puisqu'elle se reproduit par d'autres petits *globules* nés de ses parois intérieures. Si l'on observe le genre connu sous le nom de *lepra*, on voit que les vésicules, élémens de la globuline, au lieu d'être solitaires sont réunies par une substance fibreuse très déliée qui leur sert de base, et qu'il nomme *globuline enchaînée;* c'est le deuxième degré de la végétation. De ce deuxième degré on arrive au troisième, qui est le tissu cellulaire, et l'on reconnaît toujours la globuline, mais sous un appareil plus compliqué. Elle peut se dilater par la châleur et par l'humidité; quelquefois elle s'allonge et forme un tube, dans l'intérieur duquel naissent d'autres vésicules. Cette modification de la globuline conduit à ces filamenteux qu'on nomme *conferves*, et qui ne sont que de la globuline prolongée en tubes. La globuline des conferves naît de leurs parois intérieures; elle a des formes et des couleurs très variées. Plusieurs conferves simples, soudées latéralement, forment une lame membraneuse ou *ulva;* enfin, plusieurs de ces lames, appliquées les unes sur les autres, forment le tissu cellulaire, des différentes modifications duquel résultent les formes si nombreuses et si variées des végétaux. Suivant M. *Turpin*, les couleurs des végétaux sont dues à la globuline teinte des mêmes couleurs. (*Extr. d'un Rapport de* M. DESFONTAINES *à l'Académie des Sciences.*)

Etat extraordinaire de noisettes enfouies à une grande profondeur dans la terre.

Ces noisettes furent découvertes à moins de huit

pieds au-dessous de la surface du sol, dans une fondrière située à Buningtou à un mille de Peebles en Écosse. La couche supérieure, de trois pieds d'épaisseur, se composait d'argile ; l'inférieure, formée d'un gravier grisâtre, pouvait avoir quatre pieds et demi d'épaisseur ; enfin, le fond du terrain consistait en un mélange de sable gris et de mousse brune, mêlés de branches d'arbres tout-à-fait pouries ; c'est dans cette aire qu'on découvrit les noisettes. En les ouvrant on remarqua que dans toutes, l'amande avait totalement disparu, bien que la pellicule qui lui servait d'enveloppe, et la noix elle-même, fussent entières et intactes comme si cette dernière eût été mûre et fraîchement cueillie. En ouvrant la noix avec précaution on en retirait la pellicule dans la forme d'une vessie et sans ouverture quelconque ; on en inféra que la substance de l'amande se sera échappée sous forme de gaz, à travers les pores de sa membrane et de sa coque, ou se sera évaporée dans l'état de décomposition et de dissolution par l'eau. Dans quelques noix qui n'avaient point atteint leur maturité complète, l'enveloppe du fruit était très petite et entourée, comme dans la noisette fraîche, d'une substance molle et spongieuse qui avait résisté à la dissolution. (*Edimb. Journ. of Science*, juillet 1825.)

Sur le développement dans les graminées ; par M. Raspail.

On sait que plusieurs des parties des végétaux sont

essentiellement de même nature, et peuvent se changer les unes dans les autres; que les étamines se changent en pétales dans les fleurs doubles; que les pétales se changent en feuilles, que les pistils eux-mêmes prennent cette forme.

Selon l'auteur, l'embryon dans les graminées ne serait qu'une sommité de rameaux, que l'action du fluide du pollen a détachée du cône qui le supportait, et laissé renfermé dans la cavité de la feuille, à l'aiselle de laquelle il appartenait, feuille dont le tissu cellulaire, en se gonflant, lui sert de périsperme; le style et le stygmate ne sont qu'un développement incomplet du chaume de ce bourgeon. La fécondation dans les végétaux n'est qu'un isolement; tout bourgeon contient l'équivalent d'une graine, et toute la plante se réduit primitivement à un cône ascendant, à un cône descendant et à une articulation qui est le foyer et le centre de leur action, et de leur existence.

L'auteur cherche à expliquer l'origine et les particularités de la structure de la fleur dans les graminées.

Ainsi la paillette supérieure de ces fleurs, a tantôt les nervures en nombre pair, tantôt en nombre impair; dans le premier cas, l'épillet auquel elle appartient a toujours plusieurs fleurs; dans le second il n'y a qu'une fleur, d'où M. *Raspail* conclut que cette nervure impaire est le pédoncule d'une fleur avortée. Il a trouvé une confirmation sensible de cette conjecture dans la variété de l'ivraie nommée *lolium compositum*, et dont l'épi est changé en partie en panicules. Les axes des épillets ainsi surajoutés y sortent de la base des paillettes, et ne sont que des développemens de leurs nervures médianes.

Le cotylédon lui paraît jouer dans la graine qui germe, à l'égard de la première feuille, le même rôle que le chaume à l'égard de la première feuille du bourgeon, ou que le pédoncule de la seconde fleur à l'égard de la paillette à nervures paires de la première; il en est la nervure médiane détachée; il représente au milieu du périsperme farineux, le chaume encore renfermé dans la feuille qui sert de spathe.

Les filamens des étamines paraissent à M. *Raspail* les nervures de valves du calice, et les anthères des portions de ces valves remplis de pollen, lequel ne consisterait lui-même qu'en cellules injectées et isolées; les petites écailles placées entre les étamines seraient les débris de ces valves du calice. (*Analyse des Travaux de l'Académie des Sciences pour* 1825.)

MINÉRALOGIE.

Mines de Platine et d'Or découvertes dans les monts Ourals, en Russie; par M. DE HUMBOLDT.

On a récemment trouvé dans les monts Ourals des mines de platine qui sont si riches, qu'on assure qu'elles ont fait baisser, à Pétersbourg, le prix du platine de près d'un tiers; on peut donc justement espérer que bientôt ce métal précieux cessera d'être d'un prix aussi élevé qu'il l'a été jusqu'ici. En 1824, le terrain aurifère et platinifère de l'Oural a produit 286 pouds, ce qui donne 5,700 kilogrammes pesant de métal, ou une valeur de 19 millions 500,000 fr. Les mines réunies de tout le reste de l'Europe ne produisent par an que 1,300 kilogrammes. Celles du Chili en fournissent seulement 3,000, et toute la Colombie n'en donne que 5,000.

L'Oural donne aujourd'hui autant d'or qu'en a jamais fourni le Brésil à l'époque où ses mines étaient le plus productives. Le maximum de leur exploitation dans l'espace d'une année, qui a eu lieu en 1755, a été de 6,000 kilogrammes d'or ; aujourd'hui le Brésil n'en fournit pas 1,000.

Il semblerait naturel de penser que le prodigieux accroissement de rapport des mines de l'Oural pourrait avoir des résultats importans, aussi-bien sur la prospérité de la Russie que sur la valeur de l'or ; mais la quantité de ce métal répandue actuellement sur la surface du globe est si considérable, qu'une valeur de 18 millions est réellement une quantité tout-à-fait insensible. La diminution du produit de presque toutes les mines du Nouveau-Monde suffirait pour établir la compensation relativement à la prospérité particulière de la Russie ; c'est en définitive fort peu de chose pour un état aussi vaste qu'une augmentation de 18 millions, surtout quand sur cette somme il faut prélever près d'un tiers pour les frais d'exploitation.

Rien de si variable au surplus que le produit des

mines. Celles du Mexique, qui, en 1700, ne fournissaient que 6 millions de piastres en or et en argent, en donnaient 25 millions en 1809, et cette augmentation immense n'avait produit en Europe aucun résultat sensible. Le revenu du Mexique se maintient depuis ce temps à peu près à 18 millions de piastres, sans que le prix des denrées en ait été modifié nulle part.

Il en est autrement du platine. Comme la quantité de ce métal est encore peu considérable, une augmentation dans le produit des mines qui le fournissent pourrait facilement l'amener à un prix beaucoup moins élevé. (*Le Globe*, du 20 juillet 1826.)

Gisement du Platine ; par M. BOUSSINGAULT.

Le platine et les substances métalliques qui lui sont presque toujours associées, le palladium, l'osmium et l'iridium, n'avaient été trouvés jusqu'ici que dans des terrains de transport. C'est dans ce gisement qu'on les rencontre au Choco, au Brésil et à Saint-Domingue.

L'auteur l'a reconnu dans les mines d'or de Santa-Rosa, dans des blocs de grunstein (diorite), mélange intime de feld-spath et d'amphibole qui accompagnait le terrain aurifère, et qui appartiennent à la formation intermédiaire de grunstein et de syénite. C'est dans l'or en poudre, provenant d'un des filons aurifères de Santa-Rosa, que l'auteur a découvert des grains de platine. Ces grains étaient semblables, par leur forme et par leur aspect, à ceux qui viennent du Choco. La forme en lames arrondies que présentent les pépites de platine, a fait présumer que le métal avait été long-temps roulé; il est donc bien remarquable que le platine de Santa-Rosa, dégagé de sa gangue, ait la même forme. Au reste, l'apparence roulée n'est pas uniquement particulière au platine; on l'observe très souvent sur l'or sortant des fragmens d'oxide de fer hydraté.

La découverte de M. *Boussingault* se lie très bien aux rapports géognostiques qu'offre, sous toutes les zones, la formation de syénite et de grunstein. Les syénites de Norwège, du Groënland et d'Allemagne, abondent en zircons et en fer titané; ces mêmes substances sont constamment mêlées aux sables platinifères de Choco. (*Annales de Chimie*, juin 1826.)

Matière micacée qui se trouve dans certains cuivres; par MM. Stromeyer *et* Haussman.

Les paillettes micacées qui se rencontrent dans quelques cuivres ont jusqu'à une ligne d'épaisseur; elles sont très minces; leur couleur est intermédiaire entre le jaune d'or et le rouge de cuivre, et elles ont un grand éclat métallique; elles sont translucides et disséminées dans le cuivre comme le carbone l'est dans la fonte.

On peut en déterminer exactement les proportions et les obtenir très pures, en traitant le cuivre par l'acide nitrique à la chaleur solaire. Les essais chimiques ont fait voir que cette substance est principalement composée d'oxides de cuivre et d'antimoine, et qu'elle contient en outre un peu de plomb, de fer, d'argent, de soufre et de silice.

On doit la considérer comme une scorie cristallisée qui se forme durant l'affinage, s'infiltre dans le cuivre, et y reste unie par une force d'adhésion considérable.

La production des paillettes micacées est due à la présence de l'antimoine. M. Seidensticker, inspecteur des mines à Ocker, près Goslar, a observé qu'ayant eu occasion d'employer du plomb provenant de la liquation de mauvais cuivre noir, dans une usine où l'on obtient ordinairement par la liquation du cuivre de très bonne qualité, ce métal est devenu sur-le-champ micacé.

Les cuivres micacés sont ordinairement durs et cassans; on ne peut ni les laminer, ni les tréfiler, et ils sont même impropres à la fabrication du laiton. On les améliore considérablement en les soumettant préalablement à un affinage soigné pour en séparer le plus possible d'antimoine. (*Annales des Mines*, 3e livr., 1826.)

Sur la Mine d'Alun du Mont-Dore; par M. Cordier.

Cette mine d'alun est située à l'extrémité de la vallée du Mont-Dore, à une lieue au sud du village des Bains, à la base septentrionale du Puy-de-Sancy, au milieu des sources de la Dordogne; elle occupe la région moyenne du petit vallon de la Craïe, qui est dirigé du sud au nord, et terminé, à sa partie supérieure, par un cirque d'escarpement à pic, ayant une centaine de mètres de hauteur.

La mine d'alun, qui a des dimensions très étendues, est composée de trois gîtes absolument distincts, quoique contigus; savoir : 1°. une énorme assise de trass alunifère stratiforme, de richesse variable; 2°. un filon de trachite, mêlé d'alunite silicifère porphyrique; 3°. une espèce de filon court et puissant, formé d'une roche brouillée, ayant pour base des trass siliceux très alunifères, au milieu desquels il existe des amas d'alunite siliceuse porphyroïde et de brèche alunifère siliceuse et sulfureuse. Le premier de ces gîtes est incomparablement plus considérable que les deux autres, et la teneur d'une partie des minerais s'élève de 40 à 70 pour cent en alunite ou matière propre à fournir de l'alun; d'où il suit qu'on doit considérer la mine comme pouvant donner lieu à une exploitation grande et durable,

Ce minerai d'alun est analogue à celui de la Tolfa, en Italie. (*Même Journal*, juin 1826.)

Analyse de l'Halloysite; par M. Berthier.

Ce minéral, qui vient d'Angleure, près Liége, est compacte, à cassure conchoïde cireuse; il se laisse rayer par l'ongle et prend le poli sous le frottement du doigt; sa couleur est le blanc pur ou le blanc légèrement nuancé de bleu grisâtre; il est translucide sur les bords, et happe fortement à la langue. Lorsqu'on le met en petits morceaux dans l'eau, il devient transparent comme l'hydrophane; il s'en dégage de l'air, et son poids augmente d'environ un cinquième. Par la calcination il perd 0,265 à 0,280 d'eau; il acquiert une très grande dureté, et sa couleur passe au blanc de lait.

L'halloysite contient :

Silice	0,395
Alumine	0,340
Eau	0,265
	1,000

Si ce minéral se rencontrait en grand, on pourrait l'employer avec avantage pour fabriquer de l'alun, ou du sulfate simple d'alumine. (*Annales de Chimie*, juillet 1826.)

Analyse des Fontes et Laitiers de Musen, Grand-Duché du Rhin, (rive droite); par LE MÊME.

On fond dans les hauts fourneaux des environs de Musen un fer spathique très manganésien que l'on extrait de la grande mine du Stahlberg; il en résulte des fontes qui produisent à l'affinage d'excellent acier naturel. Ces fontes, d'un blanc éclatant, sont lamelleuses, présentant dans les cavités beaucoup d'indices de cristallisations régulières et tellement semblables à du zinc qu'au premier aspect il serait difficile de les en distinguer; elles sont très fragiles; on y a trouvé par l'analyse :

Manganèse	0,046
Carbone	0,040
Silicium	0,003
	0,089

Elles ne contiennent point de cuivre, métal qui, suivant l'auteur, altère la qualité du fer et de l'acier.

On traite le fer spathique du Stahlberg sans y ajouter aucun fondant; les laitiers qui en résultent sont d'un vert olive plus ou moins jaunâtre, bulleux et en général pierreux; ils contiennent:

Silice	0,528
Protoxide de manganèse	0,262
Protoxide de fer	0,014
Magnésie	0,090
Chaux	0,056
Alumine	0 0,34
	0,984

On affine la fonte blanche de Musen par divers procédés; le déchet n'est que de 20 à 21 pour cent.

On voit par ces analyses qu'il y a beaucoup d'avantage à fondre des minerais de fer très manganésiens; parce que 1°. portant eux-mêmes leur fondant, il n'est pas nécessaire d'y ajouter de la castine, addition qui diminue la richesse, et augmente la consommation du combustible; 2°. parce qu'ils donnent de la fonte plus propre que toute autre à la fabrication de l'acier, et qui peut produire aussi d'excellent fer (*Annales des Mines*, 4e liv., 1826.)

Gay-Lussite, nouvelle substance minérale; par M. Boussingault.

Cette nouvelle substance a été trouvée en grande abondance à Lagunilla, petit village indien, situé à un jour de marche, au sud-ouest de la ville de Mérida (Amérique méridionale), par l'auteur lui-même. Elle jouit de la double réfraction à un haut degré; elle n'est point phosphorescente par le frottement, ni élastique par la chaleur. Sa composition chimique, déterminée par M. *Boussingault*, est la suivante:

Carbonate de chaux	32,95
Carbonate de soude	34,76
Eau	32,29
	100,00

Ainsi la gay-lussite est un véritable bi-carbonate hydraté de soude et de chaux. (*Annales de Chimie*, mars 1826.)

Analyse de l'argile de Combal; par M. LAUGIER.

Ce minéral se trouve déposé sur un banc de gypse de transition, au pont de Combal près Cormayeur sur le revers méridional du Mont-Blanc en Savoie. Sa nature est évidemment argileuse; il est luisant, doux au toucher; sa couleur est rouge, et on l'emploie avec succès dans la peinture à l'huile. Il renferme, comme les autres terres argileuses, beaucoup de silice, d'alumine et d'oxide de fer, de l'eau, un peu de chaux et de magnésie. Celle-là en diffère seulement en ce qu'elle contient une certaine quantité d'oxide de plomb et d'oxide de cuivre. Ces substances s'y trouvent dans les proportions suivantes: 100 parties sont formées de:

Silice	44
Alumine	20
Oxide de fer	19
Chaux	2
Magnésie	1
Oxide de cuivre	1,5
Oxide de plomb	3
Eau	7,6
	98,1

Les quantités d'oxigène contenues dans les élémens qui composent ce minéral se trouvent à l'état de mélange et non à l'état de combinaison. (*Nouv. Bull. de la Soc. Philom.* Novembre 1825.)

Analyse du Fer résinite de Freyberg; par LE MÊME.

On rencontre aux environs de Freyberg un minerai de fer que l'on nomme, à cause de son apparence, *fer résinite.* L'analyse qu'en a faite feu M. Klaproth le faisait considérer comme un sulfate de fer peroxidé; mais M. *Laugier* y a découvert, indépendamment de l'eau et de l'acide sulfurique, la présence de l'acide arsénique; le résultat de ses expériences est que 100 parties de ce minerai en contiennent 35 de peroxide de fer, 20 d'acide arsénique, 14 d'acide sulfurique et 30 d'eau; ce qui ne laisse qu'un centième de perte. M. *Stromeyer*, de Gottingen était arrivé à des résultats semblables. (*Analyse des travaux de l'Académie des Sciences*, pour 1825.)

Tarchylite, nouveau minéral; par Breithaupt.

Ce minéral a un éclat vitreux, passant quelquefois à l'éclat gras; une couleur d'un brun velouté ou d'un noir foncé; sa poussière est d'un gris cendré assez sombre; il est opaque, sa cassure est faiblement conchoïdale ou inégale. Il ne montre aucun indice de clivage. Il se brise avec facilité en fragmens à bords très aigus. Sa dureté est égale à 8,5, sa pesanteur spécifique varie entre 2,50 et 2,54. On le trouve en masse, ou sous la forme de plaques, à Süsebuhl entre Dransfeld et Gottingen; il est ordinairement enveloppé d'une croûte brunâtre; et on le rencontre disséminé dans la wake et le basalte. Il a beaucoup de ressemblance avec l'obsidienne, dont il se distingue par une plus grande pesanteur spécifique, et vraisemblablement aussi par sa composition chimique. Il se rapproche aussi de la gadolite, par son éclat, sa couleur et l'aspect de sa cassure. Sa manière de se comporter en chalumeau est remarquable; il fond instantanément, et en se boursoufflant, en une scorie brune et quelquefois bulleuse. (*Archiv. fur naturlehre* tome 7, 1er cah.)

Pholérite, nouvel hydrosilicate d'alumine; par M. Guillemin.

Ce minéral est d'une couleur blanche très pure; il est formé de petites écailles convexes et d'un éclat nacré; il est doux au toucher et friable par la pression du doigt; il happe à la langue; plongé dans l'eau il laisse dégager quelques bulles d'air, sans offrir le phénomène de la lenzinite; il fait pâte avec l'eau. Il est infusible au chalumeau; dans le matras il donne de l'eau sans changer d'aspect, il est insoluble dans l'acide nitrique étendu d'eau; ce qui fournit un bon moyen de le séparer du carbonate de chaux qui est souvent mélangé avec lui; son analyse a donné les proportions suivantes :

Silice	40,750
Alumine	43,886
Eau	15,364
	100,000

Ce minéral ne se rapporte à aucun autre connu jusqu'à ce jour; il se trouve dans le terrain houiller de Firs (Allier), remplissant les fissures de quelques rognons de minerais de fer, et les fentes de couches de grès et de schistes argileux. On le trouve également dans le fer carbonaté argileux de Rive de Gier, et dans le terrain houiller de Mons. (*Annales des Mines*, tom. XI. liv. 6.)

Analyse chimique du Resinasphalte découvert à Cape-Sable, aux États-Unis d'Amérique; par M. Troost.

Le résinasphalte est ou entièrement opaque ou légèrement translucide sur les bords; sa couleur présente différentes nuances de jaune, de gris et de brun, quelquefois disposées par zones à peu près concentriques, qui rappellent les belles teintes du jaspe égyptien, ou par bandes alternatives et par taches comme dans les agates. Il se laisse entamer par le couteau plus aisément que le succin, se brise avec facilité et montre une cassure parfaitement chonchoïdale. Certaines variétés paraissent avoir la même dureté que le succin, et elle est suffisante pour qu'on puisse leur donner un beau poli. D'autres sont poreuses, et ont parfois l'aspect d'un os qui a été long-temps exposé à l'action du soleil; dans ce dernier cas leur teinte est grisâtre. Le resinasphalte a moins d'éclat que le succin; quelquefois il est terne, surtout lorsqu'il est poreux. La variété *terreuse* du resinasphalte se rencontre ordinairement en fragmens ou masses poreuses friables, depuis la grosseur d'un grain de maïs et au-dessous jusqu'à celle d'une noix; elle est entremêlée de pyrites, s'égrène entre les doigts, est d'un gris cendré ou jaunâtre, se fond par l'action de la chaleur et manifeste toutes les propriétés de la première variété. Celle-ci se trouve en nodules ou masses irrégulières, depuis la grosseur d'un grain de moutarde jusqu'à 4 ou 5 pouces de diamètre. Sa surface extérieure est d'un gris sale; elle est recouverte çà et là de pyrites. Cette dernière substance pénètre souvent la masse entière, et par sa décomposition elle se fendille et la fait éclater en morceaux. La surface est formée par une croûte qui a, dans quelques échantillons, l'épaisseur d'un huitième de pouce; et quelle que soit la couleur du resinasphalte qu'elle enveloppe, elle est toujours terne et d'un gris sale. Sa pesanteur spécifique varie entre 0,97 et 1,04. Son analyse a donné 55,5 de bitume, 42,5 d'une résine particulière,

1,5 de fer et alumine; perte, 5. (*Trans. de la Soc. amér. de Philadelphie*, tome II.)

Sur la Bustamite, *bi-silicate de manganèse et de chaux; par M.* Brongniart.

Ce minéral se présente sous forme de sphéroïde à structure radiée; les rayons sont aplatis et presque laminaires; leur couleur est le gris pâle, légèrement verdâtre et légèrement rosâtre. La bustamite est composée de :

Silice	48,90
Protoxide de manganèse	36,06
Chaux	14,57
Protoxide de fer	0,81
	100,34

Malgré une structure évidemment cristalline, cette substance ne présente aucun clivage déterminable. Elle est presque opaque, et seulement translucide dans ses parties minces; elle est assez dure pour rayer le feld-spath. Sa pesanteur spécifique est de 3,12 à 3,23. Ce minéral est accompagné de quartz hyalin qui recouvre ses nodules en petits cristaux, et de manganèse métalloïde qui est en petits grains au centre de ses nodules. (*Annales des Sciences naturelles*, août 1826.)

Analyse d'un aérolithe tombé dans l'Etat de Maryland en Amérique; par M. Chilton.

Cet aérolithe est d'une couleur gris de cendre clair;

sa pesanteur spécifique est de 3,66 : sa cassure est inégale et grenue, rude au toucher; il raye le verre. On y distingue à l'œil quelques points brillans et des globules ovales vitreux. L'adhésion des grains qui composent cette pierre est si faible, qu'elle s'égrène et présente alors l'apparence d'un sable. Les grains métalliques sont moins nombreux que ceux qui ont l'apparence terreuse : ces derniers sont blanchâtres et ressemblent à de la porcelaine; les parties métalliques sont très malléables. Cette pierre est attirable à l'aimant; mais les parties terreuses ne le sont pas : on a mis à profit cette propriété pour isoler ces deux parties, et en faire l'analyse séparément.

25 grains de la partie non magnétique ont donné à l'analyse,

Silice	14,90
Magnésie	2,60
Chaux	0,45
Oxide de fer	6,15
—— de nickel	0,80
Soufre	1,27
Alumine	0, 5
	26,22

25 grains de la partie magnétique ont été trouvés composés de :

Oxide de fer	24,00
—— de nickel	1,25
Silice et autres terres	3,46
Soufre	(une trace).
	28,71

(*Americ. Journ. of Science.* Octobre 1825.)

Minéraux cristallisés qui se trouvent dans les aérolithes; par M. Rose.

L'auteur a essayé de déterminer les minéraux qui composent les aérolithes tombés à Stannern en Bohême, et à Juvenas, département de l'Ardèche, principalement ceux du dernier, dont les parties mélangées sont les plus distinctes. Cet aérolithe est une roche mélangée, grenue, quelquefois assez friable, qui consiste principalement en deux substances, l'une brune et l'autre blanche, qui s'y trouvent presque en quantités égales. Il y a quelquefois des cavités tapissées de cristaux, de la substance brune, dont M. *Rose* a pu déterminer exactement la forme; c'était du pyroxène : leur forme est celle que le pyroxène affecte toujours, quand il se trouve implanté dans une masse telle que le basalte ou la lave. La détermination de la substance blanche dans l'aérolithe de Juvenas, était plus difficile que celle du pyroxène. On observe en elle un clivage assez distinct; mais ses cristaux sont trop petits pour se prêter à des mesures précises. M. *Rose* pense que c'est de l'albite ou du labrador, ou de l'anorthite; il a trouvé dans l'aérolithe soixante pour cent de soude pure; il n'a pu déterminer la forme des lames jaunes que l'on y rencontre quelquefois. Outre ces trois minéraux, il y a encore un minéral métallique que l'on trouve disséminé çà et là dans cet aérolithe. Sa couleur tient le milieu entre le gris d'acier et le rouge de cuivre. Il se trouve ordinairement en petits grains, quelquefois en petits cristaux :

sa forme est celle d'une double pyramide hexaèdre, dont le sommet et les arêtes terminales sont tronqués. Cette forme et la couleur du cristal lui firent penser que ce minéral métallique était du fer sulfuré magnétique. (*Annales de Chimie.* Janvier 1826.)

Moyen de séparer l'acide titanique de l'oxide de fer dans les minéraux; par LE MÊME.

Lorsque l'acide titanique et l'oxide de fer sont dissous dans de l'acide hydrochlorique, et qu'on a mêlé à la dissolution une quantité suffisante d'acide tartarique, on peut ajouter à cette dissolution étendue un excès d'ammoniaque sans y produire de précipité. Par l'addition de l'hydrosulfate d'ammoniaque, on précipite de la liqueur alcaline tout le fer à l'état de sulfure, sans agir sur l'acide titanique. Le précipité lavé est dissous dans l'acide hydrochlorique, et la liqueur portée à l'ébullition pour chasser l'hydrogène sulfuré. Par l'addition d'acide nitrique l'on peroxide le fer, qu'on précipite ensuite par l'ammoniaque.

Pour retirer l'acide titanique de la liqueur dont le fer a été séparé à l'état de sulfure, il suffit de l'évaporer à siccité, et de calciner le résidu avec le contact de l'air jusqu'à ce que le charbon de l'acide tartarique soit consumé. (*Annalen der physik*, vol. 3, 2e cah.)

Nouvelle chaux phosphatée terreuse; par M. DE BONNARD.

Le phosphorite terreux trouvé par M. *de Bonnard*,

près de Vitteaux, département de la Côte-d'Or, est d'un blanc grisâtre ou jaunâtre, veiné, tacheté ou pointillé de brun; léger, tendre, à cassure terreuse, présentant à la coupe une foule de petites cellules ou crevasses irrégulières; quelquefois un peu onctueux au toucher, happant assez fortement à la langue, faisant une faible effervescence avec l'acide nitrique: sur des charbons ardens sa poussière n'a pas manifesté de phosphorescence. Cette substance, que l'on pourrait prendre pour une marne, est beaucoup plus légère, plus tendre et moins compacte que les phosphorites de Lagroson en Estramadure, et d'Amberg en Bavière, auxquelles elle ressemble seulement par la couleur; elle se rapproche davantage, quant à ses principaux caractères physiques, du phosphorite d'Auteuil; mais sa couleur est différente. On l'a trouvé disséminé en nodules irréguliers dans une couche d'argile brunâtre renfermant des minerais de fer en grains. Cette couche, qui a environ un mètre d'épaisseur, renferme aussi de petits amas de barite sulfatée laminaire, ainsi que des rognons ou plaques arrondies de calcaire à gryphées: quelquefois le phosphorite se trouve dans l'intérieur des coquilles de ces rognons calcaires; d'autres nodules isolés dans l'argile présentent la forme de moules intérieurs des coquilles propres au calcaire à gryphées. (*Nouv. Bull. de la Soc. Philom.* Avril 1825.)

Chaux fluatée lumineuse.

M. *Leman* a observé qu'une chaux fluatée d'Odontchelont, en Sibérie, jouissait de la propriété remarquable d'être lumineuse dans l'obscurité, à la température ordinaire.

A la température zéro la phosphorescence est à peine sensible ; un morceau plongé dans un vase rempli d'eau bouillante commence à jeter beaucoup de clarté ; à 300°, quand il est en contact avec du mercure chauffé à cette température, la chaleur est assez forte pour que l'on puisse lire à deux décimètres de distance du foyer de la lumière.

La température de 300° a affaibli momentanément la propriété dont jouit cette substance d'être phosphorescente dans l'obscurité à la température ordinaire ; mais on la lui a rendue en l'exposant pendant quelques heures à la lumière solaire.

Néanmoins ce moyen ne suffit pas toujours pour exciter la puissance lumineuse ; il y a diverses causes atmosphériques qui exercent une grande influence à cet égard, et il est possible que l'état hygrométrique modifie quelquefois ce singulier phénomène. (*Bulletin des Sciences naturelles*. Septembre 1826.)

Nouveau Minerai de Soufre ; par M. PAYEN.

Ce minerai, découvert par M. *Burdin*, ingénieur à Clermont-Ferrand, est disséminé abondamment dans un banc de granit épais de plusieurs toises, près d'Ambert (Puy-de-Dôme). L'analyse a donné à M. *Payen*, outre les fragmens de pierres qui l'enveloppent, du soufre, de l'acide sulfurique libre, des sulfates de fer et de chaux, une matière organique azotée, des traces d'acide hydrosulfurique. Les proportions de soufre ont varié dans plusieurs essais, entre 16 et 21 centièmes de la masse. (*Bull. de la Soc. Philom.* Février 1825.)

Mines d'Or découvertes en Amérique.

Une nouvelle mine d'or vient d'être découverte à l'ouest de l'état de la Caroline du sud, à trois milles au-dessus du lieu où la rivière d'Yatkin coule dans un canal très resserré. Ce dépôt métallique paraît très abondant, et une compagnie s'est déjà formée pour l'exploiter en grand, régulièrement et suivant les procédés des mineurs européens. M. *Rothe*, qui a examiné les lieux, assure que les mines de la Caroline sont les plus riches que l'on ait découvertes jusqu'à présent dans les deux Mondes. (*Revue encyclopédique.* Février 1826.)

Iode découvert dans un minerai d'argent du Mexique; par M. Vauquelin.

Jusqu'alors on n'a trouvé l'iode que dans des corps organisés marins et dans quelques eaux minérales; mais on ne le soupçonnait pas dans les minerais métalliques de terrains qui paraissent d'une ancienne formation.

Le minerai dans lequel M. *Vauquelin* a reconnu cette substance est composé d'argent, de soufre, de chaux carbonatée lamellaire; il est grisâtre; on y voit quelques parcelles d'argent natif, quelques lames noires brillantes et quelques taches jaunes.

La présence de l'iode s'y manifeste par tous les caractères qui appartiennent à ce corps ; il se dégage une vapeur violette par l'action de l'acide muriatique, aidée de celle de la chaleur, sur la partie jaune de ce minerai ; cette vapeur s'est condensée, et a cristallisé sur les parois des vases dans lesquels on a fait l'opération ; enfin la faculté qu'a une dissolution de ce corps de précipiter en beau bleu une dissolution d'amidon, complète ses caractères.

La présence de l'iode dans ce minerai n'est donc pas douteuse ; elle y est même en quantité assez considérable, puisqu'il y en aurait eu 18,5 sur cent de mine. (*Nouv. Bull. de la Soc. Philom.* Juillet 1825.)

Nouvelle variété de Wolfram ou Schéelin ferruginé ; par LE MÊME.

L'auteur ayant analysé une nouvelle variété de wolfram découverte dans le Limousin, n'y a point trouvé l'yttria et le tantale qu'on avait soupçonné en faire partie ; mais il a obtenu une proportion de manganèse beaucoup plus forte que dans le schéelin ferruginé ordinaire, qui, comme on sait, est composé de

Acide tungstique	74,666
Oxide de fer	17,594
—— de manganèse	5,670
	97,930

tandis que la variété nouvelle est formée de

Acide tungstique	73,2
Oxide de manganèse	13
—— de fer	13,8
	100,0

On voit que la proportion de manganèse est beaucoup plus forte dans le schéelin ferruginé ordinaire, et que cependant la quantité d'acide reste la même; d'où il résulte que le rapport indiqué par *Berzelius* pour ce genre de sels de 1 à 3, entre l'oxigène des bases et celui de l'acide, n'est pas exact. (*Même journal.* Février 1825.)

II. SCIENCES PHYSIQUES.

PHYSIQUE.

Dépense réelle d'un orifice d'où sort un courant d'air; par M. D'AUBUISSON.

L'AUTEUR a renfermé de l'air dans des réservoirs d'où il le faisait partir au moyen d'un excès de pression sur l'air extérieur, soit par un orifice à minces parois, comme un trou circulaire pratiqué dans une feuille de fer-blanc, soit par un orifice cylindrique, soit enfin par un orifice conique. De plus de 150 expériences de ce genre, il conclut que lorsque l'air sort d'un réservoir en vertu d'une pression quelconque, le rapport entre la dépense réelle et la dépense théorique sera de 0,63, si l'écoulement a lieu par un orifice percé en très mince paroi; 0,93 s'il a lieu par un court ajutage cylindrique, et 0,95 par un court ajutage conique peu évasé; en sorte que si on emploie des ajutages légèrement coniques, la dépense réelle sera de 6 p. 100 moindre que la dépense théorique. (*Annales de chimie*, tome 32.)

Température de l'homme et des animaux de divers genres ; par M. J. Davy.

Les observations de l'auteur ont été faites en Angleterre, à Ceylan et pendant un voyage dans l'Inde. Voici les conséquences qu'il en a déduites :

1°. La température de l'homme s'accroît quand il passe d'un pays froid ou même tempéré à un pays chaud ;

2°. Les habitans des pays chauds ont une température supérieure à celle des habitans des zones tempérées ;

3°. Les hommes de diverses races placés dans des circonstances semblables, ont exactement la même température, soit qu'ils se nourrissent exclusivement de viande comme les Vaida, soit qu'ils ne mangent que des légumes comme les prêtres de Bouddha, soit enfin que, à l'imitation des Européens, ils prennent journellement ces deux espèces d'alimens ;

4°. Les oiseaux sont de tous les animaux ceux dont la température est la plus élevée ; les mammifères occupent le second rang ; viennent ensuite les amphibies, les poissons et certains insectes ; la dernière classe comprend les mollusques, les crustacés et les vers.

M. *Davy* attribue l'effet et la cause de la chaleur animale à la connexion qui existe entre l'intensité de la chaleur et la quantité d'oxigène consommée par l'animal. (*Même journal.* Octobre 1826.)

Chaleur du spectre solaire ; par M. LESLIE.

L'auteur a fait tomber des rayons solaires sur une lentille bi-convexe, de vingt pouces de diamètre et recouverte à son milieu d'un disque de papier qui s'étendait jusqu'à deux pouces des bords de la lentille. L'anneau circulaire des rayons lumineux a été reçu un peu en deçà ou au-delà de leur foyer, sur un bâton de cire noire et mate; au bout d'une minute, les points de la cire qui recevaient les rayons situés entre le jaune et l'orangé sont entrés en fusion et successivement les autres points; mais cette fusion s'est toujours arrêtée à l'extrémité des rayons rouges. (*Annals of Philosoph.* Septembre 1826.)

Expériences sur le développement de la chaleur produit par le frottement des corps ; par M. MOROSI.

L'instrument qui a servi à ces expériences se composait, 1°. d'un cylindre de bois tendre, vertical et terminé à sa partie supérieure par une demi-sphère convexe; 2°. d'une manivelle dont un tour faisait tourner soixante fois le cylindre précédent autour de son axe; 3°. d'un vase cylindrique en bois, dont le fond était formé du métal soumis à l'expérience et qui présentait à l'extérieur une demi-sphère concave dans laquelle devait entrer le bout convexe du cylindre de bois; et c'est là que le frottement avait lieu. Le vase reposait donc sur le cylindre; il était rempli d'eau jusqu'à une hauteur déterminée; un thermomètre plongé dans cette eau en indiquait la température;

4°. un poids pouvait être posé sur le haut du vase et augmenter la pression des surfaces soumises au frottement ; 5°. enfin, une pendule à secondes servait à mesurer le nombre de tours de la manivelle dans un temps donné.

Toutes les expériences se sont faites dans les mêmes circonstances, et pour empêcher le plus possible la déperdition de la chaleur communiquée à l'eau par le frottement du bois contre le métal, on enveloppait de flanelle le vase qui contenait ce liquide. Ce dernier s'échauffait à fort peu près de la même quantité pendant deux instans égaux et successifs.

Les métaux mis en expérience étaient le fer, l'acier, le cuivre, le laiton, le zinc, l'étain, le plomb, et deux alliages, dont l'un était formé d'étain, de zinc et de bismuth, et l'autre de plomb, de zinc et de bismuth. Le plomb a communiqué le plus grand degré de chaleur à l'eau dans un temps donné; l'étain le moindre. (*Mém. de l'Institut de Milan*, t. 13.)

Sur la nature et les propriétés de la flamme ; par M. J. Davy.

Les recherches entreprises par l'auteur l'ont conduit à reconnaître que la flamme n'est lumineuse qu'à la surface; qu'elle peut être tronquée par une toile métallique, auquel cas elle offre une section brillante sur les bords et obscure au centre. Un morceau de phosphore, placé au centre d'une flamme en activité, finit par se fondre, mais ne brûla point. On introduisit dans la flamme, et tout près du phosphore, le bec d'un chalumeau, au moyen duquel on fournit un peu d'air dans l'intérieur de la flamme; le phosphore prit feu : on retira le chalumeau et le phosphore s'éteignit; on redonna de l'air et le phosphore brûla; il s'éteignit de nouveau, privé du courant d'air. De cette manière, on put successivement allumer et laisser éteindre plusieurs fois le phosphore, dans le cours de deux ou trois minutes. Ce fait prouve que l'intérieur d'une flamme qui ne tire le soutien de la combustion que de l'extérieur de la flamme, est impropre à la combustion. Tout l'oxigène de l'air qui enveloppe une flamme est absorbé à la surface même de celle-ci; mais il ne suit pas de là que cet intérieur ne puisse être porté à une température rouge.

D'après le résultat admis par l'auteur, il faut multiplier les ouvertures d'un bec à gaz, afin d'augmenter la surface totale des différens jets lumineux; mais il ne faut pas trop les multiplier ou les rendre trop petits, parce que la chaleur pourrait subir une déperdition telle que la lumière en fût affectée. (*Annals of Philosophy*. Décembre 1825.)

Influence de la lumière solaire sur la combustion; par M. Mac-Keever.

Une opinion assez généralement accréditée, c'est que les rayons du soleil ou la simple lumière diffuse, projetée sur le foyer d'un appartement, a la propriété d'y ralentir la combustion et même de l'éteindre graduellement.

Les expériences entreprises par l'auteur ont eu pour but d'éclaircir cette question. Il a reconnu que les rayons solaires ont la propriété de ralentir à un degré assez marqué la marche de la combustion, et que ce phénomène est dû à l'action des rayons sur la couche d'air atmosphérique qui enveloppe immédiatement la matière qui entre en combustion.

On pourrait rapporter l'affaiblissement de la combustion à la raréfaction de l'air ambiant occasionnée par la chaleur des rayons solaires. Cette hypothèse se trouve également en accord avec les expériences faites dans les divers rayons du spectre, puisque la perte de la matière par la combustion s'y trouve en raison inverse de l'intensité calorifique de ces rayons. (*Bibl. univers.* Juillet 1826.)

Expériences sur la compression de l'air et des gaz susceptibles d'être liquéfiés; par M. OERSTED.

L'auteur a soumis à un nouvel examen la loi de *Mariotte* sur la compression de l'air; dans un appareil de construction nouvelle, il a réussi à comprimer graduellement l'air par le moyen d'une colonne de mercure, qu'il porte successivement à une hauteur d'environ dix-neuf pieds. Dans chacun des degrés de compression qu'il observa, il trouva que ce volume était en rapport inverse avec les forces comprimantes; les déviations se réduisaient à peu de chose. Cependant, quoique les expériences confirmassent suffisamment la loi de *Mariotte*, il alla pourtant plus loin. Il prit des canons de fusil, il y comprima fortement l'air à l'aide d'une machine à charger; l'intérieur des canons fut d'abord mesuré par de l'eau, dont on détermina le volume par le poids; on s'assura pareillement, par le poids, de la quantité de l'air introduit par les pompes; il parvint de cette manière à comprimer l'air cent dix fois plus que celui de l'atmosphère. Aux divers degrés de compression, il essaya le poids nécessaire pour ouvrir la soupape, et il trouva que la loi de *Mariotte* se maintenait jusqu'à une pression de 60 atmosphères. Pour voir jusqu'à quel point elle était vraie, il employa des gaz que l'on réduit à l'état liquide par une pression modérée; on prit deux tubes gradués, bien remplis, l'un d'air atmosphérique sec, l'autre d'acide sulfureux sec, tous deux fermés par du mercure: on plaça les deux tubes dans un cylindre dont le fond était rempli de mercure et le reste d'eau, et qui, en haut, était muni d'un appareil à l'aide duquel on pouvait à volonté exercer une plus ou moins grande pression sur l'eau. Il est évident que la pression de l'eau sur le mercure a dû se communiquer à la masse d'air dans les tubes. On porta la compression des deux gaz jusqu'au point où l'acide sulfureux se liquéfia; on fit la même expérience sur le cyanogène, et l'on eut le même résultat. A l'égard de l'eau, on sait que la compression suit la même loi, et il y a lieu de croire que toutes les matières liquides s'y conforment également. Dans ce cas, on peut supposer que les liquides produits par la compression des gaz s'y conforment aussi; enfin, les corps solides suivent à leur tour cette loi de compression.

Une table, jointe au Mémoire de M. *Oersted* donne les résultats des expériences faites avec deux tubes, dont l'un contenait de l'air atmosphérique, et l'autre de l'acide sulfureux; la température était à 21°25 centigrades. Elle montre que les différences sont peu considérables, et varient de part et d'autre jusqu'à ce que la pression monte à 2,3 atmosphères; alors elles deviennent plus considérables et vont en augmentant; à une pression de 3,2689, l'humidité devient visible, et au-delà de ce point la contraction a lieu rapidement. (*Edimb. Journ. of Science.* vol. 4, 1826.)

Influence exercée par divers milieux sur les nombres de vibrations des corps solides; par M. SAVART.

L'action d'un même milieu sur le nombre des vibrations d'un même corps, est différent selon que ce corps est le siége de vibrations tangentielles longitudinales, tangentielles transversales, normales ou plus ou moins obliques. Cette action paraît nulle pour les corps très longs et fort minces qui exécutent des vibrations dans le sens de leur longueur; au contraire, les corps qui exécutent des vibrations normales font entendre des sons qui peuvent différer beaucoup les uns des autres, suivant la nature du liquide où ils sont plongés. Ainsi, il pourra arriver que le son d'une lame mince qui résonne dans l'air, devienne plus grave d'une tierce, d'une quinte, d'une octave, de deux octaves, etc., lorsque cette mince lame résonnera dans l'eau ou dans d'autres liquides; afin d'y produire ces vibrations normales on excite le mouvement à l'aide d'un petit tube de verre qu'on frotte légèrement dans le sens de sa longueur, et qui est fixé perpendiculairement sur l'une des faces du corps qu'il s'agit d'ébranler. Lorsque les corps exécutent des vibrations tangentielles transversales, les altérations apportées dans le nombre des oscillations par des milieux plus denses, sont beaucoup moins considérables que lors des vibrations normales ; en général, le nombre des vibrations paraît d'autant plus diminué, ou bien le son devient d'autant plus grave, en passant de l'air dans des milieux plus denses, que la dimension des corps suivant laquelle s'exécutent les vibrations est plus petite relativement aux autres dimensions.

Les modes de division des corps qui résonnent dans différens milieux sont invariables, tant qu'il ne s'agit que des vibrations dans le sens de la longueur ; il n'en est pas de même dans le cas des vibrations normales.

Lorsqu'on fait résonner dans l'eau un corps qui produit des vibrations normales, si l'on ne tient compte que de l'impression faite sur l'oreille, on juge que l'eau transmet le son avec moins d'intensité que l'air ; mais si l'on fait attention que le mode de mouvement dans l'eau n'est plus le même que dans l'air, que le son est devenu plus grave, on est forcé de reconnaître que les choses n'étant plus égales dans les deux cas, on ne peut rien conclure de la sensation qu'on éprouve. Ainsi, l'on ne peut regarder comme exactes les conséquences qu'on a déduites des expériences faites jusqu'à présent sur l'intensité des sons propagés par différens milieux, attendu qu'on n'a pas eu égard à ce changement de mode de mouvement des corps qu'on faisait résonner; pour éviter ces changemens, il faudra exciter des vibrations tangentielles longitudinales. (*Annales de Chimie.* Novembre 1825.)

Mode de division des corps en vibration; par LE MÊME.

On sait que chaque corps d'une forme donnée, est susceptible de se diviser en parties vibrantes, dont le nombre va toujours croissant suivant une certaine loi, en sorte que chaque corps ne peut produire qu'une série déterminée de sons, qui deviennent d'autant plus aigus que le nombre des parties vibrantes est plus considérable. Cependant l'auteur a démontré que quand deux ou plusieurs corps sont en contact et qu'ils sont ébranlés l'un par l'autre, ils produisent le même nombre de vibrations. Il faudrait conclure de cette communication des mouvemens, que l'on peut passer graduellement d'un mode de vibration à un autre, contrairement à la première proposition; c'est ce que l'auteur démontre par l'expérience, pour les membranes tendres, et ébranlées par l'influence à travers l'air, au moyen d'un corps en vibration. La membrane sur laquelle il a fait ses principales expériences est un carré de papier sur lequel des lignes nodales rectangulaires se transforment graduellement en lignes nodales parallèles, et *vice versa*. Les lames solides et les fils tendus montrent moins clairement ces passages entre ces deux modes de vibrations, mais on peut néanmoins les admettre. (*Même journal.* Août 1826).

Pouvoirs réfringens des fluides élastiques; par M. Dulong.

La méthode d'observation que l'auteur a employée est fondée sur une loi déjà annoncée par MM. *Biot* et *Arago*, savoir, que la puissance réfractive d'un même gaz est proportionnelle à sa densité. Il en résulte que si l'on pouvait déterminer la densité d'un gaz, lorsqu'il réfracte précisément autant que l'air, par exemple, pris à la même température et à une pression convenue, il suffirait d'une simple proportion pour connaître le rapport des puissances réfractives des deux gaz sous la même pression. Il est vrai que par ce moyen on ne peut obtenir que les rapports des puissances réfractives; mais, pour la question que l'auteur s'est proposé de résoudre, c'est le seul élément nécessaire.

L'appareil dont il s'est servi consiste en un prisme creux de verre, dans lequel on introduit les gaz, et communiquant avec un tube vertical rempli de mercure, qui permet de dilater à volonté le fluide élastique; la tension est donnée par le baromètre de la pompe pneumatique; une lunette astronomique, munie de fils croisés au foyer de son objectif, est placée sur un support de maçonnerie, devant le prisme, et à une hauteur convenable, pour que l'on puisse apercevoir à travers une mire éloignée.

Pour vérifier la proportionnalité des puissances réfractives et des densités d'un même gaz, l'auteur détermine la puissance réfractive de plusieurs mélanges formés par des gaz qui ne se combinent pas; et comme le résultat de l'observation s'accorde toujours avec celui que l'on déduit des puissances réfractives des élémens du mélange, on doit en conclure que chaque gaz conserve en effet une puissance exactement proportionnelle à sa densité.

Voici le tableau des rapports des puissances réfractives de vingt gaz, déterminés par le mode d'observation précédemment décrit.

Puissances réfractives des gaz, rapportées à celle de l'air, à force élastique égale.

Noms des Gaz.	Puiss. réfractives.	Densités.
Air atmosphérique	1	1.
Oxigène	0,924	1,1026
Hydrogène	1,470	0,0685
Azote	1,020	0,976
Chlore	2,623	2,47
Oxide d'azote	1,710	1,527
Gaz nitreux	1,03	1,039
Acide hydrochlorique	1,527	1,254
Oxide de carbone	1,157	0,972
Acide carbonique	1,526	1,524
Cyanogène	2,832	1,818
Gaz oléfiant	2,302	0,980
Gaz des marais	1,504	0,559
Éther muriatique	3,72	2,234
Acide hydrocyanique	1,531	0,944
Ammoniaque	1,309	0,591
Gaz oxi-chloro-carbonique	3,936	3,442
Hydrogène sulfuré	2,187	1,178
Acide sulfureux	2,260	2,247
Éther sulfurique	5,280	2,580
Soufre carburé	5,179	2,644

La puissance réfractive absolue de l'air à 0° et à 0,76 étant connue, on peut déduire des nombres précédens la valeur des puissances réfractives absolues de tous les gaz ci-dessus, ainsi que les indices de réfraction pour le passage de la lumière du vide dans chacun de ces gaz.

Les puissances réfractives des gaz simples ou composés ne paraissent avoir aucune relation nécessaire avec leur densité ; ainsi le gaz oléfiant et l'oxide de carbone ont à peu près la même densité, et le pouvoir du premier est presque double de celui du deuxième. (*Extrait d'un Mémoire lu à l'Académie des Sciences, le* 10 octobre 1825.)

Longueur de l'étincelle que produit l'éclair; par M. Gay-Lussac.

La longueur de l'étincelle pendant les orages est souvent de plus d'une lieue. Pour soutirer une étincelle à de pareilles distances, il faut supposer une charge électrique infiniment plus considérable que celle de nos machines, celles-ci ne se déchargeant que sur des conducteurs éloignés de quelques centimètres seulement. D'un autre côté, l'action produite par la foudre sur les pointes des paratonnerres peut être produite également par nos batteries électriques. Pour expliquer cette espèce de contradiction, l'auteur fait observer que sur nos machines la couche électrique est retenue par la pression de l'air ; que c'est la même cause qui retient l'électricité à la surface des gouttes dont se compose un nuage ; mais que ces gouttes devraient se fuir et le nuage se dissiper, quelque peu d'épaisseur que l'on supposât à ces couches : d'où il suit que c'est à l'instant seulement où toutes ces couches partielles communiquent ensemble pour former la couche immense qui enveloppe le nuage, que celle-ci, en s'écoulant, est capable de produire une étincelle extrêmement longue, quelquefois interrompue, et donnant lieu aux coups redoublés du tonnerre. Mais si la charge électrique du nuage est tellement faible avant la réunion de toutes les couches partielles, il sera difficile d'expliquer la formation de la grêle par l'action de deux nuages possédant des électricités si contraires. (*Annales de Chim.*, t. 29.)

Sur la constitution de l'atmosphère ; par M. Dalton.

Après avoir fait remarquer qu'un mélange de différens fluides élastiques, tel que l'est l'atmosphère, composé de particules, de volumes et d'élasticités différentes, suit les mêmes lois de condensation et de raréfaction que les fluides élastiques homogènes, et après avoir indiqué les difficultés qui résultent de ce fait, lorsqu'on veut lui appliquer la théorie de Newton, l'auteur propose un cas hypothétique qu'il ne croit pas avoir été examiné jusqu'ici, et qui pourrait aider à se former une idée exacte de ces atmosphères mélangées.

Qu'on se figure deux tubes cylindriques égaux, d'une longueur indéterminée, placés verticalement, et en contact l'un avec l'autre, fermés en bas et ouverts à l'extrémité supérieure; supposons qu'on les remplisse de deux gaz d'espèce différente, l'un, par exemple, d'acide carbonique, et l'autre d'hydrogène, afin que le contact soit plus frappant. Les deux colonnes de gaz sont supposées peser chacune comme 30 pouces de mercure; elles représenteront donc chacune une colonne verticale d'une atmosphère composée de chacun des deux gaz, égale en poids à une semblable colonne de l'atmosphère terrestre. M. *Dalton*, calculant d'après les principes connus, trouve que la colonne de gaz acide carbonique se terminerait à trente ou quarante milles de hauteur, ou du moins serait alors d'une densité insensible. Quant à la colonne d'hydrogène, il trouve qu'à environ douze cents milles de hauteur on cesserait de pouvoir l'apprécier.

L'auteur suppose qu'on place au travers des deux tubes, à intervalles égaux, des cloisons joignant hermétiquement, puis que l'on perce dans chacune des cellules ainsi formées une ouverture, de manière que les gaz contenus dans deux cellules horizontales correspondantes puissent communiquer de l'une à l'autre. On conçoit que, dans ce cas, les deux gaz se partageront également entre les deux cellules. Dans l'étendue de trente à quarante milles on trouvera des deux gaz dans chaque cellule; mais dans le reste de la colonne, c'est-à-dire sur une hauteur de mille milles et au-delà, on ne trouvera plus que de l'hydrogène dans les deux cellules.

Au moment où la communication latérale aura été ouverte, les cellules du sommet de l'atmosphère d'acide carbonique auront donné, comme toutes les autres, la moitié de leur contenu aux cellules collatérales; mais *la moitié* de ce contenu n'aura pas pu remplir *l'espace entier* de la cellule, par la raison que le gaz était auparavant à son *minimum* de densité. Le gaz serait alors réduit à la moitié inférieure des deux cellules, tandis que la portion supérieure n'en contiendrait point. Supposons actuellement que l'on supprime les cloisons horizontales, et examinons l'effet de cette suppression; il est clair qu'alors l'acide carbonique contenu dans chaque cellule, descendra jusqu'à ce qu'il vienne à rencontrer celui de la cellule inférieure. Il s'établira donc ainsi un léger mouvement de descente dans les régions supérieures de l'acide carbonique; il en serait de même du gaz hydrogène vers le sommet de son atmosphère, et le mouvement descendant serait encore plus considérable. Ainsi les deux atmosphères mêlées devraient présenter des *volumes* égaux de chaque gaz dans les cellules les plus basses, ou à la surface de la terre, quoique dans l'atmosphère composée entière les masses de chacun des deux gaz soient de *poids* égaux.

M. *Dalton* annonce que l'atmosphère, en différentes saisons et à diverses hauteurs, renferme des élémens combinés en différentes proportions. (*Annals of Philosophy*. Avril 1826.)

Description d'un Halo observé dans l'Amérique du Nord; par M. Kendall.

Nous avons expliqué, dans nos *Archives* de 1825, p. 182, ce qu'on nomme des *halos;* ce sont des nuages qui se trouvent près et autour du soleil. Le 2 juillet 1825, on a observé à New-Lebanon, aux États-Unis d'Amérique, le phénomène extraordinaire de plusieurs halos situés autour et dans le voisinage du soleil. L'atmosphère était un peu vaporeuse : à une heure de l'après-midi, le soleil se montra voilé d'un mince réseau de nuages peu denses, et prenant successivement un aspect plus uniforme; cette apparition fut bientôt suivie de quelques gouttes de pluie ; à deux heures on commença à apercevoir les halos; les nuages avaient la plupart disparu : le soleil était entouré d'un halo de grandeur ordinaire, mais beaucoup plus brillant et ressemblant à l'arc-en-ciel autant qu'aux halos ordinaires. L'intérieur de cette couronne était plus sombre que l'espace environnant. Au nord du cercle lumineux parut un autre halo, d'un diamètre une demi-fois plus grand que celui du premier, brillant moins que celui-ci, mais plus que de coutume, et sa circonférence passant par le soleil. L'intérieur de ce nouveau halo était plus obscur que l'atmosphère extérieure, mais moins que dans le premier : la partie septentrionale de la couronne était traversée, en l'un de ses points, par des segmens de deux autres cercles, pas tout-à-fait aussi brillans que le dernier, et dont les diamètres, que l'on ne pouvait déterminer, étaient visiblement plus grands que celui du deuxième halo. A chacun des points d'intersection la splendeur augmentait en proportion du nombre des cercles qui se croisaient. Un peu au sud-est, et à mi-chemin environ, entre le côté méridional de la première couronne et l'horizon, apparut un segment de quinze à vingt degrés, d'un autre cercle, qui avait évidemment pour centre le soleil, qui jetait un éclat semblable à celui du premier cercle, et que quelques personnes prirent pour un arc-en-ciel. A cet instant, on découvrit des portions du cercle qui coupait le second à l'est et à l'ouest; mais alors les intersections du côté du nord n'étaient point visibles. Ces apparences ne furent pas de longue durée, ni constantes dans leur arrangement; mais elles avaient un aspect magnifique et sublime au-delà de toute expression. (*American Journ. of Sciencs*, t. VII.)

Observations du Pendule; par M. DE FREYCINET.

Il résulte des observations faites par M. *de Freycinet* sur le pendule, pendant le cours de son voyage autour du Monde :

1°. Que l'aplatissement général du globe est sensiblement plus grand que celui qu'on avait déduit des mesures du méridien ou de la théorie de la lune. Les observations postérieures du capitaine Sabine ont confirmé ce résultat;

2°. Qu'il n'y a aucune raison de supposer, comme on l'a fait antérieurement, d'après les recherches de Lacaille, que l'hémisphère nord et l'hémisphère sud ont des aplatissemens différens;

3°. Que sur quelques points du globe des circonstances locales produisent, dans les oscillations du pendule, des irrégularités extrêmement considérables. A l'Ile-de-France l'influence locale s'élève au plus de 14″ en vingt-quatre heures. Ce résultat se trouve confirmé, quant au sens et quant à la valeur, par les observations plus récentes du capitaine Duperrey. (*Analyse des travaux de l'Académie des Sciences pendant* 1825.)

Nouvelle division du Thermomètre.

M. *Skene*, lieutenant de la marine anglaise, a conçu l'idée de diviser l'échelle thermométrique, d'après la fusion de deux corps solides, et non d'après une fusion et une vaporisation, comme on l'a fait jusqu'à présent. Il propose de prendre pour unité thermométrique la différence de température entre le degré de la fusion du mercure et celui de la fusion de l'eau, en ayant soin que les deux matières soient parfaitement pures. Cette unité se nommerait *degré,* et serait divisée en 100 minutes, à l'imitation de la nouvelle division du quart du méridien terrestre. La fusion de la glace conserverait la fonction qu'elle remplit depuis si long-temps chez presque tous les peuples qui font usage du thermomètre; elle séparerait le froid du chaud et serait marquée o; les minutes, dans le sens positif ou ascendant, seraient positives et prendraient le signe +; tandis que les minutes descendantes seraient désignées par le signe —. La grandeur aurait l'avantage de représenter par de petits nombres les plus hautes températures, même celle de la fusion des métaux les moins fusibles. Entre la fusion de la glace et l'ébullition de l'eau, il n'y aurait plus qu'environ 2° 50′; le zinc fondrait à 9°, etc. Ces nombres seraient plus faciles à retenir que ceux dont on se sert actuellement. Il est vrai que la graduation des thermomètres deviendrait plus difficile, et ne pourrait être confiée qu'à des artistes instruits ; mais loin qu'il en résulte aucun inconvénient, ce serait peut-être un moyen de faire disparaître la multitude d'instrumens mal divisés, qui ne s'accordent jamais entre eux dans les mêmes circonstances, et auxquels on ne peut ajouter foi lorsqu'il s'agit d'observations de quelque importance. Les instrumens gradués d'après la méthode de M. *Skene*, seraient nécessairement d'accord en quelque lieu qu'ils eussent été faits. (*Revue encyclopédique*. Mai 1826.)

Baromètre différentiel ; par M. Auguste.

On a une boule de verre terminée par un tube vertical qui plonge dans un bain de mercure ; la boule et une partie du tube sont remplis d'air. Dans le même bain plonge un second tube vertical ouvert par les deux bouts. L'air extérieur ne peut presser sur le mercure que par ce second tube. Une échelle divisée sert à mesurer les hauteurs du mercure dans les deux tubes, et par là on peut voir la différence entre la pression extérieure et la pression de l'air contenu dans la boule ; et comme cette dernière pression peut être déduite du volume primitif et de la température actuelle, que de plus on peut dilater ou rétrécir le réservoir de manière à rendre constant le volume de l'air emprisonné, il est possible de conclure la pression exacte de l'air extérieur en notant seulement la température et la hauteur du mercure dans le second tube. (*Journ. fur Chemie und Physick*, t. 14.)

Instrument pour mesurer la densité des corps en poudre; par M. Leslie.

Cet instrument consiste en un tube de verre formé par la réunion de deux tubes de différens diamètres et soudés bout à bout. La partie supérieure AB est d'un diamètre deux ou trois fois plus grand que la partie inférieure BC. Ils sont ouverts aux deux bouts, et communiquent entre eux par un très petit orifice. La partie BC est graduée, et l'on connaît la capacité de chaque division, ainsi que la capacité entière de AB. Cela fait, on remplit AB d'une poudre dont on a déterminé le poids et dont on cherche la densité. On plonge BC dans un bain de mercure, de sorte que le niveau du liquide, tant extérieur qu'intérieur, est en B. Dans cette position on ferme hermétiquement l'orifice A au moyen d'une plaque de verre qui s'y applique parfaitement, et qui suffit pour empêcher toute communication de l'air extérieur avec l'air contenu en AB, si on a eu soin de la frotter avec une substance grasse. Ainsi AB contient une poudre et de l'air à la pression actuelle de l'atmosphère. Si l'on retire graduellement le tube hors du bain de mercure jusqu'à ce que la hauteur du liquide dans la partie BC, ne soit plus que la moitié de la hauteur barométrique actuelle, l'air contenu en AB se répandra par le trou B dans la partie supérieure de BC; sa pression sera moitié de ce qu'elle était d'abord; son volume total sera par conséquent double, et comme son volume en AB n'aura pas changé, son volume en BC lui sera évidemment égal. Donc le volume de l'air qui viendra en BC, et que l'on pourra mesurer, sera précisément égal au volume de l'air, qui, à la pression atmosphérique, remplit avec la poudre le volume AB. Retranchant de ce dernier le volume de l'air on aura celui de la poudre, et partant la densité de cette poudre puisqu'on en connaît le poids.

Cet instrument, qui peut être fort utile, donne le moyen d'avoir la densité de certaines substances qu'il serait impossible de déterminer en employant un liquide quelconque. L'air pénètre dans tous les pores d'une substance en vertu de la pression qu'il supporte; il n'en est pas de même des liquides, qui n'y arrivent guère qu'en vertu d'une imparfaite mobilité ou d'une force d'affinité dont il faut craindre l'effet. (*Bulletin des Sciences mathématiques*. Septembre 1826.)

Machine pneumatique sans soupapes; par M. Ritchie.

Cette machine est extrêmement simple et susceptible de procurer un vide indéfiniment parfait. Qu'on se figure un corps de pompe fermé des deux bouts, et dans lequel agit un piston dont la tige passe à frottemens à travers le sommet; celui-ci est percé d'un petit trou. Une autre ouverture, qui reçoit un tuyau muni d'un robinet qui conduit sous le récipient, est pratiquée dans la paroi latérale, à une hauteur au-dessus du fond, égale à la hauteur ou épaisseur du piston. Le vide se produit en faisant jouer le piston entre les deux bases du corps de pompe contre lesquelles il vient s'appuyer exactement. Le piston étant par exemple abaissé, l'ouverture latérale communique avec la partie du corps de pompe située au-dessus du piston. Si on soulève ce dernier, l'air situé au-dessus partira totalement par le petit trou, et l'air du récipient viendra se répandre au-dessous du piston. On bouche alors ce petit trou avec le doigt et l'on abaisse le piston; par ce mouvement on fait le vide au-dessus du piston, et l'air situé au-dessous rentre dans le récipient; mais il afflue dans le corps de pompe aussitôt que le piston a dépassé l'orifice latéral, et ainsi de suite, en ayant soin de ne retirer le doigt du petit trou que lorsque le piston en remontant a dépassé l'orifice latéral. (*Edimb. phil. Journ.* Juillet 1826.)

Instrument propre à déterminer la position d'une surface relativement à l'horizon.

Cet instrument se compose d'un demi-cercle sur le champ duquel est fixée une règle servant de base; d'une alidade mobile autour du centre de l'instrument, et d'un niveau fixé sur l'alidade; une vis de rappel est destinée à la rectifier, afin que sa base soit parfaitement horizontale lorsque la bulle du niveau est entre ses deux repères. Voici la manière de faire cette rectification : on commence par porter l'alidade sur le zéro de l'échelle graduée, et on place l'instrument sur un plan; puis on fait tourner l'alidade jusqu'à ce que la bulle du niveau s'arrête entre ses deux repères ; alors on met en contact une équerre avec un côté et un bout de la règle ; on retourne l'instrument, et on fait coïncider l'autre côté et l'autre bout de la règle avec cette même équerre. On s'assurera par ce moyen que le retournement aura été de 180°. Si la bulle du niveau revient à la même place, ce sera une preuve que l'instrument est rectifié ; dans le cas contraire, on partagera la différence au moyen de la vis de rappel, et on retournera l'instrument de nouveau pour s'assurer qu'il n'y a plus d'erreur.

L'instrument ainsi rectifié, il sera facile de connaître l'inclinaison d'une surface quelconque ; il suffira pour cela de placer la règle sur cette surface, et de faire tourner l'alidade jusqu'à ce que la bulle du niveau vienne s'arrêter entre ses repères ; alors le nombre de degrés et de minutes marqué par le dernier sera la valeur de l'inclinaison cherchée. (*Bulletin de la Société d'encouragement*. Décembre 1825.)

Instrument propre à mesurer les distances d'un seul point, depuis 10 *jusqu'à* 140 *mètres, en les réduisant en même temps à l'horizon ; par M.* Barbou.

Cet instrument est composé de deux règles en cuivre, d'environ 45 centimètres de longueur, centrées à l'une de leurs extrémités, et divisées à l'autre, de manière à donner les secondes de 10 en 10 : à la moitié de l'une de ces deux règles est fixé un arc de cercle divisé en degrés qui s'adapte, et tourne dans un autre cercle, élevé d'environ 25 centimètres, et supporté par une règle verticale, qui elle-même est fixée sur une autre règle horizontale; par un mouvement de bascule, les deux cercles donnent les degrés d'inclinaison de cinq en cinq minutes.

Pour mesurer une distance avec cet instrument, on le pose sur une planchette, que l'on a soin de tenir bien horizontale; un niveau est fixé, à cet effet, à l'une des extrémités de la règle qui supporte l'instrument; le déclinatoire de l'autre extrémité sert à orienter la planchette; les deux règles, placées au centre de celle qui supporte l'instrument, et dont l'une agit sur cette dernière perpendiculairement, et l'autre parallèlement, facilitent le placement au point de station, et remplacent, par la division que porte l'une d'elles, l'échelle et le compas.

L'instrument ainsi disposé sur la planchette, on fait porter au point dont on veut déterminer la distance une base verticale, dont la longueur est connue, et à laquelle est attachée une alidade qui lui est perpendiculaire; l'homme qui porte cette base l'incline dans un sens ou dans l'autre, selon que le terrain où il se trouve est plus haut ou plus bas, de manière à diriger toujours le rayon de son alidade sur l'instrument; alors la personne qui est au point de station dirige ses deux lunettes sur l'alidade, et les rayons qui en partent arrivent perpendiculairement sur la base; en élevant une de ces lunettes jusqu'au sommet de la base, l'angle est plus ou moins grand, selon la distance; mais on a formé un triangle rectangle dont on connaît deux angles, et un des côtés de l'angle droit; il ne reste donc plus qu'à chercher dans des tables calculées d'avance le second côté de l'angle droit.

Si le terrain est incliné, les deux lunettes ont dû basculer dans un sens ou dans l'autre, puisqu'elles étaient placées horizontalement sur la planchette; la distance non réduite à l'horizon étant une fois connue, forme l'hypoténuse d'un triangle rectangle dont on connaît deux angles et un côté, et des tables calculées donnent de suite cette distance réduite à l'horizon.

On doit avoir soin, quand on opère dans un pays de montagnes, de faire attacher un fil à plomb à l'alidade de la base, parce que ce n'est que la distance de l'alidade à l'instrument que l'on obtient; et selon que la base est inclinée dans un sens ou dans l'autre, il faut diminuer ou augmenter, d'après l'indication du fil à plomb : si l'on a besoin de mesures très exactes, il faut aussi faire attention où est placé sur la planchette le sommet de l'angle qui part de l'instrument, afin de pouvoir en tenir compte dans le rapport de la distance. (*Même journal*, même cahier.)

CHIMIE.

Analyse microscopique de la fécule; par M. Raspail.

La fécule n'est point une substance immédiatement propre, dans le sens chimique; c'est-à-dire une substance dont toutes les molécules intégrantes soient identiques, uniformément réunies par adhésion réciproque, et attaquée semblablement par un même réactif. C'est un assemblage de corps organisés, microscopiques, dont les dimensions, très appréciables, varient sous plusieurs rapports; qui déjà sont reconnus formés d'un tégument et d'une substance gommeuse recélée dans leurs parois. Les tégumens se colorent en bleu par l'iode, soit avant, soit après leur dessiccation, mais la partie gommeuse perd cette propriété dans le second cas. Les tégumens conservent très long-temps leur couleur ainsi acquise, tandis que la dissolution gommeuse se décolore à l'air libre au bout de deux jours environ.

L'auteur a fait plusieurs essais tendant à expliquer le phénomène de la coloration de la fécule par l'iode. Il a remarqué que la dissolution alcoolique d'iode produit dans la dissolution gommeuse la plus pure une coagulation et une coloration subites; l'un et l'autre de ces effets va en diminuant d'intensité avec l'évaporation de l'alcool, mais la dissolution de l'iode dans l'eau produit la même coloration; enfin, la dessiccation complète de la gomme ayant enlevé à cette dernière la propriété de se colorer de nouveau, l'auteur a cru devoir attribuer la coloration de la fécule par l'iode à une matière étrangère à la fécule, et volatile, puisqu'elle disparaît par simple évaporation. La chaleur à sec paraît nécessaire pour chasser ou détruire la matière colorable de la fécule.

Il résulte de ces faits qu'on doit naturellement supposer l'existence d'une matière particulière contenue dans des substances très diverses, dont celles-ci peuvent se séparer en tout ou en partie, laquelle jouirait de la propriété de bleuir par l'iode. Cette matière existerait dans la gomme arabique, qui s'en dépouillerait par une longue exposition à l'air, au sortir des arbres qui la produisent.

La fécule de pomme de terre extraite de tubercules frais, au moyen de l'eau froide, présente rarement des grains endommagés ; desséchée à l'air, elle reste sous forme de poudre brillante et impalpable ; mise dans l'eau froide, elle ne s'y dissout pas, et il ne passe à travers le filtre que quelques grains très petits. La fécule de froment, au contraire, présente des grains déchirés qui laissent dissoudre leur gomme dans l'eau froide ; aussi l'amidon de froment se prend-il toujours par la dessiccation en grains tenaces.

Quand on fait bouillir de la fécule dans une médiocre quantité d'eau, la gomme sortie des tégumens coagule ces derniers ainsi qu'une portion de fécule intacte, et le tout se prend en gelée par le refroidissement ; c'est l'empois ordinaire ; mais si la quantité d'eau avait été suffisante pour dissoudre parfaitement toute la gomme et maintenir les tégumens isolés, on n'aurait eu qu'une dissolution de gomme troublée par des tégumens flottans.

La fécule bouillie dans une grande quantité d'eau et mise à refroidir, il se dépose une substance blanche qu'on a reconnu au microscope n'être que les tégumens eux-mêmes.

La substance nommée *amidine*, par M. *Th. de Saussure*, et qui se dissout dans l'eau à 62° sans se prendre en gelée par le refroidissement, n'est formée, suivant M. *Rapsail*, que de tégumens dépouillés de gomme, qui sont transparens et suspendus dans l'eau chaude.

Le *cambium* est une substance blanche, gommeuse et remplie de grains blancs, semblables aux plus petits grains de fécule; elle abonde en ligneux.

L'*inuline* est un composé de grains de fécule très petits et non colorables par l'iode; on le trouve dans tous les végétaux.

La *dahline* est la même substance que la précédente, mais retirée d'une plante particulière.

La *gomme adragant* ne diffère de la gomme arabique ordinaire que par quelques parcelles de matière colorable et par une grande quantité de tissu cellulaire que l'on peut isoler sur le filtre. (*Annales de Chimie.* Septembre 1826.)

Propriété que possèdent les poudres métalliques de s'enflammer spontanément à l'air, par M. Magnus.

En réduisant de l'oxide de cobalt par un courant d'hydrogène, l'auteur s'aperçut qu'en l'exposant à l'air, le métal s'enflammait. Il reconnut, en analysant l'oxide qu'il avait employé, qu'il contenait de l'alumine et que c'était ce dernier corps qui communiquait au métal la propriété de prendre feu; cette même propriété se communique à l'air, au cobalt, au nickel, au fer, aux métaux réductibles par l'hydrogène et qui peuvent être précipités de leurs dissolutions en même temps que l'alumine. La glucine agit de la même manière.

Comme ces deux oxides terreux n'agissaient évidemment pas parce qu'ils étaient réduits, M. *Magnus* pensa qu'ils servaient à diviser le métal et que par une chaleur modérée, employée pour la réduction des oxides de cobalt, de nickel et de fer, par l'hydrogène, on devait obtenir le même résultat avec leurs métaux; c'est ce que l'expérience a confirmé. Il est même parvenu à obtenir avec le cuivre réduit par une chaleur peu forte, une poudre métallique qui, par son exposition à l'air, se recouvrait d'une couche d'oxide, cependant sans production de lumière; mais le cobalt, le nickel et le fer brûlaient avec lumière. Comme corps poreux, les poudres métalliques condensent les gaz, et l'hydrogène condensé n'empêche pas la condensation de l'oxigène; or, en chauffant le métal dans un courant d'acide carbonique, il perd la propriété de s'enflammer et la reprend en le chauffant de nouveau dans l'hydrogène. (*Ann. der Physik.* 3e vol.)

Expériences sur l'acide boracique; par M. Vanmons, professeur à l'université de Louvain.

On a chauffé dans un creuset de Hesse un mélange intime de onze parties de borax vitrifié et d'une partie de charbon; on a entretenu un feu blanc pendant trois heures; l'extérieur du creuset était revêtu d'un vernis de matière vitrifiée; le produit fut une fonte partagée en deux couches, dont l'inférieure ressemble à de l'acier fondu, et dont la supérieure est un vernis, du noir le plus intense, opaque et de la fonte la plus égale; il raie comme le ferait le diamant et n'est pas attaqué par l'acide nitrique, ni par la potasse liquide concentrée ; il est parsemé dans sa masse de globules parfaitement arrondis et dont quelques uns d'une ligne et demie. Le métal est cassant et se laisse néanmoins couper au couteau ; il a l'éclat et la blancheur de l'argent, et n'est dissous que par l'eau régale, laquelle encore ne l'attaque que faiblement ; le verre est des plus pesans ; la fonte métalliforme l'est un peu moins.

Le métal est du fer modifié par son adjonction à un corps étranger ; il faut que l'argile du creuset en contienne beaucoup, pour avoir formé une si grande quantité de globules. (*Messager des Sciences et des Arts*, 1ère et 2e liv. 1825.)

Composition des borates et de l'acide borique ; par M. Soubeyran.

L'auteur ayant voulu former le borate de soude en unissant l'acide borique et le carbonate de soude, la liqueur resta excesssivement alcaline. Il remplaça le sel de soude par l'hydrate de soude et les résultats furent les mêmes ; il se procura alors du borate de soude et du nitrate de plomb parfaitement purs et secs, au moyen de fusions et de cristallisations répétées ; il fit dissoudre l'un et l'autre dans l'eau et versa peu à peu la dissolution du nitrate de plomb dans celle du borate de soude, jusqu'à l'entière précipitation du borate de plomb : il était assuré que la liqueur surnageante ne contenait point de plomb, vu que l'hydrogène sulfuré n'y produisait pas de coloration ; mais seulement après plusieurs lavages du borate de plomb ainsi obtenu, une partie de ce sel passait à travers le filtre, d'où il conclut que le borate de plomb ne se dissout que quand la liqueur ne contient plus qu'une très petite quantité de nitrate de soude. De plus, le borate de plomb ne retenait point de nitrate, puisqu'après son lavage le cuivre et l'acide sulfurique n'en faisaient pas sortir de vapeur nitreuse. La moyenne de dix expériences semblables donna pour la composition du borate de soude 32,416 de soude et 67,584 d'acide borique.

L'auteur a trouvé ensuite que la composition du borate et du bi-borate d'ammoniaque coïncidait avec celle du borate de soude telle qu'il vient de la donner. (*Journal de Pharmacie.* Janvier 1825.)

Lumière qui se développe au moment où l'acide borique fondu se sépare en fragmens; par M. DUMAS.

L'acide borique fondu présente un phénomène particulier au moment de son refroidissement. Lorsque ce refroidissement s'opère dans un creuset de platine, au moment où les contractions des deux matières deviennent trop inégales, l'acide borique se fendille en jetant une vive lueur, qui suit la direction des fentes. Cette lueur, probablement due à la cause qui développe des électricités de noms contraires dans les lames de mica, que l'on divise brusquement, est assez forte pour être vue de jour. L'expérience est remarquable dans l'obscurité, et l'on suit mieux la marche du sillon lumineux. (*Annales de Chimie.* Juillet 1826.)

Sur l'acétate d'argent et le proto-acétate de mercure; par LE MÊME.

L'auteur a préparé l'acétate d'argent en versant une solution concentrée d'acétate de soude dans une autre également concentrée de nitrate d'argent cristallisé. Les cristaux ont été filtrés, lavés à l'eau froide, puis desséchés. La décomposition s'est opérée par une température fort basse, et l'ignition s'est propagée dans toute la masse. Le résidu a donné une quantité d'argent presque aussi volumineuse que le sel employé. Ces résultats donnent :

Oxide d'argent...........	0,927	ou	70,33
Acide acétique...........	0,391	ou	29,67
	1,318		100

On connaît deux acétates de mercure; l'un est un sel jaunâtre, gommeux, déliquescent, incristallisable, et facile à décomposer; l'autre se présente en cristaux d'un blanc nacré. On obtient facilement ce dernier en faisant bouillir le vinaigre sur du peroxide de mercure; mais en examinant le sel qu'on obtient par ce procédé, on voit qu'il précipite en noir par les alcalis caustiques, en jaune verdâtre par les hydriodates alcalins, et qu'avec l'acide hydrochlorique il se transforme en une poudre blanche, insoluble et très dense. Il paraît donc qu'à la température de l'ébullition du vinaigre, l'oxide rouge de mercure est ramené à l'état de protoxide par les matériaux combustibles de l'acide acétique.

Celui dont on fait usage en médecine est le véritable proto-acétate de mercure. Voici son analyse :

Oxide de mercure noir.....	1,210 ou	80,66
Acide acétique............	0,290	19,34
Proto-acétate de mercure...	1,500	100

(*Nouv. Bull. de la Soc. Phil.* Janvier 1825.)

Nouvelle méthode de préparation du gaz oxide de carbone ; par LE MÊME.

On mêle le sel d'oseille pur avec cinq à six fois son poids d'acide sulfurique concentré ; le mélange porté à l'ébullition dans une cornue, donne une quantité considérable d'un gaz composé de parties égales d'acide carbonique et d'oxide de carbone. Après avoir absorbé l'acide carbonique par la potasse, on a de l'oxide de carbone très pur. (*Même journal.* Mai 1826.)

Sur le gaz carbonico-sulfuré ; par M. LANCELOTTI.

En chauffant ensemble, dans une cornue, portion égale de soufre et de sous-carbonate de potasse en poudre, on obtient ce gaz, qui a une odeur hépatique, mais bien différente de celle de l'hydrogène sulfuré. Sa densité est à peu près semblable à celle de l'acide carbonique ; il rougit la teinture de tournesol, rend laiteuse l'eau de chaux, précipite la solution d'argent en brun olive, est absorbé par l'ammoniaque liquide, qu'il trouble, et se dissout dans l'eau en lui donnant une saveur à peine acide. Ce gaz ne contient pas d'hydrogène sulfuré. Les sous-carbonates de chaux et de soude donnent des produits semblables. On peut aussi obtenir ce gaz en faisant passer un courant d'acide carbonique à travers du soufre fondu. (*Mém. de l'Institut de Naples*, t. 3.)

De l'action du palladium sur la flamme de l'esprit-de-vin ; par M. Wohler.

Lorsqu'on chauffe le palladium à l'air, il prend une couleur bleue comme l'acier. En répétant cette expérience avec la lampe à esprit-de-vin, M. *Wohler* s'aperçut que la lame du palladium se recouvrait d'une couche de suie, qui disparaissait dès qu'on faisait rougir le métal sur la flamme extérieure ; mais on sait que l'alcool, en brûlant, ne dépose pas de suie sur le platine, l'or, l'argent, le cuivre, etc. Le dépôt se forme sur le palladium, dans le centre de la flamme, où la chaleur est à peine suffisante pour faire rougir le métal ; en séparant cette couche de charbon et le faisant brûler sur une plaque de platine, on obtient pour résidu une poudre grise, qui est du palladium métallique. En retirant rapidement du centre de la flamme un morceau d'éponge de palladium recouvert de suie, il devient rouge, état qui dure deux ou trois minutes jusqu'à ce que le charbon soit entièrement brûlé. En plaçant un morceau d'éponge de palladium sur la mèche d'une lampe à esprit-de-vin qui vient d'être éteinte, il continue à rougir en se boursoufflant considérablement et produisant de l'acide jusqu'à ce que tout l'alcool soit consumé. La même chose se passeen plaçant au travers de la mèche une lame de palladium très mince et éteignant la flamme; la lame devient cassante et se recouvre de mamelons de charbon qui laissent un squelette de palladium.

Le palladium paraît donc former avec le charbon une combinaison analogue à celle de l'acier; c'est ce qui a lieu en effet, quoique à un moindre degré. (*Ann. der Physik.*, 3e vol.)

Réduction des oxides métalliques au moyen des métaux et par la voie humide; par M. Fischer.

L'auteur mit un petit cylindre de zinc aminci par le bout, en contact avec la surface d'une dissolution d'acétate de plomb; le vase était bien bouché, et au bout d'un an il précipitait encore du plomb; les dendrites formées se trouvaient remplacées par d'autres à mesure que leur pesanteur les forçait d'abandonner le zinc; et elles devenaient de plus en plus fines jusqu'à un certain point où elles restaient dans le même état. Désirant trouver l'explication de ce phénomène, M. *Fischer* fit l'expérience suivante. Une dissolution neutre de nitrate de zinc, dont l'acide ne pouvait dissoudre la moindre partie de ce métal fut versée sur des copeaux de plomb, et au bout de vingt-quatre heures la liqueur contenait déjà assez de plomb en dissolution pour précipiter non plus seulement par l'hydrogène sulfuré, mais encore par les sulfates; cependant aucune particule de zinc n'avait été réduite.

L'auteur obtint des résultats analogues avec l'acétate de zinc; de là l'explication toute naturelle de la réduction non interrompue du plomb par le zinc. Le plomb réduit tombant à la partie inférieure de la liqueur, se trouve dissous en petite quantité par le nitrate ou l'acétate de zinc, et est réduit de nouveau aussitôt qu'il revient en contact avec le zinc à la surface de la dissolution. Ces dissolutions et ces réductions successives pourraient donc durer sans interruption; mais deux causes s'y opposent; 1°. le rapport de la quantité d'eau à la quantité de sel de zinc qui va toujours croissant; 2°. l'oxidation de la pointe du cylindre de zinc, qui, par l'action de l'eau, ne cesse de faire des progrès et empêche le contact de la dissolution de plomb formée et du métal précipitant.

On devait s'attendre à voir les mêmes phénomènes produits par toutes les dissolutions métalliques, dans leur contact prolongé avec des métaux plus électronégatifs que ne le sont ceux en dissolution. L'expérience a vérifié cette conjecture. L'auteur vit en effet que le muriate de zinc, le muriate d'étain et l'acétate de plomb parfaitement neutres, dissolvent le cuivre quand ce métal en limaille est exposé pendant quelques heures à leur action. L'argent lui-même se trouve dissous en très petite quantité dans du nitrate de cuivre entièrement neutre, au bout de plusieurs semaines de contact, en poudre fine avec ce sel. Dans ce dernier cas où la dissolution ne s'opère que très lentement et dans des proportions très faibles, l'argent réduit s'attache au cuivre sous forme d'aiguilles si belles et si brillantes qu'il est impossible par d'autres moyens de les obtenir en cet état. Pour produire ce beau phénomène, il faut remplir les conditions suivantes : on place dans le fond d'un vase cylindrique de la limaille d'argent, ou mieux le dépôt obtenu, en précipitant l'argent de sa dissolution par le cuivre. On verse dessus une dissolution parfaitement neutre de nitrate de cuivre jusqu'à ce qu'il y en ait un ou deux pouces de haut, et on fait plonger d'une à deux lignes dans la liqueur la pointe d'une verge ou d'un fil de cuivre. La réduction de l'argent se fait alors en quatre ou huit semaines, et les aiguilles sont d'autant plus longues que le vase est plus étroit. Dans ce cas, le sel qui dissout le métal passe probablement à l'état de sous-sel. (*Ann. der Physik.* vol. 4.)

Formation de l'acide sulfurique anhydre; par M. Gmelin.

Quand on distille de l'acide sulfurique, qu'on change le récipient au moment où il se remplit de vapeurs opaques, et qu'on couvre le nouveau de glace, on y recueille de l'acide sulfurique anhydre qui se dépose en cristaux sur les parois, et de l'acide liquide moins dense que celui qui reste dans la cornue. Il paraît que pendant la distillation l'acide sulfurique se partage en deux parties dont l'une cède son eau à l'autre. (*Annales de Chimie.* Juin 1826.)

Analyse du Caoutchouc; par M. Faraday.

L'auteur ayant reçu du suc assez bien conservé, dont l'épaississement produit la substance connue sous le nom de caoutchouc (gomme élastique), a recherché dans ce liquide les principes immédiats qu'il pouvait contenir réunis; voici les résultats qu'il a obtenus :

Eau, acide, etc.	563 7
Caoutchouc pur	317
Substance colorante azotée amère	70
Matière soluble dans l'eau et l'alcool.	29
Matière albumineuse	19
Cire	1 3
	1,000

Le caoutchouc se sépare spontanément et presque complétement pur en étendant le suc d'eau. Il vient surnager le liquide; on le lave à plusieurs reprises, et on le recueille sur un filtre. Ce principe immédiat est blanc, presque diaphane, très élastique; il se compose de

Carbone.............. 6,812 = 8 atomes.
Hydrogène............ 1,000 = 7 atomes.

Le caoutchouc ainsi obtenu est susceptible d'être employé dans les arts, non seulement pour l'usage du caoutchouc brut, mais encore pour beaucoup d'autres auxquels son impureté ou sa couleur le rendaient impropre; dissous dans l'huile essentielle de houille, il peut fournir des enduits imperméables, susceptibles d'être teints en diverses couleurs.

A la suite de la lecture de son Mémoire, M. *Faraday* a présenté à l'Institution royale de Londres:

1°. Un manteau imperméable, très léger et très souple, formé d'une double toile de coton entre laquelle était interposé l'enduit de caoutchouc.

2°. Du cuir artificiel blanc formé de dix à douze toiles entre lesquelles l'enduit imperméable était étendu;

3°. Une carde faite avec ce cuir;

4°. Des sacs en toile remplis d'eau depuis plusieurs mois;

5°. Des portefeuilles qui peuvent être immergés dans l'eau sans que les papiers qu'ils renferment soient mouillés;

6°. Des vessies de caoutchouc, enflées en distendant cette substance par l'air ou un gaz comprimé; munies d'un chalumeau à robinet elles soufflent spontanément;

7°. Des balles d'imprimerie remplies d'air, très élastiques et très souples;

8°. Du caoutchouc mis en bloc, puis découpé en feuilles de différentes dimensions (4, 8 et 9 pouces carrés sur une ou deux lignes d'épaisseur), qui sont fort commodes pour former des tubes de tous les diamètres. Il suffit de roûler le caoutchouc sur un tube de verre, de trancher vif ses bords à biseau, et de les réunir par une légère pression. (*Bull. de la Société d'Encouragement.* Janvier 1826.)

Nouvel acide formé par l'acide sulfurique et la naphtaline; par LE MÊME.

Cet acide, que l'auteur nomme *acide sulfo-naphtalique*, s'obtient par le mélange de la naphtaline presque entièrement débarrassée de naphte par la sublimation, avec trois ou quatre fois son poids d'acide sulfurique froid. A l'état solide, c'est en général un hydrate qui contient beaucoup de matière combustible; il est facilement soluble dans l'eau; ses solutions forment avec les bases des sels neutres tous solubles dans l'eau, la plupart dans l'alcool; tous combustibles et déposant dans la combustion des sulfates ou des sulfures, selon les circonstances. Il se dissout dans la naphtaline, l'huile de térébenthine et l'huile d'olive, en plus ou moins grande quantité, selon qu'il contient plus ou moins d'eau. Il forme avec la *soude* et la *potasse* un sel neutre, soluble dans l'eau et dans l'alcool, et qui ne s'altère point à l'air; avec l'*ammoniaque*, un sel neutre imparfaitement cristallisé, qui n'est pas déliquescent, mais qui se sèche à l'air libre; avec la *baryte*, deux sels dont l'un est inflammable et l'autre rubescent, à cause de la manière dont ils se comportent chauffés à l'air (le dernier est plus nettement cristallisé que le premier, et il est beaucoup moins soluble); avec la *chaux* et la *magnésie*, un sel blanc d'un goût amer qui brûle avec flamme.

Cet acide agit sur le *fer* et le *zinc*, dont il dégage de l'hydrogène. Avec le plomb et le manganèse il forme des sels solubles dans l'eau et dans l'alcool; le carbonate d'argent humecté s'y dissout rapidement, et on obtient une solution presque neutre; avec le proto-carbonate et le peroxide hydraté de mercure, il forme un sel soluble dans l'eau et dans l'alcool, et qui se décompose par la chaleur. (*Trans. Philos.* 1826.)

Action du platine sur des mélanges de gaz ; par M. Henry.

MM. Thenard et Dulong avaient remarqué qu'à la température ordinaire, l'éponge de platine n'était susceptible d'opérer la combinaison du gaz oxide de carbone avec l'oxigène qu'au bout de plusieurs jours, et qu'elle n'attaquait nullement les mélanges d'oxigène avec le gaz oléfiant, l'hydrogène proto-carburé, ou le cyanogène. M. *Henry* a conçu, d'après cela, l'idée qu'on pouvait, à l'aide du platine, ne brûler que l'un de ces gaz à la fois, et par là déterminer la proportion des différens gaz combustibles qui entrent dans le mélange. Il a commencé par mêler deux volumes d'hydrogène et un volume d'oxigène avec des proportions connues des autres gaz combustibles composés, et il a vu qu'il pouvait toujours introduire une quantité d'hydrogène telle qu'en présentant au mélange l'éponge de platine, ou une boule de platine et d'argile récemment chauffée au chalumeau, l'oxide de carbone se combinait seul avec l'oxigène, et pouvait ainsi être séparé du gaz hydrogène carboné qui entre dans le mélange.

Le procédé que l'auteur préfère pour faire l'analyse d'un mélange de gaz combustible, consiste à soumettre à une température graduellement croissante les mélanges gazeux qu'il s'agit d'analyser. L'oxide de carbone brûle le premier à 150° centigrades; viennent ensuite le gaz oléfiant à 250°, et le gaz hydrogène proto-carboné à 300°. On détermine les proportions des gaz qui constituent le mélange en absorbant à chaque condensation l'acide carbonique par une dissolution de potasse. (*Philosophical magazine*. Avril 1825.)

Sur la congélation du mercure; par M. John.

Lé point de congélation du mercure est fixé ordinairement à 32° au-dessous de Réaumur. L'auteur ayant trouvé que le mercure restait encore liquide à cette température, a cru devoir fixer ce point au moins à — 34° R. Des expériences qu'il a faites prouvent que le véritable degré auquel le mercure gèle est beaucoup plus bas. Ayant fait, à une température de 6° R. au-dessous de zéro, un mélange frigorifique de huit livres de muriate de chaux avec partie égale de neige, le thermomètre à esprit-de-vin tomba à — 40°, sans plus baisser. Le mercure d'un thermomètre était encore liquide; mais il rentra subitement jusque dans la boule, où il commença à geler. On peut estimer la température observée à — 90° R., et le vrai point de la congélation du mercure doit tomber entre 50° et — 80° R.

M. *John* a fait congeler en même temps des masses de trois à quatre onces, des bâtons de mercure congelé dans les tubes étaient flexibles, malléables, d'une cassure grenue et plus éclatante et plus blanche que le mercure fluide : il faut faire ces essais dans le mélange frigorifique même, ce qui les rend très pénibles; car on risque en même temps de se geler.

Gaz orangé, extrait d'un mélange de spath fluor et de chromate de plomb; par M. Berzélius.

Un chimiste allemand a fait, il y a quelque temps, des expériences sur l'acide fluorique, dont la plus curieuse a été celle qui consistait à distiller un mélange de spath fluor et de chromate de plomb, dans une cornue de plomb, avec de l'acide sulfurique fumant ou anhydre. Il en résulta un gaz qu'on ne put recueillir, parce qu'il détruisait le verre. Ce gaz produisait une fumée jaune ou rouge très épaisse; il était promptement absorbé par l'eau, qui alors se trouvait contenir un mélange d'acide chromique et fluorique; mis en contact avec l'air, ce gaz déposa de petits cristaux rouges d'acide chromique.

M. *Berzélius* a répété cette expérience, et a reconnu qu'on réussissait également bien avec de l'acide sulfurique ordinaire concentré. Il recueillit le gaz dans des flacons de verre, enduits à l'intérieur de résine fondue et remplis de mercure. Le gaz avait une couleur rouge; il attaqua peu à peu la résine, déposa l'acide chromique dans la masse, et pénétra même jusqu'au verre, qu'il décomposa, sans changer de volume, le chrôme étant remplacé par le silicium.

Si l'on y introduit du gaz ammoniac, il brûle avec explosion. L'eau le dissout et donne un liquide couleur orange qui, évaporé jusqu'à siccité dans une capsule de platine, laisse volatiliser l'acide fluorique, et donne pour résidu l'acide chromique parfaitement pur. Si le gaz est reçu dans une capsule de platine de quelque profondeur, dont les côtés ont été légèrement humectés, l'eau commence à l'absorber; peu à peu des cristaux d'un beau rouge se forment autour de l'orifice du tube métallique qui sert à conduire le gaz, et, en peu de temps, la capsule se trouve remplie de flocons rouges, composés de cristaux d'acide chromique. L'acide fluorique se dissipe en vapeurs, et absorbe entièrement l'eau ajoutée au commencement de l'expérience. Ces cristaux ont cette propriété curieuse, c'est que, chauffés au rouge dans un creuset de platine, ils commencent d'abord par fondre; puis, faisant une légère explosion, accompagnée de jets de lumière, ils se décomposent en gaz oxigène et en protoxide vert de chrôme. L'acide chromique qui a été dissous dans l'eau ne présente point ce phénomène; il fuse durant sa décomposition, mais il ne donne pas de jets de lumière.

En distillant le chromate de plomb et le chlorure de sodium, on obtient un gaz semblable au précédent, et qui contient du chrôme, combiné avec le chlore, en telle proportion, que l'eau, par sa décomposition, donne lieu à la formation des acides hydrochlorique et chromique. (*Annals of Philosophy*. Février 1826.)

Thenardite, *nouvelle substance minérale; par* M. Casaseca.

M. Rodas, habile manufacturier espagnol, ayant découvert, il y a neuf ans, aux salines d'Espartines, à cinq lieues de Madrid, une substance minérale qu'il reconnut bientôt pour du sulfate de soude mêlé d'une petite portion de sous-carbonate de soude, y établit une fabrique de savon préparé avec de la soude artificielle qu'il fait avec ce sulfate de soude, que la nature lui présente tout formé, en sorte qu'il n'a pas besoin de transformer l'hydrochlorate de soude en sulfate, comme cela a lieu en France.

Quand on abandonne ce sel au contact de l'air, il perd sa transparence, et se recouvre à sa surface d'une couche pulvérulente qu'il est très facile d'enlever; mais cet effet, en apparence semblable à celui qui a lieu avec le sulfate de soude artificiel cristallisé, est produit par une cause tout-à-fait différente; ainsi tandis que dans le sulfate de soude artificiel l'efflorescence est due à la perte d'une partie de son eau de cristallisation, dans la nouvelle substance c'est une suite de l'absorption d'une certaine quantité d'eau de l'atmosphère; aussi lorsqu'on place quelques cristaux de ce sulfate de soude naturel dans une atmosphère parfaitement sèche, ils conservent leur transparence, tandis qu'ils la perdent au sein d'une atmosphère humide.

Soumis à l'action de la chaleur, ce sel ne diminue pas sensiblement de poids; il se dissout dans l'eau distillée sans laisser de résidu; la dissolution concentrée est très légèrement alcaline. Essayée par l'hydrogène sulfuré, le nitrate d'argent, la potasse, le bi-carbonate de potasse, l'ammoniaque, l'oxalate d'ammoniaque, puis enfin par l'hydrochlorate de platine, elle n'a subi aucune altération; ce qui prouve que cette nouvelle substance minérale ne contient ni sels métalliques, ni hydrochlorate de soude, ni sels magnésiens, alumineux, calcaires ou à base de potasse. Traitée par le nitrate de baryte, la dissolution a donné lieu à un précipité très abondant, reconnu pour du sulfate de baryte, mélangé d'une très faible quantité de carbonate de baryte.

Ces essais prouvent que la substance minérale d'Espartines contient du sulfate de soude, mélangé d'une très petite quantité de carbonate de soude, et que de plus elle est anhydre; aussi est-elle tellement avide d'eau, que si, après l'avoir réduite en poudre fine, on la met en contact avec quelques gouttes de ce liquide, elle cristallise à l'instant, forme une croûte qui adhère très fortement au verre dans lequel on fait l'expérience, et il se dégage en même temps une chaleur sensible.

L'état anhydre de ce sulfate de soude est très remarquable; car il est surprenant qu'un sel qui, dans les circonstances ordinaires, contient 0,56 d'eau de cristallisation, se précipite sous forme cristalline de sa dissolution dans l'eau, et sans retenir la moindre quantité de ce liquide.

100 parties de la nouvelle substance minérale d'Espartines contiennent :

Sulfate de soude..................	99,78
Sous-carbonate de soude..........	0,22
Total............	100

(*Annales de Chimie.* Juillet 1826.)

Analyse de la Poudre des bijoutiers, connue sous le nom de couleur ; *par* LE MÊME.

Les bijoutiers de Paris se servent, pour donner à l'or des bijoux la belle couleur jaune, et le beau mat que présente l'or fin, lorsqu'il n'est pas poli, d'une poudre composée, sur 100 parties, de sel marin, 35 ; de nitrate de potasse, 40, et d'alun, 25 ; mais depuis quelque temps on en débite dans le commerce une autre, dont la composition est, d'après M. *Casaseca*, de

Oxide blanc d'arsenic	2,135
Alun à base de potasse	4,190
Sel marin	13,560
Oxide de fer et argile	0,115
	20,00

(*Même journal.* Mars 1826.)

Brôme, *nouvelle substance trouvée dans l'eau de la mer ; par M.* BALARD.

Le brôme est liquide à la température ordinaire de l'atmosphère, et même à 18° au-dessus de 0°. En masse, sa couleur est d'un rouge brun foncé ; en couche mince, elle est d'un rouge hyacinthe. Celle de sa vapeur est entièrement semblable à celle de l'acide nitreux ; il est très volatil, et bout à 47°. L'odeur en est très forte et ressemble beaucoup à celle du chlore. Sa densité est d'environ 3.

Le brôme detruit les couleurs à la manière du chlore ; il se dissout dans l'eau, l'alcool et l'éther.

L'auteur l'a combiné avec un grand nombre de corps simples et a obtenu des composés très remarquables. Le chlore est plus puissant que lui, mais à son tour il l'est plus que l'iode.

Si l'on veut se former une idée exacte des propriétés du brôme, c'est au chlore qu'il faut le comparer. Avec l'hydrogène il forme un hydracide, l'acide hydrobromique ; et avec l'oxigène, l'acide bromique, dont les combinaisons avec les bases ont la plus grande analogie avec les chlorates.

A chaud, il décompose, comme le chlore, tous les oxides alcalins solubles et en dégage l'oxigène ; à froid, il se combine avec ces oxides, et forme des bromures facilement décomposables par la chaleur et par les acides les plus faibles. Il se combine aussi avec le gaz hydrogène per-carboné, et produit un liquide oléagineux d'une odeur éthérée très suave.

Le poids de son atome est 9,328, en prenant celui de l'oxigène pour unité. (*Même journal.* Août 1826.)

Action de l'Eau sur le verre ; par M. Griffiths.

Pour démontrer l'action de l'eau sur le verre, l'auteur réduisit en poudre médiocrement fine, un morceau de flint-glass dans un vase de terre ; il en mit sur du papier de curcuma et y répandit quelques gouttes d'eau ; la couleur jaune du papier tourna subitement au rouge. Frappé de ce résultat, il crut qu'il était produit par quelque impureté du verre. Il répéta l'expérience avec le plus grand soin, en broyant du verre dans un mortier d'agate ; mais il obtint un résultat encore plus décisif, parce que la poudre du verre était plus fine. Pulvérisé par des surfaces polies de fer, d'acier, de zinc, de cuivre, d'argent, de platine, le verre donna toujours le même caractère d'alcalinité; seulement la présence d'une petite partie d'oxide de fer en diminuait l'effet. Il fut donc prouvé que l'alcali du verre se dissout en partie dans l'eau.

Du papier de tournesol fut rougi par un acide; un autre papier fut coloré par une infusion de choux rouges; au contact du verre en poudre, le premier redevint bleu, et le second prit une couleur verte.

Du flint-glass réduit en poudre fine fut bouilli dans l'eau pendant quelques heures; on refroidit, on laissa reposer et l'on décanta la liqueur claire; on évapora celle-ci, qui présenta les caractères d'alcalinité. Une goutte de la solution concentrée fut évaporée sur une plaque de verre en contact avec l'air, et en peu de temps devint déliquescente. L'acide tartrique produisit une effervescence, puis donna un précipité. Il arriva la même chose avec le muriate de platine; on avait donc de la potasse non combinée, qui à l'air avait passé à l'état de carbonate.

La poudre de verre qui avait servi à l'expérience, après avoir été plusieurs fois lavée, ne donna plus aucun signe aux papiers réactifs; mais après une nouvelle trituration le caractère d'alcalinité reparut et l'on obtint encore de la potasse. Pour déterminer la quantité de cet alcali extrait du verre, on prit 100 grains de flint-glass pulvérisé très fin; on le fit bouillir, à peu près chaque jour, pendant plusieurs semaines, dans deux ou trois eaux successives; le résidu indiqua une perte d'environ 7 grains. (*Quarterly Journal.* Janvier 1826.)

Relation entre la forme des cristaux et leur dilatation par la châleur; par M. Mitcherlich.

Les cristaux qui n'ont qu'une réfraction simple se dilatent également dans tous les sens; l'action de la chaleur n'altère pas leurs angles.

Les cristaux dont la forme primitive est un rhomboïde ou un prisme hexaèdre régulier, se comportent dans les directions transversales tout autrement que dans la direction de l'axe principal; les trois axes perpendiculaires à celui-ci se dilatent également.

Les cristaux dont la forme primitive est un octaèdre rectangulaire ou rhomboïdal, et en général tous ceux qui ont deux axes de double réfraction, se dilatent différemment dans leurs trois dimensions, et de manière que les petits axes se dilatent à proportion plus que les grands. (*Annales de Chimie.* Mai 1826.)

Nouvelle forme qu'affecte le Carbone pur; par M. Colquhon.

En faisant passer un courant d'hydrogène carboné sur du fer porté à une chaleur voisine du rouge blanc, il se forme sur sa surface un précipité de carbone plus considérable qu'il n'est nécessaire pour la transformation complète du métal en acier. Le carbone, ainsi précipité, affecte plusieurs formes, dont la plus remarquable est la suivante. En ouvrant la partie de l'appareil où se déposait le charbon, l'auteur trouva, dans une position irrégulière et en divers endroits, une foule de longs filamens capillaires de carbone, luisans et réunis parallèlement en petites touffes entièrement semblables à une tresse de cheveux très fins; une seule touffe paraissait contenir des milliers de fils. Ces touffes avaient entre un et huit pouces de longueur; dans quelques unes les fils étaient de la grosseur du crin d'un cheval; ailleurs, ils étaient aussi fins que les fils d'araignée les plus ténus; mais la couleur était noire pour tous, et leur éclat brillant et métallique. Ils sont fragiles, et semblent avoir éprouvé une fusion au moment où ils se sont formés. Tous les essais faits sur cette matière ont prouvé qu'elle n'était formée que de carbone. Dans le plus grand nombre de cas, le charbon se dépose en poussière ténue, quelquefois en grains, d'autres fois en masses. Le charbon qui se dépose dans le col des cornues servant à la distillation de la houille, n'a pas été entraîné par le courant des gaz qui s'en échappent, mais il provient d'une décomposition partielle de l'hydrogène carboné. (*Annals of Philosophy*. Juillet 1826.)

Sur deux natrons, l'un provenant d'Egypte, l'autre de Barbarie; par M. Laugier.

Ces deux variétés de natrons diffèrent par leur localité et par leur aspect. Celle d'Égypte est en masses solides remplies de cavités tapissées de petits mamelons; elle a une saveur salée, franche, et seulement avec arrière-goût de soude carbonatée. Cent parties sont formées :

1°. De carbonate de soude mêlé d'un peu de bi-carbonate	22,44
2°. De sulfate de soude	18,35
3°. De chlorure de sodium	38,64
4°. D'eau	14
5°. D'un résidu insoluble dans l'eau	6
	99,43

Le natron dit de Barbarie, est sous forme de plaques ou concrétions de 3 à 4 lignes d'épaisseur, dont la surface inférieure est aplatie, tandis que la surface supérieure est hérissée de cristaux peu prononcés, comme lenticulaires; sa saveur est purement celle de la soude carbonatée.

Cent parties de natron de Barbarie sont composées :

1°. De sous-carbonate de soude et de bi-carbonate de la même base, dans la proportion exacte de $\frac{3}{4}$ du premier, et de $\frac{1}{4}$ du second	65,75
2°. D'eau	24
3°. De sulfate de soude	7,65
4°. De chlorure de sodium	2,63
5°. De silice, mêlée de carbonate de chaux et d'oxide de fer	1,
	101,03

(*Nouv. Bull. de la Soc. Philom.* Août 1825.)

Huile essentielle qui découle d'un arbre de l'Amérique du Sud.

L'arbre qui fournit ce liquide acquiert une hauteur considérable; son bois est aromatique et fort dur; sa couleur est brunâtre. Les Indiens se procurent l'huile essentielle qu'il recèle, en incisant avec une hache l'écorce et l'aubier; ils reçoivent le fluide, qui découle aussitôt, dans une calebasse.

Cette huile a plusieurs des propriétés des autres huiles essentielles que l'on se procure, soit par expression, soit par distillation ; elle est cependant plus volatile, transparente à l'état de pureté; son goût est chaud et piquant; son odeur aromatique rappelle celle de l'huile de térébenthine; elle se volatilise à la température ordinaire, sans laisser de résidu ; elle est très inflammable; cependant, mêlée à l'alcool, elle brûle en donnant une épaisse fumée. Les alcalis et les acides sont sans action sur elle; l'acide sulfurique lui donne seulement une légère teinte brunâtre, qui bientôt se dissipe. Elle dissout le camphre, le caoutchouc, la cire, les résines, et se combine facilement avec les huiles fixes et volatiles; elle est insoluble dans l'eau, mais soluble dans l'alcool et l'éther; elle surnage ce dernier corps, ce qui donne la preuve qu'elle est le fluide le plus léger que l'on connaisse.

M. *Hooker* croit qu'on doit rapporter l'arbre qui produit cette huile essentielle. au genre *laurus*, et à cette espèce douteuse décrite par Kunth, sous le nom de *laurus jaritensis*, espèce dont les feuilles donnent l'odeur de la térébenthine, et qui abonde dans les forêts des bords de l'Orénoque. (*Edimb. Journ. of Science*, 1824.)

Préparation de l'acétate de soude; par M. Mill.

L'auteur a chauffé ensemble 200 grains d'acétate de chaux et 400 grains de sulfate de soude cristallisé; il a séparé le précipité du sulfate de chaux, et fait cristalliser la dissolution d'acétate de soude : ces derniers cristaux, séparés des eaux-mères, ont donné pour cent 85,3 d'acétate de soude, et 14,7 de sulfate de soude; de plus, il a trouvé dans les eaux-mères, de l'acétate de chaux et du sulfate de soude, et il n'a pu en précipiter toute la chaux, quelle que fût la quantité de sulfate de soude qu'il y ajoutât; on en chasse tout l'acide sulfurique par l'addition d'une quantité indéfinie d'acétate de chaux, d'où il suit que le sulfate de soude et l'acétate de chaux ne peuvent jamais se décomposer réciproquement d'une manière complète. (*Annals of Philosophy*. Août 1825.)

Matière solide particulière formée dans l'huile essentielle de térébenthine; par MM. Boissenot *et* Persot.

En distillant de l'essence de térébenthine qui s'était altérée par une longue exposition au contact de l'air, les auteurs ont obtenu une certaine quantité d'un liquide aqueux, très acide, plus pesant que l'huile essentielle de térébenthine. Ce liquide renfermait de l'acide acétique et une substance particulière volatile que l'on est parvenu à séparer du liquide acide, en exposant ce dernier, pendant quelques jours, à un froid de 7° au-dessous de zéro. On a obtenu une assez grande quantité de cristaux incolores, parfaitement transparens, en prismes rectangulaires, groupés le plus ordinairement par leur base au nombre de cinq à six. Ils n'ont aucune espèce d'odeur ou de saveur, se fondent à 150°, et se volatilisent, sans décomposition, entre 150 et 155°; projetés sur des charbons incandescens, ils se fondent et se volatilisent sans s'enflammer; l'eau froide ne les dissout pas sensiblement; l'eau bouillante et l'éther les dissolvent au contraire en très grande proportion.

Les acides acétique et nitrique très concentrés les dissolvent à froid, sans les altérer; l'acide hydrochlorique ne les dissout bien qu'à la chaleur; l'acide sulfurique concentré les dissout aisément, et acquiert une belle teinte rouge assez foncée.

Les dissolutions concentrées de potasse et de soude ne paraissent agir en aucune manière sur eux; mais elles les dissolvent quand elles sont étendues. La décomposition par le feu n'a fait connaître au nombre de leurs élémens que le carbone, l'oxigène et l'hydrogène. (*Journal de Pharmacie.* Mai 1826.)

Sur la production et la nature de l'huile douce du vin; par M. Humell.

L'huile douce du vin est une combinaison d'acide sulfovinique et d'une substance cristallisable. Distillée avec l'eau, elle se volatilise, mais distillée seule, elle éprouve une décomposition : de l'acide sulfureux se dégage, du charbon et de l'acide sulfurique restent dans la cornue; ainsi, cette huile, inattaquable par le sous-carbonate de potasse, contient cependant des principes d'acide hyposulfurique. Pour le prouver, l'auteur l'a traitée par une dissolution de potasse caustique, à chaud; l'huile a beaucoup diminué, est devenue plus visqueuse, n'a plus donné par la chaleur des traces de décomposition, et en quelques jours il s'y est formé un précipité de cristaux prismatiques, solubles dans l'alcool et l'éther, tandis que la dissolution de potasse donnait un sel jouissant de toutes les propriétés du sulfovinate de potasse. (*Quarterly Journ. of Science.* Avril 1825.)

Principe actif des baies du solanum verbascifolium; *par MM.* Payen et Chevalier.

La teinture alcoolique des baies de la morelle à feuilles de molène ayant été employée en médecine comme calmant, les auteurs ont recherché l'alcali végétal auquel on peut attribuer cette propriété.

Ils ont trouvé une substance sèche, friable, d'apparence gommeuse, fort amère, qui a quelque analogie avec la morphine, mais diffère de celle-ci dans l'effet de la réaction de l'acide nitrique, en ce qu'elle forme avec les acides sulfurique et hydrochlorique des sels incristallisables. Ils pensent que cette substance doit être rangée parmi les alcalis végétaux, et que ses propriétés caractéristiques ne permettent pas de la confondre avec les autres alcalis de ce genre. On doit lui donner le nom de solanine. (*Nouv. Bull. de la Société philom.* Octobre 1825.)

Formation du gaz nitreux dans le sirop de betteraves; par M. Tilloy.

M. Descroizilles avait attribué le dégagement du gaz nitreux dans le sirop de betteraves à la réaction de l'acide sulfurique sur les nitrates et surtout sur celui de chaux. M. *Tilloy* attribue ce phénomène à une tout autre cause; il a vu que ce gaz arrêtait la fermentation du sirop et le mutait comme l'acide sulfurique; guidé par l'idée que ce résultat était la conséquence d'une réaction des produits organiques sur l'acide nitrique, il a ajouté dans le sirop étendu du double de son poids d'eau, environ quatre pour cent d'acide sulfurique, quantité suffisante, non seulement pour saturer la liqueur, qui est un peu ammoniacale, mais pour la rendre sensiblement acide. Cette addition détermine une vive effervescence; et quand elle est achevée, il soumet le tout à l'ébullition, précaution indispensable. Après quinze ou vingt minutes de chaleur soutenue, M. *Tilloy* ajoute quatre volumes d'eau environ, et il délaie une proportion convenable de levure. Peu à peu la fermentation s'établit; elle devient bientôt active et ne donne aucune trace de gaz nitreux. L'alcool qu'on obtient par la distillation de cette liqueur fermentée est de très bonne qualité. (*Même Journal.* Juin 1825.)

Principe végétal trouvé dans la saponaire officinale.

M. *Osborne*, de Dublin, a découvert dans la saponaire officinale un principe qui, dans quelques uns de ses caractères, ressemble plus à la *picrotoxine* qu'à aucun autre principe immédiat décrit jusqu'ici ; mais il en diffère suffisamment par ses autres caractères. On l'obtient par la décoction ; il a une saveur extrêmement amère ; il est d'une couleur blanchâtre, et il cristallise en prismes à la fois radiés et plumeux. Chauffé légèrement, il fuse, et à mesure qu'on élève la température, il se gonfle et noircit ; il n'est ni acide ni alcalin ; en le chauffant avec l'acide sulfurique, il se décompose entièrement ; il est soluble dans l'éther et dans l'alcool, et il se dissout dans moins de deux fois son poids d'eau froide ; il est insoluble dans l'essence de térébenthine.

Dans le cours des expériences, on crut s'apercevoir que la propriété astringente de la plante était due à une matière visco-gommeuse, laquelle forme une émulsion lorsqu'on l'agite avec des particules graisseuses. (*Annals of Philosophy*. Avril 1826.)

Nouvelles substances végétales.

M. *Baup* annonce qu'il a trouvé dans la résine du *pinus abies*, L., une nouvelle substance cristallisant en lames carrées, s'unissant aux alcalis et aux acides ; il lui a donné le nom d'acide abiétique. Une autre cristallisant en lames triangulaires et jouissant de propriétés analogues, a été extraite de la colophane de France, qui provient du *pinus maritima*; il l'appelle acide pinique. Une troisième a été extraite de l'*arbol a brea*; elle cristallise en prismes rhomboïdaux très brillans, ne se dissout pas dans l'eau, mais dans soixante-dix parties d'alcool. Enfin l'*élémine* s'est rencontrée dans l'*amyris elemifera;* elle diffère de la précédente par sa cristallisation et sa plus grande solubilité dans l'alcool. (*Annales de Chimie.* Janvier 1826.)

Mélaine, *nouvelle substance trouvée dans l'encre de la sèche; par M.* Bizio.

La mélaine est noire comme du charbon en poudre, légère, sans odeur ni saveur, plus pesante que l'eau et ne s'altérant pas à l'air; elle n'a pas d'action sur les papiers réactifs, est insoluble dans l'eau froide, un peu soluble dans l'eau chaude, à laquelle elle donne une couleur très foncée; elle ne se dissout dans l'alcool ou l'éther ni à chaud ni à froid. Les acides sulfurique, nitrique et hydrochlorique la précipitent entièrement; les acides acétique, oxalique et citrique ne produisent pas le même effet; l'alcool et le sublimé corrosif ne troublent pas sa dissolution. Elle n'éprouve aucune altération, étant bouillie avec les oxides de fer, de cuivre, d'étain, de plomb, de zinc, d'antimoine, de mercure et d'arsenic.

Les alcalis caustiques dissolvent très bien la mélaine; elle brûle à la flamme de la chandelle, en donnant beaucoup d'étincelles, mais sur un fer rouge elle s'écarte vivement du point où elle est jetée.

En purifiant simplement l'encre de la sèche, au moyen de l'acide hydrochlorique ou sulfurique étendu, qui lui enlève du carbonate de chaux, on obtient une couleur qui peut être avantageusement employée pour le lavis, et qui est supérieure à l'encre de la Chine (*Giorn. de Fisica.* Avril 1825.)

Analyse de la suie; par M. BRACONNOT.

La suie se présente sous deux formes : en masses brillantes, et en poussière. L'auteur a examiné seulement celle-ci, qu'il a fait recueillir vers la partie moyenne d'une cheminée dans laquelle on n'avait brûlé que du bois; il l'a soumise successivement à l'action de l'eau bouillante, à l'incinération et à la distillation.

Il résulte des expériences de M. *Braconnot*, que la suie est à peu près composée des matières suivantes:

Ulmine identique avec celle de la sciure de bois	30,20
Matière animalisée soluble dans l'eau et non soluble dans l'alcool	20,00
Carbonate de chaux mêlé à des traces de carbonate de magnésie	14,66
Eau	12,50
Acétate de chaux	5,65
Sulfate de chaux	5,00
Acétate de potasse	4,10
Matière carbonacée insoluble dans les alcalis	3,85
Phosphate de chaux ferrugineux	1,50
Silice	0,95

Acétate de magnésie................	0,53
Principe âcre et amer................	0,50
Chlorure de potassium..............	0,36
Acétate d'ammoniaque..............	0,20
Acétate de fer, des traces............	»
Total........	100,00

De la suie recueillie dans le tuyau d'un poêle a donné à peu près les mêmes résultats. L'auteur a reconnu dans la suie des propriétés antiseptiques dont l'on pourra tirer un grand parti. (*Annales de Chimie*. Janvier 1826.)

Analyse des cendres vomies en 1822 *par l'Etna, en Sicile ; par M.* VAUQUELIN.

Ces cendres, envoyées par M. *Ferrari*, professeur d'histoire naturelle à Palerme, ont une couleur grise, une ténuité assez grande ; chauffées au rouge avec le contact de l'air, elles exhalent de l'acide sulfureux ; dans un vase clos, elles donnent du soufre.

Elles contiennent, sur cent parties :

Silice............................	28,10
Sulfate de chaux..................	18
Sulfate de fer....................	20,88
Alumine...........................	8
Chaux............................	2,60
Charbon...........................	1
	78,58

L'humidité, le sulfate de cuivre, le sulfate d'alumine, les traces de muriate et de soufre libre doivent s'élever à 21,42 pour compléter les cent parties. (*Journal de Pharmacie.*)

Sur l'extraction de la matière colorante de la garance; par MM. Robiquet et Colin.

Les auteurs proposent, pour la préparation des laques de garance, d'avoir recours à la fermentation alcoolique, qui débarrasse leur substance de toutes celles qui pourraient nuire à sa beauté en la laissant elle-même parfaitement intacte; mais une méthode plus expéditive encore est la suivante. Délayez de la garance moulue dans trois ou quatre parties d'eau; soumettez le tout à une forte pression, et réitérez ces lavages jusqu'à trois fois; faites macérer ensuite le résidu au bain-marie, dans cinq ou six parties d'eau contenant une demi-partie d'eau d'alun; filtrez la liqueur et précipitez-la par des sous-carbonates de soude. Le précipité qui en résultera doit être lavé soigneusement; on réitère les macérations dans l'eau alunée jusqu'à épaississement. Par ce moyen, on obtient en trois heures un résultat auquel on n'arrivait jadis qu'au bout de plusieurs mois.

Les auteurs désignent sous le nom d'*alizarine* la matière tinctoriale de la garance, qui, ainsi obtenue à l'état de pureté, fera diminuer le prix de la garance. (*Globe*, du 11 novembre 1826.)

Nouveau chloromètre; par M. Houton-Labillardière.

On s'est servi jusqu'à présent pour régler la force

du chlore employé dans le blanchîment, d'un instrument appelé *berthollimètre*, et qu'on doit à M. *Descroizilles*; mais cet instrument étant devenu défectueux depuis qu'on a substitué le chlorure de chaux au chlore, M. *Houton-Labillardière* a cherché à le perfectionner en y ajoutant un nouveau procédé, lequel a pour base le composé bleu qui résulte de la combinaison de l'iode avec l'amidon, et qui jouit de la propriété de se dissoudre dans le sous-carbonate de soude, en perdant sa couleur complétement. On prépare cette composition en dissolvant dans de l'eau chaude de l'iode, de l'amidon, du sous-carbonate de soude, et du sel marin; cette solution est incolore. Si on la mêle avec du chlore ou une solution de chlorure de chaux, elle reste telle tant que le chlore n'est pas neutralisé par ces matières; passé ce point, la plus petite quantité communique au mélange une couleur bleue très intense, et la quantité de liqueur employée indique la quantité réelle de chlore. (*Journal de Chimie médicale*. Mars 1826.)

Appareil pour filtrer hors du contact de l'atmosphère; par M. Donavan.

Cet appareil, qui peut servir pour filtrer toutes les liqueurs qu'on veut soustraire à l'action de l'acide carbonique ou de l'air, convient aussi pour les liqueurs très volatiles, telles que l'alcool, l'éther, etc. Il se compose de deux vases de verre superposés; le vase supérieur est fermé en dessus par un bouchon de liége percé, qui reçoit un tube de verre recourbé;

l'extrémité inférieure se termine en entonnoir, dont le bec s'ajuste dans un des cols du vase placé au-dessous, soit en usant à l'émeri, soit avec un bouchon de liége, etc. On met dans la gorge de l'entonnoir un morceau d'étoffe ou des cailloux grossièrement pilés, puis on y introduit la liqueur par l'orifice supérieur. On ferme alors cet orifice avec le bouchon muni du tube recourbé, dont l'autre extrémité est mise en communication avec le vase inférieur par une tubulure qui a dû être munie d'un bouchon. La liqueur tombe, en filtrant, du vase supérieur dans l'inférieur, et l'air passe à mesure de ce dernier dans le premier en traversant le tube recourbé. La filtration peut donc être conduite aussi lentement qu'on veut sans qu'on ait à craindre l'absorption de l'oxigène, de l'acide carbonique ou de l'humidité, et sans qu'il y ait d'évaporation sensible. (*Phil. magaz.* Juillet 1825.)

ÉLECTRICITÉ ET GALVANISME.

Intensité du magnétisme dans différentes parties de la surface du globe; par M. HANSTEEN.

Les expériences de l'auteur ont été faites avec une aiguille magnétique de forme cylindrique, qui a été confiée à plusieurs physiciens qui ont mesuré la durée de 300 oscillations horizontales dans différentes parties de la Norwége, de la Suède, du Danemarck, de la Prusse, de la Hollande, de la France, de l'Angleterre et de l'Écosse. Le plus grand nombre des expériences est dû à M. *Hansteen* lui-même. Le résultat des observations est renfermé dans une Table, d'où l'auteur déduit la position de ce qu'il nomme les *lignes magnétiques isodynamiques;* la ligne de 750″ passe $\frac{1}{4}$ de degré au sud de Paris et de Reims, $\frac{1}{3}$ au sud de Gotha. On a déterminé un seul point de la ligne de 740″; ce point est Breslau : la ligne de 775″ passe par Amsterdam ; Lubeck est $\frac{1}{3}$ de degré au sud de Londres.

La ligne de 800″ est de $\frac{1}{5}$ de degré au nord d'York, de Sporring dans le Jutland, et de Falkenberg en Suède. La ligne de 820″ passe par Edimbourg, et un peu au sud de Christiansand en Norwége, et de Carlstadt en Suède.

La ligne 865 passe par Hirdol en Norwége. Comme les lignes sont presque équidistantes et parallèles, on peut facilement tracer les intermédiaires. La Table suivante montre la loi suivant laquelle passe l'intensité magnétique de l'équateur au pôle.

Inclinaison.	Intensité.
0°	1,0
24°	1,1
45°	1,2
64°	1,3
73°	1,4
76 $\frac{2}{3}$	1,5
81°	1,6
86°	1,7

(*Edimb. Journ. of Science.* Avril 1826.)

Influence des corps non aimantés sur les mouvemens de l'aiguille aimantée; par M. Arago.

On sait que l'auteur avait reconnu le premier que des disques de différens métaux qui ne contiennent pas un atome de fer, n'en ont pas moins une action prononcée sur une aiguille aimantée suspendue au-dessus d'eux, soit en diminuant considérablement l'amplitude des oscillations que l'on imprimerait à cette aiguille, soit en déterminant chez elle, par leur rotation propre, une déviation ou même un mouvement de révolution complète. Cette influence n'est pas exclusivement limitée aux métaux; tous les corps la partagent plus ou moins, mais pourtant à un degré beaucoup plus faible. On a attribué ces phénomènes à la formation d'un certain nombre de pôles situés sur les corps non magnétiques, et qui, subsistant pendant quelque temps, suffisent soit pour entraver le mouvement de l'aiguille quand le disque reste immobile, soit pour la faire tourner dans le cas où on le met lui-même en mouvement.

M. *Arago* a démontré l'insuffisance de cette explication; ayant suspendu au-dessus du disque une aiguille aimantée verticale, qui ne pouvait se mouvoir qu'en tournant autour de son milieu, dans un plan également vertical, et passant par un des rayons du disque, et ayant fait tourner ce dernier, il a vu l'aiguille se porter vers le centre du disque toutes les fois qu'elle était primitivement placée à une distance de ce centre moindre que les deux tiers environ du rayon du disque. A cette distance l'aiguille reste immobile; plus loin du centre, elle prend un mouvement contraire, et est portée dans une direction opposée, c'est-à-dire qu'elle tend à s'éloigner de ce centre, et continue à être poussée dans la même direction, non seulement jusqu'à ce qu'elle réponde à la circonférence du disque, mais encore au-delà de cette circonférence.

L'auteur a ensuite placé l'aiguille dans une situation horizontale, de manière qu'elle ne pût également se mouvoir qu'autour de son milieu dans le même plan, et qu'une de ses extrémités se trouvât au-dessus et très près du disque. Dès qu'il a fait tourner celui-ci, cette extrémité de l'aiguille a été soulevée comme si elle avait été repoussée par lui.

La force qui se manifeste dans plusieurs de ces cas étant répulsive entre les différentes parties du disque et le pôle de l'aimant qui en est voisin, on conçoit qu'il est impossible de l'attribuer à une aimantation du disque, puisqu'on sait que, de quelque manière qu'une aiguille agisse sur un autre corps pour lui communiquer les propriétés magnétiques, elle ne peut donner qu'une aimantation telle qu'il en résulte une force attractive.

M. *Ampère* a fait remarquer que dans tous les cas rapportés on pouvait considérer l'action du disque sur l'aiguille comme constamment répulsive. En effet, l'attraction apparente de l'aiguille vers le centre du disque, dans le cas où elle est placée dans les deux tiers des rayons les plus voisins de ce centre, peut être attribuée à l'action des couches concentriques. (*Le Globe.* 6 et 8 juillet 1826.)

Nouvelle analogie entre la lumière et le magnétisme; par LE MÊME.

On sait que M. Morichini, professeur à Rome, annonça, il y a quelque temps, que le rayon violet du spectre solaire avait la propriété d'aimanter les aiguilles d'acier. Les expériences de ce physicien furent répétées en différens lieux, et ne réussirent pas; mais une dame anglaise, madame *Sommerville*, vient de faire connaître à la Société Royale de Londres un procédé simple et infaillible pour mettre en évidence la vertu magnétique du rayon violet.

Ce procédé consiste à ne diriger le rayon lumineux que sur une des extrémités de l'aiguille, en cachant tout le reste de l'aiguille avec un écran; alors l'extrémité soumise à l'action du rayon devient constamment un pôle nord, l'autre étant par conséquent un pôle sud.

Avec le rayon bleu on produit le même phénomène; mais la vertu magnétique est plus faible et plus longue à se manifester.

Avec le rayon rouge et le rayon orangé on ne produit absolument aucun effet, même lorsqu'on prolonge l'expérience pendant plusieurs heures.

L'influence des rayons calorifiques qui viennent après le rayon rouge, est également nulle; ce qui prouve qu'on ne doit pas attribuer ce phénomène à une élévation de température.

Les rayons violets et bleus que laissent passer les verres colorés, suffisent pour l'aimantation des aiguilles.

On peut hâter cette aimantation en concentrant les rayons magnétiques au moyen d'une lentille. (*Extrait d'une note lue à l'Académie des Sciences, le* 6 mars 1826.)

Nouveaux faits d'électro-magnétisme; par M. Savary.

Il résulte d'une série d'expériences faites par l'aûteur, et dont les détails sont consignés dans un Mémoire lu à l'Académie des Sciences, le 31 juillet 1826,

1°. Que le sens de l'aimantation des très petites aiguilles soumises à l'influence d'un courant électrique, dirigé le long d'un fil tendu en ligne droite, varie suivant la distance à ce fil. Jusqu'ici la théorie et l'observation n'avaient fait connaître de variation que quand on changeait le sens dans lequel on dirigeait le courant;

2°. Cette action est périodique, c'est-à-dire que quand la petite aiguille d'acier qui est en rapport avec le fil, s'aimante dans un certain sens à une certaine distance, cette aimantation diminue à mesure qu'on éloigne la petite aiguille, jusqu'à une distance où elle devient nulle. Si on continue de l'éloigner, l'aimantation recommence en sens contraire, et en croissant jusqu'à une distance où elle atteint son *maximum*. Elle diminue ensuite à mesure qu'on éloigne l'aiguille de nouveau, finit par devenir nulle, puis reprend encore dans le premier sens; ce qui constitue une nouvelle période. M. *Savary* a obtenu jusqu'à *trois périodes* avec un seul fil de laiton;

3°. Les distances auxquelles ont lieu les aimantations *nulles* et les aimantations *maximum* varient avec la longueur et le diamètre du fil, comme avec l'intensité de la décharge;

4°. Quand on se sert d'une hélice pour aimanter la distance à laquelle l'aiguille placée dans l'intérieur de cette hélice se trouve du fil conducteur, elle est différente conformément à ce qu'avait observé M. *Arago*, et à ce qui résulte de la théorie de M. *Ampère*; mais alors le sens et le degré de l'aimantation dépendent de l'intensité de la décharge et du rapport entre la longueur et la grosseur du fil;

5°. Le *maximum* d'intensité qu'on peut produire avec un fil donné, dépend du rapport entre sa grosseur et sa longueur; en sorte que ce n'est que pour une certaine valeur de ce rapport qu'on peut obtenir le degré d'aimantation connu sous le nom d'*état de saturation*; pour tous les autres rapports, le *maximum* est moindre;

6°. Un métal quelconque, placé dans le voisinage de l'aiguille, influe, d'une manière très puissante, sur le sens et le degré de l'aimantation. M. *Arago* avait remarqué que l'interposition du verre et du bois entre le fil conducteur et les aiguilles, ne changeait rien à l'aimantation qu'acquièrent ces dernières;

7°. Ces effets varient suivant les positions relatives du fil, de l'aiguille et du métal;

8°. Le sens de l'action du métal dépend de l'intensité de la décharge; en sorte que des décharges différentes en intensité développent dans le métal une suite d'états opposés, analogues aux polarités de signes contraires que les petites aiguilles acquièrent à différentes distances d'un fil conducteur, ou pour différentes intensités de l'électricité. (*Bibl. univ.* Août 1826.)

Pouvoir conducteur de l'électricité dans les métaux; par M. BECQUEREL.

Soient P et N les deux pôles d'une pile voltaïque, et ABCD quatre capsules pleines de mercure. Du pôle P part un conducteur qui vient plonger en A, d'où sort un conducteur très long, enveloppé de soie, et qui, après avoir formé un grand nombre de circuits autour d'un cadre de galvanomètre, vient plonger en B. Un conducteur vient ensuite de B au pôle N, en sorte qu'on a un circuit fermé. Un second circuit est composé d'un conducteur qui va de P en D, d'un conducteur garni de soie, qui, partant de D, va s'enrouler autour du galvanomètre, et revient en C, et d'un conducteur qui réunit C avec le pôle N de la pile. Si maintenant les quatre conducteurs qui se rendent des pôles de la pile aux capsules sont égaux en longueur et en diamètre, et formés d'un même métal; si de plus les grands conducteurs qui s'enroulent pour composer le galvanomètre sont identiques et roulés en sens inverse par rapport aux courans qui les traversent, l'aiguille aimantée du galvanomètre demeurera en équilibre sous l'influence des deux courans électriques. Cet équilibre ne sera pas rompu si on vient à joindre A et B, C et D, par des portions de conducteurs rectilignes égaux sous tous les rapports; mais si au lieu de ces derniers conducteurs on emploie pour réunir A et B un fil de cuivre d'un décimètre de longueur et d'un diamètre quelconque, l'expérience prouve que pour maintenir l'aiguille aimantée en équilibre, il faut joindre C et D avec deux fils de cuivre de même diamètre et d'une longueur double, ou bien avec trois fils de même diamètre, mais d'une longueur triple, etc. Cette loi prouve que la conductibilité électrique croît avec les masses et non avec les surfaces, c'est-à-dire que le fluide électrique en mouvement ne se porte pas seulement à la surface des corps conducteurs, mais pénètre dans leur intérieur.

Si maintenant un fil de cuivre de 2 décimètres de longueur, par exemple, conduit aussi bien qu'un fil d'un autre métal, d'un même diamètre et d'un décimètre de longueur, on en conclura que ce dernier métal n'a que la moitié du pouvoir conducteur du cuivre. C'est ainsi que l'auteur a trouvé, au moyen de son appareil précédemment décrit, les rapports suivans :

Métaux.	Pouvoir conducteur.
Cuivre	100,
Or	93,60
Argent	73,60
Zinc	28,50
Étain	15,50

Métaux.	Pouvoir conducteur.
Platine	16,40
Fer	15,80
Plomb	8,30
Mercure	3,45
Potassium	1,33

(*Annales de Chimie.* Août 1826.)

Rapports de l'Électricité avec les changemens chimiques; par M. H. DAVY.

Lorsqu'on plonge dans une solution d'un hydrosulfure alcalin deux morceaux de cuivre poli, liés à une des extrémités du fil du multiplicateur, s'ils sont introduits en même temps, on ne remarque pas d'action; mais s'ils le sont l'un après l'autre à un certain intervalle de temps, il se produit une action électrique marquée et même violente, et le morceau de métal introduit le premier, se trouve négatif par rapport à l'autre. Cet effet provient de la formation d'une couche de sulfure de cuivre sur la plaque introduite la première, couche qui est négative par rapport au cuivre métallique. Ainsi la combinaison se forme rigoureusement de trois élémens, le sulfure, le cuivre et la solution; le protoxide de cuivre est négatif à l'égard du cuivre pur et du sulfure.

La production des courans électriques par le moyen d'un seul métal et d'un seul fluide, a généralement lieu toutes les fois qu'il se forme de nouveaux composés adhérens aux surfaces métalliques; et si l'on superpose artificiellement les mêmes produits, les effets seront identiques comme si le contact eût résulté de l'action naturelle du fluide sur le métal. Les changemens chimiques produits dans le fluide par les combinaisons ternaires ainsi formées, tendent, dans tous les cas, à rétablir l'équilibre troublé, l'hydrogène passant au pôle négatif, et l'oxigène au positif jusqu'à ce que le régule soit formé.

L'auteur attribue le développement de l'électricité dans la combinaison des acides et des alcalis au contact des métaux et de ces substances, au changement de température, à l'évaporation, etc., mais jamais à l'union simple de ces corps. En mettant en contact du platine avec un acide, le pôle qui touche l'acide est négatif et l'autre positif; il suit de là que si d'une part on met en contact un métal avec un acide ou un alcali, et de l'autre une solution saline neutre ou de l'eau pure, lorsqu'on ferme le circuit, le contact du métal avec l'acide ou l'alcali détermine le caractère du pôle, et par conséquent le pôle en contact avec l'autre fluide aura le nom opposé.

Dans les combinaisons formées par deux conducteurs parfaits et un fluide, l'ordre dans lequel les métaux montrent leur électricité est relatif à leur degré d'oxidabilité ; le métal le plus oxidable étant positif relativement à tous ceux qui le sont moins. Cet effet est déterminé par la facilité avec laquelle les acides agissent sur les métaux; car si l'état d'agrégation est altéré, si la force de cohésion est affaiblie, l'énergie positive est augmentée en proportion. En général, les électricités développées par contact métallique sont trop fortes pour être changées par l'action opposée des fluides avec lesquels les métaux sont en contact.

L'auteur considère ensuite l'accumulation de l'électricité et les changemens chimiques qu'elle produit dans les diverses combinaisons voltaïques. La relation entre les fluides d'une pile et les surfaces avec lesquelles ils sont mis en contact, sera altérée par l'action continue de la pile; il y aura donc réaction lorsque le circuit est rompu, soit parce que la disposition des parties d'une pile est changée, soit parce qu'on enlève une ou plusieurs parties d'un circuit complet. Cette réaction est expliquée par l'expérience suivante. Des parties détachées d'une batterie de cinquante plaques qui avait été quelque temps en action, furent examinées comme des piles séparées après qu'on eut rompu l'appareil. Placées dans le même ordre que dans la batterie qu'elles formaient, leur force individuelle se trouvait beaucoup affaiblie par la réaction ainsi produite, qui, dans ce cas, s'opposait à leur effet naturel; quand, au contraire, elles avaient été placées dans un ordre opposé, leur action, ainsi détachée, se trouvait être trois ou quatre fois plus forte. (*Bibl. univ.* Octobre 1826.)

Nouvelle expérience électro-dynamique; par M. Ampère.

Au-dessus d'un disque de cuivre horizontal qui était mis en mouvement autour d'un axe vertical par un engrenage en cuivre, l'auteur a suspendu à un fil de platine la double spirale électro-dynamique qui devait tenir lieu de deux aimans verticaux mobiles. Les deux extrémités du fil de cuivre, revêtu de soie, dont elle était composée, plongeaient dans deux coupes annulaires pleines de mercure en communication avec les deux rhéophores. Elle était placée sous une cloche de verre et séparée du disque par un écran de papier très épais.

En faisant passer le courant de la pile dans cette double spirale, elle s'est mise immédiatement en mouvement dès qu'on faisait tourner le disque placé sous l'écran. Elle suivait constamment le sens du mouvement de ce disque, précisément comme le fait un barreau aimanté ou l'assemblage de deux aimans verticaux suspendus à un levier horizontal.

L'auteur a obtenu avec une pile qui avait déjà perdu une grande partie de son énergie, des déviations qui ont été plusieurs fois au-delà de 20 degrés. Tant qu'on faisait tourner le disque avec une vitesse constante, la double spirale restait fixe dans la position où elle avait été amenée par l'action du disque; et dès qu'on arrêtait celui-ci, elle retournait à sa première position, soit par l'effet de la force de torsion du fil du cocon, soit par l'action de la terre, quoique celle-ci fût presque insensible, parce qu'elle s'exerçait également et en sens contraire sur les deux moitiés de la double spirale. En se servant d'une double spirale plus légère et d'une pile plus énergique, on a obtenu le mouvement de rotation continù aussi rapide que si l'on s'était servi d'un barreau aimanté de moyenne force.

En faisant tourner alternativement le disque dans deux sens opposés, la rotation a toujours eu lieu dans le sens du mouvement de ce disque. Cette expérience achève de confirmer l'identité des effets produits par les aimans et les conducteurs voltaïques pliés en hélices et en spirales; elle montre que l'électricité en mouvement suffit pour produire les phénomènes découverts par M. Arago. (*Extrait d'un Mémoire lu à l'Académie des Sciences le* 4 septembre 1826.)

Déviation de l'Aiguille aimantée par le courant d'une machine électrique ordinaire; par M. Colladon.

Toutes les tentatives faites jusqu'à ce jour pour faire dévier l'aiguille aimantée au moyen d'une machine électrique ont été sans succès. On a établi une distinction entre les courans continus, tels que ceux des circuits électro-moteurs fermés, seuls capables de dévier l'aiguille, et les courans discontinus, les seuls que puissent produire les machines électriques; dans ceux-ci l'électricité ne passant qu'à des intervalles successifs, ne dévierait plus l'aiguille aimantée. Pour expliquer cette différence, on remarquait que la vitesse de l'électricité dans un circuit voltaïque, ou thermo-électrique, est comme infinie par rapport à celle du mouvement imprimé au plateau d'une machine qui transporte l'électricité sur le conducteur, et que par conséquent les quantités absolues qui circulent dans le courant doivent être dans le même rapport. Pensant qu'on avait employé des quantités trop faibles d'électricité accumulée, ou des galvanomètres imparfaitement isolés, l'auteur a répété cette expérience en employant un galvanomètre de cinq cents tours à deux aiguilles et une batterie de trente jarres, ayant 4,000 pouces carrés de surface.

Après avoir chargé la batterie jusqu'à ce que son électroscope commençât à diverger, il mit l'une des extrémités du galvanomètre en contact avec l'armure extérieure de la batterie, et tenant l'autre extrémité par un manche de verre, il en approcha la pointe du bouton de l'une des jarres. Dès qu'elle fut à 4 ou 5 centimètres de distance, l'aiguille du galvanomètre commença à dévier. L'expérience, répétée un grand nombre de fois, donna constamment les mêmes résultats. La grandeur de la déviation a varié selon l'intensité de la charge et la distance à laquelle on approchait les pointes; elle a été plusieurs fois à 40°. Sa quantité moyenne fut de 20° à 30°.

Il est donc démontré qu'une machine électrique peut, comme la pile de Volta, produire un courant qui dévie l'aiguille aimantée, et que l'électricité qu'on peut accumuler pendant un temps donné sur une batterie, ou même sur un conducteur, est une portion finie de celle qui circulerait pendant le même temps dans un circuit électro-moteur fermé. L'usage du galvanomètre peut donc, dans quelques cas, remplacer celui de l'électromètre, pour la mesure des quantités un peu considérables d'électricité accumulées sur des batteries ou soutirées par des pointes.

Les mêmes expériences, répétées sur l'électricité atmosphérique, ont produit également une déviation sensible dans l'aiguille du galvanomètre. (*Annales de Chimie.* Septembre 1826.)

Influence magnétique du Soleil; par M. PREVOST.

L'auteur admet deux fluides magnétiques, dont les molécules de chacun se repoussent entre elles et attirent les molécules de l'autre, par l'action solaire. On peut supposer que l'un des fluides magnétiques est en excès sur l'hémisphère boréal, et l'autre fluide en excès sur l'hémisphère austral; de là naîtraient les phénomènes du magnétisme terrestre, ses variations, etc., absolument de la même manière que la présence du soleil fait varier les températures des deux hémisphères, et produit une température moyenne plus élevée dans la partie du nord que dans la partie du sud, non à cause d'un excès de chaleur, mais à cause d'une distribution inégale de cette chaleur dans les couches terrestres. (*Bibl. univ.* Mai 1826.)

Influence qu'exerce l'électricité développée par le contact des métaux sur les dépôts de carbonate de chaux, dans les tuyaux de plomb; par M. DUMAS.

L'auteur propose de prévenir l'engorgement des tuyaux de plomb par les dépôts de calcaire, en plaçant, de distance en distance, le long du tuyau, d'autres tuyaux perpendiculaires au premier, en communication avec celui-ci, et dans lesquels on pourrait introduire et retirer à volonté des barres de fer ou de fonte ; car le fer étant plus électro-négatif que le plomb, c'est sur le premier que se ferait le dépôt de calcaire. Cette remarque coïncide parfaitement avec l'idée émise par Davy, pour la préservation du cuivre des vaisseaux. (*Bulletin de la Soc. Philom.* Mai 1826.)

Sur l'effet magnétique passager que la rotation produit dans les corps ferrugineux; par M. Barlow.

L'appareil que l'auteur a employé dans ses expériences, est une espèce de tour dont toutes les pièces sont en bronze ou en bois, et qui offre assez de solidité pour faire tourner autour d'un de ses diamètres une bombe de huit pouces, du poids de trente livres ; la vitesse de rotation était de sept cent vingt tours par minute. Lorsqu'on approche une aiguille horizontale d'une telle masse de force mouvante, elle dévie de la direction qu'elle prend quand la masse est en repos, et revient à cette direction, dès que le mouvement cesse. Ainsi, la simple rotation produit dans ce globe de fer ou un nouveau développement du magnétisme ou un changement dans la disposition du magnétisme que la terre y développe par son influence ; et cet effet, quelle qu'en soit la cause, est tout-à-fait temporaire, puisque l'instant où le mouvement cesse, l'aiguille horizontale reprend sa position.

Voici la loi générale à laquelle l'auteur a été conduit.

Quand un globe de fer est en repos et que l'action que la terre exerce sur lui est tellement neutralisée par des barreaux que l'aiguille horizontale que l'on promène autour du globe et tangentiellement à sa surface est tout-à-fait indifférente, le mouvement de rotation fait paraître une action magnétique qui agit sur l'aiguille, et qui la dirige comme ferait un barreau dont le milieu serait au centre du globe, et dont la longueur serait perpendiculaire à l'axe de rotation.

M. *Barlow*, qui n'a fait d'expériences que sur la rotation autour d'un axe horizontal, présume que quand un corps ferrugineux a un mouvement rapide de rotation autour d'une ligne qui ne coïncide pas avec son axe magnétique, il éprouve dans son magnétisme un changement passager dont l'effet est le même que s'il se formait un axe de polarisation magnétique perpendiculaire au plan, qui contient à la fois l'axe de rotation et l'axe primitif de polarisation. (*Trans. Philosoph.* pour 1825.)

Nouvelle pile voltaïque ; par M. Hart.

Dans cette pile, tous les zincs sont suspendus parallèlement en dessous d'un soliveau horizontal. Un zinc se compose d'une plaque carrée, épaisse, surmontée d'une tige de même épaisseur et renflée à son bout de manière à y présenter une section beaucoup plus large ; puis vient une petite tige taraudée qui entre dans un trou du soliveau et qui soutient ainsi la plaque de zinc, au moyen d'un écrou à l'autre côté du soliveau. La plaque et la tige carrée sont d'une seule pièce en zinc ; la petite tige taraudée est en fil de fer. Ensuite le cuivre en feuille beaucoup plus mince, se coupe de manière à en composer une boîte rectangulaire de dimension un peu plus grande que celle de la plaque de zinc, celle-ci, ne touchant pas les côtés de la boîte; contact que l'on peut prévenir par l'interposition de quelques morceaux de bois. Une bande recourbée et faisant corps avec la boîte de cuivre part d'un des grands côtés de cette boîte, et vient s'appliquer à la partie supérieure de la tige carrée du zinc suivant : une goutte de soudure unit les deux métaux. L'eau acidulée est mise dans les boîtes de cuivre, et les plaques de zinc y plongent entièrement. (*Journ. of Science.* Janvier 1826.)

Inflammation de la poudre à canon par l'électricité; par M. Sturgeon.

Il arrive quelquefois qu'une décharge électrique enflamme la poudre à canon; d'autres fois, cette inflammation n'a pas lieu. L'auteur pense que dans le premier cas l'électricité demeure plus long-temps en contact avec la poudre que dans le second cas, et que l'action de l'électricité est comparable à celle d'un fer échauffé au rouge, lequel produit peu ou beaucoup d'effet, suivant qu'il passe rapidement ou demeure quelque temps en contact avec le corps sur lequel on le fait agir. Il a donc fait passer la décharge électrique à travers de la soie ou du papier légèrement humecté et l'inflammation de la poudre a toujours eu lieu, même avec de petites bouteilles de Leyde. Quand il employait un gros fil imbibé d'eau, il n'y avait plus inflammation; mais elle avait lieu s'il exprimait une partie de l'eau contenue dans le fil, et il s'assura que ce résultat ne tenait point à une modification de l'électricité qui traverse un corps peu conducteur. (*Philosophical Magazine*, t. 67.)

OPTIQUE.

Appareil destiné à produire une lumière intense visible à de grandes distances; par M. Drummond.

Dans le but d'obtenir une lumière intense propre à faciliter les observations des stations les plus éloignées d'un canevas géodésique, l'auteur avait employé tour à tour toutes les compositions pyrotechniques les plus éclatantes; il avait essayé entre autres le phosphore brûlant dans l'oxigène; mais dans tous ces essais, il avait trouvé la flamme grande et trop vacillante pour servir de foyer lumineux; ce fut alors qu'il eut recours aux terres exposées à un degré de chaleur élevé. L'appareil qu'il construisit dans ce but, réussit complétement; la lumière qu'il obtint, placée au foyer d'un réflecteur, était telle que l'œil ne pouvait qu'avec peine en supporter l'éclat à 40 pieds de distance.

Pour avoir la température nécessaire, M. *Drummond* employa un courant d'oxigène dirigé sur une flamme d'esprit de vin; ce moyen calorifique puissant ne présente aucun danger, et il est aussi commode que facile à régler. L'appareil décrit par l'auteur se compose de plusieurs lampes à l'esprit de vin, disposées circulairement autour d'une petite boule de chaux; la flamme de chacune de ces lampes est traversée par un jet d'oxigène dirigé au centre sur la boule. Ce système est porté par un bras mobile au moyen duquel on peut à volonté le placer au foyer d'un réflecteur.

L'auteur a comparé l'intensité de cet appareil à celle d'une lampe d'*Argand* dont la lumière passait au travers de trous circulaires de la grandeur des boules soumises à l'expérience. Les résultats des premiers essais furent les suivans :

La chaux eut un éclat. . . . . 37 fois
Le zircone. . . . . 31 fois
La magnésie. . . . . 16 fois

plus grand que la lampe d'*Argand*. L'oxide de zinc a été aussi soumis à l'expérience; mais comme il se consume très rapidement, il doit être placé seulement après la magnésie.

La moyenne de dix expériences faites avec le plus grand soin, a donné pour la clarté émise par la chaux, 83 fois l'intensité de la portion la plus brillante de la flamme d'une lampe d'*Argand* de la meilleure construction, et alimentée par l'huile la plus pure. La chaux provenant de la craie, paraît être celle qui donne le plus d'éclat. Cette espèce de chaux a encore un autre avantage; c'est la commodité de son emploi; on peut la façonner au tour, et préparer ainsi très facilement un grand nombre de boules munies de tiges déliées. La surface de la boule soumise à l'action continue de la flamme, paraît tout près d'entrer en fusion; elle se consume peu à peu, et refroidie, elle présente une apparence demi-vitreuse.

Ce moyen d'obtenir une vive lumière à de grandes distances a été employé avec succès en octobre 1825 dans les mesures trigonométriques d'*Irlande*; la lumière a été vue à 66 milles (22 lieues) de distance. (*Edimb. Jour. of Science*, N°. X.)

Microscopes simples formés par les lentilles des yeux de poissons; par M. BREWSTER.

Un petit poisson retiré fraîchement de l'eau, eut le cristallin et l'humeur vitrée de l'un de ses yeux séparés de la sclérotide, au moyen d'une paire de ciseaux très fins; le globule, dégagé de toutes ses petites fibres, fut posé sur du papier joseph qui en absorba l'humeur vitrée; la lentille bien desséchée fut ensuite mise à une ouverture circulaire, pratiquée dans une surface plane, avec une position telle que le circuit des petits filets, par lesquels la lentille est attachée à l'œil, se trouvait en contact avec le bord de l'ouverture. Dans cette position l'axe de la lentille était perpendiculaire au plan de l'ouverture, et par suite coïncidait avec l'axe optique du spectateur. Ayant formé deux ou trois lentilles semblables, M. *Brewster* fut surpris de la perfection avec laquelle les images s'y formaient, et aussi de l'effet produit par ces lentilles lorsqu'elles servaient d'objectifs dans un microscope composé. Une pareille lentille peut durer quelques heures et peut être conservée plus long-temps, soit dans l'humeur vitrée d'où elle a été extraite, soit en la plaçant dans un air humide; ces lentilles ne produisent aucune aberration de sphéricité. (*Journ. of Philosophy*, t. 2.)

Sur une illusion d'optique qui convertit le camée en gravure, et la gravure en camée; par LE MÊME.

Si l'on imagine une surface plane horizontale dans laquelle on creuse une cavité sphérique; et si l'on éclaire cette cavité par une chandelle placée à gauche, par exemple, on observe que la partie gauche de sa cavité est dans l'ombre, et que la partie droite est au contraire très éclairée; si au lieu de cette cavité on a une convexité, la chandelle étant toujours à gauche, on voit l'ombre au côté droit. Supposons que l'on regarde la cavité à travers une lunette ou une simple lentille qui retourne les objets, l'ombre de la cavité passera de la gauche à la droite en offrant ainsi l'apparence d'une convexité. Réciproquement la convexité sera transformée en une concavité apparente, si on la regarde avec la même lentille.

Mais si la surface dans laquelle on creuse une cavité est translucide, le bord de la cavité voisin de la chandelle laisse passer une certaine quantité de rayons lumineux réfractés dans l'intérieur du trou, tandis que le bord de celui-ci opposé à la chandelle, laisse passer des rayons qui ne sont point réfléchis; en sorte que l'ombre est à droite et la partie lumineuse à gauche, bien que la chandelle soit de ce côté. La cavité offre alors, en la regardant à l'œil nu, l'apparence d'une convexité, et l'on ne parvient à la voir sous sa forme réelle qu'en la retournant avec une lentille. C'est ce défaut de jugement qui nous fait paraître ondulée une surface plane de nacre. (*Journ. of Science.* Janvier 1826.)

Description du thaumatrope, ou trompe-l'œil.

Découpez en cercle une carte blanche qui puisse tourner rapidement autour d'un de ses diamètres comme axe. Tracez de chaque côté de la carte un dessin d'une manière telle que si les deux dessins étaient rapportés l'un sur l'autre ils en formassent un troisième ; représentez d'un côté une cage, par exemple, et de l'autre côté un oiseau. Par l'effet d'une rotation rapide, l'impression produite par l'un des dessins sur la rétine durera encore lorsque l'impression produite par l'autre dessin commencera. De cette manière les deux dessins paraîtront coïncider, c'est-à-dire que l'oiseau sera vu dans la cage. On peut varier ce jeu à l'infini. (*Même journal, même cahier.*)

Phénomène curieux de vision ; par M. Smith.

Les recherches de l'auteur ont eu pour but de reconnaître jusqu'à quel point la sensation produite par un corps lumineux éclairé par une chandelle, vu à la fois sur les points correspondans des deux rétines de l'œil diffère de celle que produit ce même objet, lorsque les images ne se forment pas sur ces points correspondans.

Pour cet effet, M. *Smith* a pris une petite bande de papier qu'il a tenue verticalement à environ un pied de ses yeux, lesquels étaient dirigés sur un objet placé au-delà de la bande ; il voyait ainsi deux images du papier ; mais il remarqua avec surprise que les couleurs de ces images n'étaient pas les mêmes, et qu'une était rouge, et l'autre verte, c'est-à-dire que la teinte de l'une était complémentaire de celle de l'autre ; et lorsqu'en regardant la bande elle-même, il réunissait les deux images en une seule, la couleur de cette image unique redevenait parfaitement blanche. Dans cette expérience, la chandelle était placée seulement à quelques pouces de l'œil droit, en sorte que cet œil était vivement frappé de sa lumière, tandis que l'autre était complétement dans l'ombre. Comme il n'ignorait pas que l'action d'une forte lumière sur une partie de la rétine paraît affecter la sensibilité des parties environnantes, il imagina d'examiner si cette circonstance avait quelque part à la production du phénomène; en conséquence il fit passer la chandelle du côté droit au côté gauche, en la plaçant de manière qu'elle ne fût vue que par l'œil gauche. Aussitôt les couleurs des deux images furent interverties, le papier paraissant toujours vert à l'œil sur lequel tombait la lumière de la chandelle et rouge à celui qui était dans l'ombre.

Lorsque la bande de papier était d'un rouge léger, l'image vue par l'œil sur lequel tombait la lumière, paraissait presque blanche, et l'autre d'un rouge foncé; si le papier était vert clair, l'œil dans l'ombre le voyait presque blanc, et l'autre vert foncé.

L'auteur s'est ensuite servi de deux chandelles placées de chaque côté, de manière que la lumière des chandelles ne tombât que sur l'un des yeux; alors, si les chandelles éclairaient également et étaient également éloignées des yeux, les images de la bande de papier paraissaient l'une et l'autre blanches. Mais si les lumières étaient inégales ou inégalement éloignées, les images paraissaient de couleurs différentes. Lorsqu'un corps opaque était interposé entre l'une des chandelles et l'œil, les images qui paraissaient blanches auparavant paraissaient aussitôt l'une ayant la teinte rouge, l'autre la teinte verte, et lorsqu'on préservait les deux yeux à la fois par des écrans, les images redevenaient blanches; mais quand on écartait brusquement ces écrans, les deux images blanches paraissaient immédiatement plus lumineuses. Le phénomène a duré seulement quelques secondes; la sensation était semblable à celle qui résulterait d'un vif éclair de lumière. (*Même journal*, N°. IX.)

Sur la direction apparente des yeux dans les portraits; par M. Wollaston.

Une personne qui regarde droit devant elle a les yeux tellement disposés, que la partie blanche de chacun de ces organes est partagée en deux également par l'iris. Si, au contraire, la même personne regarde un objet situé à sa droite ou à sa gauche, sans cependant tourner la tête, les portions blanches de l'œil seront diminuées du côté de l'objet, et augmentées du côté opposé, et nous estimerons la déviation de ses yeux, et par suite le point vers lequel elle les dirige, d'après le rapport de ces deux portions blanches. Voilà ce qui concerne la direction des yeux relativement à la face de la personne qui regarde; mais relativement à nous-mêmes, cette direction est tout-à-fait différente de la première; elle dépend de la face entière de la personne, ou du moins des traits principaux de cette face : ainsi nommant *axe facial* la droite perpendiculaire à l'ensemble des traits de la face, nous jugeons qu'une personne nous regarde, 1°. si son axe facial et son axe optique sont conjointement dirigés sur nous; 2°. si l'axe facial étant détourné d'un certain angle vers notre droite, par exemple, son axe optique forme avec le premier, un angle égal vers notre gauche, et *vice versa*. Dans tout autre cas la personne en question regardera soit d'un côté soit d'un autre relativement à nous, et pour connaître la déviation de son regard toujours par rapport à nous, il faudra; 1°. ajouter la déviation de l'axe facial à celle de l'axe optique, rapportée au premier axe, si ces deux déviations s'opèrent dans le même sens; 2°. retrancher l'une de l'autre si elles ont lieu dans des sens opposés.

Si l'axe facial et l'axe optique sont tous deux dans le plan horizontal, la personne regarde aussi dans ce plan; si l'un des axes s'élève d'un certain angle au-dessus, et que l'autre fasse avec le premier un angle égal en dessous, le regard est encore dans l'horizon; si enfin l'un des axes était élevé ou abaissé par rapport à l'horizon, l'autre est en même temps élevé ou abaissé relativement au premier : ajoutez les deux angles et vous aurez l'angle total d'élévation ou de dépression ; retranchez au contraire l'un de l'autre les deux effets partiels s'ils sont opposés.

Les déviations horizontales et verticales se combinent pour produire des déviations obliques que l'on estimerait par l'effet des composantes rectangulaires. Si l'on se borne à des déviations qui ne dépassent pas 30 ou 40° il est possible de modifier la déviation des yeux de bien des manières. Tracez, par exemple, une paire d'yeux dont les axes soient perpendiculaires au papier; tracez ensuite les autres portions de la figure, en tout ou en partie, pourvu qu'il y en ait de caractéristiques; si ces derniers traits annoncent que l'axe facial est perpendiculaire au papier, la figure aura les yeux dirigés sur vous; si l'axe facial est incliné de 30° sur le papier vers la droite, les mêmes yeux regardent à 30° vers la gauche; de même si l'axe facial est incliné vers le bas de la feuille de papier, les yeux regarderont d'autant vers le haut; en un mot ils se dirigeront toujours en un sens opposé à celui de la face, et leur déviation sera la même en quantité. Traçons maintenant deux yeux, dont les axes soient inclinés sur le papier, c'est-à-dire deux yeux dont les portions blanches soient inégales de part et d'autre de l'iris; si nous voulons ramener le regard sur nous il faudra que les traits de la figure donnent à l'axe facial une inclinaison égale et opposée à celle des yeux. Il est possible de varier indéfiniment ces essais, et on peut, pour être parfaitement certain de n'avoir point changé des yeux que l'on veut diriger à volonté, rapporter une portion de figure sur une autre, ces deux portions étant sur des feuilles séparées. (*Transactions philosophiques* pour 1824.)

MÉTÉOROLOGIE.

Sur le climat de Terre-Neuve ; par M. DE LAPILAYE.

Le climat de Terre-Neuve est semblable à celui de la zone froide, et se trouve analogue à celui de Sibérie, par ses étés très chauds et ses hivers très froids ; les orages y sont rares, surtout dans la partie nord de l'île ; on n'y voit point les éclairs de chaleur de nos soirées d'été, comme si ce phénomène était remplacé par des aurores boréales, qui absorberaient cette quantité d'électricité atmosphérique ; en hiver, la température est très variable, le thermomètre marque quelquefois — 16° à 17° ; en été, il est de + 18° ; rarement au-delà. Les vents sont quelquefois impétueux, surtout en hiver et aux approches de l'équinoxe d'automne.

Le passage des saisons se fait à Terre-Neuve d'une manière aussi brusque que dans le nord de l'Europe ; l'été s'y réduit aux mois de juillet, août et septembre à peu près entier ; il n'y a point de printemps pour ainsi dire. Après l'équinoxe d'automne on tombe en hiver. La neige ne fond que pendant le mois de mai ; cette fonte est plus rapide, quoique toujours fort lente, lorsque le pays est enveloppé de brumes ; ces brumes sont plus légères que celles d'Europe ; elles passent sur les corps, sans y déposer une humidité correspondante à leur densité ; elles viennent de l'Océan.

Les aurores boréales sont loin d'avoir à Terre-Neuve les couleurs brillantes de celles qui ont été observées sur l'ancien continent ; elles n'offrent exactement que l'aspect de lueurs phosphoriques. Dans les instans où ces lueurs ont le plus de vivacité, l'on voit quelquefois au bord des bandes lumineuses les couleurs de l'iris, mais très pâles, ainsi que sur les arcs-en-ciel lunaires ; quelquefois ce météore est suivi de tempêtes ; il n'agit pas toujours sur l'aiguille aimantée, laisse souvent très transparent l'espace qui se trouve au-dessous, au nord ; mais les bandes lumineuses suivent ordinairement la méridienne magnétique. (*Nouv. Bull. de la Soc. Philom.* Avril 1825.)

Météorologie du Pic-du-Midi ; par M. Ramond.

Le Pic-du-Midi des Pyrénées, élevé à quinze cents toises au-dessus du niveau de la mer, n'est guère accessible que pendant trois mois de l'année ; le mois de septembre est le plus commode pour y parvenir. La température en été ne paraît pas y dépasser 18 à 19 degrés centigrades, de sorte qu'en admettant à cette hauteur des variations proportionnelles à celles qui ont lieu au niveau de la mer, le minimum pour la même saison serait de deux ou trois degrés. En se fondant sur la même considération, on trouve que le thermomètre doit descendre, en hiver, dans ces lieux inaccessibles à l'homme, à vingt-cinq ou vingt-six degrés au-dessous de zéro ; c'est-à-dire que la température varie sur le Pic-du-Midi, entre les mêmes limites que dans les régions situées entre le 65e et le 70e degré de latitude.

L'auteur a constaté un fait important que la théorie indiquait. Tandis qu'au pied de la montagne les courans de l'atmosphère soufflent dans tous les sens, le sommet est presque toujours exposé au souffle des vents méridionaux ; et ce courant méridional est celui que le mouvement de la terre produit, dans les hautes régions de l'atmosphère, de l'équateur vers les pôles.

M. *Ramond* fut témoin, sur le Pic-du-Midi, d'un singulier spectacle. Son ombre et les ombres de deux personnes qui l'accompagnaient se dessinaient sur un nuage situé à peu de distance au-dessus d'eux, avec une netteté et une exactitude de contours surprenante, et ce qui est plus extraordinaire, ces ombres étaient entourées d'auréoles resplendissantes des plus vives couleurs. Plusieurs naturalistes, entre autres Bouguer et les fils de Saussure ont joui de la vue de ce phénomène, mais aucun n'avait observé cette netteté de formes, qui ne peut s'expliquer que par le poli de la surface du nuage sur lequel l'ombre se projetait. Quant à l'auréole, Bouguer supposait qu'elle pouvait être le résultat de la décomposition de la lumière opérée par des particules glacées, suspendues dans le nuage. Ainsi il faudrait dire que les rayons du soleil étant interceptés à la place qu'occupe l'ombre, il s'y fait un refroidissement, et que les particules glacées devenant plus nombreuses, là et sur le bord de l'ombre, produisent, en décomposant la lumière, ce jeu de ses divers rayons. M. *Ramond* n'admet pas cette explication. Dans le cas dont il s'agit, il regarde comme certain que le nuage peu élevé sur lequel son ombre se dessinait ne pouvait, à cause de la température qui règne sur le pic, tenir en suspension aucune particule gelée.

L'extrême transparence de l'air sur ces lieux élevés, qui empêche les rayons calorifiques qui le traversent de l'échauffer directement, donne naissance à plusieurs effets différens de ce que nous observons à la surface de la terre. Ainsi la chaleur du soleil, qui absorbe les rayons solaires, est souvent, sur ces cimes, hors de toute proportion avec celle de l'atmosphère. Ainsi encore, les rayons rassemblés au foyer d'une lentille ont une plus grande puissance que s'ils avaient traversé un air lourd et moins transparent. M. *Ramond* a remarqué qu'une lentille d'un très petit diamètre suffit là pour enflammer des corps qu'une lentille d'un diamètre double échaufferait à peine dans les lieux bas.

L'extrême vivacité des couleurs, sur le sommet des hautes montagnes, fait penser à M. *Ramond* qu'il serait peut-être facile d'y constater une élévation de température produite par les divers rayons du spectre solaire. On peut en effet supposer que ce qui empêche de constater cette influence dans les lieux bas, c'est que l'air grossier qui s'y trouve est lui-même susceptible, à cause de son défaut de transparence, de s'échauffer de manière à rendre la différence inappréciable.

La diminution du poids de l'atmosphère rend, sur les cimes élevées des montagnes, l'évaporation des liquides beaucoup plus prompte que dans les lieux bas; aussi les animaux y transpirent-ils plus facilement. Ceci explique pourquoi, malgré le froid extrême qui règne dans ces régions quand les rayons solaires cessent de les éclairer, on n'éprouve aucun des accidens que produisent les variations subites de température. On ne cesse pas en effet de transpirer malgré le froid; mais quand on descend du sommet de la montagne, l'air devenant plus lourd, on est exposé à ces dangereuses alternatives dont il est difficile de se préserver.

Enfin, sur le sommet des montagnes, les hommes se développent plus vite, sont plus vigoureux, plus sains que dans les plaines; mais, en revanche, cet air pur et vivifiant abrége par cela même leur vie. (*Le Globe*. 16 mars 1826.)

Étoile tombante vue en plein jour; par M. Hansteen.

Le 13 août 1823, après onze heures du matin, l'auteur étant occupé à mesurer les distances zénithales de l'étoile polaire, pour déterminer la latitude, un corps lumineux traversa le champ de sa lunette; sa lumière était un peu plus grande que celle de l'étoile polaire. Son mouvement apparent était dirigé de bas en haut; mais comme la lunette renverse les objets, le mouvement réel de ce corps, de même que celui des corps qui tombent, était dirigé de haut en bas. Il employa une seconde ou une seconde et demie à traverser le champ de la lunette : son mouvement n'était ni parfaitement uniforme, ni rectiligne; mais il ressemblait beaucoup au mouvement inégal et un peu sinueux d'une fusée volante qui brûle et s'élève irrégulièrement. Il était alors évident que ce météore se trouvait dans notre atmosphère; mais sa hauteur devait être très considérable, puisque sa vitesse angulaire était si peu rapide. C'est peut-être le seul exemple d'une étoile filante vue en plein jour à la clarté du soleil. (*Édimb. Philosoph. Journ.* Avril 1825.)

Sur le passage de l'Eclair; par M. KELLOGG.

Le 28 mai 1824, le tonnerre tomba sur un arbre d'environ 1 pied de diamètre, à Vernon, État du Connecticut (Amérique du Nord). L'arbre demeura intact; mais la terre fut creusée dans un sillon de 8 à 10 pieds de longueur, suivant la direction d'une racine. A la distance de 30 pieds de l'arbre, se trouve un petit mur surmonté de deux grilles, au-delà duquel est la grande route, large de 66 pieds, et séparée du mur par un fossé de 5 pieds de largeur sur 2 de profondeur. Le trajet du fluide était manifesté par une élévation du sol de 2 à 4 pouces, sur une largeur de 8 à 10. Il paraît avoir traversé la route à une profondeur de 10 à 15 pouces. Arrivé près du fossé, de l'autre côté du chemin, le fluide détacha un grand gâteau de terre de 8 à 10 pouces de longueur, et de 1 à 4 pieds de largeur, le brisa en plusieurs masses plus ou moins volumineuses, et se divisa lui-même en trois portions, qui prirent des directions différentes. Dans deux de ces directions, il laissa sur la surface du sol l'empreinte d'une action violente. La troisième partie plongea dans un massif épais de racines de petits buissons, sortit du côté opposé, à une distance de 10 pieds, puis alla se perdre à 10 ou 15 pieds plus loin.

Ce cas offre cela de particulier, que le fluide a cheminé sous terre à une distance aussi considérable, sans suivre aucune de ces substances telles que racines, etc., qui lui servent ordinairement de conducteurs, ou sans se dissiper et se perdre immédiatement après son immersion, comme il arrive le plus souvent. (*Amer. Journ. of Science.* Février 1825.)

Ravages causés par une trombe enflammée.

Le 26 août 1826, le vent était au sud; la chaleur de la matinée avait été étouffante. A midi environ, les nuages s'amoncelèrent vers l'ouest; un vent impétueux, précurseur de l'orage, se fit sentir : un nuage noir et épais paraissait suspendu sur la pièce de terre dite *le Champ-Rouge*, à 100 toises du château de Laconette, commune de Lastours, au nord de Carcassonne (Aude). On voyait dans la direction du territoire de Fombraise les nuages se heurter, s'entre-choquer et descendre très bas, comme attirés par la terre. Le tonnerre grondait de toutes parts; un roulement sourd se faisait entendre; les animaux domestiques fuyaient vers leur demeure. Tout à coup on entendit un craquement effroyable dans la direction de l'ouest : l'air vivement agité était attiré avec une vitesse extrême vers ce nuage opaque qui couvrait le Champ-Rouge ; l'instant de la réunion fut signalé par une forte détonation et l'apparition d'une énorme colonne de feu qui, rasant le champ, déracina tout sur son passage. Un jeune homme qui se trouvait dans la direction de ce météore, fut tourbillonné, enlevé dans les airs, et eut la tête fendue sur un rocher : quatorze moutons furent enlevés et tombèrent asphyxiés. Cette colonne d'air et de feu se portant vers le château, renversa les murs d'ouest du parc, s'engouffra dans deux excavations, déplaça d'énormes rochers, déracina les plus grands arbres, pénétra dans le château par deux issues, souleva et renversa les pierres de taille de la porte cochère, brisa la porte, en tordit toutes les pentures, fracassa une fenêtre, pénétra dans le salon, se fit jour à travers le plafond, perça le deuxième étage, s'élança vers le toit, et fit écrouler ces trois appartemens avec un fracas horrible. Deux dames qui se trouvaient dans le salon virent un globe de feu y pénétrer, et au milieu de cet épouvantable bouleversement elles ne durent leur salut qu'à une énorme poutre, qui, tombant par le travers, fit voûte et retint toute la boiserie. Les plâtras et tous les grains placés dans les étages supérieurs se mêlèrent à ces décombres, et ensevelirent ces dames, qui furent horriblement contusionnées. Une trombe d'air, pénétrant par la croisée, au-dessus de la cuisine, renversa une cloison, en souleva une autre, brisa les meubles, bouleversa les lits, ouvrit toutes les armoires sans rien déranger, perça un gros mur, et en jeta les débris à une très grande distance. Cette trombe, continuant ses affreux ravages, brisa les combles du château, déracina et souleva un énorme chêne vert, de 5 pieds de circonférence, écrasa deux petites maisons près des murs du château, emporta les charrettes, se précipita dans les ravins, déracina plusieurs noyers énormes qui s'y trouvaient, remonta vers le nord-est, ravagea plusieurs vignes, laissant sur le terrain de très profonds sillons ; l'air était imprégné d'une forte odeur de soufre. Ce météore disparut dans la direction de Fournes, et fut suivi d'une très forte pluie : le ciel devint serein, et le vent d'est commença à souffler.

Un phénomène aussi extraordinaire avait dévasté, le 3 août 1780, le village de Leuc ; la trombe enflammée s'était ruée sur le château de ce village avec une explosion et un fracas horribles ; mais les ravages qu'elle avait causés ne peuvent pas être comparés avec ceux de Laconette, où tout porte les traces de la plus affreuse dévastation et d'une irrésistible violence. (*Écho du Midi*, du 14 septembre 1826.)

Aérolithe tombé en Russie.

Le 19 mai 1826, des ouvriers qui se trouvaient, vers midi, occupés aux travaux des champs dans la terre de madame Sorbinoff, gouvernement de Ekatherinoslaff, district de Pawlograd, entendirent un bruit qui semblait partir des nuées, et qui allant toujours croissant finit par une forte détonation. En même temps ils virent un corps pesant entraîné vers la terre par un mouvement rapide, et dont la chute fut accompagnée d'un éclat de lumière. Cette apparition eut lieu à environ 20 sagènes de distance des laboureurs. Attirés par la nouveauté de ce spectacle, ils accoururent vers l'endroit, et ils trouvèrent une pierre qui, en tombant, avait relevé la terre tout autour jusqu'à une hauteur de 3 archines, et qui avait fait en même temps une excavation d'une archine de profondeur. Le jour où ce phénomène eut lieu, le ciel était légèrement couvert, le temps calme, sans nuage et sans pluie. L'aérolithe pèse 2 pouds (80 livres) : sa couleur est d'un bleu très foncé approchant du noir; sa surface présente de légères cavités, et, en général, l'extérieur ressemble beaucoup à une agglomération de sable. (*Journal des Débats*, du 24 novembre 1826.)

Aérolithe tombé en Amérique.

Le 10 février 1825, il tomba près de New-York, dans une plantation voisine de la rivière Potomac, un aérolithe du poids de seize livres. Le ciel était un peu nébuleux et le vent sud-ouest : vers midi, on entendit tout à coup une détonation, suivie d'un bruyant bourdonnement semblable à celui d'un courant d'air qui se précipite à travers une ouverture étroite. Peu après, on aperçut une excavation récemment faite, et dans laquelle se trouva, à environ

18 pouces de profondeur, une pierre brute, de forme oblongue, qui avait une chaleur sensible au toucher, et une forte odeur de soufre. Sa surface était dure et vitreuse ; cassée, elle parut composée d'une matière terreuse ou siliceuse, d'une légère couleur d'ardoise, contenant de nombreux globules de diverses grandeurs, très durs et d'une couleur brune ; le tout accompagné de petites portions de pyrites d'un jaune brunâtre, lesquelles réduites en poudre deviennent d'un brun foncé. (*Americ. Journ. of Science*. Juin 1825.)

Résumé des observations météorologiques faites à l'Observatoire de Paris, en 1825 et 1826.

Année 1825.

Température. Les extrêmes de température, à l'ombre et au nord, ont été en 1825 :

Au mois de juillet + 36°,3 du thermomètre centigrade.

Au mois de décembre — 8°,0

Le thermomètre a donc parcouru dans l'année un intervalle de 44°,3.

La chaleur moyenne des souterrains de l'Observatoire, à 86 pieds de profondeur, a été de + 11°,77.

Baromètre. La plus grande hauteur du baromètre, en 1825, a été observée au mois de janvier ; réduite à zéro de température elle était égale à. . . 776mm 35

La moindre élévation a été en novembre, de 726 82

La pression atmosphérique a donc varié de 49 53

Quantité de pluie. Le résultat de l'année 1825 pour le récipient établi sur la plate-forme de l'Observatoire, a été de $46^{c},882$, et pour le récipient placé dans la cour, à 28 mètres plus bas, il a été de $51^{c},933$.

Hauteur de la Seine. Les plus hautes eaux ont été observées, le 10 décembre, à l'échelle du pont de la Tournelle; elles se sont élevées à 4^{m} 50.

Les plus basses eaux correspondent au 8 août; elles ont été 0,12 *au-dessous* de zéro de l'échelle, qui est le point où descendirent les plus basses eaux de 1719.

Etat du ciel. Il y a eu, en 1825, à Paris, 135 jours de pluie, 22 jours de neige, 5 jours de grêle ou grésil, 31 jours de gelées 12 jours de tonnèrre, et 174 jours durant lesquels le ciel a été presque entièrement couvert.

Année 1826.

Température. Les extrêmes de température, à l'ombre et au nord, ont été en 1826 :

Au mois d'août + 35°,5 du thermomètre centigrade.

Au mois de janvier — 11°,8.

Le thermomètre a donc parcouru dans l'année un intervalle de 47°,3.

Baromètre. La plus grande hauteur du baromètre, en 1826, a été observée au mois de janvier; réduite à 0 de température elle était égale à. . . . $770^{mm}31$
La moindre élévation a été en novembre, de 732 38

La pression atmosphérique a donc varié de 37 · 93

Quantité de pluie. Le résultat de l'année 1826, pour le récipient établi sur la plate-forme de l'Observatoire, a été de 40^{c}955, et pour le récipient placé dans la cour, à 28 mètres plus bas, il a été de 47^{c},209.

Hauteur de la Seine. Les plus hautes eaux ont été observées, le 10 décembre, à l'échelle du pont de la Tournelle ; elles se sont élevées à 2^{m} 80.

Les plus basses eaux correspondent au 26 août; elles ont été de 0,12 *au-dessous* de zéro de l'échelle, qui est le point où descendireut les plus basses eaux de 1719.

Etat du ciel. Il y a eu, en 1826, 129 jours de pluie, 7 jours de neige, 4 jours de grêle ou de grésil, 51 jours de gelée, 11 jours de tonnerre, et 173 jours durant lesquels le ciel a été presque entièrement couvert. (*Annales de Chimie.* Décembre 1825 et décembre 1826.)

Tremblemens de terre en 1826.

7 janvier, 7 heures du matin. *Martinique :* deux secousses, l'une faible, l'autre violente; celle-ci a jeté l'alarme parmi les habitans, mais n'a produit aucun dégât.

26 janvier. *Prevésa :* violente secousse; la ville a beaucoup souffert.

Premiers jours de février. *Constantinople :* trois fortes secousses qui ont occasionné de grands dommages.

8 février. *Smyrne :* secousse peu-remarquable.

18 mars, minuit. *Pésaro* (Etats-Romains) : secousse

àssez forte dans la direction du S.-E au N.-O ; la mer était un peu agitée.

Le même jour, midi 40'. *Pésaro :* secousse plus intense que la précédente, pendant laquelle on observa une forte agitation dans la mer près des parages de Sinigallia. Quoique l'air fût tranquille, le sable se mêla aux eaux et troubla leur transparence jusqu'à deux milles de la côte. A 1 heure 14', à 4 heures 2', à 10 heures 45' de l'après-midi, on ressentit aussi de légères secousses.

19 mars, à 1 heure 45' et 3 heures 15' après minuit. *Pésaro :* secousse assez légère dirigée comme les précédentes, du S.-E au N.-O.

20 mars, 1 heure 50' après minuit. *Pésaro :* secousse légère, mais assez longue; même direction.

6 avril, 1 heure 20' après minuit. *Pésaro :* légère secousse.

14 avril, à 6 heures du soir. *Saint-Brieuc* et les environs (Côtes-du-Nord) : secousse qui dura 12 à 15 secondes, dirigée de l'est à l'ouest; elle fut précédée d'un bruit semblable à celui que ferait une voiture roulant sur des cailloux.

2 mai dans la nuit. *Martinique :* une secousse.

15 mai, à 11 heures du matin. *Grenade* (Espagne) : tremblement de terre assez fort, précédé d'un bruit souterrain ; de nombreuses secousses succédèrent à celle-là le même jour; mais aucun bruit ne les accompagna. Le 17 vers le point du jour il y eut une secousse violente; 20 minutes après, l'ébranlement se reproduisit; un mugissement terrible accompagna le

phénomène. Plusieurs édifices furent plus ou moins endommagés.

Les premiers jours de juin. *Grenade* (Espagne): légères secousses; beaucoup d'habitans quittèrent la ville.

17 juin, à 10 heures $\frac{1}{4}$ du soir, *Santa-Fé de Bogota* (Colombie) : épouvantable secousse qui dura environ 8"; les mouvemens étaient horizontaux et dirigés du sud au nord. Une seconde secousse, qui dura 40" à 45", se manifesta par une ondulation très forte; elle avait fait sortir tous les habitans de leurs maisons; la plupart passèrent le reste de la nuit sur les places publiques; la consternation était générale. Au moment où la terre trembla, le ciel était nuageux, l'air parfaitement calme, la lune cachée par un nuage. Vers minuit on sentit un léger mouvement accompagné d'un bruit sourd qui venait de l'est. Au point du jour presque tout le monde se retira dans les maisons.

Le 18 on reconnut que presque toutes les maisons étaient fortement endommagées; la cathédrale menace ruine, la tour de Santa-Clara est tombée, toutes les églises sont en fort mauvais état. La chapelle de Guadelupe, élevée de 650 mètres au-dessus de la ville, est entièrement détruite.

Le 19 on ressentit quelques légères secousses.

Le 20, à 11 heures du matin, il y eut une secousse très sensible; le mouvement horizontal, dirigé du sud au nord, dura quelques secondes.

Le 21 dans la nuit on ressentit quelques oscillations.

Le 22, à 4 heures $\frac{1}{4}$ du matin, il y eut de violentes secousses horizontales dirigées du sud au nord; elles durèrent environ 25 à 30". Une partie de l'hospice s'écroula. Au moment du tremblement le ciel était très nuageux, l'air calme.

Depuis le 22 on a eu quelques légers mouvemens, mais peu forts; cependant l'état des maisons ne permet pas de les habiter sans danger; la nuit la ville est presque déserte.

12 août, à 5 heures du matin. *Saint-Pierre de la Martinique:* deux secousses consécutives extrêmement fortes; point de dégâts.

18 septembre entre 3 et 4 heures du matin. *San-Yago* (Cuba) : trois secousses très fortes; chacune a duré environ une minute, et a été précédée d'un bruit semblable à celui que feraient des chariots pesamment chargés, roulant sur une route pavée. A ce roulement a succédé une terrible explosion. Une grande partie de la ville a été détruite.

18 septembre à la même heure qu'à Cuba. *Jamaïque :* deux fortes secousses.

15 décembre, 3 heures $\frac{1}{2}$ du soir. *Zurich, Inspruck*, etc. : secousse assez forte dirigée vers le nord-est. Le 16, à 4 heures après midi les secousses se sont renouvelées. (*Annales de Chimie*. Décembre 1826.)

Exemple du Choc en retour.

Les physiciens savent qu'alors même qu'on est placé fort loin du lieu où la foudre éclate, on peut être gravement blessé et même tué par suite de l'explosion. Supposons qu'un homme se trouve placé verticalement sous l'une des extrémités d'un long nuage électrisé vitreusement, et dans sa sphère d'activité ; son fluide vitré étant refoulé dans la terre par l'action répulsive de l'électricité du nuage, cet homme sera électrisé résineusement. Qu'une cause quelconque détermine alors la nuée tout entière à se décharger sur la terre par son autre extrémité, à l'instant même ce fluide vitré ne se trouvant plus repoussé reviendra du sol dans le corps de l'homme avec une rapidité et une abondance d'autant plus grande que l'énergie électrique du nuage avant l'explosion, était elle-même plus considérable. Ces mouvemens subits du fluide électrique, dirigés de bas en haut, ont été appelés *des chocs en retour*. La ville de Versailles en a offert un exemple.

Le 24 septembre 1826 à 9 heures $\frac{1}{2}$ du soir, au moment même où le tonnerre tombait sur la ferme de Gali près Versailles, M. B. a été frappé par le choc en retour à une distance d'une demi-lieue de la ferme. Il se dirigeait vers son domicile, lorsque, dans la rue Dauphine, à peu de distance de l'église Notre-Dame, un tourbillon de vent le força à se retourner un instant. Il se trouvait alors le côté droit tourné vers un mur, le long duquel descend un tuyau métallique qui conduit les eaux pluviales jusqu'au niveau du pavé. Dans cette position, il éprouva une forte commotion, dont les suites furent une grande gêne dans les mouvemens de tout le côté gauche, et une respiration haletante ; la langue éprouvait la même difficulté. Les soins prodigués à M. B. lui rendirent un calme momentané ; le lendemain il se trouva à peu près dans son état ordinaire; mais le soir, à l'heure où la commotion avait eu lieu, l'oppression, l'engourdissement et la gêne dans les mouvemens reparurent. Un médecin ayant été appelé, reconnut tous les symptômes d'une compression sur le cerveau et sur la moelle épinière, d'où était résultée une paralysie incomplète de la langue, du bras gauche et de la jambe du même côté; cette affection céda aux efforts de l'art.

On ne peut pas attribuer à un choc direct l'accident arrivé à M. B. ; car à l'instant où il fut frappé, l'intervalle entre chaque éclair et l'explosion prouvait que l'orage n'était pas sur Versailles même. (*Même journal, même cahier.*)

Sur les bruits souterrains qu'on entend à Nakous.

Nakous, situé à trois lieues de Tor, sur la mer Rouge, est célèbre à cause de certains sons qui s'y produisent à toutes les heures du jour et de la nuit. Lorsque M. *Gray*, d'Oxford, visita Nakous pour la première fois, il entendit sous ses pieds un bourdonnement continuel, qui se changea bientôt en pulsations de plus en plus intenses, semblables aux battemens d'une horloge. Le lendemain ce même voyageur entendit ces sons pendant une heure entière ; le temps était alors parfaitement calme et serein. M. *Gray* en conclut qu'on ne pouvait pas attribuer ce phénomène au passage de l'air par certaines crevasses du sol ou des rochers, d'autant qu'un examen attentif du terrain n'y a fait découvrir aucune fissure sensible.

M. *Seetzen*, célèbre voyageur, visita ces mêmes lieux en 1811. Au pied de la chaîne des montagnes appelées Nakous, on voit un rocher à pic isolé. Des deux côtés, la montagne présente deux surfaces tellement inclinées, que le sable blanc et peu adhérent qui les recouvre se soutient à peine et glisse au moindre ébranlement, lorsque les rayons brûlans du soleil achèvent de détruire sa faible adhérence. En gravissant cette pente, qui est environ de cent cinquante pieds, M. *Seetzen* entendit le son se former sous ses pieds, et cela lui fit penser que le glissement du sable était la cause et non l'effet de l'ébranlement sonore. Quelques heures plus tard le son se fit entendre distinctement, et dura six minutes, puis après avoir cessé pendant dix minutes, il se reproduisit. Pour se convaincre de la vérité de cette découverte, ce voyageur grimpa avec la plus grande peine jusqu'aux rochers les plus élevés, et il se laissa glisser le plus vite possible, en s'efforçant, à l'aide des pieds et des mains, de mettre le sable en mouvement. L'effet ainsi produit fut si grand que le sable, en roulant sous ses pieds, fit naître un son si éclatant que la terre paraissait trembler. (*Même journal, même cahier.*)

Tremblement de terre en Sibérie.

Le 2 septembre 1824, à cinq heures du matin, par un léger brouillard, on entendit, pendant quatre minutes, dans la mine de Klintchkinsk, arrondissement de Nertchinsk, un bruit extraordinaire venant du nord et se dirigeant vers le sud; on sentit ensuite une commotion de tremblement de terre qui fit sensiblement chanceler tous les édifices, sans que cependant il en soit résulté aucun accident.

La mine de Klintchkinsk est entourée de montagnes granitiques couronnées de forêts, dont un grand nombre sont couvertes de débris de granits, d'ardoises argileuses et de pierres calcaires. L'hétérogénéité de ces divers élémens indépendans des parties constitutives des montagnes est digne d'une attention particulière. A peu de distance, à gauche de la petite rivière de Bolousa, qui se jette dans le Kira, existent des sources d'eaux thermales; l'eau de ces sources est limpide; la couleur est bleuâtre; elle exhale une odeur de poudre à canon, et sa chaleur est telle, que la main exposée au-dessus peut à peine en supporter l'excès; elle laisse sur les pierres à travers lesquelles elle passe, un sédiment, vert foncé à la superficie, intérieurement blanc comme du lait, et exhalant une odeur sulfureuse. (*Courrier de Sibérie*, n° 16, 1824.)

Tremblement de terre en Perse.

On a ressenti à Shiraz, vers la fin d'octobre 1825, une secousse de tremblement de terre presque aussi violente que celle de 1824. Elle renversa un grand nombre d'édifices, et occasionna beaucoup d'autres dégâts; heureusement peu d'individus perdirent la vie dans cette terrible catastrophe. Les tombeaux de

Hafiz et de Saadi, l'ornement et la gloire de Shiraz, n'offrent plus aujourd'hui qu'un monceau de ruines. (*Asiat. Journ.* Juin 1826.)

Tremblement de terre à Démerary.

Le 20 septembre 1825, à dix heures du soir, on ressentit à Démerary une forte secousse de tremblement de terre, qui commença par un mouvement oscillatoire, et finit par un mouvement semblable à celui des vagues de la mer. Sa direction était de l'ouest-nord-ouest à l'est-sud-est. Ce phénomène dura trois à quatre minutes, et eut lieu par un ciel clair et serein dans la partie du zénith, mais nuageux vers le nord, et une atmosphère basse et obscure à l'est. Le thermomètre était à 84° Fahrenheit. Une heure après, il y eut une secousse un peu plus faible, qui fut suivie d'un fort coup de vent. Le même jour on ressentit à la Barbade une violente secousse. (*Konst en Letterbode*, 2 décembre 1825.)

III. SCIENCES MÉDICALES.

MÉDECINE ET CHIRURGIE.

Nouvelle médication par la voie de la peau privée d'épiderme, et par celle des autres tissus accidentellement dénudés ; par M. Lesueur, D. M.

Au lieu d'administrer les médicamens à l'intérieur comme on l'a fait jusqu'alors, l'auteur propose de mettre le derme à nu au moyen d'un emplâtre vésicant, et de se servir de la surface ainsi dénudée, pour faire pénétrer les médicamens par voie d'absorption. On emploie tel ou tel vésicant, suivant la nature de la maladie, suivant qu'il faut agir plus ou moins promptement, suivant enfin que l'emploi d'un pareil moyen s'accorde plus ou moins bien avec le traitement général de la maladie. On commencera par une ou deux applications, afin d'habituer graduellement le derme au contact du médicament; on évite ainsi la douleur et l'on arrive aux applications immédiates. Si le médicament est solide, forme la plus commode, on en saupoudre la plaie, si c'est une poudre ou un sel, par exemple ; on s'en sert en place d'onguent, si c'est un extrait, une conserve; cette forme convient surtout aux médicamens très actifs et de peu de volume. Si le médicament est liquide, on en imbibe la charpie qu'on applique sur la surface dénudée, ou on l'emploie en bain.

Voici les avantages que l'auteur attribue à sa méthode; 1°. elle peut toujours être employée, lorsque les autres ne peuvent l'être ou ne le seraient qu'avec danger; 2°. on soustrait les voies gastriques à l'action topique du médicament, qui souvent peut causer de l'irritation ou produire tout autre effet nuisible; 3°. on évite aux malades tous les dégoûts qu'excitent les médicamens sur les sens de l'odorat et du goût; 4°. on peut médicamenter les malades sans qu'ils le sachent, et on a la facilité d'arrêter et de borner l'effet du médicament dès qu'on le veut; 5°. on produit des effets plus prompts; 6°. on soustrait les médicamens à l'action décomposante de l'estomac; 7°. enfin, on peut, par ce moyen, découvrir quel est, dans chaque médicament, la partie active, en examinant chimiquement le médicament après son emploi et voyant quel est le principe constituant qu'il a perdu.

Ce mode de médication endermique a été mis en usage avec succès dans différens hôpitaux. (*Extr. d'un Rapp. lu à l'Académie de Médecine*, le 23 juin 1826.)

Emploi du camphre dans le rhumatisme aigu et chronique; par M. Dupasquier.

On peut employer le camphre avec avantage dans le rhumatisme, soit à l'intérieur, soit en friction, soit en le mettant en contact immédiat avec la peau, en poudre ou en vapeur. Cette dernière manière est de beaucoup préférable.

La meilleure manière d'administrer les fumigations consiste à exposer les malades à l'action de la vapeur du camphre, dans des caisses fumigatoires portatives; car les douleurs sont souvent telles que le malade ne pourrait se transporter dans les établissemens où se trouvent les appareils propres aux fumigations; ou bien on peut encore administrer la vapeur du camphre, soit en faisant asseoir les malades sur une chaise dont le fond est à jour, et qui est placée au-dessus d'un petit fourneau recouvert par une plaque métallique. On les entoure ensuite d'une grande couverture de laine, que l'on serre autour du cou et qui descend jusqu'à terre. On projette alors, de cinq en cinq minutes une cuillerée à café de camphre en poudre sur la plaque placée au-dessus du fourneau; le médicament se volatilise aussitôt et les parties avec lesquelles il se trouve en contact se couvrent de sueur. On continue cette opération pendant trois quarts d'heure ou une heure, suivant que les malades supportent plus ou moins bien la température de la vapeur. Après l'opération on enveloppe le malade dans la couverture qui a servi à la fumigation; on le place dans son lit, et souvent il continue à transpirer pendant une ou deux heures. Une demi-once de camphre suffit ordinairement; on peut cependant aller au-delà sans inconvénient.

On peut aussi faire les fumigations dans le lit du malade, au moyen d'une bassinoire sur laquelle on projette le camphre. Le nombre de fumigations varie de deux à quatre par jour. On doit les continuer une semaine encore après que les douleurs rhumatismales ont disparu. Il est des cas où l'on doit faire précéder l'emploi du camphre d'une saignée générale. (*Revue médicale.* Mai 1826.)

Précautions à prendre contre l'usage des boissons glacées ; par M. CHEVALLIER.

On connaît les fréquens accidens causés par l'usage de l'eau très froide pendant les fortes chaleurs ; elle occasionne une irritation très vive du canal alimentaire. Voici les précautions que l'auteur indique pour se garantir de ces accidens, 1°. on doit s'abstenir de prendre des glaces à la suite d'un grand dîner ; 2°. si la température de l'atmosphère est très élevée, il ne faut pas boire subitement une quantité d'eau glacée ; 3°. il faut, lorsqu'on prend une glace, la prendre lentement, afin d'habituer le canal alimentaire au changement de température qu'il doit éprouver ; 4°. si l'on avait très chaud, il faudrait se reposer quelque temps avant de prendre la glace. (*Bulletin des Sciences médicales.* Novembre 1826.)

Sur une anomalie de la vision ; par M. LARREY.

L'auteur a présenté à la Société philomatique un individu atteint d'une amaurose complète depuis deux mois, et qui, sous l'influence d'un traitement énergique, a recouvré la vue ; mais aujourd'hui il voit les corps bien plus volumineux qu'ils ne sont réellement, et c'est en largeur plus encore qu'en hauteur que cette illusion a lieu. Les hommes de taille ordinaire lui paraissent démesurément gros ; son pot de tisane un petit tonneau que sa main ne pourra jamais embrasser. Trompé par le volume qu'il suppose malgré lui aux objets, il les croit plus rapprochés de lui qu'ils ne sont ; il n'allonge jamais assez la main pour les saisir, et n'y parvient qu'en tâtonnant ; du reste, l'organisation physique des yeux ne paraît nullement altérée. (*Le Globe*, t. 3, n° 65.)

Moyen d'éclairer l'intérieur de l'urètre et de la vessie ; par M. Ségalas.

Ce moyen est aussi remarquable par sa simplicité que par ses résultats. Il se réduit à deux bougies, deux miroirs et des tubes cylindriques, et constitue une sorte de lunette à laquelle l'auteur a donné le nom de *speculum urétro-cystique*. Ce médecin, pour donner une idée de la clarté que son appareil jette dans l'urètre et la vessie, annonce que, par son aide, il parvint à lire dans le lieu le plus obscur et à quinze pouces de distance, les caractères les plus fins. Cet instrument pourrait donner des notions utiles, non seulement sur l'état de la membrane muqueuse, de la vessie et de l'urètre, mais encore sur les corps étrangers qui se développent dans ces organes, et particulièrement sur la pierre. Il est susceptible en outre d'aller, avec de légères modifications, éclairer des parties jusqu'à présent inaccessibles à nos regards, telles que les régions profondes du rectum, du pharynx et des fosses nasales. (*Journal des Débats*, du 16 décembre 1826.)

Cancer du cœur; par LE MÊME.

M. *Ségalas* a présenté à la Société philomatique un cœur dont le ventricule droit est converti en une substance cancéreuse, dans le ventricule gauche duquel on aperçoit un commencement de désorganisation semblable. Ce cœur, d'ailleurs adhérent au péricarde dans toute son étendue, et d'un volume supérieur à celui de l'état normal, a été trouvé chez un enfant de onze ans.

Il est rare qu'une affection cancéreuse s'établisse à un âge aussi tendre que celui du sujet; il est plus rare encore que le cancer ait son siége dans le cœur; on n'en connaît jusqu'à présent que peu d'exemples.

Il est remarquable qu'avec une désorganisation semblable, l'enfant ait pu participer aux divers exercices de ses camarades et même se distinguer dans ses études. Toutefois il se fatiguait aisément, éprouvait de temps à autre de légers vertiges et se réveillait difficilement.

Il est remarquable encore que la maladie ait fait de si grands progrès, et déterminé une hydropisie ascite sans occasionner le plus petit gonflement aux extrémités inférieures.

L'augmentation du volume du foie et celle bien plus grande de la rate, sans aucune lésion organique dans ces viscères, constituent un fait qui, pour être fréquent, n'en est pas moins important dans ce cas, comme dénotant l'influence que la gêne du cours du sang noir a sur le développement de ces organes.

L'épanchement de sérosité claire dans les cavités de l'arachnoïde, celui de la sérosité sanguinolente dans la plèvre droite, et surtout l'amas de mucosités écumeuses dans toute l'étendue des voies aériennes, sont aussi des faits importans, en ce qu'ils concordent exactement avec les effets de la suspension subite de la circulation par l'injection de corps gras dans les veines, et signalent ainsi la syncope, et par conséquent le désordre du cœur comme cause immédiate de la mort.

Enfin, la disparition des fibres musculaires, et par suite de l'irritabilité dans tout un ventricule et dans plusieurs parties de l'autre, sans qu'il y ait eu de désordres plus apparens dans les fonctions du cœur, constitue un nouveau fait, qui lie la physiologie humaine à la physiologie comparative, comme l'hydropisie et la mort subite, qui ont été le résultat de cette altération, établissent un nouveau rapport entre le cancer du cœur et les autres maladies organiques du cœur. (*Nouv. Bull. de la Soc. Philom.* Mai 1825.)

Emploi du Galvanisme dans le traitement de l'amaurose ; par M. Magendie.

L'auteur reconnaît deux espèces d'amaurose, l'une qui résulte des altérations du nerf optique, l'autre des bronches ophtalmiques de la cinquième paire, qui ne sont pas moins indispensables à l'exercice de la vue.

M. *Magendie* ayant eu l'idée de diriger le courant galvanique directement sur les nerfs de la cinquième paire, au moyen du procédé connu sous le nom d'*électro-puncture*, commença par constater qu'on pouvait impunément piquer ces nerfs dans les animaux. Puis il tenta la cure d'un jeune homme atteint d'amaurose incomplète. Le nerf frontal et le sous-orbitaire furent traversés par des aiguilles sans qu'aucun accident survînt. M. *Magendie* parvint ensuite à atteindre le nerf frontal dans l'orbite même et à piquer le nerf lacrymal, et observa qu'un sentiment particulier, accompagné d'une abondante sécrétion de larmes, était le résultat de cette piqûre. Le galvanisme, dirigé sur les deux derniers nerfs, au moyen d'une pile composée de douze paires de disques de six pouces de diamètre, n'entraîna pas plus d'inconvéniens que la piqûre simple, et fit seulement éprouver au malade un sentiment semblable à celui qui se répand dans l'avant-bras quand on se heurte le coude. La vision fut un peu plus distincte pendant l'opération. Au bout de quinze jours de traitement il y avait un mieux permanent sensible.

L'auteur a obtenu des succès marqués sur plusieurs amauroses incomplètes avec ou sans complication de paralysie de la paupière. (*Extrait d'un Mémoire lu à l'Académie des Sciences.*)

Sur une fille qui se trouve dans un état de léthargie.

Une fille de la Silésie, âgée de vingt-huit ans, se trouve dans un état de léthargie depuis le 28 octobre 1823. Dans le premier temps de sa maladie on ne lui vit jamais ouvrir les yeux, pas même lorsqu'elle était éveillée, et quand les personnes qui l'entouraient la priaient de les ouvrir elle versait des larmes, qui semblaient donner à entendre qu'elle n'avait pas la faculté de le faire. Son réveil se manifeste toujours par un léger mouvement des doigts ; il faut aussitôt saisir ce mouvement pour lui faire prendre quelque nourriture, c'est-à-dire un peu de pain et de lait. Si par hasard on a négligé de tenir prêts ces alimens, elle se rendort sans manifester le désir de manger. Ce ne fut que le 27 janvier 1825 qu'elle proféra, pour la première fois, quelques paroles ; depuis cette époque la malade se réveille plus fréquemment, mais toujours dans des intervalles indéterminés ; quelquefois le deuxième, le quatrième, et souvent ce n'est que le sixième jour. Quand elle demande quelque chose, c'est toujours avec une voix faible, entrecoupée et presque inintelligible. Elle refuse toute espèce de médicamens. Son état de réveil ne dure que le temps nécessaire pour prendre sa nourriture. Ses forces diminuent de plus en plus. (*Not. aus dem Geb. der heilkunde*. Mars 1826.)

Remède contre l'inspiration du chlore.

Dans les grands établissemens de blanchîment, dans les fabriques de produits chimiques et dans les expériences de laboratoire, il arrive souvent que l'inspiration des vapeurs du chlore produit des effets très dangereux. On se garantit de ce danger en respirant la vapeur de l'esprit de vin, ou en avalant des morceaux de sucre trempés dans de l'alcool. Ce remède, pratiqué depuis deux ans, a toujours produit des résultats heureux. (*Archir fur Naturlehre*. 1824.)

Sur le village des fous en Belgique.

Le village de Gheel, près d'Anvers, dont la population est de 7,000 âmes, renferme un grand nombre de fous, d'insensés et d'idiots, qui sont tous répartis chez les cultivateurs, où on les occupe selon leur force et leur âge, mais sans jamais les y contraindre, aux différens travaux champêtres. La liberté dont ils jouissent, le grand air, leurs occupations et la vie tranquille qu'ils mènent rendent à beaucoup de ces infortunés les facultés que les chagrins domestiques ou d'autres causes leur ont fait perdre.

Bruxelles, Anvers et beaucoup d'autres villes environnantes, au lieu de tenir les aliénés indigens renfermés dans un hospice où presque toujours l'état de ces malheureux ne fait qu'empirer, les envoient à Gheel. Aussitôt qu'ils y arrivent ils sont déposés dans une pièce attenant à l'église, où un ecclésiastique fait des prières et leur donne les consolations de la religion; ensuite ils sont répartis chez les cultivateurs, qui, quoique la pension soit très modique, les recherchent et en ont le plus grand soin.

Il n'est presque point de cultivateur un peu aisé dans la commune de Gheel qui n'ait un et souvent plusieurs aliénés en pension chez lui; ils ont tous l'air joyeux et bien portans; ils semblent être avec leurs hôtes comme en famille ; ils mangent avec eux, et sont, presque sans exception, d'une grande docilité. Cette douceur, jointe à l'habitude qu'ont toujours eue les cultivateurs de Gheel de voir des insensés et de vivre avec eux, fait qu'ils ne leur inspirent aucune crainte, et même qu'il s'établit entre eux une sorte de cordialité touchante. Il y a de ces infortunés qui, depuis plus de vingt ans, sont dans la ferme sans avoir jamais manifesté le désir de la quitter, ni paru ennuyés des occupations champêtres auxquelles ils se livrent. (*Le Globe*, 17 janvier 1826.)

Effets de la racine d'armoise (artemisia vulgaris) *contre l'épilepsie ; par M.* Burdach.

Cette substance a été employée avec le plus grand succès dans différentes espèces d'épilepsie; on la donne en poudre, à des doses plus ou moins fortes, suivant l'âge du malade, la violence et la fréquence des accès. Dans un cas d'épilepsie dont les accès revenaient tous les jours, chez un jeune homme fort et robuste, la poudre de racine d'armoise fut administrée à la dose d'un gros à trois gros, un peu avant l'attaque et à une heure d'intervalle. La guérison fut complète. (*Journ. der prakt. heilkunde.* Novembre 1825.)

Remède contre le scorbut.

M. le docteur *Blum* prétend avoir obtenu des résultats les plus heureux, en employant contre le scorbut, une décoction composée de ménianthe, de raifort et d'oseille. On met une poignée de chaque espèce sur deux bouteilles d'eau que l'on réduit à une seule, c'est la dose pour un jour. Des malades chez qui le scorbut était parvenu à un très haut degré d'intensité, ont été guéris au bout de quinze jours, ou tout au plus en trois semaines, par ce traitement seul. (*Not. aus dem Gebiete der heilkunde.* Mars 1826.)

Emploi du chlorure de soude dans diverses maladies; par M. Darling.

L'auteur emploie le chlorure de soude dans les affections syphilitiques et dans toutes les affections cutanées chroniques, dans lesquelles on fait ordinairement des lotions stimulantes. Il en a retiré de bons effets, comme gargarisme dans les ulcérations de la gorge, surtout contre la salivation mercurielle; administré au commencement de la salivation, il en arrête presque toujours les progrès; et lorsque la salivation est établie, qu'il y a des ulcérations, et que les douleurs sont assez vives pour empêcher le malade de dormir, le chlorure de soude donné en gargarisme procure un grand soulagement et arrête l'inflammation.

La dose prescrite par M. *Darling* varie depuis un gros jusqu'à une once de solution saturée dans un verre d'eau. (*Medical Repository.* Février 1826.)

Essai heureux de la transfusion de sang; par M. Blundell.

Cette opération a été faite chez une femme nouvellement accouchée, qui avait perdu tant de sang, que le danger pour sa vie était imminent. On fit à la veine céphalique une ouverture de la largeur d'un huitième de pouce, et l'on injecta lentement deux onces de sang du mari de la malade; cela n'ayant produit aucun effet, on répéta, après deux minutes, l'injection de deux nouvelles onces. A l'instant la malade devint inquiète, et le pouls intermittent; mais après cinq à dix minutes, la malade se trouva mieux, et se rétablit parfaitement.

La seringue dont on a fait usage était de laiton étamé intérieurement, dont le bout de la canule ressemblait à une plume taillée, et le canal même avait la grosseur d'une plume. Pour s'assurer qu'il n'y avait pas d'air dans la seringue, on faisait, par une légère pression, sortir un peu de sang avant l'injection. (*Revue Médicale.* Février 1826.)

Remède contre la dysenterie.

M. *Beker,* médecin américain, a conseillé avec succès des lavemens d'eau très froide contre la dysenterie. On les réitère toutes les demi-heures, souvent pendant vingt-quatre heures, et même plus long-temps, selon la gravité de la maladie. L'auteur prétend que le malade en éprouve de prompts soulagemens; que le ténesme et la fièvre cessent, et que les évacuations deviennent régulières. Il emploie en même temps, si les circonstances l'exigent, la saignée, des bains chauds et des médicamens diaphorétiques. (*Not. aus dem Gebiete der heilkunde.* Avril 1826.)

De l'urtication dans le traitement des maladies pyrétiques; par M. Spiritus.

La fustigation avec des orties est tombée en désuétude du moment où les autres moyens rubéfians furent devenus d'un usage habituel, et cependant son action ne saurait être assimilée à celle d'aucun de ces derniers. C'est encore à tort qu'on a considéré l'urtication comme une variété de flagellation simple; car celle-ci agit d'une manière toute mécanique, tandis qu'il y a, en outre, quelque chose de chimique dans le mode d'action de la première, puisque les poils des orties, en pénétrant dans la peau, y déposent le suc caustique qu'ils contiennent; ce que prouve l'apparition, à la suite de cette manœuvre, de petits boutons semblables à ceux de l'éruption nommée *urticaire.* Jusqu'à présent on n'avait encore eu recours à l'urtication que dans les maladies chroniques, dans quelques paralysies, dans les rhumatismes opiniâtres, dans les affections urinaires, etc.; bien que son action passagère semblât plus propre au traitement des affections plus rapides dans leur marche, et ne pût faire espérer quelque succès que dans les cas où le mal encore récent, n'aurait pas jeté de racines dans l'économie.

L'auteur a employé ce moyen, avec le plus grand succès, contre la scarlatine, dans un cas de phlegmasie érysipélateuse de la poitrine, etc. (*Rust's Magazin*, t. xx, 3e cahier.)

Changemens dans les lois de la mortalité, depuis un demi-siècle (1775 *à* 1825); *par M.* BENOISTON DE CHATEAUNEUF.

Il résulte des recherches de l'auteur, que, tandis qu'autrefois sur 100 enfans qui naissaient, il en mourait cinquante dans les deux premières années, on n'en voit plus succomber que 38,3; on ne peut guère douter que cette différence si sensible dans la mortalité des enfans ne soit due à la vaccine et à l'amélioration du sort de la classe indigente.

Pour tous les autres âges de la vie, la comparaison se soutient toujours à l'avantage de notre époque. Ainsi autrefois, sur 100 enfans, il en mourait 55,5 avant l'âge de dix ans; aujourd'hui il n'en meurt plus que 43,7. Sur le même nombre, on ne comptait que 21,5 hommes qui parvenaient à l'âge de cinquante ans; aujourd'hui, 32,5 arrivent à cet âge : alors 15 seulement parvenaient à l'âge de soixante ans; aujourd'hui on en compte 24; aussi le rapport total des décès à la population a-t-il très sensiblement diminué. Autrefois il mourait tous les ans 1 individu sur 30; aujourd'hui il n'en meurt plus que 1 sur 39.

Quant aux naissances, leur nombre diminue; on n'en compte plus chaque année que 1 sur 35, tandis que jadis on en comptait 1 sur 31. On trouve une disproportion semblable, et dans le même sens, relativement aux mariages ; on en comptait 1 sur 111 personnes autrefois ; on n'en compte plus qu'un sur 135. La fécondité des mariages n'a pas changé ; elle donne toujours à peu près 4 enfans, terme moyen, par union. Cependant la population augmente rapidement, parce que sur les enfans qui naissent on en voit beaucoup plus devenir hommes, et parce qu'un plus grand nombre d'hommes parviennent à la vieillesse. On trouve, sans doute, dans cette circonstance la cause de la diminution proportionnelle du nombre des mariages. En effet, plus la mortalité est grande dans un pays, plus les mariages y sont fréquens. D'un autre côté, dans un pays où la mortalité est peu considérable, les habitans sont moins riches, et on s'y marie moins, parce que la difficulté d'obtenir des emplois ou d'exercer un état est plus grande. Tout ceci conduit à cette conséquence, que si une civilisation plus parfaite augmente la population en diminuant les causes de mortalité, cette augmentation de population elle-même a pour résultat de fournir des causes de dépravation dans les mœurs, en s'opposant aux mariages. C'est ainsi que le nombre des enfans trouvés a plus que triplé en France depuis 1780. (*Annales des Sciences naturelles.* Mars 1826.)

Efficacité de la teinture d'iode contre le scrophule; par M. Goeden.

L'iode est, selon l'auteur, de tous les médicamens le plus avantageux dans les affections scrophuleuses parvenues à leur summum, surtout lorsqu'il existe une ophtalmie; il l'a administré à une jeune fille de douze ans, d'abord à la dose de cinq gouttes de teinture, matin et soir, dans une bouillie; puis successivement en augmentant d'une goutte par jour, la dose fut portée à dix gouttes, matin et soir. Au bout d'un mois, la teinture d'iode ne fut administrée que de trois en trois jours jusqu'à la huitième semaine, époque à laquelle on en cessa l'usage. La malade fut entièrement guérie. (*Journ. der pract. Heilkunde.* Septembre 1825.)

Causes physiques de l'aliénation mentale; par M. Pinel fils.

Après avoir rappelé les recherches auxquelles ont été soumis jusqu'à présent les cerveaux des aliénés, l'auteur reconnaît qu'ils présentent en général deux aspects fort différens. Ou tous les phénomènes, tels que l'injection, la rougeur et la mollesse du tissu cérébral, annoncent qu'il a été le siége d'un afflux de sang considérable, ou le foyer d'une irritation continuelle et d'une exaltation pathologique; ou bien l'on observe un aspect tout opposé : la décoloration, la pâleur, la densité du cerveau et l'affaissement des circonvolutions indiquent que cet organe a été le siége d'un travail lent et chronique qui a graduellement dénaturé la pulpe cérébrale. Le premier de ces états produit l'agitation des maniaques et le délire des furieux : le second détermine successivement la perte de l'intelligence, produit la démence et la paralysie.

M. *Pinel* conclut de ses observations, 1°. qu'il existe pour le cerveau, comme pour les autres tissus, des phénomènes d'irritation ; 2°. que cette irritation a une marche aiguë ou chronique, et se termine par résolution, par inflammation ou par induration ; que ce dernier mode de dégénérescence cause la démence, et enfin l'abolition plus ou moins complète de l'intelligence et de la locomotion, suivant que son développement a été plus ou moins complet.

L'auteur ne reconnaît plus la manie, la mélancolie et la démence comme trois espèces différentes, mais comme trois périodes de la même affection; périodes observées et décrites dans toutes les autres maladies sous le nom d'aigu, stationnaire, de déclin ou de passage à l'état organique. Seulement dans la folie ces périodes embrassent l'espace de dix, quinze et vingt années, au lieu que leur succession est beaucoup plus rapide dans les autres maladies. (*Extrait d'un Mém. lu à l'Acad. des Sciences.*)

Remède contre la fièvre jaune.

D'après des renseignemens parvenus de la Pointe-à-Pitre, île de la Guadeloupe, on a employé dans l'hôpital de cette ville, avec le plus grand succès, l'huile d'olive pour combattre les cruels effets de la fièvre jaune et du choléra-morbus. Cette huile, donnée en boisson fréquente, suffit dans les cas les plus désespérés. Le capitaine Ogé, du navire l'*Arthur*, assure avoir obtenu les plus heureux effets de ce remède ; non seulement il n'a perdu personne, soit acclimaté ; soit venant aux Antilles pour la première fois, mais il a sauvé des hommes condamnés par les médecins les plus habiles. (*Journal des Débats.* 3 septembre 1826.)

Effet de quelques narcotiques sur la vue.

Des expériences faites pour étudier les effets de l'opium, de la jusquiame, de la digitale et du datura sur les yeux, ont appris que l'opium n'exerce aucune influence sensible sur la pupille, et que la jusquiame et le datura la dilatent de la même manière que la belladone ; ainsi ils pourraient être employés avec le même succès dans la cataracte. L'auteur n'a point essayé les diverses espèces de datura qu'on trouve dans l'Inde. Les indigènes les emploient pour s'enivrer ; ils considèrent le *datura fastuosa* comme la plus puissante des espèces. (*Oriental Magazine.* Mars 1823.)

Irruption du choléra-morbus pestilentiel.

Ce fléau a reparu à Calcutta pour la neuvième fois ; et ses ravages, qui n'ont cependant commencé que vers la fin de l'été de 1825, avaient enlevé dès le premier de septembre, plus de 6000 Indiens et Musulmans dans la seule enceinte de la ville. Un document rapporte que les bûchers allumés pour consumer les corps des indigènes que l'épidémie avait fait périr, ne pouvaient suffire pour réduire en cendre tous ceux que l'on apportait. Les Européens n'ont été frappés que rarement par la maladie, et sa propagation parmi les Indous semble avoir été facilitée par la célébration des fêtes du *mohurrum* qui avaient rassemblé une foule immense, à une époque où la température était fort élevée. La mortalité s'est étendue dans une grande partie de la présidence de Calcutta, surtout parmi les habitans de Futty-Ghur, Chunar, Gazepire et Bénarès. On ne sait point jusqu'à quel terme elle s'est élevée dans le haut Bengale, mais on a pu juger qu'elle avait été très considérable en voyant le grand nombre de cadavres que roulaient les eaux du Gange, ou qu'elles rejetaient sur ses bords, et qui servaient de pâture aux chiens et aux oiseaux de proie.

Il ne paraît pas que dans cette nouvelle irruption les médecins d'Europe aient réussi à mieux connaître le terrible fléau qu'ils ont à combattre. On a continué, comme les années précédentes, d'attribuer le choléra à la chaleur de la saison, à l'humidité des lieux, à la malpropreté des habitations et à la nature des alimens; et l'on a méconnu l'incontestable vérité qu'enseigne cependant l'histoire de cette contagion, c'est qu'en une multitude d'endroits depuis neuf ans, elle a éclaté avec violence et s'est propagée sans qu'aucune de ces circonstances existât, ce qui met hors de doute que son origine et ses progrès ne soient indépendans de l'action qu'elles peuvent exercer, et conséquemment que ses causes ne soient tout-à-fait différentes de celles auxquelles on croit pouvoir attribuer la production de son germe pernicieux. (*Revue encyclopédique*. Juin 1826.)

Secours à donner aux asphyxiés ; par M. Leroy, *d'Étioles.*

L'auteur propose deux modifications dans le traitement de l'asphyxie. La première et la plus importante consiste à n'insuffler l'air dans les poumons des personnes noyées, que lentement, de peur de déchirer, par une impulsion trop forte, le tissu délicat de l'organe pulmonaire. M. *Leroy* a fait des expériences directes pour constater le danger qu'il signale ; en poussant avec un peu de force l'air dans les poumons des différens animaux, il a constamment déterminé la mort.

La seconde modification proposée par M. *Leroy* consiste à substituer à l'injection du tabac dans les intestins, l'emploi du galvanisme dirigé directement sur le diaphragme pour en déterminer la contraction. Les essais qu'il a faits de ce procédé sur des animaux qu'il avait asphyxiés à dessein, sont de nature à en donner la plus heureuse idée. Une pile de 15 à 20 couples d'un pouce et demi de diamètre suffirait dans le cas où l'on voudrait agir sur l'homme. (*Le Globe*, du 16 février 1826.)

Action des nerfs pneumo-gastriques dans la production des phénomènes de la digestion ; par MM. Breschet *et* Edwards.

Les auteurs ont constaté que la section des nerfs

de la huitième paire, sans arrêter le travail digestif, le ralentit plus ou moins, et qu'à l'aide d'un courant électrique, on peut rétablir l'action normale de l'estomac, et rendre la chymification aussi rapide que dans l'état naturel. Après avoir fait un grand nombre d'expériences variées, ils se sont arrêtés aux opinions suivantes :

1°. Que la section des nerfs de la huitième paire retarde considérablement la transformation des alimens en chyme, sans l'arrêter.

2°. Que ce ralentissement dans le travail digestif dépend principalement de la paralysie des fibres musculaires de l'estomac.

3°. Que les vomissemens qui suivent souvent cette section, dépendent de la paralysie des fibres musculaires de l'œsophage.

4°. Que le rétablissement de l'activité normale de la digestion après cette section, à l'aide de l'électricité, ne dépend pas de l'action chimique de cet agent sur les alimens, mais bien de ce qu'il détermine les mouvemens nécessaires pour renouveler la surface du bol alimentaire et mettre tour à tour toutes les parties qui le composent en contact avec les parois de l'estomac.

5°. Qu'à l'aide de l'irritation mécanique du bout inférieur du nerf, on obtient des effets analogues à ceux qui sont produits par l'électricité, mais un peu moins marqués.

Enfin, les auteurs ont été conduits à penser qu'une des fonctions principales des nerfs pneumo-gastriques considérés seulement comme faisant partie de l'appareil digestif, est de présider aux mouvemens de l'estomac, mouvemens qui accélèrent la digestion en facilitant le contact du suc gastrique avec les diverses parties du bol alimentaire. (*Nouveau Bulletin de la Société philomatique*. Janvier 1825.)

Emploi du bi-carbonate de soude dans le traitement médical des calculs; par M. Robiquet.

M. *Darcet* ayant reconnu que l'usage continué des eaux naturelles de Vichy exerçait une action très marquée sur l'estomac, dont elles augmentaient l'énergie digestive, remarqua en outre, que ces eaux, prises en boisson habituelle changeaient la nature des urines au point de les rendre très sensiblement alcalines, d'acides qu'elles sont ordinairement. Ce fut à la présence du bi-carbonate de soude qu'il attribua les singuliers effets dont chaque jour il était témoin, non seulement sur lui-même, mais encore sur les nombreux malades qui, comme lui, faisaient usage des eaux de Vichy, et il conseilla l'emploi du bi-carbonate comme un des meilleurs digestifs.

De son côté, M. *Robiquet* imagina qu'on pourrait par son usage, non seulement empêcher l'accroissement des calculs d'acide urique qui sont les plus fréquens, mais encore prévenir leur développement et peut-être même les dissoudre alors même qu'ils sont déjà formés. Bientôt il eut occasion d'appliquer ce remède avec un plein succès.

Un vieillard de soixante-quatorze ans fut atteint,

en février 1825, de douleurs assez vives dans la verge et d'une légère difficulté d'uriner; les douleurs s'accrurent successivement, et souvent devinrent intolérables. Le malade ne parvenait à uriner qu'en se courbant beaucoup et après avoir dérangé, par quelques mouvemens oscillatoires, la situation de la pierre qui très probablement s'engageait dans le col de la vessie; il marchait avec une peine extrême, et souvent il lui était impossible de monter en voiture. Enfin, voyant son état s'aggraver de plus en plus, il témoigna le désir de se faire opérer; c'est dans cet état qu'il fut adressé à M. *Robiquet*, qui lui prescrivit de boire chaque jour deux litres de solution de bi-carbonate de soude à 5 grammes par litre, et, en outre, de fréquens bains de siége et des lavemens émolliens. Au bout de quelques jours le malade éprouva un mieux très sensible; les urines, devenues plus abondantes, déterminaient moins d'irritation dans la vessie, et leur émission était rarement précédée de douleurs. Après quinze jours de traitement, on supprima les bains de siége et les lavemens; au bout d'un mois on réduisit la boisson à un litre de solution par jour. Trois mois après, le malade rendit en urinant un petit calcul de la forme et de la grosseur d'une lentille, entièrement composé d'acide urique, et qui annonçait que c'était le noyau d'une pierre plus volumineuse qui avait été usée et dissoute. La vessie fut ainsi entièrement libérée; on continua pendant quelque temps encore le traitement, et le malade fut entièrement guéri. (*Même journal.* Janvier 1826.)

Remède contre les engelures.

On plonge les parties affectées dans un vase à moitié rempli d'une eau aussi chaude qu'on la peut supporter; on ajoute de temps en temps d'autre eau à une température plus élevée, jusqu'à ce que l'on ait produit toute la chaleur que peuvent endurer les parties malades; cette chaleur est entretenue pendant vingt minutes ou une demi-heure. Le bain doit être pris le soir pour produire un meilleur effet, de manière que la personne puisse de suite après se mettre dans un lit bien chaud; au bout de quelques nuits ce remède soulage toujours et le plus souvent guérit complétement. L'efficacité du remède dépend de l'augmentation de la température du bain après l'immersion. Cette chaleur produit une forte transpiration qui cause un grand soulagement dans la démangeaison qui accompagne les engelures. (*Technical Repository*. Janvier 1823.)

Sur un Monstre chinois hétéradelphe; par M. Bordot.

Ce monstre, qui a été observé à Canton, par MM. Pearson et Livington, médecins anglais, est âgé de vingt-un ans; il porte à la partie antérieure et supérieure du tronc le corps presque entier d'un fœtus qui lui est attaché, et qui est comme suspendu par le cou à la partie inférieure du sternum. Là cet os présente un renflement que par son volume on pourrait supposer être la tête du fœtus. Les extrémités supérieures de ce fœtus sont grêles, et, dans toute la portion supérieure du tronc, la peau semble immédiatement appliquée sur les os sans interposition d'aucun muscle; quant aux extrémités inférieures, elles offrent à peu près le même volume qu'elles doivent avoir; et le système musculaire y existe si bien, que pendant long-temps elles ont exécuté des mouvemens très incommodes pour l'homme qui fait le sujet de l'observation, et dont toutes les autres parties du corps sont d'ailleurs bien proportionnées. Cette circonstance a déterminé à en provoquer l'immobilité au moyen d'une ligature, qui, appliquée sur les deux jambes, à la hauteur des genoux, a produit en effet l'ankilose de l'articulation. Du reste, les pincemens qu'on exécute sur toute la surface du corps du fœtus sont perçus par celui qui le porte. Le fœtus est du sexe masculin; il a deux ombilics, quelques côtes toutes flottantes, des mains et des pieds assez bien conformés et garnis d'ongles. (*Extr. d'un Rapport lu à l'Académie des Sciences, le* 28 août 1826.)

Remède contre l'hydrencéphale des enfans et contre le croup; par M. Sachs.

Le moyen que l'auteur propose contre l'hydrencéphale est un cautère qu'on applique au bras des nouveau-nés chez lesquels il y a disposition à cette maladie, surtout lorsqu'ils sont d'une famille où l'hydrencéphale a déjà fait périr un ou plusieurs enfans. M. *Sachs* recommande à cet effet l'écorce de garou (*daphne mezereum*). L'ulcère artificiel une fois produit est entretenu, et dès qu'il se manifeste des signes de congestion vers la tête, on augmente l'irritation en y mettant des petites boules d'oranges amères. Cette méthode prophylactique a déjà eu des succès en Angleterre.

Le traitement contre le croup consiste dans l'eau froide, employée sous forme d'affusion sur le dos, ou de fomentation autour du cou; il ne faut pas attendre le dernier période de la maladie pour employer ce moyen ; ce remède doit aussi réussir dans la période inflammatoire, tout comme il réussit dans les inflammations cérébrales, et dans la scarlatine avec l'angine dont elle est accompagnée. (*Journ. der prakt. Heilkunde.* Mai 1825.)

Sur l'entéroraphie ; par M. LAMBERT.

L'auteur, après avoir passé en revue les différens moyens qui ont été proposés, tant pour la réunion des plaies longitudinales ou transversales de l'intestin que pour l'adjonction des deux bouts d'un intestin divisé complétement en travers, décide que, ce à quoi on doit principalement s'attacher, c'est à établir la coaptation et à provoquer l'adhérence entre les deux parties revêtues par la membrane séreuse ; pour cela il propose un procédé qui consiste à comprendre, dans une seule anse formée de deux parties d'un même fil, ou plutôt successivement dans une seule anse, deux portions de toute l'épaisseur des parois de l'intestin, non loin des deux bords de la solution de continuité ; s'il s'agit d'une simple plaie ou du bord libre de chacun des deux bouts de l'intestin, dans le cas de section complète, ces bords doivent être renversés vers la cavité de l'intestin, et y former une crête légère ou un bourrelet au moment où l'on rapproche les parties transpercées par les fils. Il faut placer, à des distances convenables, deux ou plusieurs fils dans le cas d'une simple division longitudinale ou transversale, et il faut nécessairement plusieurs fils sur différens points de la circonférence de l'intestin dans le cas d'interruption complète de sa continuité. (*Bull. des Sciences méd:* Décembre 1826.)

Danger de la morsure des Tarentules; par M. WIRTZMAN.

La nourriture favorite de la tarentule consiste dans les sucs des animaux à sang chaud, surtout des hommes, qu'elle attaque pendant leur sommeil et dont elle suce le sang. Sa morsure ne cause point de douleur; aussi peut-elle sucer fort long-temps sans éveiller sa victime. Quand elle s'est bien rassasiée elle retourne dans son trou pour quelques semaines. Lorsque les œufs sont éclos les petits grandissent fort vite, et souvent changent de peau dans le courant d'une année; après quoi la mère les repousse loin d'elle et les poursuit comme ennemis, et même tue un grand nombre de ceux qui ne veulent pas l'abandonner.

Les tarentules peuvent vivre cinq à six ans. Si dans l'automne ou le printemps on déterre un nid de tarentules, on y trouve les œufs sous la mère, et celle-ci dans un état d'engourdissement, mais non pas dépourvue de tout sentiment; jamais on n'y trouve le mâle, que la femelle considère aussi comme un ennemi.

La tarentule monte avec la plus grande précaution sur l'homme couché par terre; elle en suce le sang et laisse à peine une trace de sa morsure. A son réveil le malade éprouve à l'endroit de la blessure une douleur qui s'accroît par degrés; à l'irritation succède l'inflammation, puis enfin l'enflure du membre entier. Le malade est inquiet, la maladie se communique au système nerveux et se propage. Une fièvre ardente se développe; elle est accompagnée de crampes violentes. Le malade éprouve du soulagement dans un mouvement qui peut avoir quelque analogie avec la danse, ce qui a pu accréditer l'opinion populaire que la tarentule forçait à danser ceux qu'elle avait mordus. La morsure à la tête peut être dangereuse, mais c'est surtout lorsqu'on empêche l'insecte de sucer que ce suc venimeux qu'il dépose agit avec plus de force; tandis que si on le laisse se rassasier, on n'a aucune suite fâcheuse à redouter.

L'eau de luce, appliquée immédiatement, est un remède souverain contre la morsure de la tarentule; à défaut d'autres moyens, on emploie l'urine avec succès. (*Journal de Médecine militaire de Pétersbourg*, t. 4, n° 1.)

Bons effets de l'acide nitrique dans les plaies des articulations; par M. SCHRADER.

Les plaies des articulations du genou sont regardées comme fort dangereuses, et malheureusement trop souvent suivies d'une fatale terminaison, que l'on peut à peine prévenir par l'amputation de la jambe. Le docteur *Schrader* pense que la perte de la synovie est surtout la cause de ces graves accidens. Dans cette vue, il a cherché un moyen d'en arrêter l'écoulement. Le séton peut bien quelquefois développer une inflammation dans toute la capsule synoviale, et changer par là le mode de sécrétion; mais cette méthode, comme l'expérience le montre, ne réussit pas toujours. L'auteur, dans un cas semblable, appliqua sur la plaie un plumasseau humecté avec six gouttes d'acide nitrique concentré; des cataplasmes de mie de pain et de vinaigre étendu d'eau furent de temps en temps renouvelés, dans le but de calmer les douleurs; après quatre heures le plumasseau se détacha, l'acide avait détruit l'emplâtre adhésif; il fut remplacé par un autre jusqu'au lendemain : on le remplaça alors par un plumasseau sec, en continuant encore pendant quatre jours les cataplasmes. Le malade n'avait presque plus de douleurs, et déjà les forces commençaient à revenir. L'écoulement de la synovie avait cessé. L'eau de Goulard extérieurement, et une décoction de lichen d'Islande avec du quinquina et l'acide phosphorique intérieurement, conduisirent le malade à une parfaite guérison. Des vapeurs, des linimens aromatiques, des bains sulfureux firent disparaître la tumeur. (*Rust's Magazin*, t. 17.)

Amputation de la mâchoire inférieure dans le cas de cancer; par M. DUPUYTREN.

Pendant long-temps les seules affections carcinomateuses de la mâchoire dont l'art ait pu obtenir la guérison, ont été celles qui, bornées au bord alvéolaire, n'affectent qu'une partie peu considérable de l'épaisseur de l'os, et qu'on désigne sous le nom d'*epulis.* On les attaquait par le feu et on les guérissait souvent. Mais, quant aux véritables cancers, qui affectent toute l'épaisseur de l'os dans une étendue plus ou moins considérable, ils s'étaient toujours montrés rebelles à ce procédé curatif, et personne n'avait osé en tenter l'extirpation, lorsque M. *Dupuytren* voyant aux Invalides plusieurs militaires auxquels un boulet avait enlevé une portion plus ou moins considérable de la mâchoire, conçut l'espoir de tenter l'opération au moyen d'instrumens dirigés avec art. Elle a parfaitement réussi sur plusieurs individus, et sans occasionner aucune difformité de la face. Les suites de cette amputation sont non seulement beaucoup moins graves, mais encore beaucoup moins longues qu'on ne serait porté à le croire; quelques jours suffisent toujours pour la cicatrisation de la peau, et quant à l'os, la réunion de ses parties divisées ne se fait jamais attendre plus de trente jours. (*Extrait d'une Note lue à l'Académie des Sciences le* 7 août 1826)

Instrument pour la guérison des anus accidentels ; par LE MÊME.

Des plaies pénétrantes, des hernies étranglées et d'autres accidens peuvent ouvrir l'intestin en même temps que l'abdomen, et il arrive quelquefois que les bords de l'ouverture intestinale contractent de l'adhérence avec ceux de la plaie extérieure. L'orifice qui se forme ainsi est ce qu'on nomme un *anus accidentel*, et comme il n'a pas le moyen de se tenir fermé, il laisse échapper les matières fécales, ce qui devient un tourment affreux et continuel pour le malade. La portion d'intestin placée en arrière de la plaie, ne servant plus, se rétrécit par degrés ; celle qui est en avant se dilate au contraire, parce qu'elle doit remplir les fonctions du canal tout entier ; il se fait entre elles un repli saillant vers l'intérieur, une espèce de crête ou d'éperon, qui empêche les matières de passer de l'une à l'autre et les dirige vers le dehors ; quelquefois même le bout de l'intestin supérieur se renverse en dehors, comme un doigt de gant retourné.

Depuis long-temps on a cherché à rétablir l'état naturel, en essayant de dilater la partie postérieure du canal, d'effacer l'éperon qui en ferme l'entrée et de fermer l'orifice extérieur, et l'on y a quelquefois réussi, quoique bien rarement.

M. *Dupuytren* est parvenu à imaginer une méthode curative qui consiste essentiellement dans la destruction faite avec art de la crête qui sépare les deux portions du tube intestinal, afin de faire une route libre de la portion supérieure vers l'inférieure. A cet effet, il a inventé un instrument nommé *entérotome*, composé de deux branches d'acier qui saisissent cette bride et la compriment assez pour y détruire la vie, mais non pour la diviser immédiatement.

Deux guérisons très complètes d'anus contre nature, que la chirurgie, dans l'état où elle était, aurait incontestablement abandonnés à eux-mêmes, ont prouvé l'efficacité supérieure de cette méthode nouvelle. (*Analyse des travaux de l'Académie des Sciences*, pour 1825.)

Nouvel instrument pour briser la pierre dans la vessie; par M. Meirieu.

Cet instrument consiste en une sonde ou canule droite, de trois lignes de diamètre et de dix pouces de longueur. Cette sonde en reçoit une autre en acier, dont une des extrémités est divisée en trois languettes qui s'écartent naturellement, par leur propre ressort, et se rapprochent lorsqu'on pousse sur elles la première sonde. L'extrémité de chaque languette supporte une cuiller terminée par un crochet recourbé en dedans, qui sert à retirer la pierre une fois saisie. La convexité de ces crochets termine les cuillers, qui de cette manière sont mousses à leur extrémité, et ne peuvent ni piquer ni pincer la vessie. Ces trois cuillers réunies forment une olive, qui termine la première sonde.

La partie la plus importante est le lithontripteur.

Il consiste en une tige en acier, pouvant entrer et sortir facilement du second tube; il est terminé par un foret embrassé par deux petites limes qui peuvent s'écarter l'une de l'autre à volonté, en tournant un disque placé à l'autre extrémité de la tige. Les divisions placées sur les diverses parties de cet instrument indiquent la grosseur du calcul et le degré d'écartement des limes. Le calcul étant saisi par la pince, on fait agir sur lui le lithontripteur; au moyen d'une manivelle, on écarte les limes, selon la grosseur du calcul, qui est, de cette manière, usé de la circonférence au centre, en même tamps qu'il est percé dans son milieu. Des expériences faites à l'Hôtel-Dieu de Paris, avec cet instrument, qui réduit le calcul en poudre, d'un seul coup, et dispense de dilater le canal de l'urètre, ont parfaitement réussi. (*Extr. d'un Mém. lu à l'Acad. des Sciences.*)

Moyen de conserver les préparations anatomiques.

M. le docteur *Macartney*, de Dublin, substitue à l'usage ordinaire d'une portion de vessie, matière sujette à se corrompre; une feuille de plomb et autres matières avec lesquelles on recouvre les bocaux, une légère plaque de gomme élastique. Il est bien essentiel que cette plaque soit peinte ou vernie. Au moyen de ce nouveau procédé il ne se fait pas la moindre évaporation. Un couvercle de cuir doublé en gomme élastique produirait peut-être le même effet. (*Month. Magazine.* Novembre 1825.)

Lancette perfectionnée ; par M. WILLIAM.

Cette lancette est construite de manière qu'en lâchant une pièce d'arrêt, un ressort pousse la lancette en avant et de côté, pour faire l'incision qu'on a en vue ; au moyen du même ressort, on reporte la lancette dans son étui. Le ressort, roulé en spirale, comme celui d'une montre, occupe une cavité cylindrique dans un disque métallique, lequel tourne sur un axe qui le traverse par le centre ; l'extrémité supérieure de la lame de la lancette est fixée par un pivot à vis à un des côtés de la plaque ; ces deux pièces sont renfermées dans un étui mince ; la pointe de la lancette est saillante hors de cet étui et se meut dans un espace limité. La pièce d'arrêt placée à une face de cet étui est mûe par un petit bouton saillant hors de l'étui et dont la pointe entre dans les entailles ou dents faites sur la plaque métallique où le ressort est renfermé ; de cette manière, la plaque peut être fixée dans différentes positions, à mesure qu'on la fait mouvoir. La seconde partie de l'étui glisse sur la première, et on l'y fixe convenablement au moyen d'une petite vis.

On peut déterminer avec cet instrument la profondeur et la longueur de la plaie à faire. (*Repertory of patent inventions.* Juin 1826.)

Préservatif contre le mal de mer.

On a importé récemment en Angleterre des matelas élastiques propres à être employés à bord des vaisseaux, pour prévenir le mal de mer. Des personnes allant en Angleterre, ayant éprouvé un gros temps dans la traversée, firent usage de siéges élastiques et furent exemptes des nausées désagréables produites par le roulis et le tangage, tandis que les autres passagers en furent très incommodés. (*London, Journal of Arts.* Octobre 1826.)

Propriétés médicales de la graine de moutarde blanche (sinapis alba); *par M.* Cooke.

La graine de moutarde blanche est un remède presque certain pour toutes les maladies qui ont quelque rapport avec les fonctions de l'estomac, du foie et des intestins, et comme telle elle a été extrêmement avantageuse, entre autres cas dans les suivans: la tendance du sang à se porter à la tête, les maux de tête, la faiblesse de la vue et de la voix, ainsi que l'enrouement, l'asthme, la courte haleine, la toux et autres affections de la poitrine; les indigestions, l'oppression, les obstructions, etc.; c'est un excellent vermifuge.

Cette graine doit toujours être avalée entière, sans la briser ni la mâcher, soit seule, soit dans un peu d'eau.

On doit prendre trois doses par jour, sans intermission. La première, une heure avant le déjeuner; la seconde, une heure avant le dîner, et la troisième, au moment de se mettre au lit; chaque dose devra être de deux ou trois cuillerées à café, et se règle en général d'après la constitution du malade.

PHARMACIE.

Préparation d'une pommade pour guérir les chancres et cancers de la face ; par M. Hellmund.

On prend cinabre, un demi-gros; cendres de vieilles semelles, sang dragon, de chaque, 4 grains; arsenic blanc, demi-scrupule : on fait du tout une poudre dont on incorpore environ 1 grain et demi dans un onguent composé de baume du Pérou, extrait de ciguë, de chaque, 1 gros; acétate de plomb, 1 scrupule; laudanum, demi-scrupule; onguent de cire, une once.

Cette préparation s'applique avec de la charpie. (*Mag. für Pharmacie.* Mai 1825.)

Pommade anti-dartreuse ; par M. Chevalier.

Cette pommade, qu'on emploie avec succès dans le traitement de plusieurs espèces de dartres, se compose de :

Axonge	2 onces.
Huile d'amandes douces	6 gros.
Chlorure de chaux	3 gros.
Turbith minéral	2 gros.

On réduit en poudre très fine le turbith minéral et le chlorure de chaux ; lorsque leur pulvérisation est terminée, on incorpore les poudres avec l'axonge et l'huile : on conserve dans un flacon bien fermé. (*Journal de Chimie médicale.* Mars 1826.)

Préparation du sirop de Jusquiame ; par LE MÊME.

On prend les feuilles de la jusquiame blanche, au moment où la plante est en pleine floraison ; on les sépare de toutes les substances étrangères qu'elles peuvent contenir ; on les réduit dans un mortier de marbre en une pulpe, dont on extrait le suc par la pression : on filtre ce suc, et on le fait évaporer au moyen de l'appareil à vapeur. Lorsqu'il est en consistance de sirop, on laisse refroidir ; on dissout cet extrait dans l'eau distillée ; on filtre de nouveau, et l'on fait évaporer de la même façon ; on continue l'évaporation jusqu'à ce que tout soit réduit en extrait sec : celui-ci détaché de la bassine, doit être conservé dans un vase tenu exactement fermé. L'extrait obtenu, on s'en sert pour préparer le sirop en opérant de la manière suivante :

On prend 2 livres de sirop de sucre blanc bien cuit, et 32 grains d'extrait sec de jusquiame, qu'on fait dissoudre dans une petite quantité d'eau distillée, et on mêle la solution lorsqu'elle est faite au sirop ; on agite pour que le mélange soit exact. La dose à laquelle ce sirop a été administré est d'une demi-once à une once par jour, seul et par petites cuillerées à café.

Ce sirop est recommandé comme très efficace dans certaines affections pulmonaires ; il a été essayé avec succès pour la guérison d'une bronchite chronique. (*Même Journal.* Décembre 1825.)

Préparation des pastilles alcalines digestives, contenant du bi-carbonate de soude; par M. DARCET.

On prend :

Bicarbonate de soude sec et pur, en poudre fine. . . . . 5 grammes.
Sucre blanc en poudre fine. . . . . 95.
Mucilage de gomme adragant. . . 9 s.
Huile essentielle de menthe pure et fraîche. . . . . 2 ou 3 gouttes.

On met le bi-carbonate de soude dans une bouteille bien sèche; on agite la bouteille en tous sens pour y bien mélanger les poudres; on retire le mélange de la bouteille; on y ajoute le mucilage de gomme adragant et l'huile essentielle de menthe; on pétrit bien le tout ensemble sur un marbre, et on convertit la pâte qu'on obtient en pastilles, qui, étant séchées à l'air ou à l'étuve, doivent peser environ un gramme chaque : on les conserve dans des flacons bien bouchés.

Ces pastilles facilitent les digestions pénibles, et remédient même à une indigestion complète. Lorsque la digestion est rétablie, on peut se laver la bouche avec un peu d'eau sucrée aromatisée avec quelques gouttes de fleur-d'orange, afin de détruire la saveur alcaline qui persiste quelque temps après l'usage des pastilles. Elles peuvent être employées avec succès par les calculeux et les goutteux. (*Annales de Chimie.* Mars 1826.)

Composition des pilules dites Asiatiques.

Ces pilules, qu'on emploie depuis quelque temps dans le traitement des maladies dartreuses, sont composées de :

Acide arsénieux......... 66 grains.
Poivre noir. .... 8 gros 68 grains.

On triture avec précaution dans un mortier de fer, pendant quatre jours, et par intervalles. Lorsque le mélange est en poudre impalpable, on le met dans un mortier de marbre, on y ajoute de l'eau et une suffisante quantité de gomme arabique, pour en former une masse que l'on divisera en 800 pilules. On conserve ces pilules dans une bouteille bien bouchée : chaque pilule contient $\frac{1}{11}$ de grain d'acide arsénieux.

Les propriétés qu'on assigne à ces pilules, dans les maladies dartreuses, confirment l'opinion de M. *Cullerier*, qui pense que la tisane de Feltz doit ses propriétés à la petite quantité d'arsenic contenu dans le sulfure d'antimoine, qui fait partie des matières qui entrent dans la compositiou de cette tisane. (*Bulletin des Sciences médicales.* Mai 1826.)

Efficacité de l'huile de térébenthine contre le ténia.

M. *Pommer* propose, pour expulser le ténia, l'huile de térébenthine. Les doses nécessaires pour produire l'effet qu'on en attend varient suivant les sujets et le plus ou moins d'irritabilité de la muqueuse gastrointestinale : il en est chez qui la térébenthine demande à être administrée à haute dose.

Dans les observations rapportées par l'auteur, 6 onces d'huile, prises à différens intervalles, furent employées, et 4 onces suffirent chez un autre. Des doses beaucoup plus fortes ont été administrées sans que l'irritation de la muqueuse, produite par ce médicament, ait été portée jusqu'à la phlogose : elle cesse aussitôt après le traitement, qui ne demande pas plus d'un jour. (*Arch. gén. de Médecine*. Novembre 1825.)

IV. SCIENCES MATHÉMATIQUES.

MATHÉMATIQUES.

Instrument pour déterminer le cubage des arbres, sur pied ; par M. Rogers.

Cet instrument, placé sur un trépied comme un théodolite, porte un limbe horizontal et un autre mobile qui glisse sur un arc vertical gradué. A la jonction des deux limbes il y a une alidade, en travers de laquelle on regarde par le bord de la barre, un point placé à l'extrémité ; le point de l'arbre coupé par cette ligne sera parfaitement horizontal avec l'instrument.

Il y a aussi une alidade placée sur le bord supérieur du limbe mobile, pour regarder le long de ce limbe un point placé à l'extrémité, en élevant le limbe jusqu'à ce que la partie de l'arbre qu'on veut mesurer soit justement coupée par la ligne d'observation, et que l'on voie l'angle soustendu entre elle et la ligne horizontale, sur l'arc vertical.

On doit remarquer que les graduations sur l'arc ne sont pas des angles de hauteur, mais des marques ou des graduations en pieds et pouces, d'une ligne tangente, qui s'étend du point horizontal le plus élevé, pris à une certaine distance de l'arbre; conséquemment il y a deux ou un plus grand nombre de rangées de divisions propres aux diverses distances auxquelles l'instrument peut être placé; c'est ordinairement de vingt-quatre à quarante-huit pieds.

Les lignes horizontales qui doivent déterminer le diamètre des troncs à différens points sont marquées par le limbe qui glisse latéralement sur un arc ou planche graduée, divisée sur le même principe que l'arc horizontal. Les deux limbes étant fixés pour coïncider avec un côté du tronc, on tourne le limbe mobile jusqu'à ce qu'il coïncide avec l'autre côté, et les angles soustendus entre les deux montrent sur la planche graduée le diamètre en pieds et pouces, du tronc au point d'observation. (*Lond. Journ. of Arts.* Juin 1825.)

Proposition de géométrie à trois dimensions; par M. QUETELET.

Première proposition. On suppose que des paraboles situées dans l'espace ont un foyer commun et passent par un même point; le lien géométrique des sommets de ces paraboles est une surface de révolution, qui a pour section méridienne une épicycloïde, et pour axe la droite menée par les deux points donnés, savoir, le foyer et le point commun aux paraboles. Concevant deux cercles qui se touchent d'abord au foyer commun, et qui ont chacun pour diamètre la moitié de la distance des deux points donnés, on fait rouler l'un des cercles sur l'autre, et le point du contact des deux cercles engendre l'épicycloïde génératrice de la surface de révolution; cette épicycloïde n'a qu'un seul point de rebroussement, qui est le foyer commun des paraboles.

Deuxième proposition. On admet que des paraboles situées dans l'espace ont un foyer commun, et que chacune d'elles est touchée par une droite d'un plan donné; dans cette hypothèse, le lien géométrique des sommets de ces paraboles est une surface sphérique, qui a pour diamètre la perpendiculaire abaissée du foyer commun sur le plan donné.

Au moyen de ces propositions et par la connaissance de certains nombres déduits de l'observation, M. *Quetelet* détermine, par la méthode des projections, les orbites des comètes. (*Nouv. Bull. de la Soc. philom.* Août 1825.)

Sur l'hyperbole de révolution et sur les hexagones de Pascal; par M. Dandelin.

L'auteur démontre les théorèmes suivans : 1°. un cône et un plan étant situés d'une manière quelconque dans l'espace, on peut toujours concevoir deux sphères qui, touchant le cône dans son intérieur, touchent aussi le plan sécant ; alors, les points de contact du cône et des sphères sont les foyers de la section du cône par le plan ; 2°. si deux sphères sont tangentes à un hyperboloïde de révolution, tout plan qui les touche l'une et l'autre coupe l'hyperboloïde, suivant une courbe dont les deux points de contact des plans avec la sphère sont les foyers ; 3°. par une section conique quelconque on peut toujours faire passer une hyperbole de révolution ; 4°. si dans l'hexagone gauche on mène les trois diagonales qui joignent les trois couples des sommets des angles opposés, ces diagonales passent par le même point. M. *Dandelin* démontre ces théorèmes sans le secours de l'analyse, et il en déduit plusieurs conséquences intéressantes.

Les théorèmes de M. *Dandelin* n'appartiennent pas exclusivement à l'hyperboloïde de révolution et aux sphères tangentes ; il serait facile de généraliser leur énoncé et de les étendre à toutes les surfaces du second degré. (*Même journal.* Janvier 1826.)

Effets du tir d'un canon sur les différentes parties de son affût ; par M. Poisson.

L'auteur suppose que le canon et son affût forment un système symétrique par rapport à un plan vertical passant par l'axe de la pièce ; que le tir a lieu sur un plan horizontal, sensiblement inflexible ; que la pression sur ce plan, due au poids du système, est négligeable, comparativement aux forces de percussion produites par le tir; qu'on peut négliger aussi le frottement des roues sur l'essieu, et des tourillons sur l'encastrement, pour n'avoir égard qu'au frottement des roues et des crosses contre le terrain supposé le même pour les unes comme pour les autres, et donné par la nature des surfaces en contact.

L'effet de la force élastique de la poudre est d'imprimer, par une suite de pressions égales, sur l'âme de la pièce et sur le projectile, la même quantité de mouvement, sa durée s'élevant à peine à $\frac{1}{100}$ de seconde; on peut assimiler cet effet à celui d'une percussion instantanée. Il résulte de l'explosion une modification subite dans le système du canon et de l'affût, dont l'auteur donne les calculs. En général, en diminuant le poids de la pièce, sans altérer les dimensions de l'affût, le centre de gravité du système s'éloigne de l'axe de la pièce, la percussion augmente et l'affût fatigue plus; l'essieu souffre aussi davantage quand les roues ont plus de masse.

L'auteur s'occupe ensuite de la détermination de la grandeur et de la durée du recul. Il suppose que la culasse ne se détache pas de la vis de pointage, et traite le cas où les roues et les crosses restent en contact avec le terrain. Ce cas offre deux périodes; l'une, pendant laquelle les roues glissent et tournent à la fois, attendu que leur vitesse angulaire est moindre que leur vitesse de translation; l'autre, dans laquelle le glissement a disparu et le frottement primitif ne subsistera plus que pour une portion, qui sera l'une des inconnues du problème.

On déterminera aussi le cas où les roues sont soulevées et le système tourne autour des crosses; en retombant, elles imprimeront à tout le système une percussion instantanée, dont les effets se calculeront par l'analyse. Une seconde rotation commencera alors autour de l'essieu, et les roues glissant d'abord en même temps qu'elles roulent, le frottement exercera toute son action; le glissement diminuant toujours pourra, dans certains cas, agir à la fois en sens inverse du recul; mais dans la construction ordinaire des affûts, il s'évanouira sans passer au négatif, et alors il ne subsistera plus qu'une portion du frottement. Cette dernière période achevée, les crosses viendront frapper contre le terrain, et ce nouveau choc ne pourra pas, comme le précédent, faire tourner la pièce sur ses tourillons; il pourra aussi ne pas soulever les roues. (*Extrait d'un Mémoire de M. Poisson.*)

ASTRONOMIE.

Phénomènes des éclipses lunaires; par M. Smith.

L'auteur examine deux circonstances que présentent les éclipses lunaires. La première consiste dans un agrandissement de l'ombre projetée par la terre. La section de cette ombre, traversée par la lune, a en effet un rayon apparent de 50″ plus grand que ne le donne le calcul, et les astronomes ajoutent ces 50″ au rayon de l'ombre calculée pour avoir l'ombre vraie. Une pareille augmentation est attribuée généralement à la densité des couches inférieures de l'atmosphère terrestre, lesquelles sont censées faire corps avec la terre, et en augmenter le disque opaque vu de la lune. M. *Smith* pense que l'agrandissement de l'ombre géométrique sur le disque lunaire, provient de ce que les points voisins du bord de l'ombre jusqu'à la distance angulaire de 50″ et dans la partie éclairée du disque, reçoivent une quantité de rayons solaires trop petits pour être rendus visibles au spectateur placé à la surface de la terre; il résulte de ce fait que les points de la lune, d'où l'on verrait moins que la 120e partie du disque solaire seraient invisibles pour nous.

La seconde circonstance des éclipses de lune, restée inexpliquée jusqu'à présent, est, suivant l'auteur, la différence très grande dans l'intensité de la lumière que nous renvoie la lune totalement éclipsée; le disque en est quelquefois invisible, d'autres fois, il paraît d'une teinte de cuivre terni. On a cru trouver la raison de ces différences dans les variations de la distance de la lune à la terre. L'auteur combat cette opinion; il pense que la lune est invisible, lorsque l'éclipse arrive près des solstices, et qu'elle renvoie le plus de lumière lorsque durant l'éclipse elle se trouve à l'équateur. Pour expliquer ce fait, il suppose un spectateur placé sur la lune pendant une éclipse totale de cet astre. Ce spectateur ne verra qu'un anneau de 2° de diamètre, dont l'épaisseur sera de deux minutes au plus et l'éclat moindre que celui du soleil à l'horizon; cet anneau sera produit par la réfraction des rayons du soleil à travers l'atmosphère terrestre. Supposons maintenant que la lune soit dans le plan de l'équateur, les pôles de la terre seront alors vus par le spectateur en deux points opposés de l'anneau; la réfraction plus forte à ces points que partout ailleurs, à cause de la plus grande densité de l'atmosphère, les fera paraître plus brillans que tout le reste de l'anneau, et ils produiront avec les points voisins la plus grande partie de la lumière reçue par la lune et réfléchie vers la terre. Supposons ensuite que la lune soit près des solstices, alors un seul des pôles terrestres sera tourné vers le spectateur placé sur la lune; et comme ce même pôle se trouvera très éloigné de l'anneau, ce dernier, privé des deux portions les plus brillantes de sa circonférence n'offrira plus au spectateur qu'une lumière très affaiblie et incapable d'être renvoyée vers la terre. (*Philosophical magazine*. Septembre 1825.)

Apparence singulière qu'a présentée l'une des taches du globe de la lune.

Diverses variations avaient été observées par plusieurs astronomes dans l'éclat des taches de la lune. Herschel vit, en 1783, dans une tache nommée *aristarque*, qui alors était dans la partie observée du disque, un point lumineux qu'il regarda comme des indices de volcans.

Le capitaine *Kater* a renouvelé, il y a quatre ans, l'opinion d'un volcan comme un moyen d'expliquer une apparence lumineuse qu'il vit éclater dans la tache aristarque.

M. *Ward* a depuis vu distinctement le phénomène,

et voici comme il le décrit : C'est près de la tache aristarque, sur la région obscure de la lune, dans les premiers jours de la lunaison, qu'il vit une lumière semblable à une petite comète placée devant le disque de l'astre.

En comparant la description qu'*Hévélius* a faite de la tache aristarque avec ce qu'elle est aujourd'hui, on ne trouve plus qu'elle soit d'un rouge de porphyre, comme l'annonce cet astronome, mais d'un blanc éclatant qui tranche vivement sur le fond jaunâtre, ou un peu rouge du reste du disque. (*Nouveau Bulletin de la Société philomatique*. Juillet 1825.)

Phénomène curieux observé sur la lune; par M. EMMET.

Le 12 avril 1826, à 8 heures du soir, en observant la partie de la lune nommée *palus meotides* avec un bon télescope newtonien de 6 pouces d'ouverture, l'auteur aperçut, entre la tache nommée *alopécie* par *Hévélius* et une autre tache plus septentrionale indiquée seulement dans la carte de *Russel* et trois fois plus proche de celle-ci que de la première, une tache très visible enveloppée d'une matière nébuleuse noire, qui, comme emportée par un courant d'air, s'étendait vers l'est; le lendemain ce nuage avait diminué en étendue et en intensité; la tache d'où il semblait sortir parut alors plus distinctement; elle avait l'apparence d'un petit trou circulaire, mais comme elle était près du bord de la lune, elle devait être réellement elliptique. Le 17 avril il n'y avait plus qu'une trace de matière nébuleuse; du 11 mai au 10 juin la tache était très visible, mais toute sa nébulosité avait disparu. (*Annals of Philosophy*. Août 1826.).

Observations sur la planète Vénus pendant l'année 1825; *par* LE MÊME.

Pendant l'année 1825, Vénus fut rarement sans tache. L'auteur les observa d'abord le 21 février, à 7 heures; elles se composaient de deux lignes étroites et sombres; le 22, à 7 heures 30′ elles s'étaient avancées dans l'ordre des signes; mais elles étaient très affaiblies. On ne vit plus de taches jusqu'au 11 mars; à 9 heures on en vit deux, l'une, très petite, près du bord de la planète; l'autre grande, et paraissant coupée en deux par la ligne de séparation d'ombre et de lumière; mais le temps était sombre et les observations furent suspendues jusqu'au 4 avril; de 8 à 11 heures on entrevit des taches. Le 7 avril, à 7 heures, il y avait une ligne obscure; à 8 heures 30′ elle s'était rapprochée du bord et était plus mince; d'autres taches parurent à la ligne de séparation de l'ombre et de la lumière, et près de la corne sud. Le 8, à 8 heures, une large tache, séparée par un trait lumineux, occupait tout le centre du disque. Le 13, à 4 heures 30′, Vénus avait deux taches; mais le temps s'étant couvert, on ne put en suivre la marche. Le 20, de 7 à 9 heures, la partie visible, réduite à un fuseau assez mince, était presque entièrement couverte d'une grande tache qui se partagea en deux. Bien qu'elles ne fussent pas parfaitement terminées, on put juger que leur mouvement s'accordait en direction et en vitesse avec le mouvement déterminé par *Cassini* et *Bianchini*; mais l'auteur n'a pu tirer de ses observations des conséquences précises sur la direction et la vitesse de son mouvement de rotation, car la position du pôle nord de la planète était défavorable. (*Même Journal.* Décembre 1825.)

Apparences singulières observées dans l'occultation de Jupiter, de ses satellites et d'Uranus, par la lune; par M. Ramage.

Le 5 avril 1824, par un temps très serein, avec une lunette de 25 pieds de longueur, qui grossissait 90 à 100 fois, M. *Ramage* a vu à Aberdeen en Écosse, les disques de Jupiter et de la lune extrêmement nets; et il prenait un grand soin à conserver les objets dans l'axe optique pour éviter la déformation des images. Plusieurs étoiles de septième grandeur et au-dessous disparaissaient subitement, lorsqu'elles arrivaient en contact avec le bord obscur de la lune. Cependant l'une d'elles, en entrant fort près de la partie qui sépare l'aire obscure de celle qui est lumineuse, disparut et se remontra deux fois avec une lumière sensiblement décroissante.

A l'approche des satellites de Jupiter, on ne vit aucune diminution d'éclat et de contact; il n'y eut pas disparition subite; il se forma une dent en sorte de coche sur le limbe; cette dent en était séparée par un petit trait lumineux. Cet effet subsista jusqu'à ce qu'environ la moitié du diamètre fût éclipsée et alors le satellite disparut. Chaque satellite offrit la même apparence. Jupiter ne diminua point d'éclat en touchant le limbe lunaire, et le disque de cette planète se conserva entier quoiqu'il fût déjà en partie éclipsé, comme s'il était placé entre nous et la lune. Cette apparence continua plusieurs secondes, et vers la fin le diamètre de Jupiter semblait dilaté considérablement, comme s'il eût été un segment d'une sphère plus grosse. L'émersion ne fut point observée.

M. *Comfield*, avec un excellent télescope newtonien de 7 à 8 pieds, et un grégorien de 9 pouces anglais d'ouverture, vit l'immersion de Jupiter; et il lui sembla que le disque, au lieu de former un segment de sphère, présentait l'image d'un évasement à l'endroit du contact, comme s'il avait l'apparence d'une sorte de pied d'ouche ou d'empâtement. (*Mémoire de la Société Astronomique de Londres*, tome 2.)

Réduction de la longueur du pendule au niveau de la mer; par M. de Laplace.

L'atmosphère terrestre, réduite à sa moyenne densité, et qui alors dépasserait encore les montagnes les plus hautes, a tous les points de sa surface extérieure également éloignés de la surface de la mer: celle-ci, prolongée dans l'intérieur des continens, avec la condition d'avoir tous ses points à la même distance de cette surface atmosphérique, formera ce que l'auteur nomme la surface du niveau de la mer; la distance verticale d'un point du continent à cette dernière surface est sa hauteur au-dessus du niveau de la mer. Cette hauteur peut être déterminée par le nivellement et par les observations barométriques.

Soit c un point de la surface du continent par lequel on mène une verticale qui percera les surfaces de la mer et de l'atmosphère en m et a; comme $c\,m$ et $c\,a$ sont très petits relativement au rayon terrestre r, l étant la longueur du pendule c, cette longueur deviendra évidemment :

$$l\left(1+2.\frac{c\,m}{r}\right) \text{ en } m \text{ et } l\left(1-2\,\frac{a}{b}\right) \text{ en } a.$$

M. *de Laplace* rappelle ensuite en quel cas l'aplatissement terrestre est égal à $\frac{1}{2}$ et à $\frac{5}{2}$ du rapport de la force centrifuge totale à la gravité, à l'équateur, et comment on réduit les longueurs du pendule au niveau de la mer. On ne doit donc point, dans cette réduction, tenir compte de l'attraction des parties des continens qui s'élèvent au-dessus de ce niveau, pourvu que leurs pentes soient très petites et du même ordre que l'ellipticité du sphéroïde terrestre : tel est le cas de la longueur du pendule observée à Paris. La hauteur du lieu de l'observation au-dessus du niveau de la mer étant à peu près un cent-millième du rayon terrestre, pour rapporter à ce niveau la longueur du pendule à secondes sexagésimales, il faut diminuer cette longueur de deux centièmes de millimètre. Dans tous les cas semblables, l'attraction des parties des continens qui s'élèvent au-dessus du niveau de la mer augmente à peu près de la même quantité la pesanteur aux points correspondans des surfaces des continens et de l'atmosphère.

En soumettant au calcul les effets de l'attraction d'un paraboloïde élevé entre deux mers au-dessus de leur niveau, on trouve que si le rayon osculateur au sommet de ce paraboloïde est fort grand par rapport à l'élévation de ce point, et même à la hauteur de l'atmosphère, les pesanteurs à ce sommet et au point correspondant de l'atmosphère seront, par l'attraction du paraboloïde, augmentées d'une même quantité égale à $\frac{3}{2}$ de la pesanteur terrestre multipliée par la densité du paraboloïde et par sa hauteur; le rayon et la densité moyenne de la terre étant pris pour unités (*Annales de Chimie*. Décembre 1825.)

Nouvelle Comète.

On a découvert dans l'hémisphère austral, parmi les constellations du pôle sud, une des plus grandes comètes qu'on ait vues depuis long-temps, surpassant de beaucoup les dimensions de celle de 1811. Lorsqu'on commença à la voir dans les derniers jours de septembre 1825, elle avait à peu près l'éclat des pléiades élevées de 15 à 18 degrés, ayant la queue fort courte. Son éclat s'augmenta ensuite, et sa queue s'allongea; ce qui, avec son mouvement rétrograde parmi les étoiles, la fit paraître s'approcher avec rapidité de la terre. Vers la mi-octobre, à l'entrée de la nuit, elle était l'objet le plus brillant sur l'horizon. Un astronome du vaisseau anglais l'*Espiègle* a fait des observations sur cette comète, et les a communiquées à l'astronome royal du cap de Bonne-Espérance. (*Journ. des Débats.* 7 janvier 1826.)

Sur la Comète de 1204 jours.

Il est certain que la même comète a reparu dans notre système, en 1786, 1795, 1801, 1805, 1818 et 1825. Il paraît qu'elle ne dépasse jamais dans sa course l'orbite de Jupiter; sa période, qui est la plus courte qu'on connaisse, n'excède que de fort peu trois ans et un quart, et sa distance moyenne du soleil n'est guère que deux fois celle du soleil à cet astre. Elle semble liée particulièrement au système dans lequel notre globe est placé, et elle traverse son orbite plus de soixante fois dans un siècle. Quand on considère une telle multitude d'allées et de venues depuis l'origine des choses, on peut bien croire qu'elle n'est pas restée toujours étrangère aux révolutions qu'a subies la terre. Le célèbre astronome Olbers, de Brême, qui s'en est occupé spécialement, a cherché à soumettre au calcul la possibilité de l'intervention d'un pareil astre dans les destinées de notre globe. Il a trouvé que dans 83,000 ans une comète s'approchera de la terre jusqu'à la même proximité où en est la lune. Dans 4 millions d'années elle s'en approchera à 7,700 milles géographiques, et alors si son attraction égale celle du globe, les eaux de l'Océan s'éleveront à 13,000 pieds, c'est-à-dire au-dessus du sommet de toutes les montagnes de l'Europe, excepté le Mont-Blanc. Les habitans des Andes et ceux de l'Himalaya pourront seuls échapper à ce second déluge ; mais ils n'en profiteront pas pour plus de 216 millions d'années ; car il est probable qu'au bout de ce temps, si le retour de la comète a lieu, notre globe, se trouvant alors sur son chemin, éprouvera un choc qui, selon toute vraisemblance, devra entraîner son entière destruction. (*Revue Encyclopédique*. Mars 1826.)

Nouvelle Comète découverte à Marseille.

M. *Gambart*, directeur de l'Observatoire de Marseille, a découvert, le 9 mars 1826, une comète dans la constellation de la Baleine. Voici ses élémens paraboliques calculés depuis le 9 jusqu'au 21.

Passage au périhélie 1826, mars 18 ^{j} 94 t. m. à Marseille, compté de minuit.

Distance périhélie			0,961	
Longitude de périhélie	3^s	$14°$	$21'$	$0''$
Longitude du nœud ascendant .	8	7	54	10
Inclinaison de l'orbite		14	39	15

Mouvement direct.

L'auteur pense que cette comète est la même que celle qui a paru en 1772 et 1805. (*Bulletin des Sciences Mathématiques*. Avril 1826.)

Nouvelle Comète observée par M. GAMBART.

Une comète a été observée à l'Observatoire de Marseille, le 15 août 1826, au matin, à côté de la vingt-septième de l'Éridan, par 54° 0' d'ascension droite, et 23° 1' de déclinaison australe estimées.

Cette comète est très peu apparente; elle est ronde, petite et sans noyau. (*Bibl. Univers.* Août 1826.)

Objectifs faits avec le flint-glass de M. GUINAND.

M. *Guinand*, de Neufchâtel en Suisse, est parvenu à composer du flint-glass d'une qualité supérieure. La Société Astronomique de Londres, voulant s'assurer de la bonté de cette substance, a chargé une commission de faire des expériences à ce sujet. Cette commission s'étant procuré un disque de 7 pouces $\frac{1}{2}$ de diamètre, le fit remettre à M. *Tulley*, célèbre opticien de Londres, qui, après beaucoup de recherches, parvint à composer un disque de crown-glass, du même diamètre et le moins réfringent. Ayant travaillé les deux lentilles, il en forma un objectif achromatique, de 12 pieds de foyer, monté provisoirement dans un tube de bois de 6,8 pouces d'ouverture. Le télescope a été dirigé sur divers objets, soit de jour, soit de nuit, en particulier sur les planètes de Jupiter et de Saturne, sur quelques unes des étoiles doubles de l'observation la plus délicate et la plus difficile, ainsi que sur plusieurs des petites nébuleuses de la constellation de la Vierge, épreuves sévères de la perfection d'un télescope lorsqu'on emploie des grossissemens de deux cents à sept cents fois.

L'objectif en question est entièrement exempt du défaut d'aberration de sphéricité, et presque complétement de celui de l'irradiation qui entoure l'étoile de lignes brillantes, rayonnant de son centre et remplissant le champ de vision d'une lumière diffuse.

Les rudimens de ces rayons s'aperçoivent seulement dans les interruptions du contour régulier des anneaux qui se forment autour des fausses images des grandes étoiles, et qui sont dus aux interférences des rayons qui rasent les bords de l'ouverture. Quelques portions de ces anneaux manquent ou sont très faibles ; d'autres sont un peu plus forts, en sorte que dans certaines directions on distingue les anneaux de tout ordre, et dans d'autres ceux seulement du premier et du second.

Les images vues à travers le télescope avaient une très grande netteté. (*Même Journal, même cahier.*)

NAVIGATION.

Appareil pour mesurer la marche des Navires ; par M. Cosham.

Cet appareil consiste en une boîte métallique étroite, de quelques pouces de longueur, au sommet de laquelle est attaché un cadran gradué et un index, tandis que de son autre extrémité sort une tige carrée, graduée aussi sur le côté, et pressée, de bas en haut, dans la boîte par un ressort à boudin ; elle est attachée à son extrémité supérieure, tandis que l'autre extrémité est appuyée sur le fond de la boîte. Un côté de cette tige carrée porte des divisions écartées de $\frac{1}{8}$ de pouce avec des subdivisions. Chacune de ces divisions correspond à un poids ou une pression connue. Sur l'autre côté, adjacent à cette tige, sont tracées d'autres divisions, écartées de $\frac{1}{4}$ de pouce, avec subdivision ; ces divisions sont destinées à indiquer les nœuds ou milles que parcourt le vaisseau. Sur un troisième côté de la tige on a fait des entailles, dans lesquelles entre faiblement la pointe d'une pièce d'arrêt.

L'index du cadran est mû par une poulie en cuivre, dont la circonférence est égale à la longueur de la règle ; deux poulies de cuivre sont fixées au sommet de l'intérieur de la boîte et deux autres au fond ; une petite chaîne sans fin passe autour de toutes ces poulies et de la grande poulie du cadran ; cette chaîne étant attachée à une pièce saillante, au sommet de la règle, fera tourner la grande poulie en même temps que cette partie, et l'index du cadran y marquera les mêmes divisions que sur la règle. A la partie inférieure de la règle est un anneau d'où part une ligne qui communique au lock.

Pour déterminer la route parcourue par le navire, on fait usage d'un cadran à demi-cercle, avec un index qui part de son centre, à l'extrémité duquel est un anneau par lequel l'appareil y est attaché avec un cordon ; ce demi-cadran étant fixé convenablement, son index, lorsque le lock est en action, montrera l'angle suivant lequel la route d'un navire dévie de sa course directe ; la grandeur de cet angle, jointe à la vitesse du mouvement déterminée par le même instrument, donne le moyen de calculer la marche du vaisseau. (*Repert. of patent inventions*. Juin 1826.)

Vaisseau submergé retiré sans cloche ; par M. Bell.

L'auteur est parvenu à retirer du fond de la mer,

après une submersion de onze mois, le brick *le Christiana*, qui avait coulé sur les sables de Margat avec un chargement de cent quatre-vingts pièces d'eau-de-vie. Cette entreprise a été tentée et conduite à fin sans le secours de la cloche du plongeur. Le procédé dont on s'est servi consistait à placer sur le pont du vaisseau employé à l'opération un *godenot*, par le moyen duquel on faisait descendre des crics et autres instrumens. L'eau-de-vie s'est trouvée n'avoir rien perdu de sa qualité pendant tout le temps qu'elle est restée sous l'eau, ce que l'on attribue à la solidité des futailles dans lesquelles elle était contenue. (*Galign. Messeng.*, *le* 25 octobre 1825.)

Application de la vapeur à la navigation.

On sait combien la navigation par bateaux à vapeur est active en Amérique et en Angleterre. Ce système, qui offre de si nombreux avantages, après avoir été appliqué aux fleuves et aux canaux, l'est aujourd'hui sur une très grande échelle aux voyages de long cours sur mer.

Un énorme bateau à vapeur part de Londres pour arriver à une époque fixe et calculée d'avance à Calcutta. Les relations immenses qu'entretient Hambourg avec l'Angleterre devaient donner l'idée d'établir entre cette ville et Londres une ligne de paquebots à vapeur; aussi le trajet se fait-il aujourd'hui en quatre-vingts heures.

Un bateau à vapeur part chaque semaine de Kiel (Holstein) pour Copenhague et *vice versa*, et fait le trajet en trente heures. Les communications entre cette dernière ville, Stockholm et Pétersbourg, et réciproquement se font également par bateaux à vapeur. Il vient d'arriver à Stockholm un bateau à vapeur d'une construction nouvelle; il est destiné à naviguer sur les immenses lacs intérieurs de la Suède, sur les canaux qu'a fait construire le gouvernement afin d'unir leurs eaux et d'affranchir le commerce de l'obligation de passer le Sund et d'acquitter le droit de péage que perçoit le gouvernement danois.

Les immenses réservoirs des Alpes se couvrent aussi de bateaux à vapeur; celui du lac de Constance est en pleine activité ainsi que ceux du lac de Genève, et la construction de celui du lac Majeur est fort avancée. L'établissement de ces bateaux et les routes nouvelles que l'on a construites abrégeront de moitié les communications entre Augsbourg, Milan, Gênes et Turin.

L'essai que l'on a fait de la navigation à vapeur sur le Danube, entre Vienne et Semlin, n'a pas complétement réussi.

Une entreprise qui intéresse la France est celle de l'établissement du bateau à vapeur sur le Rhin.

Le bateau à vapeur *le Rhin* a mis quarante-six heures douze minutes pour remonter de Mayence à Kehl. Le but de ce voyage était de reconnaître la force du courant, la profondeur du fleuve, la largeur de la partie navigable et ses détours. Le retour de Kehl à Mayence a été exécuté avec une telle célérité, que là où le courant était rapide et où la machine pouvait déployer toute sa force, une distance qui avait demandé trois heures en remontant le fleuve fut franchie en dix minutes. Le trajet de Strasbourg à Rotterdam, en descendant le fleuve, se fera en trente-six ou quarante heures, et le cinquième jour on pourra être rendu à Londres. (*Journal des Voyages*. Février 1826.)

Bateau à vapeur de grande dimension.

On a lancé à Londres, des chantiers de MM. Fletcher et Furnell, le magnifique bateau à vapeur *le Shannon*, le plus grand et le mieux équipé des bâtimens de cette espèce qui aient été construits en Angleterre. Il est destiné à faire le trajet entre Dublin et Londres. Son port est de cinq cent douze tonneaux. Sa longueur extrême est de 180 pieds, et sa largeur à la dunette de 28 pieds. On a pratiqué sur cette dernière des logemens pour vingt passagers et pour huit chevaux. La chambre peut contenir cent cinquante passagers. La machine à vapeur, qui sort des ateliers de Watt et Bolton, est de la force de cent soixante chevaux. Ce bateau est entièrement à fond plat, afin de pouvoir franchir la barre de Dublin avec son chargement complet. On assure que le passage de Londres à Dublin pourra se faire en dix-sept heures. (*Galign. Messenger*, *le* 16 Mars 1826.)

Perfectionnement dans la construction des bateaux à vapeur.

On emploie maintenant à bord d'un bateau à

vapeur écossais un appareil qui pourrait être adopté avec avantage sur d'autres embarcations du même genre. Par le simple jeu d'une petite manivelle placée sur un cadran sur le pont, et en vue du timonier et du patron du bâtiment, on peut diriger tous les mouvemens que la machine à vapeur est susceptible d'imprimer aux roues. En plaçant la manivelle à tel ou tel degré du cadran fixé sur une table, on peut à volonté faire mouvoir le bâtiment en avant ou en arrière, le retarder ou l'arrêter tout-à-fait dans sa marche, et il n'est pour cela besoin d'aucune science ni adresse; le capitaine lui-même ou un simple matelot sous ses ordres, peut remplir cette fonction tout aussi bien que le plus habile ingénieur.

De cette manière on évite le désordre, qui naît fréquemment la nuit, de la nécessité de faire monter l'ingénieur sur le pont et les graves inconvéniens qui pourraient résulter de tout équivoque ou malentendu dont est susceptible un ordre transmis par l'organe de plusieurs individus. Par ce moyen, l'action de la machine et celle du gouvernail se trouvent sous le même commandement. (*Month. Magaz.* Avril 1826.)

Nouveau moyen d'amarrer les vaisseaux de haut bord; par M. Hemman.

L'ancre ou amarre de M. *Hemman* se compose de deux blocs de fonte, pesant ensemble quinze mille livres, tandis que les plus fortes ancres dont on se sert pour amarrer complétement les vaisseaux de haut bord, pèsent de six mille cinq cents à huit mille livres seulement. Sa forme est beaucoup mieux calculée pour lui donner une plus forte prise dans la terre ; aussi diminue-t-on la longueur de la chaîne. Le nouveau mode offre d'ailleurs une économie considérable dans les dépenses, puisque une paire d'ancres d'amarrage coûte soixante-un mille huit cents francs, tandis qu'une paire d'amarres de M. *Hemman* coûte trente-neuf mille neuf cent cinquante francs seulement ; il faut dire que, par le nouveau système, on s'affranchit des risques que l'on court en se servant d'ancres défectueuses et de la nécessité de les éprouver avant de s'en servir. (*Annales maritimes*, 1826, *n*° 2.)

Nouveau bateau de sauvetage.

Le bâtiment, qui a 36 pieds de quille, 7 $\frac{1}{2}$ pieds de bau et 5 $\frac{1}{2}$ pieds de cale, peut contenir cinquante à soixante naufragés, indépendamment de son équipage complet. Les couples, d'une forme très svelte, sont de chêne, goudronnés et recouverts de bandes d'un canevas à la fois léger et fort, par-dessus lequel se trouve une enveloppe de côte de baleine, fourrée avec un fil de carret. La couverture du bateau est en une espèce particulière de canevas d'une grande force, susceptible d'une longue durée, et parfaitement imperméable ; cette toile est imprégnée d'une substance qui la préserve de l'humidité et de l'action de l'atmosphère ; malgré une semblable préparation, elle conserve sa souplesse et ne souffre ni de la chaleur ni de la pourriture. Le pont porte latéralement autant d'ouvertures circulaires que l'on veut employer de rameurs, et c'est là que ceux-ci se placent de telle sorte qu'ils sont assis sur un banc de canevas, et que leur corps sort du pont, de manière à ne point gêner leurs mouvemens. Pour empêcher l'eau d'entrer dans l'embarcation par ces ouvertures, chacune d'elles porte une espèce de chemise fixée sur les bords par l'une de ses extrémités, et l'autre, au moyen de plis et d'une ceinture à boucle, s'attache sur la poitrine des rameurs et s'ajuste à leur corps.

Ce bateau de sauvetage est de l'invention de M. Hennessy, de Passage en Irlande. (*Gent. Magaz.* Novembre 1825.)

Bateau de sauvetage ; par M. Bateman.

Ce bateau se compose de deux sacs de forte toile remplis de liége et réunis par deux planches placées en dessus et en dessous. Ces planches reposent sur de forts madriers ayant, dans toute leur longueur, des coulisses dans lesquelles glissent des boîtes, qui maintiennent les sacs. Un autre madrier, fixé au-dessus des sacs, sert à donner au bateau la solidité nécessaire.

Au-dessous du bateau est suspendue, par quatre chaînes, une barre de fer qui lui sert de lest et l'empêche de chavirer. Cette même barre sert de point d'appui aux pieds des naufragés qui sont assis sur les madriers. Un anneau de fer ou une corde sert à tirer le bateau de l'eau, à le suspendre sur le côté du bâtiment ou partout ailleurs. On le plie facilement et on en réduit le volume lorsqu'on ne s'en sert pas. (*Lond. Journ. of Arts.* Avril 1826.)

DEUXIÈME SECTION.

ARTS.

I. BEAUX-ARTS.

DESSIN.

Procédé de lavis lithographique; par M. Engelman.

Pour composer l'encre lithographique employée dans ce procédé, on fait fondre, dans un poêlon de métal, quatre parties de cire vierge, une de suif et deux de savon desséché; on élève la température jusqu'à ce que le mélange s'enflamme. On y jette trois parties de gomme laque, et aussitôt après une partie d'eau saturée de soude.

Lorsque l'écume occasionnée par ce mélange, a disparu, on mêle une partie de noir de fumée; on ajoute encore quatre parties de couleur ou encre ordinaire d'imprimeur, et on laisse refroidir la masse, avec laquelle on compose, pour la facilité de l'usage, des bâtons d'environ un pouce et demi d'épaisseur.

La *réserve* se prépare de la manière suivante: à trois parties d'eau dans laquelle on a fait dissoudre la gomme arabique en suffisante quantité pour lui donner à peu près la consistance de l'huile, on ajoute une partie de fiel de bœuf et autant de vermillon qu'il est nécessaire pour donner une couleur bien intense à ce mélange, afin que l'on distingue facilement le travail qu'on a fait sur la pierre.

Pour faire une planche au lavis lithographique, on doit donner à la pierre qu'on y destine le grain le plus fin et le plus égal possible. On y décalque en frottant l'envers du papier avec de la sanguine et en suivant les traits avec une pointe émoussée. Cette opération terminée, on couvre les marges de la pierre, et, en général, tous les endroits qui doivent rester blancs, avec la réserve indiquée plus haut. Cette couleur, qui doit être assez coulante pour permettre de faire les lignes les plus fines, s'applique avec un pinceau. Cette application faite, on verse quelques gouttes d'essence de térébenthine sur une pierre; et en frottant dessus avec un bâton de l'encre dont on a donné la composition, on en délaye une partie; on continue de frotter jusqu'à ce que l'encre liquide qu'on forme par là ait pris assez de consistance pour pouvoir être appliquée; alors on en charge un tampon fait à l'instar de ceux des imprimeurs, et couvert de peau blanche: il doit y avoir peu de couleur sur le tampon, qui ne doit colorer que les parties saillantes de la pierre. On tamponne, le plus également possible, la pierre préparée pour recevoir le dessin jusqu'à ce qu'elle ait pris le ton le plus léger qu'on veut obtenir; alors on couvre de nouveau, avec la réserve, les endroits qu'on juge être assez colorés; et en délayant l'encre qui peut avoir séché pendant cette opération, on recommence à tamponner en produisant un ton plus fort que le premier; quand on le trouve à son gré, on couvre de nouveau, et on continue de la même manière à couvrir et à tamponner alternativement jusqu'à ce qu'on soit arrivé aux tons les plus vigoureux : alors on trempe la pierre dans l'eau, et on la frotte avec une éponge jusqu'à ce qu'il n'y reste plus le moindre vestige de gomme.

Quand tout est terminé, on prépare la pierre en y passant un acide étendu d'eau; on imprime, comme pour un dessin au crayon, au moyen des presses connues. (*Description des Brevets*, t. 11.)

Procédé pour obtenir le dessin d'une plante; par M. Nadau.

On frotte avec de la poudre de sanguine un morceau de papier, comme le font les graveurs pour calquer un dessin sur leur planche. On place dessus la petite branche ou la feuille dont on veut avoir l'empreinte; elle se couvre bientôt de poudre de sanguine à l'aide d'un léger frottement. On l'imprime ensuite sur du papier mouillé, au moyen d'une pression suffisante, semblable à celle employée dans la lithographie, mais exécutée sans machine.

Ce procédé a été utilement employé pour donner sur la physionomie générale des plantes des renseignemens importans qui ne peuvent se trouver dans un herbier.

Nouvelle méthode de dessiner au trait sur la pierre ; par M. Laurent.

On décalque le dessin original avec du papier gélatine connu sous le nom de *papier-glace*, comme le font les graveurs à l'eau-forte, en suivant tous les traits du dessin avec une pointe sèche plus ou moins fine ; mais, au lieu de remplir avec de la poudre de sanguine les sillons qui ont été formés à la surface du papier par la pointe sèche, M. *Laurent* emploie du crayon lithographique. Pour cela, le calque étant fait avec soin, collé ensuite par les bords avec un carton ou sur une planche, on étend dessus avec un linge très fin une pâte assez dure, formée avec de l'encre lithographique dissoute dans l'essence de térébenthine, et que l'on obtient très bien dans une cuiller exposée à la flamme d'une bougie. Cela étant fait, on essuie le calque jusqu'à ce que le frottant très fort avec un linge blanc, celui-ci n'offre plus la plus légère trace de noir. Il n'y a plus maintenant qu'à transporter le trait, ainsi noirci, sur la pierre, à l'aide de la presse, comme le font les graveurs sur cuivre. Pour cela, M. *Laurent* place, dans une presse verticale de papetier, la pierre et le calque noir en contact, avec le soin de placer sur celui-ci vingt à vingt-cinq feuillets de papier trempé dans de l'eau, tenant en dissolution du muriate de chaux calciné. Sur ce dernier papier, on met une pierre ; et, pour empêcher qu'elle ne se brise, ainsi que celle sur laquelle on doit dessiner, on les intercale à deux matelas de papier d'un pouce d'épaisseur au moins; on presse et on laisse la pierre en action pendant une heure; on enlève le papier, dont la dernière feuille reste collée au calque gélatine, qui, lui-même, adhère plus ou moins fortement à la pierre. Que ce calque s'enlève sans difficulté, ou bien qu'on soit obligé, à cause de son adhérence, de le fondre par l'action de l'eau chaude, on finit toujours par avoir le dessin sur la pierre. Ainsi, avant de retoucher, s'il en est besoin, il suffira de bien laver celle-ci à l'eau froide, jusqu'à ce qu'il ne reste plus de trace de gélatine. Le crayon ne risque plus de se dissoudre, à cause de l'action du muriate de chaux dont la base a formé avec l'huile de savon un savon insoluble, tandis que la soude s'est combinée avec l'acide hydrochlorique, et compose un sel soluble qui a été emporté par le lavage. Ce muriate de chaux doit, en outre, agir en mouillant le calque, et en facilitant sa séparation d'avec l'encre grasse laissée sur la pierre.

En retouchant ce trait au poinçon, et en dessinant les ombres au crayon, le dessin aura toute la netteté et toute l'exactitude désirable.

Cette nouvelle méthode de dessin au trait sur la pierre est très avantageuse, surtout pour les dessins d'anatomie, d'histoire naturelle, d'architecture, d'ornemens, et, en général, pour tous les dessins compliqués et de petite dimension; elle est très expéditive, et rend le dessin original d'une manière très exacte sans agrandissement ni réduction sensible, et dans le même sens. (*Annales de Chimie.* Sept. 1826.)

GRAVURE.

Sur le niel et l'art de le préparer; par M. Beuth.

On désigne sous le nom de *niel*, une préparation noire que l'on applique sur des vases et des bijoux d'argent. L'Allemagne, la Russie et la Perse sont particulièrement en possession de ce genre d'industrie.

Le niel doit être formé de six parties d'argent pur, une partie de cuivre, sept de plomb, et de soufre pulvérisé en quantité indéterminée. On fond ces matières ensemble dans un creuset, puis on réduit la masse en poudre; on la lave avec de l'eau, et on la convertit en pâte avec un peu d'eau gommée, puis on l'introduit dans les gravures faites sur les pièces que l'on veut nieller. Après cette opération, on fait sécher les pièces, et on les expose, en préservant le niel du contact du charbon, à une chaleur rouge qui identifie le niel avec l'argent. Les pièces ainsi préparées peuvent ensuite recevoir le poli, et présentent, sur un fond blanc, des incrustations noires qui produisent un très bel effet.

Procédé pour nettoyer les gravures enfumées ou tachées; par M. Payen.

On prépare une solution saturée de bi-chlorure de chaux; lorsqu'elle est faite et filtrée, on y plonge la gravure, et on la laisse séjourner dans ce liquide jusqu'à ce qu'elle ait pris une couleur blanche; l'espace de temps est plus ou moins long suivant que la gravure est plus ou moins sale. En cinq minutes, des gravures tachées de fumée et d'humidité ont été ramenées à leur état primitif. On retire la gravure de la solution et on la lave avec de l'eau claire à plusieurs reprises. On peut, sil a gravure est grande, la placer sur une table garnie de rebords, et on l'immerge de bi-chlorure de chaux. Quand cette solution a enlevé les taches, on lave avec de l'eau claire et on fait sécher. (*Annales de l'Industrie.* Juillet 1825.)

Liquide pour graver sur l'acier; par M. TURREL.

Les tentatives que l'on a faites jusqu'ici pour trouver un liquide qui pût *mordre* dans la gravure sur acier comme l'eau-forte des graveurs sur cuivre, en laissant des traces légères ou profondes à volonté, mais toujours fort nettes, sont restées sans succès. La plupart des composés acides essayés sur l'acier avaient surtout l'inconvénient de former des sels de fer altérables qui laissaient déposer un sédiment ferrugineux dans les traits creusés.

L'auteur indique un composé acide, exempt de tous ces inconvéniens, et dans lequel la solution de fer ne se trouble nullement. Voici la recette :

Acide acétique très concentré, quatre parties en volume; alcool une partie : on agite pendant une minute, puis on ajoute une partie d'acide nitrique pur; ce mélange est alors prêt à être versé sur la planche d'acier. En le laissant réagir seulement une minute ou une minute et demie, on obtient des traces légères, et si l'on n'arrête pas son action avant un quart d'heure, on obtient des traits profondément gravés. Enfin on peut le rendre plus actif en augmentant un peu la proportion d'acide nitrique, et réciproquement rendre son action plus lente en augmentant la dose des deux autres agens.

Après avoir fait mordre, il faut laver la planche avec un mélange d'une partie d'alcool, avec quatre d'eau. (*Transactions de la Société d'Encouragement de Londres pour* 1824.)

PEINTURE.

Moyen de produire des effets de lumière dans les tableaux connus sous le nom de Diorama.

Nous avons fait connaître dans nos Archives de 1822, page 272, un nouveau genre de tableaux représentant des intérieurs et des paysages avec une vérité parfaite, et auxquels on a donné le nom de *Diorama;* mais nous n'avons pu indiquer alors le mécanisme au moyen duquel les différens effets de lumière sont produits dans ces tableaux.

M. *Arrowsmith* a pris en Angleterre un brevet d'importation pour le diorama, qui, comme on sait, est dû à deux artistes français, MM. Bouton et Daguerre; il décrit de la manière suivante les moyens employés par les inventeurs.

Le tableau transparent est étendu sur un cadre ou suspendu au haut de l'édifice par des cordes engagées autour d'un cylindre avec contrepoids; le jour qui l'éclaire part d'une grande fenêtre placée dans le fond

Entre cette fenêtre et le tableau sont suspendus par des cordes un certain nombre d'écrans coloriés, disposés de manière à projeter différens tons d'ombre sur telle ou telle partie de la scène ; le jeu combiné de ces écrans amène des effets de lumière, de clair-obscur ou d'obscurité analogues aux sujets représentés, tels que le passage, le mouvement plus ou moins accéléré et le plus ou moins d'intensité des nuages, les tempêtes, etc. Les transparens, faits de soie ou de coton teint, doivent être coloriés de manière à produire les différentes nuances et demi-teintes nécessaires à cet effet.

A l'égard des parties du tableau qui demandent à être éclairées de l'avant-scène, elles reçoivent leur jour de lucarnes pratiquées dans le toit et les combles de l'édifice. Ces fenêtres sont de même pourvues d'écrans coloriés qui se meuvent sur pivot ou sur gonds, et qui ne laissent pénétrer de lumière sur l'avant-scène que celle que comporte le sujet. Ces écrans en étoffe de soie ou de coton sont suspendus par des cordes engagées dans des poulies ; on manœuvre ces cordes à l'aide d'un treuil. (*Londres, Journal of Arts.* Juin 1825.)

SCULPTURE.

Moyen de faire ressortir la sculpture sur l'albâtre, en creusant et rendant mat le fond sur lequel les ornemens ou les figures se détachent; par M. Moore.

Ce procédé est fondé sur la propriété que possèdent l'albâtre et le sulfate de chaux, d'être rongés à la longue par l'eau froide, de manière à ce que le poli en soit détruit.

On commence par couvrir les sculptures en relief et toutes les parties destinées à être réservées, d'un vernis insoluble dans l'eau, composé de cire dissoute dans de l'essence de térébenthine, mêlée avec de la céruse, ou plutôt d'un vernis de térébenthine, auquel on ajoute du blanc de plomb et un peu d'huile animale pour empêcher le vernis de durcir et d'adhérer trop fortement à l'albâtre. L'application se fait avec un pinceau doux mouillé avec de l'essence de térébenthine, et qu'on y plonge chaque fois qu'on prend du vernis.

Les parties réservées, ainsi couvertes, on laisse sécher pendant quelques heures le vase ou l'ornement; puis on le plonge dans un récipient rempli d'eau froide, et où on le laisse pendant quarante-huit heures ou plus long-temps si on le juge nécessaire. Ensuite on enlève le vernis avec une éponge fine trempée dans l'essence et on essuie le vase avec des chiffons doux et bien secs.

Le vase ainsi débarrassé du vernis et séché, on y passe une brosse douce et sèche, préalablement trempée dans du plâtre réduit en poudre fine. Cette poudre remplit les pores des parties de l'albâtre qui ont été attaquées par l'eau et les rend mates, ce qui fait ressortir l'ornement en relief, et les parties transparentes de l'albâtre.

Pour nettoyer les ornemens et les sculptures en albâtre, on fait d'abord disparaître, au moyen de l'essence de térébenthine, les taches de graisse, s'il s'en trouve; ensuite on plonge la pièce dans l'eau, où elle doit rester assez long-temps pour être débarrassée de ses impuretés : après l'avoir retirée, on la nettoie avec un pinceau bien sec, on la laisse sécher et on y passe du plâtre pulvérisé. De cette manière la pièce sera parfaitement nettoyée, et semblera sortir des mains du sculpteur.

Une médaille d'argent a été accordé à l'auteur de ce procédé, par la Société d'Encouragement de Londres. (*Voyez* le 43e volume des *Transactions de cette Société.*)

MUSIQUE.

Nouveaux pianos en fer.

Le barrage de ces pianos, construits par MM. *Pleyel* est entièrement en fer. Ces instrumens non seulement rivalisent avec les meilleurs pianos anglais; mais ils les surpassent en plusieurs points. La solidité de leur construction est telle qu'ils ne perdent presque jamais l'accord. La table de resonnance, étant dégagée des énormes morceaux de bois qui autrefois étaient employés pour résister au tirage, a plus d'élasticité et seconde mieux la vibration des cordes. Le son est étonnant, pour son volume et sa rondeur, et le mécanisme est tellement perfectionné qu'il permet qu'on l'attaque avec la plus grande délicatesse aussi-bien qu'avec la plus grande force.

MM. *Pleyel* construisent aussi des pianos carrés à

une seule corde. (*Journal des Débats.* 21 novembre 1826.)

Salping-organon, *nouvel instrument à vent; par M.* Van Ockelen, de Breda.

Cet instrument, nommé *Salping-organon*, ou orgue-trompette, est d'une forme extérieure agréable à la vue; il consiste en un piédestal en bois d'acajou, d'environ 5 pieds de hauteur sur 3 $\frac{1}{2}$ de largeur et de profondeur, dans lequel se trouve renfermé le mécanisme à rouage qui fait jouer l'instrument: il est surmonté d'un trophée, en partie masqué par un nuage du sein duquel vingt trompettes avec accompagnement de deux tambours, d'un triangle et d'une paire de cimbales, de même cachés dans l'intérieur du piédestal, font entendre diverses marches militaires. On peut, au moyen de huit cylindres différens, et même à l'aide d'un plus grand nombre, qui s'ajustent successivement à l'instrument, et n'ont besoin, pour être mus, que du jeu de son mécanisme, exécuter divers autres morceaux de musique. (*Konst en letter Bode.* 27 mai 1825.)

Perfectionnement de la Guimbarde.

On sait que la guimbarde, instrument fort commun dans toute l'Europe, et principalement dans les Pays-Bas et le Tyrol, est composé de deux parties: le corps, qui a la forme du manche de certains tire-bouchons, et l'âme, qui consiste dans une petite branche d'acier soudée à la partie supérieure du corps et recourbée à son extrémité de manière que les doigts puissent aisément l'accrocher. Les sons de la guimbarde s'obtiennent par l'attraction et la répulsion de l'air, dont la colonne est interceptée par l'âme, qui est mise en mouvement par le doigt ; la pression des lèvres sert, avec le souffle, à déterminer la gravité et l'acuité : les mouvemens de l'âme produisent à peu près l'effet des vibrations d'un diapason.

Les sons de la guimbarde ont trois timbres différens. Les sons graves de la première octave ont du rapport avec les sons du chalumeau, de la clarinette ; ceux du médium et du haut avec la voix humaine, de certaines orgues ; enfin, les sons harmoniques sont en tout semblables à ceux de l'harmonica. On conçoit que cette diversité de timbres jette déjà une grande variété dans une exécution que l'on regarde toujours comme devant être faible et mesquine en raison de l'exiguité de l'instrument ; néanmoins, on ne pouvait encore en tirer grand parti, puisque, dans l'étendue des trois octaves, il se trouvait une foule de lacunes qui ne pouvaient toutes être remplies par le talent de l'exécutant ; d'ailleurs, la plus simple modulation devenait impossible. M. *Eulenstein* a remédié à cet inconvénient en faisant confectionner seize guimbardes qu'il accorde au moyen de cire à cacheter, placée en quantité plus ou moins grande à l'extrémité de l'âme. Chaque guimbarde donne alors pour tonique une des notes de la gamme diatonique ou chromatique, et l'exécutant peut remplir tous les intervalles et passer dans tous les tons, en changeant de guimbarde. Pour que ces mutations n'interrompent pas la mesure, on doit tenir toujours une guimbarde en avance.

C'est par un exercice continuel et après dix années d'étude que M. *Eulenstein* est parvenu à surmonter une foule de difficultés, et non seulement à étonner, mais à satisfaire toutes les personnes qui l'ont entendu. Ses airs et ses variations sont des plus agréables. (*Revue encyclopédique*. Avril 1826.)

II. ARTS INDUSTRIELS.

ARTS MÉCANIQUES.

ARMES.

Fabrication des canons de fusil et des lames de sabre damassées dans l'Inde; par M. Bagnold.

Les canons de fusil sont fabriqués avec des cercles de fer provenant de tonneaux européens : plus ces cercles sont corrodés par la rouille, plus ils sont recherchés. Étant coupés en fragmens de la longueur environ de 3 pouces, on en forme une trousse d'un pouce à un pouce et demi d'épaisseur, qui est chauffée assez fortement pour être forgée ; on l'étire en un barreau d'un pouce de large sur 4 lignes d'épaisseur ; on replie le barreau deux ou trois fois sur lui-même ; on le forge et on l'étire comme auparavant. Cette opération est répétée trois ou quatre fois, suivant le degré de finesse qu'on veut donner au damassé. Les ouvriers soigneux couvrent la partie exposée au feu avec un lit composé d'argile et de crottin de cheval, afin de prévenir l'oxidation du métal. Lorsque le canon est terminé, on fait sortir le damassé en le tenant plongé, de un à cinq jours, dans le vinaigre et dans une solution de sulfate de fer. Pour produire ce qu'on nomme des *ondulations*, les barreaux sont étirés en barres d'environ $\frac{1}{4}$ de pouce en carré, et corroyés. Les ouvriers emploient toujours du charbon de bois léger, et jamais de charbon de terre pour cette opération.

Pour faire des lames de sabre on emploie différentes méthodes : quelques ouvriers font un tas de couches alternatives d'acier fondu, doux et dur, avec de la fonte de fer pulvérisée, mêlée avec du borax disséminé entre chaque couche ; on étire le métal à un peu plus d'un tiers de la longueur de la lame ; ensuite il est, à plusieurs reprises, chauffé, corroyé et reforgé. Le damassé est produit avec du vinaigre ou une solution de sulfate de fer. D'autres lames sont faites d'une seule plaque d'acier, avec une lame de fer sur chaque côté, pour lui donner de la force et de la dureté. Ces lames sont trempées après avoir été recouvertes d'une pâte composée de parties égales de soude, de coquilles d'œufs pulvérisées, de borax et de sel commun : on donne une chaleur rouge modérée ; et au moment où cette chaleur devient obscure, on arrose les lames avec de l'eau de source. (*Technical Repository*. Mars 1825.)

BATEAUX.

Moyen de remonter les courans rapides d'une rivière ; par M. Clark.

Cette invention consiste dans une corde, ou mieux une chaîne attachée à un point fixe en amont du courant, et qui s'enroule sur un treuil fixé en travers d'un bateau, et mue par deux roues latérales à aubes, en partie submergées dans l'eau du courant. On conçoit que, d'après cet arrangement, le bateau peut remonter spontanément contre le courant, et que sa marche sera d'autant plus rapide que la surface des palettes poussées par l'eau sera plus grande comparativement à la surface du bateau qui oppose une résistance à son avancement.

Dans les rivières sinueuses, l'auteur propose de placer un point fixe à chaque détour, et il suffira de changer de corde ou de chaîne à chaque changement de direction. Des essais en grand ont démontré, sur des fleuves rapides de l'Amérique, l'efficacité de ce moyen. (*Même Journal.* Janvier 1825.)

Machines pour remonter les fleuves ; par M. Laignel.

A des ancres fortement fixées au fond de la rivière sont attachées des chaînes en fil de fer d'un très grand diamètre, et qui s'étendent au loin. En quelques endroits du Rhône, où la machine de l'auteur est en activité, ces chaînes ont jusqu'à quatre ou cinq lieues de longueur. Le bateau remorqueur est muni de roues verticales ; la chaîne, soulevée du fond de l'eau à son extrémité libre, est mise en contact avec l'axe des roues ; un frottement, qui est un véritable engrenage, s'établit entre la chaîne et le bateau, et celui-ci est entraîné contre le courant avec une vitesse proportionnelle à celle du courant même, et que l'auteur porte à trois quarts de lieue à l'heure. Quand on veut arrêter le bateau on peut le faire instantanément en rendant horizontales les ailes des roues. (*Le Globe*, 9 mars 1826.)

BILLES.

Fabrication des billes de marbre en Allemagne.

On fabrique en Allemagne une très grande quantité de petites billes qui servent aux enfans à jouer à *la poussette ;* les unes sont en argile, recouvertes d'un vernis analogue à celui des poteries et cuites au feu ; les autres sont de marbre, d'albâtre, et principalement d'une espèce de pierre calcaire très dure qu'on trouve dans les environs de Cobourg en Saxe. On débite ces pierres au moyen d'un marteau en dés carrés, qu'on arrondit ensuite au moulin. Pour cet effet, on les place, au nombre de deux cents à deux cent cinquante à la fois, sur une meule dormante, en pierre, portant des rainures ou gouttières concentriques. Sur cette meule tourne une autre meule, du même diamètre, formée d'un bloc de chêne, et qu'on peut soulever au moyen d'un levier. Pendant le mouvement de rotation de cette meule, on fait arriver un filet d'eau dans les gouttières concentriques, afin de favoriser le polissage des billes, et d'éviter l'échauffement du bois. L'opération, pour la quantité indiquée, dure un quart d'heure; les billes sortent de là parfaitement sphériques, et sont mises de suite dans le commerce : on les expédie en immense quantité aux Indes et à la Chine. Un moulin à trois tournans peut livrer soixante mille billes par semaine.

BRIQUES.

Fabrication des briques, tuiles, et autres ouvrages en terre cuite, par M. Chaumette.

Après que la terre destinée à la fabrication des objets de tuilerie, est demeurée plusieurs jours dans la fosse pour qu'elle soit mieux imbibée, on la pétrit à la meule. Le moule et la tablette qui lui sert de fond mobile sont fixés sur une table à l'aide d'une charnière; le tout est en fer fondu poli.

Il faut avoir une provision de plusieurs milliers de petites tablettes ou planches minces, assemblées par deux liteaux; chaque pièce est d'abord déposée sur une de ces tablettes, que l'on empile au lieu de les étendre sur l'aire. Au sable qui salit les ouvrages et les rend grossiers, il est préférable de substituer des corps gras pour éviter l'adhérence; alors les ouvrages sont lisses des deux côtés.

Après ces premières préparations, on fait un second moulage dans un moule bivalve à charnière et à ressort, fait en cuivre ou en fer fondu, placé sur une table, et au moyen d'une presse simple. Cette seconde opération a lieu un ou deux jours après la première. (*Descript. des Brevets*, t. x.)

Machine à faire les briques; par M. LEAHY.

Cette machine consiste dans une trémie de fer, dans laquelle on introduit l'argile : un arbre vertical, armé de lames tranchantes, divise cette argile; le mélange étant bien opéré, l'argile tombe dans un cylindre inférieur sur un plan incliné, d'où elle se foule, au moyen d'un large piston, dans des compartimens d'une grandeur convenable, creusés dans la circonférence d'une roue verticale. Des pistons, disposés d'une manière particulière, font sortir les briques qui sont reçues sur une chaîne sans fin. (*Lond. Journ. of Arts.* Octobre 1826.)

Autre Machine à faire des briques et des tuiles; par MM. LEES *et* HARRISON.

Cette machine consiste en un tonneau ou récipient cylindrique fortement cerclé en fer, sur la moitié supérieure duquel s'élève un arbre vertical portant quatre bras plats, fixés à égale distance l'un de l'autre, dans une position alternativement verticale et horizontale; ces bras sont munis de pointes ou clous proéminens, et forment des plans inclinés. La terre divisée est travaillée de la même manière par huit autres leviers un peu courbes, qui la font descendre comme sur un escalier tournant. Ces leviers continuent à presser la terre et la compriment dans deux boîtes carrées, placées aux côtés opposés à la partie inférieure du vase cylindrique. Des pistons se meuvent dans ces boîtes, et forcent la terre, par leur poids, à tomber dans des moules placés au-dessous sur une chaîne sans fin.

La terre superflue est enlevée des moules par un couteau tournant par l'action d'un levier. Un diaphragme fixe entre chaque boîte et le vase cylindrique, règle le passage de la terre.

La chaîne sans fin, composée d'anneaux plats, passe sur des tambours hexagones, dont chaque face est d'une largeur égale à la longueur d'un anneau de la chaîne (*Repertory of patent Inventions.* Mars 1826.)

BROUETTES.

Échelle-Brouette ; par M. Bonafous.

Cette échelle a 10 à 12 pieds de longueur ; les deux montans sont brisés vers le milieu et peuvent se ployer sur un axe pris sur l'échelon du milieu, mais de manière que ce mouvement ne puisse s'opérer que d'un côté. C'est ce côté qu'on adosse à la muraille quand on veut dresser l'échelle. Elle porte à la partie inférieure une roue qui est mobile sur le dernier échelon ; mais cette roue est tellement placée et proportionnée par rapport à la largeur des montans, que, lorsque l'échelle est dressée, elle appuie sur l'extrémité des montans et non sur la roue. Lorsqu'on veut se servir de cette échelle comme d'une brouette, on la ploie en deux, de manière que la moitié supérieure soit rabattue sur l'autre; et, dans cet état, la moitié inférieure de l'échelle fait fonction de brancard, qui porte d'une part des poignées pour la saisir, et de l'autre une roue, qui, dans cette position, est disposée de manière à reposer sur le sol. (*Bulletin des Sciences technologiques.* Juin 1826.)

CABLES.

Moyen d'attacher, de lâcher et de régler la tension des chaînes-câbles; par M. Bowman.

Le moyen de l'auteur consiste à donner au câble un certain degré d'élasticité. Il le fait passer, avant de l'enrouler sur le cabestan, à travers une boîte qui se meut dans des rainures, et dans laquelle la chaîne est arrêtée par des coins qu'on enlève à volonté. Cette boîte est elle-même attachée aux tiges de pistons qui se meuvent dans des cylindres remplis d'air condensé : la condensation s'opère au moyen d'un robinet qui surmonte les pistons.

De cette manière les chocs subits tendent à tirer la boîte mobile où le câble est retenu; la boîte presse alors sur les cylindres où l'air condensé produit une résistance élastique qui amortit la force du choc. (*Lond. Journ. of Arts.* Avril 1826.)

CANONS.

Platine de percussion propre à être adaptée aux bouches à feu employées dans la marine militaire; par M. Dickinson.

Dans l'ancien système de l'artillerie de marine, on

mettait le feu aux pièces au moyen d'une mèche, comme on le fait encore aujourd'hui pour l'artillerie de terre ; cette pratique occasionnait souvent des accidens très graves. Dans le désordre inévitable d'un combat naval, le transport de la poudre, depuis les soutes jusqu'à l'entre-pont, ne se faisait pas avec assez de précaution pour qu'il ne s'en répandît pas à terre; alors une étincelle échappée de la mèche du canonnier pouvait mettre le feu à la poudre et donner lieu à des explosions dangereuses. Pour remédier à ce grave inconvénient et en même temps pour pointer avec plus de précision, on a adapté sur la lumière du canon de fortes batteries de fusil qu'on amorçait à la manière ordinaire. Aujourd'hui toute la marine française et anglaise est pourvue de ces platines.

Malgré les avantages de ce système, on reconnut bientôt que les nombreux *ratés* des batteries à pierre nuisaient à la célérité du service et obligeaient de recourir souvent à l'ancienne méthode. On a donc eu l'idée de remplacer les platines à pierre par des platines à percussion, dont l'effet est plus sûr et plus prompt. Dans les premiers essais faits pour remplir ce but, la platine était placée directement sur la lumière ; mais aussitôt que le grain d'amorce était enflammé et communiquait le feu à la charge, il se produisait une réaction du fluide, qui, cherchant à se dégager, sortait vivement par la lumière et relevait le marteau, ce qui pouvait blesser les servans.

M. *Dickinson* a remédié à cet inconvénient par un moyen aussi simple qu'ingénieux, et qui lui a valu une médaille d'or de la Société d'Encouragement de Londres.

Au lieu de placer la platine directement sur la lumière, il a percé à côté, entre l'astragale et la culasse, un canal incliné dont l'orifice est très étroit, et qui vient aboutir à la lumière, à un pouce au-dessus de la charge, qu'on perce avec un dégorgeoir. La lumière est couverte d'un obturateur qui la garantit de l'humidité, et s'ouvre chaque fois qu'on perce la gargousse et que le marteau s'abat pour laisser dégager la fumée produite par l'inflammation. Le grain d'amorce est renfermé dans un petit chapeau de cuivre qu'on place sur l'orifice du canal incliné. Une ficelle est attachée à la détente; lorsque le pointeur a saisi le moment favorable, il tire cette ficelle et le coup part aussitôt.

La platine est fixée sur la pièce au moyen de deux fortes vis, serrées par des écroux à oreilles. Le marteau est muni d'une pièce taillée en biseau, qui, en agissant sur une broche, la fait sortir du trou où elle est engagée pour presser contre le talon relevé en équerre de l'obturateur, ce qui ouvre la lumière. Aussitôt que le marteau est relevé, la broche reprend sa première position, et l'obturateur, pressé par un ressort, se ferme. (*Transact. de la Soc. d'Enc. de Londres pour* 1825.)

CARDES.

Carde perfectionnée ; par M. Buchanan.

L'objet du perfectionnement imaginé par l'auteur est de brosser et nettoyer spontanément les cardes à coton et à laine, au lieu de faire cette opération à la main. La brosse qu'il emploie est de forme cylindrique et s'étend transversalement sur toute la machine ; elle a un double mouvement de rotation sur elle-même et de translation sur la surface du tambour de cardes, dont elle enlève aussitôt toute la poussière et les autres malpropretés. Arrivée au bout de sa course, un peigne nettoie cette brosse et la poussière tombe dans une auge. (*Repertory of Arts.* Août 1825.)

CHEMINS.

Chemin de fer à établir entre Paris et le Hâvre ; par M. Navier.

On sait qu'un chemin de fer consiste principalement dans deux lignes continues d'ornières en fer fondu ou forgé, sur lesquelles portent les roues des chariots, qui sont également en fer. L'avantage consiste en ce que l'effort du tirage étant beaucoup moindre que sur les chemins ordinaires, la même force peut transporter une quantité de marchandises beaucoup plus grande. Quand le chemin n'a qu'une seule voie, on établit, d'espace en espace, des *tourne-hors*, pour donner aux chariots la facilité de se croiser ; quand il y a deux voies, les voitures se croisent sans difficulté.

Les Anglais ont donné l'exemple de divers modes de transport sur les chemins de fer : le tirage des chevaux ; les machines locomotives, qui, par l'action de la vapeur, franchissent rapidement la distance, entraînant après elles les chariots chargés de marchandises ; les machines fixes, établies d'espace en espace, et qui font mouvoir de grands tambours sur lesquels s'enroulent de longues cordes attachées aux chariots et qui les tirent. L'usage des chevaux est le moyen le plus simple.

En supposant que le transport des marchandises s'effectue par relais, on pourrait diviser ce chemin de fer en plusieurs parties ; les unes sensiblement horizontales, où les chariots seraient traînés par le plus petit nombre de chevaux ; les autres, plus ou moins inclinées, où le transport exigerait un nombre de chevaux plus grand.

Si l'on adoptait la première méthode, on monterait six fois des plaines basses ou du fond des vallons, au niveau des plaines supérieures, dans tout l'intervalle qui sépare Paris du Hâvre. Les montées, qui seraient de 80 à 100 mètres de hauteur, pourraient être franchies par des plans inclinés, au moyen de machines à vapeur fixes placées au sommet de ces plans, et cette disposition, permettant de couper directement les vallons, diminuerait la longueur du trajet. On peut aussi, en développant les chemins sur les coteaux et dans les vallons secondaires, franchir ces montées, au moyen de pentes douces, sur lesquelles les chariots seraient tirés par des chevaux. C'est d'après cette seconde supposition, la moins favorable, que M. *Navier* établit 1°. que le chemin projeté n'excéderait pas cinquante-cinq lieues, et qu'un cheval allant au pas et faisant une lieue par heure y pourrait traîner, terme moyen, six tonneaux (12 milliers) de marchandises; 2°. que, sur un huitième seulement de la longueur du chemin, le nombre des chevaux devrait être doublé.

Les dépenses sont évaluées à 30 millions. Le trajet pourrait se faire en deux jours et demi, et serait bien plus économique que celui par bateaux, qui dure neuf à dix jours au moins et est sujet à bien des difficultés et des obstacles. (*Le Globe*. 4 mai 1826.)

CISAILLES.

Cisaille à main à levier brisé.

Dans cette nouvelle cisaille, l'action, au lieu de s'exercer directement sur le couteau au moyen d'un levier droit, se transmet par l'intermédiaire d'un levier brisé, ce qui permet de découper des tôles très épaisses sans développer un grand effort. Le levier du couteau supérieur est fixé sur un appui solide; celui du couteau inférieur est brisé vers le tiers de sa longueur, où il reçoit une articulation attachée à un levier droit armé d'une poignée, et mobile sur une vis traversant une pièce qui fait corps avec le levier du couteau supérieur. Il résulte de cette disposition que le plus grand effort, au lieu de s'exercer sur le talon des couteaux, comme dans les cisailles ordinaires, s'exerce sur la pointe. Pour empêcher que la pièce à découper ne glisse sous les couteaux, on a pratiqué sur le bord des tranchans et près du talon quelques entailles peu profondes, qui, sans nuire à la solidité de la cisaille, lui donnent la propriété de saisir la planche de tôle qu'on veut découper, et de la retenir. (*Bull. de la Soc. d'Encouragement.* Septembre 1826.)

CLOCHES.

Cloches d'un nouveau genre.

On a inventé en Amérique un nouveau genre de cloches, qui, dit-on, réduira de trois quarts ou des quatre cinquièmes le montant de la dépense des cloches actuellement en usage. L'appareil est simple et d'une construction facile; un triangle d'acier fondu en barres est suspendu par l'une de ses extrémités; trois marteaux de différentes grandeurs fixés au centre de l'instrument en frappent la base au moyen d'un jeu de manivelle. Les sons qu'il rend par ce simple mécanisme sont aussi intenses et agréables que ceux des cloches ordinaires. (*Weekly register.* 17 avril 1825.)

CONSTRUCTIONS.

Voûtes d'argile; par M. Treskow.

L'argile convenable à ces voûtes ne doit être ni trop grasse, ni trop maigre; il faut la pétrir avec soin et la mélanger avec de la paille coupée en brins de 6 pouces de longueur. Lorsqu'on veut bâtir on commence par jeter les fondations en pierres communes, que l'on dispose les unes près des autres sans les tailler. Alors on renferme et l'on tasse l'argile entre des planches assemblées en forme de caisse, et retenues à distance convenable par des chevilles. Ces planches accouplées sont ensuite disposées les unes près des autres, puis superposées pour former les murs d'enceinte. Quand les murs sont arrivés à une hauteur convenable, on construit en charpente le cintre sur lequel on doit former la voûte et on le recouvre de planches; sur le cintre de bois on applique l'argile à la main, on la foule fortement, et on continue cette opération jusqu'à ce qu'on ait formé une couche de 12 à 15 pouces d'épaisseur d'argile bien compacte et bien battue. Enfin, on abandonne l'ouvrage à une dessiccation spontanée, et lorsque la voûte est arrivée à un point convenable, on enlève toute la charpente qui servait de moule; mais il faut avoir soin de construire préalablement le toit, parce que la pluie pourrait détruire l'ouvrage. Dans un temps favorable on peut enlever la charpente après 15 jours ou trois semaines. On donne 20 pouces d'épaisseur aux murs d'enceinte, et 12 pouces au point le plus culminant de la voûte, à laquelle on peut donner 13 et même 14 pieds d'ouverture.

Ces constructions sont solides et peu sujettes aux réparations; elles sont économiques et exemptes des ravages des incendies. (*Verhand. des Vereins zur Befoerd des Gewerbfleisses in Preussen.* Septembre et octobre 1825.)

COTON.

Batteur-étaleur du coton; par M. Pihet.

Le coton, après avoir été battu et ouvert par le batteur-éplucheur dont nous avons fait mention dans nos Archives de 1824, page 328, est jeté sur une toile fortement tendue sur deux rouleaux qui la font circuler. De là le coton passe entre deux cylindres cannelés, et tombe sur un grillage à travers lequel tamise la poussière; il y éprouve une vive agitation par l'effet d'un volant à deux ailes qui fait mille tours par minute et éparpille le coton : la poussière qui s'en dégage est entraînée par l'effet d'un ventilateur, et aussitôt que la nappe est formée, elle se dépose sur une toile sans fin. Le moyen employé par l'auteur pour aspirer la poussière et la chasser hors de l'atelier, et aussi pour réunir les brins de coton éparpillés par le batteur, consiste en un tambour garni d'une toile métallique assez serrée et tournant lentement sur son axe; un ventilateur aspire l'air de l'intérieur du tambour ainsi que la poussière; il en résulte une espèce de vide vers lequel tous les brins épars du coton se précipitent et viennent en s'appliquant sur la toile métallique former la nappe. Cette nappe se dépose ensuite sur la toile sans fin qui la fait passer entre deux cylindres unis en fonte de fer. On conçoit que la pression que le coton éprouve entre ces cylindres suffit pour donner de la consistance à la nappe, qui, après avoir passé sur deux rouleaux de bois, s'enroule sur un cylindre nommé *retireur*, qu'on enlève, lorsqu'il est chargé, pour le porter à la carderie en gros. (*Bulletin de la Société d'Encouragement.* Septembre 1826.)

CROISÉES.

Moyen de rendre les croisées imperméables à l'eau pluviale; par M. Saintamand.

Ce moyen consiste à creuser une rainure dans l'appui de la fenêtre, et à procurer un écoulement aux eaux qui viennent s'y réunir par de petits canaux inclinés qui conduisent à l'extérieur. D'autres rainures pratiquées dans la noix et la gueule de loup de la fenêtre, empêchent la pluie chassée par le vent le plus impétueux de pénétrer dans les appartemens. Des clapets convenablement disposés à l'ouverture des tuyaux de conduite, sans s'opposer à l'écoulement des eaux, arrêtent tous les courans d'air qu'une semblable disposition pourrait faire craindre.

Les avantages de ce procédé sont incontestables; il préserve les appartemens de toute humidité, rend plus grande la durée des poutres et des boiseries, en éloignant les causes principales de destruction.

DÉVERSOIRS.

Déversoir-régulateur à compensation; par M. Thom.

Le but de cet appareil est de régulariser le courant qui fait mouvoir une usine, sans aucune intervention étrangère. Près du ruisseau et un peu au-dessus de son niveau, on établit un réservoir où se rendent par un épanchoir ordinaire les eaux qui s'élèvent trop dans le bief de l'usine; lorsque le bief n'aura pas la quantité d'eau nécessaire, il ouvrira lui-même des clapets placés en avant du réservoir et les fermera lorsque l'eau sera plus abondante. Le nombre et le débouché de ces clapets sont proportionnés à la force et aux variations du cours d'eau. Voici quelle en est la manœuvre.

Le clapet tourne sur un axe horizontal et s'ouvre dans le réservoir; du côté opposé à l'axe se trouve un bras de levier auquel est attaché une petite chaîne passant sur une poulie, et à son autre extrémité pend en dehors du réservoir un seau percé d'un trou dans le fond. Le bief est en communication avec ce seau par des orifices verticaux percés dans des tuyaux de fonte; l'eau du bief tombe dans le seau, dont le poids soulève les clapets, et l'eau du réservoir va par ces passages rejoindre celui du bief. Lorsque l'eau du bief s'enfle, elle atteint, à mesure qu'elle s'élève, des flotteurs qui ferment successivement un, deux ou trois des tuyaux par lesquels se remplissent les seaux; ceux-ci, qui recevaient tout à l'heure une quantité d'eau supérieure à celle qu'ils perdaient, s'allégent ou se vident; l'eau du réservoir ferme les clapets par la seule pression, et l'écoulement du réservoir cesse jusqu'à ce que l'eau du bief abandonne les flotteurs. (*Edimb. Journal of Science.* Janvier 1826.)

DIAMANS.

Moyen de pulvériser les éclats de diamant à l'usage des graveurs de chiffres, des graveurs sur verre, bijoutiers, etc.; par M. Clint.

L'instrument que l'auteur propose pour pulvériser le diamant, consiste en un tas d'acier creusé seulement d'une section sphérique semblable à la surface concave d'un verre de montre; le pilon en acier trempé remplit exactement cette cavité. On place les éclats de diamant au milieu du mortier, on y ajoute un peu d'huile, puis on les brise en appuyant fortement sur la tige du pilon, et lui imprimant un léger mouvement giratoire; on conçoit que, par ce moyen, le broiement est effectué d'une manière prompte et commode, et que l'huile empêche la poudre de s'échapper. (*Technical Repository*. Janvier 1825.)

DRAPS.

Machine à tondre les draps; par M. Austin.

Un perfectionnement à cette machine, consiste à fixer deux, trois, quatre lames ou plus dans une direction hélicoïde au cylindre destiné à couper; dans ce cas, les lames se trouvent placées suivant des directions contraires et se rencontrent à angle aigu. Cette construction a pour but de couper les poils du drap, suivant des directions opposées, par la même opération, à mesure que le drap avance entre les lames. L'angle sous lequel ces lames se rencontrent, peut varier suivant la longueur des poils du drap à tondre. Pour tondre de la laine longue, on propose d'employer un couteau avec deux longues lames appliquées autour du cylindre formant des angles en se rencontrant aux extrémités du cylindre; mais, pour finir le drap, on emploie un cylindre avec quatre lames qui se croisent, ou bien deux longues lames dans une direction, et deux courtes en sens contraire formant un angle à leur rencontre. On propose de finir les cylindres en cuivre; on y creuse des rainures qui serpentent tout à l'entour et dans lesquelles on fixe avec des coins les lames par leur dos. (*London, Journal of Arts.* Juillet 1825.)

Fabrication de drap de cachemire anglais; par M. Schofield.

La laine destinée à former la chaîne du tissu doit être filée très fin. Les fils sont doublés et tordus; mais, pour qu'ils soient parfaitement unis, on les écranche avant de les passer au tissage. L'étoffe faite, on la nettoie; et, à l'aide de cardes, on en fait lever le duvet : alors on tond le tissu suivant la méthode en usage; puis on l'assortit, et on le met dans le moulin à foulon. Après avoir subi cette préparation, il est successivement roulé bien tendu sur un cylindre de bois, bouilli pendant plusieurs heures consécutives, teint, séché, et enfin parachevé sur une machine qui se compose de trois grands cylindres de cuivre ou d'étain, chauffés par la vapeur. Des cylindres de bois le drap passe sur des cylindres chauffés, repris par un autre cylindre, et ainsi de suite, jusqu'à ce qu'il soit sec. (*Month. Magaz.* Novembre 1825.)

Moyen perfectionné de nettoyer et de fouler les draps; par MM. Hurst et Word.

Les auteurs emploient la vapeur, au lieu d'eau et de savon, dans le foulage et le nettoyage des draps. Les machines appliquées à ce procédé, sont absolument les mêmes que celles qui sont usitées dans le foulage ordinaire; le drap y est également retenu dans une cavité, refoulé et retourné de manière à présenter toutes ses faces aux coups répétés du foulon: mais autour des parois de la cavité où il se loge un tuyau perforé d'un grand nombre de petits trous mis en communication avec une chaudière à vapeur, souffle dans toutes les parties du drap de la vapeur d'eau qui chasse, par son action combinée avec celle du foulon, les matières grasses et les impuretés qui sont entraînées par l'eau de condensation dans un conduit au fond de la cavité. (*Lond. Journ. of Arts.* Mai 1826.)

Machine pour apprêter les draps; par M. Clisild Daniell.

Cette invention consiste dans l'application de peignes ou de cardes à la surface des étoffes de laine, lorsqu'on les apprête ou qu'on les finit, afin de disposer les poils ou le duvet d'une manière uniforme dans une seule direction, et aussi afin de lustrer le drap en employant des boîtes chauffées qu'on promène sur sa surface. On humecte d'abord légèrement avec de l'eau la pièce de drap, puis on la roule sur un cylindre inférieur; de ce cylindre, elle passe sur la circonférence du tambour qui sert à apprêter, et elle est enroulée sur le cylindre supérieur auquel elle est attachée; en faisant tourner ces cylindres, le drap est tiré du cylindre inférieur au cylindre supérieur; pendant ce temps, le tambour, qui tourne en sens contraire avec une grande vitesse, frotte continuellement contre la surface de l'étoffe qu'il lustre. La circonférence de ce tambour est garnie de plusieurs boîtes creuses en cuivre chauffées par la vapeur; dans l'intervalle de ces boîtes, on place des brosses ou des cardes en fil métallique qui rabattent la laine ou les poils avant que le drap soit lustré. L'étoffe prend ainsi un éclat extraordinaire, et est rendue très douce au toucher. (*Même Journal.* Août 1825.)

ENCLUMES.

Enclumes élastiques; par M. Monet.

On prend une enclume un peu forte; on la place sur un plateau rond, comme le fond d'un tonneau, qui repose immédiatement sur le sable dont est rempli un tonneau dressé sur l'autre fond. Ce tonneau remplace le billot de l'enclume, et est supporté lui-même par deux longues pièces de chêne, qui ne touchent le plancher que par leurs extrémités, et jouissent d'une grande élasticité. En prolongeant ces pièces de bois jusqu'aux extrémités de l'appartement, on a l'avantage d'empêcher qu'un poids considérable ne porte sur un seul point et dans le milieu du plancher. Plus l'enclume est lourde, moins le choc du marteau se fera sentir.

On prévient par ce procédé, et l'ébranlement de la maison et la communication de son mouvement. (*L'Indépendant de Lyon*. 5 Avril 1826.)

GRUES.

Grue en fonte de fer employée aux fonderies de Charenton.

Cette grue se compose de deux flasques ou joues formant l'arbre vertical, liées entre elles par des traverses, d'un bras horizontal ou volée, monté en équerre sur le premier, et d'une contrefiche servant de lien ou d'assemblage. Tout le système tourne sur des pivots dans des crapaudines de fonte. La chaîne à laquelle est suspendue la marmite, remplie de fer en fusion, s'enroule sur un treuil dont la surface est sillonnée d'une gorge en hélice. Sur l'axe de ce treuil est fixée une roue dentée dans laquelle engrène un pignon monté sur l'axe d'une autre roue menée par un pignon fixé sur l'axe de la manivelle. Deux hommes attachés à cette manivelle, enlèvent, sans beaucoup d'effort la marmite, et l'emmènent facilement dans les moules les plus éloignés du fourneau, autant que le permet l'amplitude de la grue. Pour verser dans ceux qui sont les plus rapprochés, on fait cheminer le chariot auquel est suspendu la marmite, le long de la volée, au moyen d'une crémaillère dans laquelle engrène un pignon mené par une poulie, enveloppé d'une corde sans fin qu'on tire par le bas.

Cette grue est simple, solide et parfaitement appropriée à l'objet auquel elle est destinée; elle peut élever facilement un poids de 6,000 kilogr., et occupe peu d'espace. (*Bulletin de la Société d'Encouragement.* Octobre 1826.)

Grue destinée à abréger la durée des sondages; par M. Beurier.

La plus grande difficulté qu'on éprouve dans les sondages, consiste à retirer la sonde après qu'elle a pénétré à de grandes profondeurs. Cette opération est longue et dispendieuse; la grue de M. *Beurier* a pour objet de l'abréger et de la faciliter. La partie principale de cette machine est un mât de hune qui procure le moyen de maintenir les tiges de sonde, soit pendant qu'on les retire du trou ou qu'on les fait descendre, soit quand elles sont en repos et mises en réserve. Pour adapter ce mât de hune au haut de la grue, M. *Beurier* place au sommet du montant principal deux pièces de bois, dans lesquelles passe le mât de hune, qu'on fixe ensuite invariablement au moyen de deux clefs. Aussitôt qu'il est en place, des haubans, attachés par un bout à son sommet, sont fixés par leur autre bout, et sous différens angles, à la base même de la grue et à des pieux plus éloignés, et ils concourent ainsi à assurer la stabilité de toute la machine.

Lorsqu'il s'agit de retirer la sonde du trou où elle

est descendue, on commence par élever la tête de la sonde, à l'aide d'un treuil et d'un câble, jusqu'à la poulie de la grue; on saisit ensuite la tige au niveau du sol et on élève la tête de sonde, cette deuxième fois, à une hauteur double. Pendant cette opération elle est maintenue continuellement près du mât de hune par des cordes; on saisit de nouveau la tige de la sonde près du sol et on élève sa tête à une hauteur triple de la première, en ayant soin de la maintenir près du mât. On désassemble alors la tige au rez du sol; on l'écarte un peu hors de l'aplomb du trou de sonde et on passe une goupille dans un trou de cette tige. On continue de retirer de la même manière, et en trois reprises, une seconde portion de tige de la même longueur que la première, puis une troisième, et ainsi de suite, jusqu'à ce que la tige entière de la sonde soit complétement élevée. Lorsqu'il s'agit de descendre la sonde dans le trou on procède d'une manière inverse. (*Même Journal.* Août 1826.)

HORLOGERIE.

Marteau pour les grosses horloges; par M. Wynn.

L'auteur assure pouvoir produire, au moyen de son marteau, un choc plus fort, par conséquent un son qui se propage à une distance plus éloignée sans employer cependant un plus puissant moteur. Pour cet effet, il supprime le contre-ressort, dont l'inconvénient est d'amortir une partie du coup; c'est la cloche seule qui, par son élasticité, repousse le marteau; il est retenu après le choc par un cliquet qui s'engage dans les dents d'une portion de roue à rochet fixée sur l'axe du marteau, ce qui empêche les contre-coups. Le mécanisme qui soulève le marteau fait écarter en même temps le cliquet pour que la chute du marteau puisse avoir lieu. (*Transactions de la Société d'Encouragement de Londres*, pour 1824.)

IMPRIMERIE.

Nouveau procédé de Stéréotypage ; par M. SENEFELDER.

On couvre une feuille de papier à imprimer ordinaire d'une couche de terre pierreuse d'une demi-ligne d'épaisseur, que l'on imbibe d'une quantité d'eau suffisante. Au bout d'une demi-heure elle prend la consistance d'une pâte; on la met dans les cadres et sur les caractères posés de la manière ordinaire, mais qui ne sont pas noircis, et ces caractères se trouvent alors gravés dans la pâte. On fait ensuite sécher les feuilles sur une plaque de pierre et on les couvre de métal fondu; tous les caractères se trouvent alors en relief sur une planche mince de métal et aussi exactement formés que les caractères originaux. Les épreuves tirées de ces caractères stéréotypes ne diffèrent pas de celles que l'on tire des caractères mobiles.

L'auteur évalue à 100 florins les frais de l'appareil nécessaire pour la fonderie, et ceux du papier enduit de la pâte-pierre à 6 kreutzers (4 sous). (*Revue encyclopédique.* Janvier 1826.)

LAINES.

Instrument pour mesurer la grosseur de toutes les espèces de fil de laine.

La pièce principale de cet instrument est un poids en cuivre, de forme rectangulaire, qui monte et descend entre quatre colonnes qui le dirigent dans son mouvement. Pour essayer la laine prise sur le corps de l'animal, on choisit cent brins de cette laine à peu près de même longueur; on les réunit, en ayant soin qu'ils soient rangés parallèlement entre eux. Ces cent brins forment une pincée, qu'on introduit dans une fente pratiquée sur un petit socle en cuivre formé de deux pièces. Au milieu de ce socle et dans son intérieur est une languette en cuivre, dont l'épaisseur n'est qu'une fraction de millimètre, et qui est placée entre les deux parties du socle, dans la direction de la fente. Une fourchette en cuivre, placée verticalement, embrasse la languette, de manière que la pincée de laine est retenue entre la base de la fourchette et une portion de la face supérieure de la languette, égale à l'épaisseur de la fourchette. Lorsque la laine est ainsi placée entre la languette et la fourchette, le poids agit sur la tête de la fourchette et comprime la laine, qui est mesurée avec une très grande précision. Une aiguille indique sur un limbe gradué le degré d'abaissement de la fourchette, et, par conséquent, l'épaisseur de la pincée de laine. (*Bulletin de la Soc. d'Encouragement.* Juillet 1826.)

LIMES.

Procédé pour tremper les limes employé en Angleterre.

On prépare un feu de forge alimenté par le fraisil ou par le charbon privé de sa matière bitumineuse; quand la forge est allumée on la recouvre d'une plaque de fer semi-circulaire pour concentrer la chaleur en dessous. On plonge les limes dans de la lie ou sédiment de bière, et ensuite on les recouvre de sel commun; alors elles sont mises debout auprès de la forge pour sécher, en fixant leur pointe dans des trous percés à travers une plaque de fer supportée par quatre pieds; cela fait, elles seront disposées à être chauffées pour la trempe de la manière suivante: un ouvrier, muni d'une longue paire de pincettes de forge, saisit séparément chaque lime par la pointe et la place sur le feu par-dessous la voûte, près du mur de la forge; il les couche successivement à côté les unes des autres, en faisant agir continuellement les soufflets pendant cette opération, et il continue ainsi jusqu'à six ou un plus grand nombre, selon la grandeur des limes. Aussitôt que le sel répandu d'abord sur la lime placée sur le feu vient à fondre, il la retire du feu et la plonge dans l'eau froide pour la tremper. Il place ensuite la seconde dans la même situation que la première, et il déplace successivement les autres, les portant à mesure sous la voûte jusqu'à ce que celle-ci en soit complétement remplie. Quand le sel qui recouvre la deuxième lime fond à son tour, il la plonge dans l'eau froide comme la précédente, et il procède de la même manière avec le reste des limes. On enlève la couche noire de charbon et le sel adhérent aux dents des limes en les brossant avec de l'eau, ce qui les rend parfaitement blanches et nettes. Ces limes sont ordinairement bien droites, pourvu qu'elles ne se soient point déjetées pendant le durcissement; on les plonge dans un mélange d'huile d'olive et d'essence de térébenthine avant de les envelopper dans du papier gris, ou de la ficelle goudronnée, pour les préserver de la rouille. Dans cet état elles sont propres à être livrées au commerce. Si elles étaient courbées ou déjetées pendant le durcissement, on les redresserait de la manière suivante: après avoir saisi les limes par leur pointe et les avoir recouvertes d'un mélange d'huile et d'essence de térébenthine, on les place sur un outil en fer dont une surface est courbe ou arrondie, que l'on a fortement assujetti dans un étau et chauffé au rouge, et on les presse vers leurs extrémités avec un instrument de fer monté dans un manche de bois jusqu'à ce que le mélange d'huile et de térébenthine commence à fumer; alors les limes céderont facilement à la pression et pourront être ainsi facilement redressées. (*Technical Repository*. Juin 1826.)

MACHINES A VAPEUR.

Machines à vapeur existantes dans les districts manufacturiers de Lancastershire en Angleterre.

L'on compte aujourd'hui, dans le seul comté de Lancaster, 1,548 machines à vapeur, estimées ensemble à une force de 31,394 chevaux. Les villes les plus importantes sous ce rapport, sont Manchester, qui en possède 300; Boston, 82; Oldham, 95; Liverpool, 73, estimées à une force de 1,030 chevaux, et 79 bateaux à vapeur, dont la force équivaut à celle de 3,931 chevaux; Saint-Helens, 66; Stockport, 67; et Rochdale, 57.

De cette force de 31,394 chevaux, celle de 20,000 est employée pour la filature de coton. Le pouvoir de chaque cheval, aidé de la perfection des machines, produit autant de fil qu'on en pouvait confectionner, sans machines, avec 1,066 personnes, il y a cinquante ans passés; de sorte que la quantité de coton qui peut être filée aujourd'hui, à l'aide de la vapeur, dans le seul Lancastershire, est aussi considérable que celle que pourrait filer chaque jour, avec quenouille et fuseau, 21,320,000 personnes, nombre supérieur à la population entière des royaumes d'Angleterre et d'Irlande réunis. En estimant chaque force de cheval à une consommation de 80 kilogrammes de charbon de terre par jour, et en portant à 300 le nombre des jours de travail pour l'année, on trouvera que les machines à vapeur en activité dans ce comté, consument annuellement 756,620 tonneaux de charbon. (*Revue Encyclopédique*. Juin 1826.)

Machine à vapeur perfectionnée; par M. Wright.

Cette machine est du nombre de celles qui produisent immédiatement la rotation. Elle consiste en deux cylindres qui ont le même axe, et dont l'un est mobile tandis que l'autre est fixe. Le cylindre intérieur est mobile et transporte une cloison qui reçoit, d'un côté, la vapeur introduite entre les deux cylindres, tandis que le côté opposé communique avec le condenseur. Cette cloison fait donc l'office du piston dans les machines ordinaires, et doit en avoir les dimensions. Une autre cloison mobile dans une coulisse est soulevée pour laisser passer la première, et retombe ensuite en fermant exactement, ainsi que cette première, l'intervalle entre les deux cylindres, en sorte que cet intervalle est séparé en deux parties, dont l'une reçoit la vapeur de la chaudière, et l'autre évacue celle qu'il a reçue. Le perfectionnement de M. *Wright* consiste dans un système de plaques de cuivre qu'il adapte aux cloisons, pour qu'elles ferment exactement le passage à la vapeur, sans occasionner un frottement considérable. (*Repertory of patent inventions*. Août 1826.)

Procédé pour renouveler l'eau des chaudières des machines à vapeur; par MM. Field *et* Maudsley.

Dans les machines à vapeur employées sur les bateaux qui vont en mer, les sels que renferme l'eau se déposent sur le fond et sur les côtés de la chaudière, s'y attachent et forment une croûte peu conductrice de la chaleur. Pour empêcher la formation de cette croûte, les auteurs retirent sans cesse l'eau saturée du sel au moyen d'une petite pompe mue par la machine elle-même, et qui plonge au fond de la chaudière; on remplace à chaque instant l'eau qu'on retire, et celle qui se perd par l'évaporation, par de nouvelle eau déjà échauffée, en faisant traverser dans un système de tubes l'eau salée que l'on vient d'enlever. Par là on utilise la chaleur de cette eau saturée de sel, qu'on ne jette que lorsqu'elle est bien refroidie. Parmi les avantages qu'on retire de ce procédé, on doit mettre en première ligne la continuité du travail, et l'économie du combustible, qui, sur les bâtimens à vapeur, est un point capital. (*Lond. Journ. of Arts.* Novembre 1825.)

Condenseur des machines à vapeur; par MM. Bower *et* Bland.

Cet appareil consiste en un vaisseau cylindrique à condenser, environné d'un autre vaisseau hermétiquement fermé, de la même forme, mais d'un plus grand diamètre et laissant par conséquent un espace entre lui et le premier. Du fond du premier vaisseau, un tube de 34 pieds de long descend à travers le second dans un réservoir peu profond, portant sur le côté une soupape qui s'ouvre en dehors. Le tube qui conduit la vapeur hors du cylindre de la machine pénètre de quelques pouces dans le sommet du même vaisseau, laissant un petit passage à l'eau froide entre la circonférence et l'ouverture par laquelle il entre, tandis qu'il est parfaitement en contact avec le vaisseau extérieur. Pour produire la condensation nécessaire dans le vaisseau intérieur et dans le tube inférieur, un courant constant d'eau froide, bien régularisé, doit traverser l'espace compris entre les deux vaisseaux, et passer sur le sommet du vaisseau intérieur par l'ouverture annulaire et étroite qui se trouve entre lui et le tube à vapeur jusqu'au tube inférieur; là, elle condense la vapeur, qui y a pénétré, ainsi que dans le vaisseau inférieur : outre cet effet, ce courant d'eau froide est destiné à produire une pression supérieure à celle de l'atmosphère, afin d'entraîner avec lui, par la soupape inférieure, l'eau de condensation de la vapeur. (*Repert. of patent inventions.* Juin 1826.)

Sur les machines à vapeur locomotives.

La construction des machines à vapeur locomotives a été jusqu'alors plus ou moins défectueuse. Dans les unes la chaudière était trop grande, ce qui rendait l'appareil lourd et embarrassant; dans les autres, elle était trop petite, ce qui ne permettait pas de générer une quantité de vapeur suffisante pour procurer à la machine toute la force qu'elle devait développer. Quant au mécanisme, il était tellement compliqué qu'il en résultait des frottemens qui dépensaient une grande partie de la force en pure perte.

M. *Murray*, habile ingénieur anglais, a cherché à remédier à ces inconvéniens dans la construction d'une machine locomotive qui, suivant lui, réunit tous les avantages désirables. Il emploie deux véhicules montés chacun sur quatre roues; celui de derrière porte le fourneau, la chaudière et la cheminée, et celui de devant les cylindres, balanciers et autres parties du mécanisme. La chaudière est cylindrique et renferme dans son intérieur le fourneau, alimenté par une trémie, dont le fond est muni d'une coulisse mue par le mécanisme, et servant à régler la quantité de combustible qui doit tomber chaque fois sur la grille; celle-ci est inclinée d'avant en arrière: la cheminée verticale en tôle est munie d'une soupape pour accélérer ou ralentir la combustion. Le second chariot porte deux cylindres en fonte, enveloppés d'une chemise de bois, ou autre mauvais conducteur du calorique, et dans lesquels agissent les pistons dont les tiges font mouvoir un double balancier, auquel sont attachées des bielles qui, par l'intermédiaire de manivelles, font tourner un pignon qui engrène dans une roue montée sur l'essieu de derrière. Cet essieu, ainsi que les trois autres, repose sur des ressorts, afin d'éviter les secousses. Les roues en fonte portent intérieurement un rebord, qui s'engage dans l'ornière, et les empêche de balotter. Des tringles horizontales, fixées sur une partie de leur périphérie, les réunissent et transmettent successivement le mouvement de rotation des roues de devant aux autres. La réunion des deux chariots se fait au moyen d'une chaîne sans fin, enveloppant deux poulies dont la gorge est armée de dents.

La machine n'a ni condensateur, ni bache, ni pompe à air, et aussitôt que la vapeur a produit son effet, elle passe dans la cheminée pour se perdre dans l'atmosphère.

M. *Stephenson*, autre ingénieur, a construit pour des routes à ornières en fer établies aux houillères de Stokton, comté de Durham, des chariots mus par une machine à vapeur qui a beaucoup d'analogie avec la précédente, excepté que les cylindres à piston, au lieu d'être placés sur un chariot séparé, sont plongés dans la chaudière, qui a 10 pieds de long sur 4 pieds de diamètre. On assure qu'elle chemine avec une vitesse de 6 milles à l'heure sur la partie unie de la route, en consommant 100 kilogrammes de houille; les roues qui la portent ont 4 pieds de diamètre. La provision d'eau et de charbon est placée sur un chariot séparé. Le premier jour de l'expérience elle a traîné à sa suite 30 chars portant chacun 4 milliers de charbon; mais ordinairement elle n'en traîne que 20. La forme des ornières de fer est légèrement convexe et sans denture; les roues sont à gorge. (*Bull. de la Société d'Encouragement.* Février 1826.)

MACHINES DIVERSES.

Machine à tailler les pierres de diverses espèces, et principalement le granit; par M. Dallas.

Au lieu de tailler les pierres à la main avec le ciseau et le maillet, comme à l'ordinaire, l'auteur propose d'employer le choc d'un levier qui a des pics ou ciseaux fixés à son extrémité, afin de piquer la pierre à mesure que le levier tombe dessus. Une roue à cames abaisse le bras le plus court du levier, et par conséquent élève en même temps le plus long. Le levier libre à mesure qu'il échappe aux cames de la roue, retombe avec les outils dont il est armé sur la pierre placée justement au-dessous, et il en pique ou taille la surface. La pierre est placée sur une espèce de plate-forme, et amenée sous le coup du levier. Ce but est atteint par l'ouvrier, qui fait aller la plate-forme comme il le juge convenable pour donner à la pierre un mouvement rectiligne de va et vient et un mouvement curviligne dans un plan horizontal. (*Lond. Journal of Arts.* Mai 1825.)

Nouvel appareil de plongeur; par M. James.

Cet appareil consiste en une enveloppe pour le plongeur, et un vase pour renfermer l'air condensé qui l'entoure depuis les aisselles jusqu'aux hanches; le vêtement consiste en un casque de cuivre ou de peau vernissée, une plaque de verre épaisse permet au plongeur d'apercevoir les objets; des courroies maintiennent le tout. Le réservoir d'air est formé de deux cylindres de métal concentriques de manière à laisser entre eux un intervalle de 4 à 5 pouces. Le cylindre intérieur enveloppe le corps du plongeur. On remplit le vase d'air comprimé; un tuyau de gomme élastique le conduit dans le casque. (*Repertory of patent inventions.* Mars 1826.)

Machine pour lancer des balles par le moyen de la vapeur; par M. Besetzny.

L'auteur a fait à Vienne l'essai de sa nouvelle artillerie à vapeur. Le fourneau en fer-blanc dans lequel se trouve la chaudière où l'eau se vaporise, a la forme d'un alambic; il est posé sur un train à deux roues, qu'un seul homme peut facilement faire avancer sur tout chemin praticable, avec l'attirail nécessaire à la pièce d'artillerie et un poids d'environ 2,000 balles. Le mécanisme qui lance les balles se trouve au haut du fourneau; on y a vissé le canon de fusil dans lequel les balles tombent d'elles-mêmes par le moyen d'un tuyau. La vapeur produit son effet 15 minutes après qu'on a commencé à chauffer, et en tournant une manivelle on fait partir la balle, qui, à une distance de 80 pas, a percé une planche de $\frac{1}{4}$ de pouce d'épaisseur; plusieurs en ont percé une seconde de la même épaisseur à 150 pas de distance, et un grand nombre sont même entrées dans la cible qui en était un peu plus éloignée.

M. *Besetzny* a fait l'expérience tantôt avec vitesse, tantôt en ralentissant le mouvement; dans le premier cas on pouvait à peine compter le nombre des balles tirées. (*Journal des Débats.* 21 novembre 1826.)

Traîneau-charrue à neige; par M. Besson.

Ce traîneau est de forme isocèle semblable à celle des charrues ordinaires, excepté qu'il porte deux versoirs au lieu d'un seul. Il repose sur deux patins qu'on élève à volonté suivant les ondulations du terrain ; deux flasques, réunies sur le devant en une pointe armée de fer, et au milieu et sur le derrière par trois traverses à coulisse, s'éloignent et se rapprochent à volonté à l'aide d'une double manivelle; à l'extérieur, et sur le côté des flasques, sont fixés des tranchans en fer servant à couper la neige horizontalement; deux autres tranchans adaptés aux précédens la coupent dans le sens vertical. Des ailes mouvantes disposées aux angles supérieurs des flasques, ont pour objet de renverser la neige de chaque côté de la route afin de la rendre praticable sur la largeur nécessaire. Au milieu et entre les flasques se trouve un gouvernail monté sur un traîneau et muni à son extrémité inférieure d'un petit rouleau qui empêche la pointe de la charrue de pénétrer dans le sol. Ce gouvernail sert à diriger la marche du traîneau suivant les sinuosités de la route à parcourir.

Ce traîneau, attelé de 3 à 4 chevaux, a été employé avec succès à déblayer la neige dont est encombrée chaque année la route de Lons-le-Saulnier à Genève. (*Bulletin de la Société d'Encouragement*. Déc. 1825.)

Machine à broyer les couleurs ; par M. Lemoine.

Cette machine est composée de deux meules horizontales, de pierre dure, d'un diamètre différent dans le rapport à peu près de 2 à 1; la plus grande est la meule inférieure; elles tournent en sens contraire sur des axes différens, au moyen d'une combinaison ordinaire de rouages. La meule supérieure est placée de manière que son bord dépasse d'environ un pouce le centre de la meule inférieure qu'elle presse de tout son poids, qui est de 30 à 40 livres; elle se soulève périodiquement pour reprendre la matière sur laquelle elle opère, et la soumettre ainsi toute successivement et également à son action.

Un compteur indique le nombre de tours que font les meules et par conséquent le degré de finesse auquel le broyage est parvenu après un nombre de tours donnés; et lorsque par l'expérience l'on a reconnu qu'il est suffisant, on règle ce compteur de manière à lui faire annoncer par un timbre que l'opération est terminée.

On obtient ainsi une parfaite uniformité dans le broyage. Immédiatement après l'avertissement donné par le compteur, un grand couteau disposé convenablement tombe sur la meule inférieure, et dans un tour rassemble en un seul tas toute la couleur qui se trouvait éparse dessus. On a soin en même temps de tenir la meule supérieure élevée, ce qui se fait à l'aide d'un levier disposé à cet effet.

La machine opère avec une grande rapidité, et broie parfaitement sans avoir besoin d'aucune surveillance. (*Même journal.* Juillet 1826.)

MÉTIERS A FILER.

Nouveau métier pour filer la laine; par M. Brewster.

Ce nouveau métier, employé en Amérique, est construit de manière qu'on peut, au moyen d'un simple mouvement de rotation continu, faire les diverses opérations qui s'exécutent à la main sur le simple rouet ordinaire, et qui consistent à tirer, à tordre et à envider le fil. L'ouvrier n'a d'autre travail qu'à renouer les fils qui viendraient à se casser. Le tirage se faisant verticalement, le métier n'occupe qu'un sixième de l'espace qu'exigent les mull-jennys pour la même somme de travail. La quantité de fil à tirer et le temps nécessaire pour le bobiner et tordre peuvent être modifiés à volonté ; l'ouvrier, après s'être fait expliquer si le fil qu'on veut avoir doit être gros ou fin, serré ou lâche, ajuste le métier en conséquence, en variant le mouvement alternatif du chariot ; une fois ajusté, le métier continue à donner un fil uniforme. Il possède en outre l'avantage de fournir un fil moins tors pour trame, et pour la chaîne, un fil d'un tordage plus fort que celui qu'on peut filer sur une mull-jennys. Un métier composé de 300 broches peut filer 300 *tournées* de 1,600 verges chacune, et donner 100 livres de fil en douze heures. Deux jeunes filles suffisent pour le faire marcher ; la dépense d'entretien est peu considérable. (*Techn. Repository*. Janvier 1826.)

Nouveau métier à filer le coton, la laine, etc.

M. *Molineux*, de Stoke, dans le Sommersetshire, vient d'obtenir une patente pour avoir introduit des perfectionnemens très importans dans les machines à filer le coton, la laine, la soie, etc. Ces perfectionnemens, très simples, consistent dans l'adoption d'une broche et d'une bobine d'une construction particulière, applicables à toute espèce de métier à filer. La broche est dépourvue d'ailette, et la bobine tourne sur un axe horizontal ; ils reçoivent les filamens en ligne directe des cylindres étireurs, au lieu de les recevoir sous un angle plus ou moins ouvert, par l'intermédiaire de l'ailette. La bobine et le chariot qui la porte ont une grande vitesse, qui leur est transmise par une corde enveloppée sur un tambour comme dans les anciennes machines à filer. Le fil est d'une grosseur uniforme et d'une grande égalité sur toute la longueur des filamens ; il est envidé sur les bobines par une poulie fixée sur l'axe de la bobine, laquelle tourne par le frottement d'un plateau horizontal fixé au chariot et qui se meut avec lui.

Au moyen de ce mécanisme, la tension des fils est uniforme sur toute la longueur, et la bobine éprouve, dans son mouvement de rotation une résistance tellement faible, qu'on peut filer de cette manière dans les numéros les plus élevés ; le fil est infiniment plus fin que sur aucun autre métier quelconque garni de broches et d'ailettes, et on en obtient le double de la quantité que sur les mull-jennys. (*Lond. Journal of Arts.* Juillet 1826.)

MÉTIERS A TISSER.

Métier à tisser, mécanique ; par M. DEBERGUE.

Ce métier, d'une construction simple et solide et qui peut servir à fabriquer des toiles de lin, de coton, des tissus de soie et de laine, soit unis, soit croisés, est entièrement en fonte de fer. Son mouvement lui est imprimé, soit par une machine à vapeur, soit par un manége, soit par une roue de tour, au moyen d'une courroie sans fin, passant sur une poulie motrice, fixée sur l'arbre principal du métier qui porte les diverses pièces du mécanisme.

Le mouvement du battant s'opère au moyen de deux roues excentriques, susceptibles de faire frapper à la châsse un ou deux coups sur chaque duite et de lui donner plus de recul ou de vitesse.

La navette est lancée par l'intermédiaire d'une bascule munie d'un petit galet qui roule dans la gorge contournée d'une poulie gauche, montée sur l'arbre principal. Sa vitesse peut être augmentée ou diminuée à volonté.

La chaîne est ouverte, pour le passage de la navette, par des pédales sur lesquelles appuient alternativement des cames.

L'enroulage du tissu sur l'ensouple s'opère par un mécanisme fort ingénieux. Par une autre disposition également bien conçue, le mouvement du métier s'arrête lorsqu'il survient quelque dérangement ou que la navette est prise dans la chaîne.

Ce métier fabrique, par chaque journée, de dix heures, onze aunes de toile de bonne qualité et très régulièrement frappée. (*Bull. de la Soc. d'Encour.* Février 1826.)

Métier mécanique à tisser; par M. Coront.

Ce métier est d'une combinaison simple, d'une exécution facile, d'un entretien peu dispendieux et très bien approprié à son objet. Le peigne est porté par une espèce de chariot qui se meut dans un plan horizontal, pour opérer la pression de la lame. Le lancé de la navette, dans les deux sens, est produit par un mécanisme aussi simple qu'ingénieux et qui a l'avantage de ne point frapper brusquement les taquets qui chassent la navette; mais de les conduire par un mouvement uniformément accéléré, à l'imitation de la main de l'ouvrier qui fait usage de la navette volante.

M. *Coront* a adapté à l'un de ses métiers la mécanique à la *Jacquard*, qui produit une étoffe façonnée par le foulage d'une seule marche, laquelle reçoit le mouvement de l'arbre moteur, en même temps que toutes les parties du métier. (*Même journal.* Septembre 1826.)

Métier à tulle perfectionné; par M. Mosley.

M. *Mosley* propose de substituer aux pédales et poignées des métiers ordinaires le mouvement d'une roue dentée dans les $\frac{4}{5}$ de la circonférence, et qui engrène dans un pignon dont le diamètre est le cinquième de celui de la roue; en sorte que le pignon fait quatre tours et s'arrête pendant la durée d'un cinquième tour, quoique la roue tourne continuellement. A ce pignon sont attachées des tiges communiquant avec des leviers en cou de cygne du métier à tulle. Mais, pendant que le pignon reste stationnaire en présence de la section non dentée de la roue, un autre pignon, mu par le même axe que la roue dentée, engrène dans une roue double en diamètre de ce pignon, et fait soulever les autres leviers au moyen de deux pattes qui viennent frapper successivement des tiges qui font mouvoir ces leviers; ce qui produit exactement le mécanisme des poignées et des pédales. (*Lond. Journ. of Arts.* Novembre 1825.)

Observations sur les métiers à tisser mécaniques.

L'idée de suppléer par des machines aux opérations manuelles du tissage paraît due au célèbre Vaucanson; il la publia en 1747; mais cette utile invention ne fut mise en pratique que vers la fin du dernier siècle. En 1785, Cartwright introduisit le tissage par mécanique à Doncaster; en 1790, Grimshaw établit plusieurs mécaniques à Manchester; d'autres furent construites par Bell, à Dumbarton, en Écosse; en 1796, Robert Miller, de Milton-Print-Field, prit une patente pour un métier mécanique dont on trouve la description dans le 8e volume des *Annales des Manufactures :* mais ces métiers, ainsi que ceux établis par Monteith, à Glasgow, en 1801, obtinrent d'abord peu de faveur, parce qu'ils laissaient beaucoup de choses à désirer, soit sous le rapport de la solidité, soit sous celui de la simplicité du mécanisme.

Ce ne fut que quelques années plus tard que les métiers mécaniques furent introduits dans les manufactures. En 1805 et 1808, MM. Finlay et compagnie établirent à Down et à Catrine, en Écosse, des ateliers considérables de tissage par mécanique ; on y voit réunis près de 500 métiers mus par une machine à vapeur. Cette entreprise a eu beaucoup de succès et a donné de grands bénéfices.

Les Anglais se sont aussi occupés à perfectionner ces sortes de métiers. Horock et Morsland, de Stokport près Manchester, ont inventé des métiers mécaniques d'une construction solide, mais dont l'usage est aujourd'hui abandonné, à cause de leur complication, et aussi parce qu'on a trouvé des moyens d'obtenir un tissage plus uni et plus régulier, et d'éviter les ruptures de fils et les dérangemens qui se sont longtemps opposés à l'adoption de ces machines.

Aujourd'hui elles sont généralement employées en Angleterre et en Écosse, et il n'est pas d'établissement de filature qui n'en possède un certain nombre. Au moyen de quelques changemens faits dans la disposition du mécanisme, on est parvenu à appliquer ces métiers à la fabrication des tissus croisés et façonnés de soie et de laine. A Manchester on a fabriqué, de cette manière, des draps de très grande largeur. Voici les produits d'une manufacture de cette ville, travaillant avec 400 métiers mécaniques.

Un métier exige de 15 à 18 livres de force pour être mis en train. La vitesse du battant est de 80 coups par minute, pour des calicots $\frac{3}{4}$; de 85 coups pour des calicots $\frac{2}{3}$, et 120 coups pour des étoffes de soie de petite largeur.

Une machine à tondre les chaînes, dirigée par un bon ouvrier, est susceptible d'alimenter 5 machines à parer, dont chacune prépare les chaînes pour 18 métiers, quand elle est conduite par un ouvrier habile. L'atelier où ces machines sont établies est chauffé par la vapeur, à une température uniforme de 88° à 85° Fahrenheit (21° à 23° R.).

Les métiers travaillent ordinairement 16 heures par jour. Leur produit diffère selon l'habileté de l'ouvrier qui les conduit, le temps employé pour rattacher les fils cassés, diviser les coupes, etc. Deux métiers, surveillés par une jeune fille, donnent ordinairement 400 mètres d'étoffe par semaine, ou 34 mètres par chaque jour, tandis que le tisserand le plus exercé ne peut faire qu'une pièce et demie, ou 45 mètres par semaine. Ainsi, deux métiers ordinaires rendront 90 mètres pendant que deux métiers mécaniques en produiront 400. La différence est donc tout à l'avantage de ces derniers, dans la proportion de 9 à 40, ou plus que quadruple, sous le rapport du produit, indépendamment de l'économie résultant du salaire des ouvriers tisseurs dont on est dispensé.

D'autres avantages résultent encore du nouveau mode de tissage, sous le rapport de la perfection et de la bonne qualité des produits : 1°. la chaîne étant préparée à la vapeur et tendue avant d'être montée sur le métier est plus solide et plus unie; 2°. la trame, mouillée dans un espace vide d'air, avant d'être mise sur les canettes, est aussi lisse que si elle avait été grillée; 3°. l'étoffe est généralement mieux fabriquée et plus solide.

Le prix d'un métier mécanique, tout en fer, est, à Glasgow, de 10 à 12 livres sterling (300 f.); mais on a imaginé récemment des petits métiers simples et légers, nommés *Dandy looms*, qui ne coûtent que 84 f. et qui promettent du succès; ils sont mis en mouvement par une manivelle.

Une autre invention fort intéressante est celle de la machine propre à faire les peignes ou ros, qui opère avec une célérité vraiment surprenante : elle est due à un Américain.

Le fil de fer, préalablement applati et poli, se dévide de dessus un tambour placé près de la machine; il est successivement divisé, introduit entre les jumelles du peigne et soudé avec de la poix fondue : trois dents sont ainsi placées par seconde. Malgré l'utilité d'une semblable machine, il est douteux qu'elle soit adoptée, à cause de son prix très élevé.

Malgré les nombreux avantages du tissage par métiers mécaniques, ce système n'est point encore aussi généralement répandu en France qu'il mérite de l'être; des tentatives ont été faites en 1805, il est vrai, pour l'appliquer à la fabrication des toiles à voiles; mais elles ne paraissent pas avoir eu de suite. Il faut le dire néanmoins, nos manufacturiers, mieux éclairés sur leurs véritables intérêts, commencent à introduire dans leurs ateliers les métiers mécaniques, et on peut prédire que dans peu de temps ces métiers remplaceront ceux à navette volante, dont les avantages ne sauraient être contestés, mais qui leur sont très inférieurs sous tous les rapports.

Pour prouver combien on attache, en Angleterre, d'importance à cette branche d'industrie, nous allons faire connaître succinctement les différens perfectionnemens ajoutés, depuis quelques années, aux métiers mécaniques :

1°. Horock, de Stockport, près Manchester, a obtenu, le 31 juillet 1813, une patente pour un métier en fer, dont la description se trouve dans les Archives de 1816, p. 414.

2°. Les perfectionnemens imaginés par Robert Bowmann, de Manchester, et décrits dans son brevet du mois de janvier 1821, consistent dans l'emploi d'un certain nombre de lisses pour la fabrication des futaines, des velventines et autres tissus mélangés de laine et soie; ces lisses sont disposées de manière qu'elles agissent avec la plus grande facilité, indépendamment l'une de l'autre, et en conservant une tension toujours égale. Les marches qui les élèvent et les abaissent alternativement sont placées au-dessus et au-dessous de l'équipage du métier, et mues par des roues d'engrenage.

3°. Richard Roberts, de Manchester, annonce, dans sa patente du 14 novembre 1822, qu'il a ajouté au métier mécanique les perfectionnemens suivans : 1°. une nouvelle disposition des lisses pour la fabrication des fûtaines et des étoffes croisées : les pédales, d'une forme particulière, qui les font agir sont foulées par la rotation d'une roue armée de galets; 2°. un mécanisme susceptible de remplacer la tire pour la confection des tissus façonnés et à dessins figurés; 3°. un nouveau moyen d'enrouler l'étoffe sur l'ensouple à mesure de sa fabrication; 4°. un autre moyen pour opérer la tension toujours égale de la chaîne; 5°. enfin, un mécanisme pour faire agir simultanément des navettes chargées de différentes couleurs pour le tissage des étoffes de petite largeur. Ce métier a été l'objet d'un brevet d'importation en France.

4°. Le métier de Robert Buchanan, de Glasgow (patente du 10 octobre 1823), se distingue par deux roues dentées excentriques, de diamètre différent, engrenant l'une dans l'autre, et faisant agir le battant avec une vitesse et une force qui se règlent suivant l'espèce d'étoffe qu'on veut fabriquer. L'auteur assure que la châsse frappe cent trente duites par minute, sans qu'il se casse plus de fils que dans les autres métiers mécaniques; la seule difficulté qu'on éprouverait peut-être dans l'exécution de ce métier, serait la construction des roues excentriques qui exigent une grande régularité pour remplir convenablement les conditions voulues.

5°. Ulrich Stansfeld, de Leeds, a pris deux patentes pour des métiers mécaniques, la première, du 5 juillet 1823, pour deux modes différens de dérouler la chaîne sur l'ensouple, et pour un moyen d'en augmenter ou diminuer alternativement la tension, afin de faciliter l'opération du tissage, c'est-à-dire de la lâcher lorsque le pas est ouvert, et de la tendre au moment où la duite est serrée. La seconde patente, du 27 juillet 1824, est aussi relative à un nouveau système d'enroulage de l'étoffe fabriquée, et de tension de la chaîne qui s'opère par une combinaison de leviers fort ingénieusement conçue mus par une roue en cœur dans laquelle tourne un levier armé de galets à chacune de ses extrémités, et monté sur l'arbre principal. On y trouve, en outre, un mécanisme propre à faire marcher une série de métiers par un même axe de rotation, ou d'arrêter le mouvement d'un de ces métiers sans suspendre celui des autres. C'est tout simplement un embrayage ordinaire qui s'applique à la poulie motrice de chaque métier, montée sur une douille glissant sur l'arbre principal, et qui tourne avec cet arbre, ou indépendamment de lui, selon le besoin. A ce métier est réunie une nouvelle machine à teindre et parer la chaîne. Celle-ci, en se déroulant sur les rouleaux, passe d'abord à travers un pertuis ou canal en bois qui rassemble tous les fils, lesquels passant entre une première paire de cylindres, et de là dans une auge contenant le bain de couleur dont on veut les teindre. On y laisse la chaîne en masse, afin qu'elle se pénètre suffisamment de sa couleur, après quoi on la retire pour la passer entre une seconde et une troisième paire de rouleaux qui en exprime la teinture superflue. Une auge à colle, placée à la suite de ces rouleaux, reçoit ensuite la chaîne, qui passe finalement entre une quatrième et dernière paire de rouleaux pour en exprimer la colle, et de là à travers plusieurs peignes sur l'ensouple. On voit que, dans ce procédé de parage, les brosses employées ordinairement sont remplacées par un laminoir, ce qui dispense du mécanisme assez compliqué qui fait agir ces brosses. Si la chaîne a besoin de recevoir un mordant avant la teinture, on la passe préalablement dans une auge contenant ce mordant, de là dans celle à couleur, d'où elle sort pour entrer dans un baquet plein d'eau claire pour aviver la couleur et laver les fils de chaîne.

6°. La patente délivrée à Joseph Daniel, de Stocke dans le comté de Wilt, le 7 juillet 1824, a pour objet un métier mécanique propre à fabriquer des étoffes de laine, dans lequel le battant est mu par une manivelle montée sur l'arbre principal; un ressort fixé derrière ce battant et réuni à la manivelle, règle ses mouvemens de telle sorte que la navette passe à travers la chaîne sans secousse, et que la duite est toujours également serrée. Les lisses sont ouvertes comme à l'ordinaire, au moyen des pédales foulées alternativement par un levier armé de galets; elles sont tendues par un levier oscillant à contre-poids placé au-dessus du métier. L'étoffe fabriquée est tendue sur l'ensouple en largeur ou par ses lisières, par des brosses obliques ou des plaques de cardes dont le bord de l'ensouple est entouré.

7°. John Potter, de Smedley près Manchester, a imaginé un métier mécanique pour la fabrication des étoffes brochées et façonnées (patente du 13 mai 1824). Ce qui le distingue est, 1°. une roue excentrique à gorge, dans laquelle roule un galet qui fait mouvoir l'équipage et les rouleaux sur lesquels la chaîne est enveloppée; 2°. un mécanisme pour enrouler l'étoffe à mesure qu'elle est fabriquée; 3°. et un mode particulier pour faire agir les lisses. (*Bulletin de la Société d'Encouragement*. Février 1826.)

MINERAIS.

Nouvelle méthode de lavage et de débourbage des minerais de cuivre; par M. CAGNIARD-LATOUR.

Le lavage du minerai de cuivre s'exécute ordinairement dans de grandes caisses dans lesquelles on fait affluer un courant d'eau; des ouvriers, armés de râteaux, sont occupés constamment à brasser le minerai pour en séparer le sable et l'argile qui sont entraînés par l'eau. L'auteur a suppléé à ce travail très pénible par l'emploi d'un crible cylindrique, ou tonneau ayant des ouvertures longitudinales et parallèles de quelques lignes de largeur. Ce crible tourne dans un réservoir plein d'eau; à l'aide du frottement qui résulte de ce mouvement circulaire, le grès friable et l'argile qui enveloppent le minerai de cuivre, se désagrégent, se divisent et sortent au travers des ouvertures du crible; le sable le plus gros qui contient encore du minerai, est retenu sur un grillage rectangulaire suspendu au-dessous du tonneau, et qui reçoit des secousses continuelles, de manière à permettre au sable fin et dépouillé, de le traverser et de se déposer au fond du réservoir. Le minerai brut, réduit après cette opération au quart environ de son volume primitif, est trié, soit à la main, soit au crible, à la cuve, selon sa grosseur, dans le but d'en séparer les matières étrangères et de nulle valeur qui y sont mélangées. (*Même journal.* Mars 1826.)

MINES.

Application d'un nouveau moyen de faire sauter les rochers, aux carrières de Soleure.

La méthode de Jessop, dans laquelle la simple superposition d'une couche de sable remplace le bourrage ordinaire des mines, présente dans l'exploitation des carrières de Soleure un avantage qu'on n'obtenait d'aucune des méthodes employées auparavant. Le coup de mine détache souvent un bloc considérable, en le séparant de la carrière d'un intervalle seulement de quelques lignes ou un pouce. La subdivision et le dégrossissement d'une pareille masse dans cette situation présenteraient beaucoup de difficultés et exigeraient du temps. Il suffit d'introduire une seconde charge dans le même trou et dans la fente formée de part et d'autre de ce trou par la même explosion, et de la recouvrir de sable dans toute l'étendue de cette ouverture. L'explosion de cette seconde charge trouve encore assez de résistance pour pousser horizontalement le bloc détaché d'un, deux, trois et jusqu'à quatre pieds hors de son lit, sans le briser ni l'endommager le moins du monde. Dans cette nouvelle position, le transport et la mise en œuvre sont devenus infiniment plus faciles. (*Bibl. univ.* Novembre 1825.)

MOULINS.

Moulin à diviser les os employé à Thiers, département du Puy-de-Dôme.

On emploie depuis long-temps à Thiers des moulins à broyer les os de tous genres, et principalement les résidus de ceux qui servent à la confection des manches de couteaux. Le moulin se compose d'une roue hydraulique qui fait tourner un arbre du couche, dont l'extrémité repose, par ses tourillons, sur un dé en pierre ou un sommier en bois. Cet arbre est entouré sur une partie de sa longueur d'une râpe cylindrique en acier, dont les aspérités doivent être beaucoup plus fortes que celles des râpes ordinaires, et taillées en hélice; cette râpe, qui doit être fixée très solidement sur l'arbre, est surmontée d'une poutre transversale maintenue entre deux jumelles, de manière à pouvoir être rapprochée ou éloignée à volonté de la circonférence de la râpe, au moyen de deux coins, ce qui permet de diviser les os en fragmens plus ou moins grossiers. Au milieu de la traverse est pratiqué un trou dont l'intérieur est doublé en forte tôle. Dans ce trou entre un tampon aussi revêtu en fer et suspendu à un grand levier par un étrier, qui doit laisser au tampon assez de jeu pour qu'il puisse entrer dans le trou quelle que soit l'inclinaison que reçoit le levier pendant le travail. L'extrémité du levier est mobile sur un fort boulon fixé dans l'une des jumelles, de manière que le tampon se trouve juste au-dessus de la boîte ; on emplit celle-ci de fragmens d'os concassés préalablement à l'aide d'un marteau, et on force le tampon à y entrer en appuyant sur l'extrémité du levier. Les os ainsi pressés contre la râpe pendant qu'elle tourne sont réduits en pulpe, qui tombe dans une boîte placée au-dessous. Cette pulpe est très recherchée dans le pays pour l'engrais des terres. (*Bull. de la Soc. d'Enc.* Septembre 1826.)

MOTEURS.

Nouvel agent mécanique substitué à la vapeur.

M. S. *Morey*, d'Oxford, dans l'état de New-Hampshire, aux États-Unis, a découvert un agent qui peut remplacer avec avantage la vapeur dans plusieurs applications de la machine à vapeur ; c'est la détonnation produite par la combustion de l'hydrogène mélangé avec l'air atmosphérique. L'hydrogène qu'il emploie est tiré de l'huile essentielle de térébenthine ou de l'alcool, parce que l'un et l'autre peut être obtenu abondamment au moyen de petits appareils et sans une grande consommation de combustible. Sa machine est disposée pour évacuer les gaz qui restent après la détonnation et pour introduire de nouvelles doses du mélange détonnant. Il est à remarquer que l'huile essentielle de térébenthine vaporisée est elle-même un gaz détonnant par son mélange avec l'air atmosphérique ; or, on sait qu'elle est convertie en vapeur à une température très inférieure à celle de l'ébullition de l'eau. Cette machine pourrait être principalement utile à bord des vaisseaux. (*Revue Encyclopédique.* Octobre 1826.)

Appareil dans lequel la vaporisation du gaz acide carbonique liquéfié produit un effet mécanique applicable à divers usages; par M. Brunel.

On sait que le chlore et plusieurs autres gaz exposés à une basse température se condensent en un liquide qui se vaporise par une chaleur peu élevée et acquiert une grande force d'expansion.

M. *Brunel* a eu l'idée d'appliquer cette force à la production d'une puissance mécanique. L'appareil qu'il a construit pour cet effet se compose de deux cylindres ou récipiens en bronze, placés debout, et traversés dans le sens de leur axe par un certain nombre de tuyaux métalliques minces munis de robinets; ils communiquent avec deux autres cylindres dits *à expansion*, remplis en partie d'huile, et dans lesquels monte et descend un flotteur; ces cylindres communiquent avec un corps de pompe placé au milieu et dans lequel agit un piston. L'appareil est double, c'est-à-dire qu'il est composé de quatre cylindres, deux extrêmes qui reçoivent l'acide liquéfié, et deux intermédiaires dans lesquels passe le gaz.

L'auteur emploie l'acide carbonique qui, après avoir été dégagé par la réaction de l'acide sulfurique sur un sous-carbonate, est recueilli sous un gazomètre disposé à proximité de l'appareil, et refoulé dans les cylindres extrêmes à l'aide d'une pompe de compression. Sous la pression de trente atmosphères et à la température de 10 degrés la liquéfaction du gaz commence ; on continue le refoulement jusqu'à ce que le liquide ait rempli les deux tiers environ de la capacité des cylindres. Alors si l'on fait passer de l'eau bouillante dans les tuyaux de l'un des cylindres, la chaleur, en se transmettant à travers leurs minces parois à l'acide liquéfié qui les entoure, vaporise une partie du liquide, et cette vapeur acquiert une tension égale à quatre-vingt-dix atmosphères ; et comme la tension dans le cylindre opposé n'est dans ce moment que de trente atmosphères, le flotteur du récipient intermédiaire et l'huile qu'il surnage seront poussés avec une force équivalente à la différence entre les deux pressions opposées, c'est-à-dire soixante atmosphères ; le piston sera donc chassé de bas en haut dans le corps de pompe avec la même force.

En répétant la même manœuvre du côté opposé de l'appareil on obtient un mouvement alternatif du piston, dont la tige peut transmettre la puissance mécanique à une machine quelconque. (*Bulletin de la Société d'Encouragement.* Mars 1826.)

OUTILS.

Rabot perfectionné ; par M. Williamson.

Le fer de ce rabot est en acier très dur et d'une épaisseur considérable ; le tranchant, au lieu d'avoir un seul biseau comme dans les rabots ordinaires, est taillé en double biseau. Par ce moyen il se conserve effilé plus long-temps, et peut être employé pour polir des bois très durs et dont le grain est très gros ; il a en outre l'avantage de remplacer les rabots à deux fers dont on se sert communément. (*Technical Repository*. Avril 1826.)

PÉTRIN.

Pétrin mécanique ; par M. Wegès.

Ce pétrin qui, par sa forme et ses dimensions, ressemble au pétrin ordinaire, repose sur un plan incliné, sur lequel il est mobile, à l'aide de roulettes munies à chaque bout d'arrêts, de manière à ne pouvoir dévier. Le plan incliné porte deux montans fixes en fer, entre lesquels le pétrin est mu à l'aide d'un levier. Par ce mouvement, un cliquet engrène dans une crémaillère de fer fixée sur le pétrin, qui se trouve ainsi graduellement poussé de bas en haut. Arrivé au haut du plan, si on soulève le levier, le cliquet se dégage et le pétrin retombe par son propre poids vers la partie inférieure.

Ce travail n'exige que le mouvement d'une seule personne. En une minute et demie le pétrin est mu d'une extrémité à l'autre du plan incliné, et pendant ce temps toute la pâte subit l'opération du pétrissage. Il suffit de répéter cette opération trois ou quatre fois pour donner à la pâte la consistance requise ; en sorte que dans six minutes on peut pétrir cinq cents livres de pâte prête à être mise en œuvre. (*Bulletin des Sciences technologiques*. Juin 1826.)

POMPES.

Application des Réservoirs d'air aux Pompes; par M. Delisle.

L'auteur se propose de placer des réservoirs d'air, de distance en distance, le long des tuyaux d'aspiration des pompes. En faisant jouer le piston de la pompe, l'eau, pressée par la colonne atmosphérique, montera dans le tuyau à mesure que l'air y deviendra plus rare, et dépassera nécessairement les différens réservoirs qu'elle rencontrera, laissant dans chacun d'eux une portion d'air d'autant moins dense qu'il serait plus élevé; enfin l'eau atteindra la soupape du corps de pompe, au-dessous de laquelle le dernier réservoir se trouvera placé; en continuant à pomper l'eau entrera dans le corps de pompe, et traversant le piston gagnera le réservoir; alors la pompe est amorcée et en état de continuer son service. (*Travaux de la Société des Arts de Lille*, p. 1823.)

Moyen d'obtenir deux jets d'une même pompe; par M. Doliger.

Il est souvent très utile de faire produire par une pompe deux jets d'eau au lieu d'un seul; cet avantage est surtout très précieux dans le commencement d'un incendie lorsqu'on n'a qu'une pompe à sa disposition, et que le feu qui s'est d'abord manifesté dans un point vient tout à coup à éclater dans un autre point plus ou moins éloigné.

Pour remplir cette condition, M. *Doliger* a imaginé d'ajouter aux pompes actuelles un tube à deux branches ou à trois ouvertures en cuivre battu, d'une seule pièce; l'une des ouvertures s'adapte par une boîte à vis sur l'orifice de sortie ou sur le boudin qui sort du flanc de la bache; les deux autres ouvertures sont munies de vis simples et reçoivent les garnitures des boyaux; il faut que l'aire des sections des deux jets soit égale à l'aire de la section du jet unique.

Le tube à deux branches est d'une construction simple, peu dispendieuse et d'un emploi facile; on pourra toujours l'adapter aux pompes déjà construites, et il laisse la faculté de ne lancer qu'un seul jet quand on le désire, en fermant par un bouchon à vis une de ses ouvertures. (*Bull. de la Société d'Encouragement.* Septembre 1826.)

PONTS.

Pont de Souillac, construit sur la Dordogne; par M. Vicat.

Ce pont est composé de 7 arches de 22 mètres d'ouverture chacune. Il se distingue de tous les autres ponts en pierre, en ce que ses piles sont fondées sur des massifs de béton renfermés dans des caisses sans fond, construction que rendaient nécessaire les difficultés qu'opposait le lit de la rivière, dont le fond mobile est composé d'une couche de 3 à 4 mètres de galets granitiques et basaltiques et de sable, sur une roche calcaire.

Après avoir dragué le terrain jusqu'au roc calcaire

on a fixé les galets dans les cavités dont on n'a pu les extraire, en y projetant du moellon dur et anguleux battu par un mouton. On a opéré ensuite le levage et la mise en place des caisses sans fond, par des manœuvres aussi ingénieuses que bien combinées.

Le béton qu'on a employé est composé de sable granitique, de cailloux et gravier, et de chaux hydraulique en pâte, préparés avec le plus grand soin. Le béton étant échoué, chaque masse a été soumise en particulier à une pression d'un poids de 2,500,000 kilogrammes, équivalant à celui d'une pile et d'une arche. Le béton est devenu incompressible au bout de 18 mois, et l'abaissement maximum des plates-formes qui le recouvraient n'a pas été au-delà de 24 millimètres.

Le pont, qui est d'une grande solidité, a coûté 500,000 francs; il offre un passage sûr depuis le premier janvier 1824. (*Bulletin des Sciences technologiques.* Août 1826.)

Pont suspendu sur le détroit de Menai, entre le pays de Galles et l'île d'Anglesea.

Ce pont a été ouvert au public le 30 janvier 1826. La malle-poste de Londres à Holyhead y passa à deux heures du matin; les chevaux allaient au trot ordinaire. Bien qu'il ventât grand frais en ce moment, le mouvement de la voiture n'en parut point sensiblement affecté en traversant, soit les arches en maçonnerie, soit la partie du pont qui se trouve suspendue. Pendant tout le reste de la journée une foule de voitures et de piétons venus d'Anglesea et de toutes les parties du comté du Carnarvon traversèrent le pont.

Voici quelles sont les dimensions de cette construction extraordinaire. Sept arches en pierre, chacune de 52 pieds d'ouverture; une arche suspendue de 580 pieds; extrême longueur des chaînes entre les points de retenue sur le roc, 1740 pieds; élévation du chemin au-dessus du niveau des hautes eaux, 100 pieds; hauteur des piliers de suspension au-dessus du chemin, 52 pieds; largeur du pont, 30 pieds; nombre total des chaînes du support vertical, 80; nombre total des chaînes, 10,000; poids total des chaînes, 384 tonneaux (7680 quintaux). La construction de ce pont est due à M. Telford, ingénieur (1). (*Galignani's Messenger*. 9 février 1826.)

Pont suspendu en fer, projeté sur la Newa à Pétersbourg; par MM. Lamé et Clapeyron.

Ce pont, qui aura 1022 pieds d'ouverture, doit être jeté sur le bras principal de la Newa qui sépare les deux principaux quartiers de Pétersbourg.

Les deux supports seront en granit, et auront 111 pieds de hauteur. Le pont sera composé de 3 ponts distincts; savoir : de 2 petits ponts de côté, ayant chacun 9 pieds de largeur, destinés au roulage des chariots de transport, et d'un pont intermédiaire, large de 31 pieds, offrant une route de 21 pieds pour

---

(1) Nous avons déjà parlé de ce pont dans nos *Archives* de 1822, p. 331.

les voitures, et deux trottoirs latéraux pour les piétons; quatre faisceaux de chaînes de suspension supporteront les planchers des deux ponts latéraux, au moyen de tiges verticales et de fermes en fonte et en bois qui supporteront le plancher du grand pont intermédiaire. Les chaînes ont une épaisseur totale de 400 pouces carrés; on a calculé cette épaisseur à raison d'un pouce carré pour dix tonnes, ou 10 milliers métriques de tension, maximum.

Le raccordement de ces chaînes avec les chaînes de retenue, se fera sur des chariots de fonte placés sur des cylindres aussi en fonte pouvant rouler sur les plates-formes qui terminent les supports. Cette disposition a pour but d'éviter les inconvéniens que présenterait un raccordement fixe, eu égard aux effets d'une différence de 50° qui a lieu à Pétersbourg, entre les températures extrêmes, sur des chaînes de retenue d'une grande longueur. Celles-ci rencontrent le sol à 150 pieds des axes du support; à 21 de profondeur, elles traversent des plaques de fonte servant de coussinets à des voûtes surbaissées, construites en granit, lesquelles s'appuient à la clef sur une masse de maçonnerie qui transmet la poussée horizontale aux fondations de support. La solidité de cette construction, augmentée encore par les précautions qu'on a prises dans l'assiette des voûtes, est indispensable dans un terrain meuble et pénétré d'eau comme celui de Pétersbourg. (*Annales des Mines*. Cinquième livraison, 1825.)

Nouveaux cintres pour les arches de ponts à grande ouverture; par M. Ainger.

Ces nouveaux cintres, composés d'un système de pièces de charpente de petite dimension, assemblées par des tirans de fer et sans mortaises, sont d'une grande solidité et réunissent la légèreté à l'économie et à la facilité de pouvoir être placés et déplacés sans embarras. Ils ont été essayés avec succès au pont de Waterloo à Londres, et ont résisté à une charge de 10,000 kilogrammes. (*Bulletin de la Société d'Encouragement.* Août 1826.)

Pont en fil de fer construit sur le Rhône; par M. Séguin.

Ce pont, établi sur le Rhône entre Tain et Tournon, est formé de deux travées de 85 mètres d'ouverture chacune; il a résisté à toutes les épreuves auxquelles on l'a soumis pour reconnaître si l'on pourrait sans danger le livrer au public: l'une des travées a été chargée d'un poids de 69,150 kilogrammes, poids supérieur à celui que cette travée aurait à supporter dans le cas où toute la surface de son plancher serait couverte de personnes, et la maçonnerie des culées où sont attachées les chaînes de suspension, n'a éprouvé aucun ébranlement; les fils de fer ont parfaitement résisté; et l'on n'a remarqué qu'une déformation passagère et prévue d'avance dans la courbure des chaînes.

Ces épreuves ont été faites en présence des ingénieurs des départemens voisins, et le passage de grosses voitures de roulage sur ce pont a lieu depuis qu'il est ouvert à la circulation.

L'avantage que présente l'emploi du fil de fer est la facilité de l'exécution ; car il n'est pas de pays où l'on ne soit en état de se servir de fil de fer pour les constructions de ce genre, tandis qu'il est souvent difficile de trouver des ouvriers capables de bien travailler le fer en barres, tel qu'on l'emploie ordinairement pour les ponts suspendus. M. *Séguin* a donc rendu un véritable service à la science en proposant de remplacer, dans les chaînes des ponts suspendus, le fer en barres par du fil de fer, et en démontrant par des expériences et des essais nombreux, l'utilité de cette innovation. (*Revue Encyclopédique.* Février 1826.)

PRESSES.

Presse lithographique à leviers; par M. de la Morinière.

L'auteur ayant remarqué que les oscillations de la pierre lithographique sous le râteau, qui est parfaitement fixe dans les presses ordinaires, nuisaient à la netteté du tirage, la pression n'étant pas égale sur tous les points de la surface, et occasionnant souvent la rupture des pierres, a eu l'idée de rendre la pierre immobile et de faire cheminer le râteau dans un chariot auquel il est réuni : ce chariot est amené par des courroies qui s'enroulent sur des treuils à manivelles ; des leviers disposés au-dessous de la pierre opèrent une pression toujours égale et permettent de faire varier cette pression.

Cette presse, qui est d'une construction simple et solide, et n'occupe que peu d'espace, peut être servie par un seul homme. (*Bulletin de la Société d'Encouragement*. Octobre 1826.)

Presse en taille-douce perfectionnée; par M. Cartwright.

Les perfectionnemens de l'auteur s'appliquent principalement aux presses à cylindres à l'usage des imprimeurs en taille-douce. Ils ont pour objet, 1°. d'obtenir la pression au moyen d'un mouvement de rotation communiqué, par un moteur quelconque, à une série de cylindres; 2°. de grouper le jeu de plusieurs presses, au moyen de cônes tronqués et d'une table annulaire qui circule sur elle-même, et passe entre les divers couples de cônes; 3°. de combiner le jeu de diverses presses rangées circulairement, et mues par une grande roue placée à leur centre commun, et d'une table annulaire circulant entre les divers couples de cônes, et sur laquelle doivent être posées les planches de cuivre et le papier, lesquels passent sous la presse au fur et à mesure que la table chemine. Les pièces pressantes de cette machine sont des troncs de cônes, dont les sommets se réunissent au centre de la table annulaire; ces cônes sont montés sur leurs axes, de manière à ce que chaque couple se rencontre dans une ligne horizontale, et les cônes supérieurs sont munis à l'extrémité de leurs axes de roues dentées qui s'engrènent dans la grande roue centrale. L'ensemble des presses mis en mouvement continu fait tourner sur elle-même la table annulaire sur laquelle les ouvriers posent les planches et le papier. (*Month. Magaz.* Novembre 1825.)

SCIERIES.

Scierie à lames verticales et à mouvement alternatif; par M. Calla.

Cette scierie, dont le bâtis est entièrement en fonte de fer, débite du bois d'un demi-mètre d'équarissage, et se distingue par plusieurs perfectionnemens et le peu de force qu'elle emploie.

Le châssis porte-scies descend verticalement entre huit galets réunis deux à deux sur un même arbre; mais pour éviter la tension qu'il pourrait éprouver dans son mouvement alternatif, quatre de ces galets sont mobiles le long des montans, et quatre sont fixes. La tension des lames s'opère au moyen d'un levier qui tire une tringle à crochet. Le madrier destiné à être débité en planches, est maintenu à ses deux bouts par des supports à griffes qui l'arrêtent invariablement. L'un de ces supports est fixe, tandis que l'autre glisse dans une coulisse pour s'accommoder aux différentes longueurs de bois; on l'arrête par une vis. Le madrier est placé sur un chariot à cremaillère, dans laquelle engrène un pignon qui le fait avancer contre la scie à mesure que le bois est débité. Ce pignon est mu par une roue à rochet que fait tourner un cliquet qui s'engage successivement dans les dents du rochet. Le cliquet est attaché à une pièce courbée vers sa partie inférieure, et mobile sur un boulon à sa partie supérieure, et portant une rainure dans laquelle glisse un boulon attaché à la bielle qui imprime le mouvement aux scies. Chaque fois que cette bielle monte, elle fait cheminer le chariot. De cette manière, le mouvement vertical du châssis porte-scies est transformé en un mouvement horizontal imprimé au chariot. Le madrier avance pendant que le châssis monte, et les scies coupent pendant qu'il est immobile.

La vitesse des lames de scie est de quatre-vingts coups par minute. Chaque scierie marchant douze heures par jour, peut débiter facilement 700 mètres superficiels de bois de chêne. (*Bulletin de la Soc. d'Enc.* Août 1826.)

Sciage des pierres par une machine.

Il existe au village de Creteil, près Paris, un grand établissement dans lequel on découpe les pierres de toute espèce, au moyen d'une machine mise en action par une machine à vapeur de la force de huit chevaux. Cette machine est composée de cent vingt lames de scie : huit hommes suffisent pour la surveiller. Ces cent vingt lames, marchant sans interruption, donnent le produit de trois cents hommes par jour. Le fourneau fumivore de la machine à vapeur appliquée à cette scierie, est un des mieux construits qui existent. En quelques instans la fumée du foyer disparaît entièrement, au point qu'on pourrait croire que le feu est éteint. (*Rapport du Conseil de Salubrité*. Janvier 1825.)

Nouvelle machine à scier le marbre; par M. ALDINI.

L'auteur a inventé une nouvelle machine à scier le marbre et les pierres dures, dont voici les principaux avantages :

1°. Les ouvriers étant debout sans toucher la scie, la meuvent régulièrement, parce que le travail et le repos sont convenablement alternés. Ce résultat a été obtenu à l'aide d'un contre-poids qui exécute un mouvement de la scie, l'autre étant exécuté par les ouvriers;

2°. On peut substituer à la force de l'homme l'action continue d'un jet d'eau, agissant sur le bras d'un levier qui porte à l'autre bras un contre-poids. On évite ainsi le mécanisme ordinaire des mouvemens de rotation;

3°. Lorsque l'eau est rare, il est convenable de la diriger dans un réservoir, d'où elle sort par une soupape qui se ferme aussitôt que le seau est plein d'eau, et se rouvre par l'action du contre-poids;

4°. En augmentant et en diminuant graduellement le diamètre du trou par lequel l'eau sort, on obtient exactement la force utile pour vaincre la résistance qui varie avec la dureté du marbre. On peut aussi, par ce même moyen, augmenter la force de l'eau, au point de faire mouvoir simultanément plusieurs scies.

5°. Par la combinaison des deux leviers on évite

l'emploi des contre-poids, en les disposant de manière que la même eau produise le mouvement alternatif. (*Collez. di Opusc. Scient.* Bologna, 1825.)

Machine à scier le marbre ; par M. Sauvage.

L'usine dans laquelle est établie cette machine est située à Marquise, près de Boulogne-sur-Mer. Elle est mise en action par un moteur à vent à huit ailes horizontales implantées sur un arbre vertical, de manière à se recouvrir un peu ; le tout est renfermé dans une enveloppe circulaire en planches, percée de meurtrières ou fentes longitudinales par lesquelles s'introduit le vent, et qui sont fermées par des volets.

Les lames qui opèrent le sciage ont chacune 10 pieds de longueur ; elles ont un mouvement extrêmement régulier ; aussi les tranches tirées de blocs de grandes dimensions ne laissent rien à désirer ; elles sont d'égale épaisseur dans toute leur étendue, et leur surface ne présente aucune ondulation. Cette perfection du sciage tient à la manière dont le mouvement de va et vient est imprimé au châssis porte-scies ; il se fait toujours en tirant alternativement d'un côté et de l'autre, et jamais en poussant, de sorte que les lames ne pouvant sauter ou osciller par l'effet de la résistance de la machine, ou du sable qu'il faut nécessairement employer pour user le marbre, descendent verticalement sans la moindre secousse, et suivent, sans déviation, le plan de section tracé sur la pierre. Il résulte des observations faites pendant plus d'une année, qu'une lame de scie descend de 3 lignes en une heure dans un bloc de marbre de 8 pieds de longueur; ce qui produit une surface de sciage de 24 pouces carrés, celle de 4 pieds carrés en vingt-quatre heures, et pour les trente lames montées sur deux châssis, une surface totale de 120 pieds carrés.

La conduite des scies, le service de l'eau et du sable n'exigent que deux hommes, et un seul suffit lorsqu'on ne travaille pas pendant la nuit.

Les frottoirs pour le polissage du marbre sont arrangés très ingénieusement sur un plan circulaire; ils fournissent, en vingt-quatre heures, cent vingt carreaux d'un pied de côté.

Le moulin est muni d'un modérateur qui ralentit le mouvement lorsqu'il survient une bourrasque, et qui est d'autant plus utile, que l'accélération de vitesse est extrêmement préjudiciable au sciage et au polissage. (*Extr. du procès-verbal de la séance publique de la Société d'Agr. Comm. et Arts de Boulogne.*)

SOUFFLETS.

Machine soufflante, à mouvement de rotation; par M. Powel.

Cette machine se compose d'un tambour mobile sur un axe divisé en six cases, par six cloisons fixées, dans chacun desquelles se trouvent six diaphragmes ou pistons mobiles à frottement autour de l'axe. D'un côté du tambour est une case munie de soupapes qui s'ouvrent de dehors en dedans et qui sont destinées à permettre l'arrivée de l'air extérieur dans la capacité de soufflet. De l'autre côté se trouve un autre espace qui communique avec les cases par six soupapes ouvrant de dedans en dehors, et qui sont destinées à permettre à l'air comprimé de passer dans la case intérieure, d'où il est chassé au-dehors par la buse qui est un prolongement creux de l'axe du tambour.

En tournant le tambour, l'air pénétrera par les soupapes extérieures et se trouvera comprimé par les soupapes intérieures, d'où il passera dans la buse ; et comme trois des compartimens s'emplissent pendant que les trois autres se vident, on obtiendra un souffle continu.

L'auteur a proposé d'appliquer cette machine, avec quelques modifications, pour renouveler l'air dans les mines. (*London Journ. of Arts.* Décembre 1825.)

TISSUS.

Toiles, taffetas et rubans imperméables ; par M. Champion.

Les toiles imperméables de M. *Champion,* fortement imprégnées d'une substance huileuse, sont plus légères, plus sèches et moins odorantes que les tissus imperméables ordinaires. Elles s'emploient utilement à garantir de la poussière et des vers, les étoffes, les plumes, les habits, les billards, à recouvrir les siéges des voitures, etc. On en fait aussi des manteaux légers, propres à garantir de la pluie.

Les taffetas dits *hygiéniques*, préférables aux taffetas gommés ordinaires, s'emploient dans diverses affections, lorsqu'il est utile de maintenir, sur une partie du corps, une température élevée.

Les rubans et les cordes de jalousies paraissent capables de résister long-temps aux intempéries des saisons.

Le papier destiné à l'emballage est fort utile pour préserver de l'humidité divers objets d'exportation; suffisamment souple et complétement imprégné, il n'est nullement poisseux, lors même qu'il est échauffé. (*Bull. de la Soc. d'Encour.* Août 1826.)

Ourdissoir à banc incliné, destiné à alimenter les machines à parer les chaînes des tissus.

Cet ourdissoir se compose d'un banc incliné, sur lequel on dispose, dans le sens de leur longueur, dix rangées de bobines pleines; chaque rangée étant de 36 bobines, on a, pour tout le casier, 360 bobines disposées horizontalement. Chaque fil, après avoir été introduit entre les dents d'un premier peigne, passe successivement sur et au-dessous de plusieurs rouleaux en bois, de là dans un second peigne et va s'enrouler finalement sur un tambour qui reçoit son mouvement de poulies à rubans montés sur son axe. Les rouleaux sont peints en noir, afin qu'on puisse apercevoir les fils défectueux ou l'absence de ceux qui cassent. De petites réglettes, disposées parallèlement aux rouleaux, servent à maintenir la chaîne tendue, lorsqu'on veut rattacher les fils cassés.

Les avantages de cet ourdissoir consistent en ce qu'il permet de dévider le même nombre de fils à la fois sans qu'ils puissent se mêler, en leur conservant une longueur et une tension toujours égales, et de les porter immédiatement sur la machine à parer les chaînes des tissus à laquelle cet ourdissoir est principalement destiné. (*Même Journal.* Janvier 1826.)

Machine à parer les chaînes des tissus, applicable aux métiers mécaniques.

La machine se compose de huit rouleaux en bois, quatre de chaque côté du mécanisme qui opère le parage. Ces rouleaux, placés l'un derrière l'autre, s'élèvent à mesure qu'ils s'éloignent du centre, et sont chargés des fils de l'ourdissoir; pour qu'ils ne lâchent pas trop facilement, et afin de tenir la chaîne toujours tendue, ils sont munis d'un frein.

A mesure que les fils de la chaîne se développent ils se réunissent et passent à travers un premier peigne, et de là entre des rouleaux enveloppés de flanelle, qui se chargent de la colle de farine contenue dans une auge dans laquelle ils tournent; cette colle, après avoir pénétré les fils, en est exprimée par la pression d'un rouleau supérieur. La chaîne ainsi encollée, passe successivement à travers plusieurs peignes, s'enroule définitivement sur un ensouple placé à la partie supérieure du bâtis, et où elle se réunit à l'autre demi-chaîne qui arrive du côté opposé de la machine. Un système de brosses animées d'un mouvement alternatif horizontal, étend la colle sur tous les fils. En arrivant à l'ensouple, il faut qu'ils soient parfaitement secs. Pour cet effet, indépendamment d'une température assez élevée qu'on entretient dans l'atelier ; un ventilateur placé aussi près que possible des fils, tourne très rapidement et produit un courant d'air qui les traverse et les sèche promptement.

Cette ingénieuse machine offre un avantage considérable sur le travail manuel. La quantité de ce travail dépend en grande partie de l'habileté de l'ouvrier qui la conduit et encore plus de la qualité du fil sur lequel il opère. On peut estimer qu'avec du bon fil français, un ouvrier exercé peut parer 250 à 300 aunes par douze heures. (*Même journal*, *même cahier.*)

TONNEAUX.

Machine pour préparer les douves des tonneaux ; par M. Delorme.

Cette machine, qui exécute les opérations du douellage, du sciage et du rognage des douves, par le seul effet d'une manivelle, se compose de deux plateaux circulaires, fixés solidement sur un axe en fer qui les traverse par leurs centres, et éloignés entre eux d'une distance égale à la longueur que doit avoir la douve toute travaillée. Sur la circonférence de ces plateaux, dont le diamètre doit être égal à celui du tonneau, reposent les extrémités des douves brutes, et on les y retient au moyen de coins chassés entre leur surface et de cercles de fer concentriques aux plateaux. En imprimant à cet appareil un mouvement de rotation sur son axe, on pourra tourner la surface extérieure des douves au moyen d'un outil tranchant, à la manière des tonnes. On pourra même, au besoin, couper l'extrémité des douves. Le rabot, dont la forme des fers est différente, suivant l'effet qu'on veut produire, a un mouvement lent, parallèle à la longueur des douves.

Pour égaliser leur surface intérieure, M. *Delorme* emploie un cadre en fer ayant la forme d'un parallélogramme allongé et dont les dimensions sont moindres que celles de l'intérieur du tonneau. Les petits côtés de ce cadre sont percés à leur milieu d'un trou, par lequel passe librement l'axe de la machine, de manière que les plateaux puissent tourner indépendamment du cadre, dont l'un des longs côtés est chargé d'un poids servant à le tenir toujours vertical et à le ramener à cette position s'il s'en écarte. Un rabot se meut sur l'autre côté du cadre ; maintenu dans sa position par ce poids, il peut agir sur le bois des douves mises en action par la manivelle, à peu près de la même manière que si l'outil était fixe. Un mouvement de translation, dans le sens de la longueur des douves, est communiqué au rabot, au moyen d'un pignon fixé sur l'axe de la machine. Le cadre est enveloppé d'une boîte cylindrique de fer blanc, fermée de toutes parts, excepté dans la bande correspondante à l'emplacement du rabot. C'est dans cette boîte que viennent se loger les copeaux produits par l'outil. Les rabots sont établis sur des ressorts qui leur permettent de céder aux obstacles et qui les appliquent constamment contre le bois. (*Rapport sur les travaux de l'Académie de Bordeaux.* 1825.)

TUYAUX.

Tuyaux en fer malléable, pour le gaz ; par M. Russel.

On coupe, à la manière ordinaire, des bandes de tôle, dont la largeur soit égale à la circonférence des tubes ; on rapproche les bords, en contournant la tôle sur un moule, on chauffe la pièce et on effectue la soudure en frappant sur les bords réunis soutenus par un mandrin intérieur. Le marteau est creusé dans la forme du tube et du mandrin, en sorte que l'on obtient directement une pièce arrondie. Les tubes, en cet état, sont chauffés de nouveau au rouge, puis portés entre deux cylindres cannelés, dont les gorges opposées représentent, à leur contact, la section exacte du tube que l'on y fait passer. Chaque cannelure d'un cylindre correspondant à une cannelure égale du cylindre opposé, peut former ainsi un tube d'un diamètre différent. A son issue des cylindres, le tube rencontre un mandrin conique, qui, maintenu à l'extrémité d'une barre fixe, régularise et calibre tout l'intérieur du tube, puisqu'il rencontre successivement toutes ses parties. Par ce procédé, on obtient des tubes en fer forgé, aussi réguliers que les tuyaux en plomb, et bien supérieurs aux tubes de fonte. (*Lond. Journ. of Arts.* Janvier 1825.)

Appareil pour fondre des tuyaux de plomb, sans soudure ; par M. Gethen.

Les avantages que l'on obtient de cet appareil sont

de pouvoir couler avec facilité des tuyaux de 30 à 40 pieds de long, et ensuite d'obtenir entre les particules du métal coulé une ténacité plus grande que par les procédés connus. Ces tuyaux sont d'une épaisseur telle, qu'il ne sera plus nécessaire de les étirer pour rendre la cohésion du métal uniforme partout, et pour éviter les fissures latérales que produit quelquefois le mode ancien, même quand on emploie des métaux convenablement préparés.

Le moule, composé de barres droites de fer coulé, se meut dans une direction verticale, le long d'un châssis, et reçoit le métal fondu d'un creuset placé sur un fourneau mobile sur des roulettes qu'on fait avancer contre le moule, au moyen d'un engrenage. L'intérieur du moule est occupé par un mandrin; à mesure qu'il s'emplit, on le fait descendre lentement, le métal se solidifie et le tuyau se trouve formé; une disposition particulière permet à l'air de s'échapper pendant le coulage. (*Même journal.* Février 1825.)

Nouveaux tuyaux de conduite; par M. Bagshaw.

On a un mandrin cylindrique en bois, d'une longueur convenable et de même diamètre que l'ouverture du tuyau; il est revêtu à l'extérieur d'argile molle préparée de la même manière que celle des potiers de terre. On se munit aussi d'un moule cylindrique creux composé de deux demi-cylindres, qui, après avoir été réunis et fixés solidement ensemble, forment le moule pour l'extérieur du tuyau. On fait entrer de force dans le moule creux le mandrin cylindrique avec l'argile dont il est revêtu; la matière superflue se détache à mesure qu'elle avance, et laisse le tuyau de terre se former sur son mandrin; on l'en sépare lorsqu'il est sec, et on le fait cuire à la manière ordinaire. Il faut préparer des tuyaux de deux grandeurs différentes, les plus petits devant être introduits dans les plus grands. L'intervalle qui se trouve entre eux doit être rempli de ciment liquide non susceptible d'être attaqué par l'eau. (*Même journal.* Avril 1826.)

Sur la force des tuyaux de plomb.

M. *Jardine*, ingénieur-hydraulicien à Édimbourg, a entrepris une série d'expériences, dans le but de déterminer la force des tuyaux de plomb, ou l'épaisseur qu'il convient de leur donner. Voici la méthode que cet ingénieur a suivie.

L'un des bouts du tuyau était bouché, l'autre bout communiquait avec une pompe foulante, au moyen de laquelle l'eau était forcée dans le tuyau, jusqu'à exercer une pression très forte, semblable à celle qui résulte d'une chute élevée; une éprouvette dépendant de la pompe donnait la mesure de cette pression.

Dans les premiers momens de l'action, on n'éprouvait aucune altération notable dans la forme du tuyau; bientôt cependant on le voyait se dilater graduellement dans toute sa longueur; ensuite, de petites protubérances se montraient dans les parties les plus faibles, augmentaient peu à peu jusqu'à ce que le métal devenant de plus en plus mince, le tuyau finît par éclater, et l'eau sortît avec une grande violence.

Le tuyau, dans la première expérience, avait un pouce et demi de diamètre intérieur et un cinquième de pouce d'épaisseur; le métal dont il était formé avait une grande ductilité. Il supporta, sans changer sensiblement de forme, une pression équivalente à celle d'une colonne de mille pieds anglais de hauteur, ou à trente atmosphères, ce qui correspondait à quatre cent vingt livres anglaises par pouce carré de la surface intérieure. Quand la pression fut de douze cents pieds d'eau, le tube commença à se dilater; la rupture eut lieu sous la pression de quatorze cents livres; alors chaque pouce carré de surface supportait un poids de six cents livres.

Il a paru étonnant qu'un métal aussi mou que le plomb ait pu supporter une si énorme pression; mais la surprise cesse lorsqu'on considère que cette pression était distribuée uniformément sur toute la masse, et qu'il n'y avait pas de tension latérale ou inégale dans les différentes parties du tuyau, condition la plus favorable pour l'exercice de la force.

En mesurant le tuyau après l'expérience, on trouva qu'il avait éprouvé une dilatation d'un quart de pouce, c'est-à-dire que son diamètre avait été porté d'un pouce et demi à un pouce trois quarts. La fracture produite dans ce tuyau avait un aspect remarquable. Les bords, au lieu d'être dentelés ou déchirés comme à l'ordinaire, étaient tranchans et réguliers comme des lames de couteau, ce qui prouvait que le métal avait été réduit par la pression intérieure à une extrême ténuité.

Dans la seconde expérience, le tube avait deux pouces de diamètre et un cinquième de pouce d'épaisseur. Il soutint la pression exercée par une colonne d'eau de huit cents pieds de hauteur sans paraître se dilater; une colonne de mille pieds le rompit. La fracture avait moins de régularité que dans la première expérience; le métal n'était pas aussi ductile.

Il serait imprudent, dans la pratique, de soumettre les tuyaux à une pareille épreuve; le tiers de la pression paraît suffisant; mais on peut admettre, en général, qu'un tuyau de deux pouces de diamètre et d'un cinquième de pouce d'épaisseur, est capable de résister à une pression équivalent à huit cents pieds. (*Technical Repository*. Octobre 1825.)

VAISSEAUX.

Radeau fluvial; par M. Roberton.

Ce radeau est semblable, quant aux principes de sa construction, à ceux dont se servent les Hollandais pour mettre un vaisseau chargé en état de remonter et de descendre les rivières dont la profondeur n'est point égale à son tirant d'eau ordinaire. Il consiste en un bateau ponté, à fond plat, de deux ou trois fois la grandeur du vaisseau, et percé d'une ouverture assez grande pour le recevoir. Le bateau est formé de deux parties distinctes unies entre elles, à la proue par une forte charnière, et à la poupe par un solide fermail. Celui-ci étant lâché, les deux côtés du bateau s'écartent en tournant sur leurs fonds; le vaisseau pénètre dans l'espace du milieu, après quoi ces côtés sont rapprochés, puis assujettis de nouveau par le fermail. Alors on passe quatre fortes chaînes, ou plus s'il est nécessaire, en travers et en dessous de la carène, et on les attache par leurs extrémités à des vis fixées au pont du bateau. Ensuite on fait manœuvrer ces vis au moyen des roues et des pignons; les chaînes se raccourcissent, et le vaisseau en transférant au bateau une partie de sa pression sur l'eau, s'élève graduellement jusqu'au point requis. Par ce procédé, le poids du bâtiment se trouve réparti sur une surface deux ou trois fois plus considérable que celle de sa propre carène, et son tirant d'eau s'en trouve par suite proportionnellement moindre. Par ce moyen, on peut faire qu'un navire qui tire seize pieds d'eau étant élevé de neuf pieds par le moyen des chaînes, fera enfoncer de trois pieds le bateau plat, et, par conséquent, que son tirant d'eau ordinaire se trouvera réduit à dix pieds. (*Lond. Observer.* 6 Août 1826.)

VOITURES.

Voiture traînée par des cerfs-volans.

On a vu circuler, au mois d'août 1826, entre Bristol et Londres, une voiture légère à quatre roues traînée par deux cerfs-volans, et dans laquelle se trouvaient trois voyageurs. Le maître cerf-volant avait vingt pieds de haut; il était en mousseline, recouverte d'un papier peint. Son élévation au-dessus du sol était d'environ cent soixante-dix pieds. Le cerf-volant pilote, qui le surmontait, s'en trouvait à environ la même distance. L'un et l'autre étaient fixés séparément à la voiture par une corde d'une grosseur moyenne. Celle du cerf-volant pilote était engagée à travers l'autre, de manière à ce que l'on pût, en tirant la corde, l'élever au-dessus des obstacles, tels que les arbres, les édifices, les clochers, etc., situés sur les côtés de la route. Sous la voiture, on avait pratiqué un tambour et un appareil servant à virer et dévirer la corde à volonté. Lorsque le vent est assez fort, cette voiture peut parcourir dix-huit à vingt milles (six à sept lieues) par heure. Cette vitesse est de beaucoup supérieure à celle d'une voiture à quatre chevaux lancée au grand trot. (*Galign. Messenger.* 26 Août 1826.)

Moyen d'empêcher les accidens occasionnés par la rupture des essieux de voitures, ou la chute des roues ; par M. DE ROCHELINES.

L'auteur propose deux mécanismes pour empêcher les voitures publiques de verser. Le premier consiste en une espèce de pendule ou de servante fixée à son extrémité supérieure, et le plus haut possible sur les côtés de la caisse de la voiture, et armée à son extrémité inférieure d'une roulette; cette servante ou ces servantes, car l'auteur en place une de chaque côté de la voiture, se tenant, suivant les lois de la pesanteur, dans la position verticale par rapport au point de suspension, doivent venir poser à terre, du côté où la voiture penche, et s'opposer à son versement. Le second moyen a pour but d'éviter les accidens occasionnés par la rupture d'une fusée d'essieu, ou l'échappement d'une roue par la perte de l'*S* ou de l'écrou qui la retient en place.

Il consiste en un galet en fer porté par une chape fortement fixée au corps de l'essieu en dedans des ressorts ou des brancards; ce galet descend à peu près à moitié des rais de la roue, et reçoit la voiture quand la roue s'échappe, soit par la rupture de la fusée de l'essieu, soit par la perte de l'écrou.

L'essai en fut fait dans l'enclos des bâtimens du séminaire de Saint-Sulpice, le 14 février 1826, sur l'une des diligences de l'entreprise de l'*Éclair*, rue du Bouloy, appartenant à M. *Arnoux*, et attelée de quatre chevaux.

L'écrou de la grande roue de droite fut ôté : le postillon partit au grand trot; mais le terrain étant trop uni, la roue ne sortit de son essieu qu'au bout de quelques tours et au moyen d'un madrier qu'on lui présenta obliquement. Alors la voiture fut reçue sur le galet, qui empêcha le bout de l'essieu de toucher à terre. Les chevaux continuèrent leur mouvement sans difficulté pendant un instant, et la voiture n'éprouva qu'une légère inclinaison du côté où la roue manquait.

M. *de Rochelines* assure que ce mécanisme peut encore empêcher les voitures de verser quand les roues d'un côté s'enfoncent dans un fossé ou dans une ornière; car alors le galet portera, dans beaucoup de cas, sur le bord du fossé ou de l'ornière.

On trouve dans le cahier de Mai 1826, du *London Journal of Arts*, la description d'une voiture inventée par MM. *Hirst, Heycock* et *Williamson*, de Leeds, dont la caisse porte de chaque côté un pendule ou servante, armé d'une roulette. Les auteurs assurent avoir obvié aux inconvéniens qui pourraient résulter de l'emploi de ce mécanisme, savoir : 1°. d'être embarrassant; 2°. de ne pas agir au moment où la voiture vient à verser, ou d'agir trop tôt; 3°. de barrer la portière, ou du moins de ne pouvoir l'ouvrir qu'avec une certaine difficulté; 4°. enfin, d'occasionner un bruit de ferraillement désagréable.

Dans l'état ordinaire, et la voiture marchant sur une route unie, la servante est retenue contre la caisse par un crochet qui s'engage dans une tringle transversale, laquelle est réunie à une tige verticale; l'extrémité supérieure de cette tige, taillée en mentonnet, entre dans une coulisse qui règne sur toute la largeur de l'impériale, et dans laquelle roule un boulet. Tant que la caisse est droite, ce boulet reste stationnaire dans un renfoncement au milieu de la coulisse; mais aussitôt qu'elle vient à pencher, il frappe contre le mentonnet, et, en le dégageant, fait descendre la tringle verticale qui entraîne la tringle transversale; alors le crochet est rendu libre, et la servante poussée par un ressort s'écarte : elle est guidée dans ce mouvement par une tige horizontale fixée un peu au-dessus de la roulette, et portant un arrêt ou butoir qui l'empêche de revenir à sa première position. On pourrait dégager cette pièce de l'intérieur de la voiture en tirant un cordon; mais les auteurs préfèrent le moyen indiqué, comme plus sûr, parce que l'effroi empêche souvent les voyageurs de songer à leur propre salut. (*Bulletin de la Société d'Encouragement.* Avril 1826.)

ARTS CHIMIQUES.

ACIDE PYROLIGNEUX.

Purification de l'acide pyroligneux; par M. Berzélius.

On peut, au moyen du charbon animal, enlever à l'acide pyroligneux les dernières traces d'huile empyreumatique qu'il contient. Dans quelques expériences faites par M. *Berzélius*, il a reconnu que le résidu de charbon qu'on obtient dans les fabriques de bleu de Prusse, jouit à un tel degré de la propriété de purifier l'acide pyroligneux, et de le dépouiller de son goût empyreumatique, qu'il n'en faut que de très petites quantités, et que tout le procédé consiste à mêler l'acide au charbon, puis à filtrer. De l'acide pyroligneux traité de la sorte ayant été étendu d'eau, on n'a pu y reconnaître aucun goût empyreumatique; et laissé pendant cinq mois dans une bouteille mal bouchée, il ne s'est point altéré. (*Journal de Chimie médicale.* Mai 1826.)

Procédé pour convertir l'acide pyroligneux en acide acétique pur; par M. Pajot-Descharmes.

1°. Pour épurer l'acide pyroligneux brut, on verse dans des tonneaux une quantité donnée de cet acide brut, obtenu de la condensation des vapeurs produites par la carbonisation du bois en vaisseaux clos; on le sature avec de la chaux éteinte avec le moins d'eau possible, dans la proportion de 22 à 25 livres pour 27 veltes d'acide à quatre degrés; on brasse fortement le mélange pendant dix minutes; et après avoir laissé précipiter la chaux, on soutire la liqueur claire; ensuite on la met à évaporer jusqu'à forte pellicule : on verse la liqueur ainsi réduite sur une plaque de fonte à rebords; on remue bien la matière pour qu'elle ne s'attache pas à la plaque; et lorsqu'elle est à peu près sèche, on la divise pour éviter qu'elle ne se pelotonne : on continue de chauffer jusqu'à ce que toute l'huile empyreumatique soit évaporée, et que la matière ne présente plus qu'un corps charbonné; elle se trouve alors en grains qu'il faudra éviter de laisser rougir. La matière ainsi carbonisée est retirée de dessus la plaque, et mise à refroidir. Après l'avoir écrasée avec un maillet de bois, on verse dessus six fois son poids d'eau; on brasse le mélange pendant cinq minutes; on laisse reposer et on décante la liqueur claire, puis on l'évapore jusqu'à forte pellicule; on la dessèche sur une plaque de métal, et on la divise en petits fragmens en continuant de chauffer modérément jusqu'à ce qu'elle ne présente plus que des petits grains ronds et blancs qu'on laisse refroidir.

2°. Pour distiller l'acide acétique, on prend un poids donné de la matière blanche obtenue par la précédente opération; on la jette dans la cucurbite d'un appareil distillatoire, et on verse dessus peu à peu les deux tiers de ce poids en acide sulfurique concentré à 66°, et étendu de moitié de son poids d'eau. La distillation commence d'abord par le seul effet de la chaleur produite par la réaction de l'acide, et qui s'entretient d'elle-même, pendant un certain temps; lorsqu'elle se ralentit on l'aide en faisant du feu sous l'alambic. La condensation s'opère au moyen d'un réfrigérant en bois et d'un baquet plein d'eau traversé par un tube communiquant avec le col de la cornue. On ouvrira de temps en temps la tubulure du récipient pour laisser échapper l'acide sulfureux ou le gaz hydrogène qui se développent au commencement de l'opération.

3°. Pour rectifier l'acide acétique qui conserve quelquefois un mauvais goût, on y jette une petite portion d'oxide noir de manganèse, qui convertit l'acide sulfureux contenu dans l'acide en acide sulfurique; mais, comme ce dernier forme avec les parties métalliques de manganèse différens sels, on les fait disparaître par l'emploi du carbonate de baryte; le sulfate de baryte, formé au moment du mélange, s'étant précipité, on soutire l'acide acétique; alors il est propre à être employé, soit pour la toilette ou la table, soit dans les arts. On le débarrasse de la teinte jaunâtre qu'il conserve quelquefois, en y mêlant du prussiate de fer.

ACIER.

Nouveau procédé de fusion et de cémentation de l'acier; par M. Vismara.

Ce procédé consiste à cémenter le fer par le gaz hydrogène carboné : on obtient par ce moyen un acier qui paraît de bonne qualité.

L'appareil dont s'est servi l'auteur est un fourneau à réverbère qui se chauffe au bois, et dans lequel est placé un récipient en fer battu, soutenu par deux barres de fer. C'est dans cette caisse que l'on place le fer pour la cémentation; à cet effet, on y fait passer le gaz obtenu en distillant de la graisse dans un cylindre rouge; le gaz est ensuite conduit dans le gazomètre. La température est portée à 54° Wedgwood, et n'outrepasse pas 60.

L'auteur a placé dans le récipient 66 livres 3 onces de fer dur de Bergame, 6 livres d'acier de Carinthie, en barres, et 2 livres de fer doux de Dongo. Le feu fut soutenu pendant neuf heures, et la chaleur portée à 60° W., pendant lequel temps on introduisit dans le cylindre 2 livres 6 onces de graisse. Le feu fut continué six heures; le second jour, la température fut portée à 64° W., et 6 livres de graisse introduites dans le cylindre. Une troisième fois, le fer fut chauffé six heures à 60° W. : on employa 3 livres de graisse : en tout, l'appareil soutint quarante heures de feu, et on employa 12 livres de saindoux.

L'acier provenant de cette expérience, et que l'auteur nomme *acier thermolampe*, est très dur, d'un grain fin, et doué de beaucoup de ténacité et de résistance. L'auteur en a fait faire différens instrumens qui, employés comparativement avec le meilleur acier, pour burin ou pour coins, furent trouvés meilleurs.

En employant comme fondant, le verre à bouteille, l'acier fut parfaitement fondu à 120° W.; avec la chaux et avec d'autres substances terreuses il y eut pleine fusion à 90° : avec l'un et l'autre de ces fondans le point de fusion fut abaissé sensiblement, en y ajoutant trois ou quatre pour cent de charbon en poudre, ou de noir de fumée.

L'acier thermolampe fondu avec un flux de verre est coulé en barres de 10 lignes de côté; il faut les chauffer et les marteler avec beaucoup de précaution. Pour les réduire en instrumens, il faut les battre doucement, les réchauffer très fréquemment; et si l'acier ne résiste pas au marteau, le décarboniser un peu en le chauffant au rouge dans un creuset, et en l'environnant de chaux vive.

Pour obtenir un acier très malléable, il suffit de retirer le creuset du feu aussitôt que l'acier est en consistance pâteuse.

Le flux vitreux est de $\frac{1}{4}$ de l'acier employé, en verre ordinaire pulvérisé et noir de fumée $\frac{1}{100}$. (*Giorn. di Fisica*, 3ª bimestre, 1825.)

AFFINAGE DES MÉTAUX.

Mode de traitement du cuivre argentifère, applicable à l'affinage des monnaies à bas titre; par M. Serbat.

Ce nouveau procédé d'affinage est principalement fondé sur la propriété que possède le sulfate d'argent de se réduire par le contact de la chaleur, et de se convertir alors en acide sulfureux, en oxigène et en métal, tandis que le sulfate de cuivre, d'ailleurs beaucoup plus stable que le précédent, ne laisse pour résidu de sa calcination que de l'oxide. On peut employer ce procédé avec avantage toutes les fois que l'on trouve dans le commerce une grande quantité de matières à bas titre.

Voici en quoi il consiste :

L'on commence par faire chauffer dans une moufle de fonte l'alliage que l'on veut affiner; et lorsqu'il est suffisamment chaud, on le divise en le frappant avec un ringard : la poudre qui en résulte est criblée à l'aide d'un bluteau, dont le tissu est fait en fil métallique, afin de séparer les plus gros fragmens; puis portée dans une autre moufle de fonte placée dans un fourneau à réverbère, et chauffée au rouge-brun. Après y avoir étendu la matière en couches minces, on y projette 25 pour 100 de soufre, et l'on remue avec un ringard, de manière à mettre successivement en contact avec le soufre toutes les portions du métal. La combinaison s'effectue presque instantanément, avec dégagement de calorique et de lumière; et lorsqu'elle est terminée, ce que l'on reconnaît aisément à ce que la masse cesse alors d'être incandescente ; on retire les sulfures formés, et on les projette dans des vases de bois remplis d'eau. Les sulfures refroidis sont repris et divisés à l'aide de forts pilons ou de meules, et tamisés sous l'eau; la poudre qui en résulte est portée dans la partie la moins échauffée d'une grande moufle de fonte placée dans un fourneau à réverbère; on l'agite pour renouveler les surfaces. On y projette, par portions, un mélange d'eau et d'acide nitrique dans la proportion de 2 k. d'acide pour 12 k. d'eau; le tout pour 100 k. d'alliage.

De là formation de sulfates, dégagement d'acides nitreux et sulfureux que l'on dirige, au moyen de conduits, dans des chambres de plomb, où ils sont condensés par des injections souvent répétées de vapeur d'eau, et convertis en acide sulfurique qui est employé dans les opérations subséquentes.

La matière est successivement rapprochée du foyer, et portée peu à peu jusqu'à la température rouge, que l'on maintient pendant environ quatre heures : à cette température, le sulfate d'argent se convertit en acide sulfureux, oxigène et oxide : l'argent métallique, l'oxide de cuivre, quelque peu d'oxide d'argent, de sulfates et de sulfures non décomposés, forment le résidu. On retire ces matières de la moufle; on les laisse refroidir en partie, et on les projette dans une chaudière de plomb contenant de l'acide sulfurique faible, que l'on a échauffé d'avance en y faisant arriver à l'état de vapeur une partie de l'eau destinée à l'étendre : dans cette opération, l'oxide de cuivre, ainsi que les sulfates non décomposés, se dissolvent, et l'argent métallique, inattaquable par l'acide faible, se rassemble au fond du vase ; il n'a plus besoin que d'être lavé, séché, fondu et coulé en lingots : les liqueurs décantées à l'aide d'un siphon, sont évaporées dans des chaudières de plomb, et mises à refroidir dans des cristallisoirs de même métal, où le sulfate de cuivre se dépose en cristaux plus ou moins réguliers.

Toutefois, avant de procéder à l'évaporation des liqueurs, on s'assure, au moyen de réactifs, si elles ne contiennent pas en dissolution de l'argent; et, qu'elles en contiennent ou non, il sera bon de mettre au fond des chaudières des plaques de cuivre, sur lesquelles il se déposerait s'il y en avait.

Ce procédé, pour lequel l'auteur a pris un brevet en 1824, a été employé avec succès à la Monnaie de Paris, et dans un autre établissement de cette ville, à une époque où les matières d'argent à bas titre étaient très abondantes dans le commerce : par son économie et sa rapidité il offre de grands avantages sur ceux que l'on avait jusqu'alors mis en usage. On peut, en lui faisant éprouver quelques modifications, l'employer au traitement des mines de cuivre argentifère. (*Bull. de la Soc. d'Encouragement*. Avril 1826.)

ALCOOL.

Moyen d'enlever à l'alcool son goût d'empyreume; par M. Witting.

L'auteur recommande pour purifier l'alcool le chlorure de chaux, qui détruit entièrement les parties empyreumatiques. Voici la manière de l'employer : on forme avec deux onces de chlorure de chaux et de l'esprit de vin une bouillie claire qu'on ajoute dans l'alambic à cent cinquante mesures d'alcool; on lute bien toutes les jointures et on commence l'opération. La première mesure du produit sent un peu le chlore; celles que l'on recueille ensuite en sont exemptes. On réserve donc le premier produit pour une seconde opération, où l'on emploie un peu moins de chlorure de chaux. Le chlorure dont on fait usage doit, en étant dissous dans vingt-six parties d'eau, décolorer et blanchir les substances végétales avec lesquelles on le met en contact. Pour connaître la quantité de chlore qu'il contient on se sert du chloromètre. Ce procédé est très économique. (*Verhand. des Vereins zur beford. der Gewerbfl. in Preussen.* Mai et juin 1826.)

ALLIAGES MÉTALLIQUES.

Composition du Cuivre blanc; par M. Frick.

L'auteur propose les alliages suivans pour imiter le cuivre blanc ou toutenag des Chinois :

1°.	Cuivre	47,15
	Nickel	32,25
	Zinc	20,60
		100,00

Cet alliage est de couleur grise, peu malléable à froid; pas du tout s'il est chaud; difficile à étendre sous le marteau.

2°.	Cuivre	50,00
	Zinc	31,25
	Nickel	18,75
		100,00

Ces proportions donnent un métal blanc susceptible d'un poli très brillant, assez malléable à froid, inaltérable à l'air, sonore comme l'argent.

3°.	Cuivre	53,39
	Zinc	29,13
	Nickel	17,48
		100,00

Cet alliage ressemble le plus à l'argent par la sonorité et la couleur; il est plus dur que ce métal, très tenace et extrêmement ductile; son poids spécifique, à 15° Réaumur, est de 8,556. (*Lond. Journal of arts.* Septembre 1825.)

Nouvel alliage métallique imitant l'or; par MM. Parker et Hamilton.

On emploie depuis quelque temps, en Angleterre, un nouvel alliage métallique ayant la couleur et l'éclat de l'or, et qui, suivant MM. *Parker* et *Hamilton*, est propre aux ouvrages de bijouterie, aux ornemens, etc. Voici sa composition et la manière de le préparer :

On prend quantité égale de cuivre rouge et de zinc, qu'on fait fondre à la plus basse température possible afin d'éviter la vaporisation du zinc. La fusion et la combinaison intime des deux métaux étant achevées, on ajoute dans le creuset une nouvelle quantité de zinc, par petites portions, jusqu'à ce que l'alliage ait pris la couleur convenable. Il sera d'abord d'un jaune de laiton, puis il prend une nuance pourpre et violette, et finalement il deviendra entièrement blanc. C'est le moment de le couler dans des lingotières ou dans des formes; après le refroidissement il prend l'aspect d'un alliage de cuivre et d'or fin.

Les auteurs observent qu'il faut beaucoup de soin et de précaution pour réussir, car si la chaleur est poussée trop fort l'opération manquera, et on n'obtient alors qu'un alliage dur et cassant, qui se laisse difficilement travailler.

On assure que le nouvel alliage prend un très beau poli, et qu'il peut être tourné, réduit en feuilles minces, etc., ce qui le rend propre à un grand nombre d'usages; sa pesanteur spécifique est beaucoup moindre que celle de l'or; il a la propriété de ne point s'oxider à l'air ni à l'humidité, de résister à l'action des acides faibles et de se repolir aisément lorsqu'il est terni; mais il perd toutes ses qualités aussitôt qu'il est refondu. Comme il ne laisse pas dégager par le frottement l'odeur désagréable du laiton, on peut l'employer pour doubler l'intérieur des vases. Pour le nettoyer il suffit de le laver avec de l'eau de savon. Son prix, très modique, n'est guère plus élevé que celui du laiton. (*Même Journal.* Janvier et juin 1826.)

BOUTONS.

Fabrication des Boutons d'acier; par M. Schey.

On amène d'abord l'acier fondu à l'état de fer pur, en le coupant avec un découpoir de la grandeur convenable aux objets qu'on veut estamper; on place ces morceaux dans un creuset, par lits, qu'on couvre de limaille de fer jusqu'à ce que le creuset soit rempli à peu près à six lignes du bord; on met alors un lit de limaille un peu épais, qu'on recouvre avec une plaque de fer ajustée dans l'intérieur du creuset. Ce creuset est luté et recouvert d'une seconde plaque de fer, maintenue fortement par plusieurs fils de fer croisés et fixés par un cercle de gros fil de fer disposé vers la partie moyenne du creuset. Dans cet état le creuset est mis dans un fourneau en terre de forme voûtée, qui se chauffe avec du charbon de bois ou du charbon de terre. Le feu doit être continué pendant environ soixante heures.

Lorsque l'acier a reçu le degré de chaleur convenable on le laisse refroidir, après quoi on le sépare de la limaille, qui ne fait avec lui qu'une seule masse.

Les pièces d'acier dégagées de la limaille étant bien dressées, sont polies sur la face destinée à recevoir l'empreinte de la gravure; elles sont alors frappées par le balancier; après cette opération elles sont percées et mises à jour, suivant les divers modèles, etc. Pour leur donner la trempe, on les place dans un creuset ou boîte de fonte avec du charbon pilé et tamisé, toujours par lits alternatifs, pour que la cémentation pénètre également toutes les parties; elles sont ensuite chauffées et trempées à la manière ordinaire. (*Descript. des Brevets*, t. 10.)

CARTON.

Carton de mousse pour le doublage des vaisseaux.

On sait que la mousse est employée dans quelques parties de la France, en remplacement de l'étoupe, pour le calfatage des bateaux, et qu'elle résiste long-temps à l'altération produite par l'effet de l'humidité. MM. *Nesbitt* et *Vanhoutem* ont tiré parti de la propriété de la mousse d'être incorruptible, pour en composer une espèce de feutre ou de carton, qu'ils interposent entre la carène et le doublage en cuivre, et qui, en se gonflant, suivant eux, empêche l'infiltration de l'eau; ils s'en servent aussi pour calfater les joints et coutures des bordages.

Ce carton se fabrique à la manière des cartons ordinaires. La mousse, après avoir été recueillie, est soigneusement lavée, nettoyée et séchée; ensuite on la coupe menu et on la réduit en une pâte semblable à celle du gros papier d'emballage; cette pâte, recueillie sur des formes, est mise en feuilles, qui, ayant été séchées et pressées, sont réunies au moyen d'une colle insoluble à l'eau, et composent un carton épais, qu'on rend bien compacte en le passant à travers un laminoir.

On assure que plusieurs navires hollandais, munis de ce carton préservateur, n'ont éprouvé aucune voie d'eau dans des voyages de long cours.

Un brevet d'invention a été pris en France et en Angleterre pour la fabrication de ce nouveau produit. (*Bulletin de la Société d'Encouragement.* Avril 1826.)

CHAPEAUX.

Fabrication des Chapeaux de paille d'Italie.

Les nattes et les chapeaux de paille les plus renommés se fabriquent en Italie, dans les Sept Communes (Sette Commune), petite contrée de quatre lieues carrées d'étendue, dont la population est de 10,000 âmes. Le produit annuel de cette fabrication, y compris le prix de la paille, s'élève à trois millions de livres vénitiennes. C'est dans les communes de Lusiana et de Giacomo que cette industrie a le plus d'importance; c'est aussi là que croît l'espèce de froment, le *triticum œstivum*, propre à ce genre de travail; ce blé, semé dans un terrain maigre et non fumé, fournit un chaume mince, qui est récolté et assorti avec soin. Les chalumeaux, coupés à égale longueur, sont réunis et vendus par bottes aux fabricans de nattes à raison de 8 fr. la livre. Ceux-ci vendent leurs nattes aux fabricans de chapeaux.

La Société d'Encouragement de Londres a décerné

des prix à madame *Wells*, de Weatherfield, et à M. *Cobett*, qui se sont occupés avec succès de cette fabrication.

La première emploie le *poa pratensis*, dont elle fait la récolte depuis l'époque de la floraison jusqu'aux approches de la maturité de la graine. Elle n'emploie que la partie qui se trouve entre le nœud supérieur et le sommet; elle verse dessus de l'eau bouillante et fait ensuite sécher au soleil; elle réitère cette opération une ou deux fois, ou jusqu'à ce que les feuilles qui entourent la tige sous forme de gaîne se détachent; alors elle blanchit de la manière suivante : elle commence par préparer une eau de savon à laquelle elle ajoute de la potasse jusqu'à ce que celle-ci domine; elle humecte la plante avec cette solution, et la place debout dans une caisse; elle y brûle du soufre et couvre la caisse de linges pour y renfermer la vapeur sulfureuse. Elle continue à brûler ainsi du soufre jusqu'à ce que la plante humectée par l'eau de savon soit sèche, ce qui exige environ deux heures. Pendant cette opération le soufre est renouvelé une ou deux fois. La plante est alors propre à être tressée.

M. *Cobett*, qui a opéré sur plusieurs graminées indigènes en Angleterre, place les tiges de la plante, réunies en bottes, dans une petite cuve, et il les submerge d'eau bouillante; il les y laisse pendant dix minutes, puis il les retire et les étend sur du gazon bien ras. Au bout de sept jours le blanchîment est terminé. Le mois de juin est celui qui convient le mieux pour la récolte et la préparation de la plante. (*Trans. de la Soc. d'Encour. de Lond.* pour 1824.)

Chapeaux perfectionnés ; par M. Borradaile.

Le corps des chapeaux d'homme, dont le dehors est recouvert de poils de castor ou autres, est ordinairement composé de laine cardée et enlacée à la main sous la forme d'un bonnet conique, susceptible de prendre différentes autres formes à l'aide de moules préparés à cet effet.

L'auteur a eu pour but de préparer à la mécanique les corps des chapeaux ; pour cela il a imaginé deux cônes tronqués, appliqués base à base et tournant ensemble. Deux autres cônes tronqués de la même hauteur, mais dont la base est plus petite, tournant chacun sur son axe, entraînent dans leur mouvement le double cône sur lequel ils appuient légèrement. Une mèche de laine sortant d'une machine à carder est étalée et passe entre le grand double cône et les petits ; elle s'enroule autour du premier, et un petit mouvement de va et vient, imprimé à celui-ci, croise les filamens et fait une sorte de feutrage. Lorsque l'épaisseur est suffisante un instrument tranchant coupe l'étoffe à la jonction des bases du double cône, et on obtient ainsi deux bonnets coniques prêts à former des chapeaux. (*Lond. Journal of arts.* Juillet 1826.)

CIRE.

Cérimomène, *matière analogue à la cire et propre à faire des bougies ; par MM.* Braconnot *et* Simonin.

La graisse ou le suif dont on veut extraire la matière concrète, est étendue avec une quantité variable d'huile de térébenthine ; le mélange, placé dans des boîtes circulaires revêtues intérieurement de feutre, et dont les parois latérales, ainsi que le fond, sont percées d'une multitude de petits trous, est soumis à une pression graduée et très forte qui en exprime l'huile volatile ajoutée, ainsi que la partie la plus fluide de la graisse employée ; la substance solide restée dans les boîtes en est retirée ; on la fait bouillir long-temps avec de l'eau pour lui enlever l'odeur de l'huile volatile ; tenue ensuite en fusion pendant quelques heures avec du charbon animal nouvellement préparé, elle est filtrée bouillante ; refroidie, cette substance est d'un blanc éclatant, demi-transparente, sèche, cassante, sans saveur ni odeur.

Cette matière, très propre à l'éclairage, ne peut cependant dans cet état être employée à cet usage à cause de sa trop grande fragilité, qui n'en permettrait ni le moulage ni le transport : on parvient à lui donner une sorte de ductilité et de ténacité par un léger contact avec du chlore ou de l'hydro-chlore ; son alliage avec un cinquième de cire d'abeilles donne le même résultat ; alors son emploi est facile, et on en moule des bougies d'un usage aussi agréable que celui des bougies faites avec de la cire. (*Description des Brevets d'invention*, t. 10.)

CONDUITES D'EAU.

Destruction des incrustations dans les conduites d'eau; par M. Darcet.

Les tuyaux de conduite en plomb se remplissent à la longue d'une incrustation de carbonate de chaux que les eaux y déposent et qui finit par les obstruer entièrement. Jusqu'ici on n'avait trouvé d'autre remède à cet inconvénient que de faire la section de la partie du tuyau engorgée et de la remplacer par une nouvelle, opération qui entraînait à des dépenses considérables. M. *Darcet* a eu l'idée de dissoudre le dépôt calcaire en introduisant dans le tuyau de l'acide muriatique, et il est parvenu ainsi à le désobstruer très promptement et avec une grande économie de temps et d'argent. Ce procédé, appliqué à une conduite de 216 mètres de long, a eu un plein succès. (*Bull. de la Soc. d'Encour.* Avril 1826.)

COULEURS.

Composition de diverses espèces de laques; par M. Hatchett.

La laque ou gomme-laque s'obtient aux Indes orientales, du suc résineux qui coule des branches de différens arbres, sur lesquels l'insecte de la laque, (*coccus laccus*) cherche sa nourriture. Ces insectes déposent leurs œufs sur les branches de l'arbre et en causeraient la perte si la nature ne l'empêchait en recouvrant les branches de la substance résineuse dont nous venons de parler, et qui en même temps sert à la nourriture de l'insecte nouvellement sorti de l'œuf; il se forme par là une masse celluleuse, colorée en brun par les insectes; c'est cette masse qui est la laque. Les habitans des Indes orientales en recueillent des quantités très considérables qu'ils vendent, soit à l'état brut, soit après avoir fait subir à cette laque quelques préparations.

On trouve dans le commerce trois espèces de laques : 1°. la *laque brute*, souvent mêlée de fragmens de l'arbre d'où elle provient; quand elle est exposée à l'ardeur du soleil, elle se prend en masses d'une couleur rouge foncée : la matière colorante extraite de cette laque est connue sous le nom de *lake-lake* ou *lake-dye;* elle est très estimée pour la teinture de la laine en couleur écarlate très vive; 2°. la *laque en grains*, qu'on prépare avec la précédente, en détachant celle-ci des branches auxquelles elle adhère, la réduisant en poudre grossière et en extrayant ensuite la matière colorante par l'eau tiède. La laque qui résulte de ce procédé est d'une couleur jaune rougeâtre et prend la forme de petits grains durs; 3°. la *laque en tablettes*, ou écailles minces et transparentes, se prépare avec l'espèce précédente. Pour l'obtenir, on met la laque en grains dans de longs sacs de toile de coton, et on la fait fondre à un feu de charbon. Quand la laque est bien fondue on tord les sacs pour l'en exprimer et on la fait couler sur des feuilles, sur lesquelles elle se répand et prend la forme de tablettes. La résine étant la plus fusible des substances dont est composée la laque, passe presque seule au travers de la toile du sac; cependant la laque, ainsi obtenue, retient toujours une couleur rougeâtre ou brunâtre, produite par une portion de matière colorante et de gluten qui lui reste encore. Plus la laque est jaune et transparente, meilleure est sa qualité. La laque en tablettes est de toutes les espèces la plus riche en résine, on l'emploie dans la préparation des vernis, de la cire d'Espagne, etc.

Voici, d'après M. *Hatchett*, l'analyse des trois espèces de la laque.

	Laque brute.	Laque en grains.	Laque en tabl.
Résine	68,0	88,5	90,9
Matière colorante	10,0	2,5	0,5
Cire	6,0	4,5	4,0
Gluten	5,5	2,0	2,8
Substance étrangère.	6,5		
Perte	4,0	2,5	1,8
	100,0	100,0	100,0

(*Kunst und Gewerbblatt.* 1824.)

Préparation de l'orseille de terre (lichen parellus), *et moyen d'en retirer une poudre connue sous le nom de* cud-beard ; *par MM.* Fleury *et* Bourget.

Le lichen des Canaries est tiré brin à brin, bien dégagé de pierres et de poussière, brisé et écrasé sous une meule, et ensuite fabriqué en orseille fine; il ne faut le prendre ni trop frais ni trop vieux, le dessécher lentement et à l'ombre, soit à l'air libre, soit dans des étuves où la chaleur est graduée, en ayant soin de le dégager à chaque fois d'une poussière étrangère qui se forme par le contact de l'air; la pâte étant durcie au point d'être brisée sous la meule est triturée et passée à divers tamis pour être réduite en poudre fine. Le lichen de montagne ne pouvant être écrasé sous la meule, parce que les pierres et le gravier dont il est mêlé le seraient aussi, est agité fortement dans un grand crible de fer; ce lichen étant brisé passe par les trous, et les pierres restent dans le crible. On repasse ensuite à un crible fin; le sable passe au travers des petits trous, et le lichen reste dans le crible; mais comme il est mêlé d'une couche plus épaisse d'une terre argileuse ou autre qui nuit au développement du principe colorant, et qui ternit la couleur, il faut le dégager de ces matières. Pour cet effet, on le jette dans un cuvier rempli soit d'urine, soit d'eau, soit d'une lessive alcaline, acidulée ou alunée. On agite fortement le sable, et le gravier se précipite; le lichen surnage et on l'enlève; il est mis ensuite en fabrique pour être transformé en orseille de terre épurée. (*Description des Brevets*, t. 11.)

Préparation de l'oxide de chrôme pour les besoins des arts; par M. Nasse.

L'oxide de chrôme obtenu par la calcination du chrômate de mercure, à une forte chaleur rouge, acquiert toute la perfection dont il est susceptible, si on l'expose dans un creuset de porcelaine non vernissé, et pendant tout le temps nécessaire à la cuisson de la porcelaine, à la chaleur du four où celle-ci est placée. L'oxide qu'on obtient est vert-pré. Pour obtenir le vert-bleu on procède ainsi qu'il suit: dans la dissolution alcaline concentrée de chrôme qu'on a saturée avec de l'acide sulfurique faible, on ajoute, pour environ 8 livres, une livre de sel marin et une demi-livre d'acide sulfurique concentré. La liqueur prend aussitôt une couleur verte. Pour s'assurer que la couleur jaune est totalement détruite, on ajoute, dans une petite portion de la liqueur, de la potasse, et on filtre; si la liqueur est encore jaune, il faut ajouter une nouvelle quantité de sel et d'acide sulfurique; enfin, on évapore à siccité; on redissout et on filtre, puis on précipite l'oxide de chrôme au moyen d'un excès de potasse caustique. L'oxide obtenu est vert-bleu; on le lave et on le recueille sur un filtre. (*Journal der Chemie*. t. 18.)

DISTILLATION.

Nouvel appareil distillatoire; par M. Maillard-Dumeste.

Cet appareil, destiné à préparer d'une manière facile et économique les liqueurs de table aromatisées, se compose d'une cucurbite ordinaire contenant son *bain-marie* et communiquant par le bec de son chapiteau avec la partie supérieure d'un cylindre séparé en plusieurs capacités par des diaphragmes coniques. La première capacité est fermée à sa partie inférieure par un robinet; la deuxième immédiatement au-dessous, dont le fond est perforé de trous comme une écumoire, est garnie d'un filtre formé de deux disques de laine entre lesquels une feuille de papier s'interpose. Cette sorte de filtre est superposée à quatre autres capacités ou filtres semblables; enfin, la partie inférieure est un récipient dans le fond duquel un robinet est adapté.

Lorsqu'on veut préparer une liqueur aromatique et sucrée par distillation, on dépose dans le bain-marie les aromates et l'alcool étendu d'eau; on fait dissoudre la quantité de sucre convenable, et le sirop est mis dans la capacité supérieure du cylindre. On opère la distillation avec les précautions ordinaires, et dès que la proportion nécessaire de liquide spiritueux est passée dans le cylindre, ce dont on est averti par une cannette placée à une hauteur convenable, on fait écouler dans les filtres la totalité du mélange de sirop et d'alcool aromatisé. Ce mélange, en passant successivement par les cinq filtres superposés devient complétement limpide; on reçoit directement et sans aucun transvasement la liqueur préparée. (*Bulletin de la Société d'Encouragement*. Juin 1826.)

EAU.

Appareil pour préserver l'eau de la gelée; par M. MAGRATH.

L'appareil consiste en deux tuyaux concentriques, séparés par des petits morceaux de liége ou des coussinets de laine placés entre l'un et l'autre; l'espace intermédiaire est rempli de charbon pulvérisé qui, étant mauvais conducteur de la chaleur, empêche que l'eau ne ressente les effets de la gelée. On peut construire des réservoirs ou des citernes de la même manière; il suffit, pour cela, d'en doubler les côtés, le sommet et le fond, et d'y introduire du charbon pulvérisé. Par cette disposition la fluidité de l'eau sera conservée quelle que soit la température. (*Lond. Journ. of Arts.* Octobre 1825.)

ÉVAPORATION.

Appareil évaporatoire; par M. Gamble.

Cet appareil consiste en deux vaisseaux métalliques placés l'un dans l'autre, et laissant entre eux un intervalle de 2 ou 3 pouces; le bouilleur est placé à la manière ordinaire sur un fourneau; le vase extérieur communique par un siphon avec un autre vase que l'on remplit d'un liquide dont le point d'ébullition est de 30 à 35° plus élevé que celui du liquide que l'on place dans le vase intérieur. A la partie supérieure du siphon se trouve un tube muni d'un robinet.

Pour faire marcher l'appareil on remplit le réservoir du liquide dont le point d'ébullition est le plus élevé, et quand le récipient extérieur se trouve rempli par le moyen du siphon, on élève la température du grand réservoir, et la chaleur étant très forte on peut l'appliquer à divers usages, comme l'évaporation, la dessiccation de diverses substances, etc. (*Repert. of patent Inventions.* Juillet 1826.)

FAÏENCE.

Procédé d'impression sous couvertes sur faïence, façon anglaise; par MM. Paillard frères.

Le papier joseph destiné à recevoir l'impression doit être humecté avec de l'eau saturée de salpêtre, dans la proportion de 4 onces de salpêtre par litre d'eau de rivière ou de pluie.

La couleur noire à imprimer est composée d'une partie de cobalt purifié et de deux parties de fer calciné, ce qui donne un beau noir fixe. Cette couleur se broie à l'eau, et pour l'employer on y ajoute une quantité suffisante d'alun et de gomme dissous ensemble.

Ce noir ainsi préparé s'emploie pour couvrir les planches de cuivre préalablement enduites très légèrement avec de l'huile d'olive; on imprime le papier et on décalque ensuite cette impression sur le biscuit de faïence. Cette opération achevée on n'a pas besoin d'un deuxième feu; on met en émail pour passer au four à un seul feu.

Pour imprimer différentes couleurs il faut avoir autant de planches que l'on veut mettre de couleurs différentes dans le sujet; ces planches s'impriment séparément avec la seule couleur qu'elles doivent rendre, et s'appliquent les unes après les autres, en suivant exactement les divers points qui indiquent la place où les objets doivent être appliqués. (*Description des Brevets.* t. 10.)

FER.

Manière de plier le fer sans le briser.

Pour couder un tuyau de fer, on le remplira de plomb fondu; et aussitôt que celui-ci aura repris sa solidité, sans attendre que les métaux se soient refroidis, on donnera au tube de fer telle courbure que l'on voudra, en l'appliquant sur une enclume à branches rondes. Pour retirer le plomb du tube, il suffira de faire chauffer celui-ci. (*Annales maritimes.* 1826.)

Perfectionnemens dans les fours à chauffer le fer; par M. Harford.

Ayant remarqué que lorsqu'on chauffe du fer dans des fours à réverbère dont la sole est en sable, ou en matières difficilement vitrifiables, il est difficile de le forger et de le souder, et qu'il est souvent rempli de criques et de fissures, l'auteur conjectura que cela provenait des grains de quartz qui deviennent adhérens au métal, et qui s'interposent dans sa masse par le martelage.

Il évite cet inconvénient en formant la sole du fourneau avec une plaque de fonte. Ce moyen a déjà été employé; mais jusqu'à présent, on a éprouvé de grandes difficultés pour empêcher la plaque de s'oxider et de se fondre. M. *Harford* y est parvenu en la recouvrant de charbon animal ou végétal, ou d'une substance végétale ou animale qui se carbonise par la chaleur, telles que de la poix, de la tourbe, de la sciure de bois, de la suie, des rognures de cuir, etc. Le fer chauffé sur une sole de fonte, ainsi recouverte, reste très net; il acquiert une grande malléabilité, et le déchet qu'il éprouve est incomparablement moindre que dans le procédé ordinaire. (*Annales des Mines*. 4e liv. 1826.)

FIL DE FER.

Moyen de rendre plus facile la fabrication du fil de fer.

Un fabricant de fil de fer et d'acier a reconnu dans le cours de divers essais auxquels il s'est livré, que du fil qui avait été plongé dans une liqueur acide dont on avait élevé la température par l'immersion d'un lingot de cuivre très échauffé, passait ensuite par les trous de la filière avec une facilité remarquable, et cela en raison de la précipitation d'une portion du cuivre de la dissolution sur sa surface : ce fil n'a plus besoin d'être recuit aussi souvent qu'auparavant, sans doute parce que le cuivre empêche le déchirement de la superficie du fer par la filière. Depuis cette découverte, le fabricant continue de se servir d'une faible dissolution de cuivre pour faciliter le tirage du fil de fer et d'acier. La légère couche de cuivre qui le recouvre est entièrement enlevée par le dernier recuit. (*Technical Repository*, t. 7, p. 161.)

FONTE DE FER.

Moyen de souder ensemble deux pièces de fonte de fer; par M. Morosi.

Après avoir fait fondre dans un creuset neuf onces

de laiton, on y ajoute trois onces de zinc, et on remue jusqu'à ce que le tout soit bien mélangé; on y ajoute de l'alun, et on remue de nouveau jusqu'à ce que tout l'oxide soit monté à la surface; ensuite on ôte le creuset du feu, et en le penchant on fait couler la matière sur un balai de menues branches immergé dans l'eau froide, de manière à la convertir en une grenaille fine. Pour employer cette soudure on y ajoute environ $\frac{1}{4}$ pour 100 de borax raffiné.

Les deux pièces de fonte à souder sont réunies par des morceaux de fer forgé, taillés en double queue d'aronde, et encastrés dans la fonte; elles servent d'intermédiaire à la soudure, et sont d'une grande solidité. (*Mém. de l'Inst. Lomb.-Vénitien*, années 1814 et 1815.)

GAZ HYDROGÈNE.

Nouvelles cornues et appareil pour la fabrication du gaz hydrogène; par M. Malam.

Pour construire ces cornues on prend trente boisseaux de silex pulvérisé, auxquels on mêle vingt à trente livres d'oxide rouge de plomb, et une quantité suffisante de sang de bœuf pour en former une pâte: on ajoute ensuite environ vingt boisseaux de terre argileuse ordinaire, et on donne au tout la consistance ordinaire. On construit la cornue dans le fourneau même, au moyen d'une charpente en bois placée dans l'intérieur des voûtes, et que l'on retire à mesure que la composition employée sèche.

L'appareil que propose M. *Malam*, pour la purification du gaz, consiste en quatre récipiens communiquant ensemble au moyen de conduits, et au moyen desquels le gaz passe successivement à travers un lit de chaux, de potasse et d'autres substances, à divers états de saturation, et de manière qu'il traverse, en dernier lieu, la matière la plus pure, et que le quatrième vase étant à cet instant hors de service, on peut le changer sans interrompre l'opération. (*Lond. Journ. of Arts*. Février 1825.)

Avantages comparés du gaz de l'huile et du gaz du charbon ; par MM. CHRISTISON *et* TURNER.

Les gaz peuvent être comparés sous deux points de vue, celui du prix qu'ils coûtent, et celui de la lumière qu'ils donnent. Envisagé sous le rapport de l'économie, on trouve que le gaz du charbon présente successivement des densités de 700, 600 et 450, suivant qu'on trouve ou qu'on ne trouve pas dans les lieux où sont les usines, les variétés de houille connues sous le nom de *cannel-coal;* celle du gaz de l'huile peut être fixée, terme moyen, à 920, et peut même être portée plus haut. Il suffit, pour obtenir ce résultat, de mettre dans la cornue un peu de charbon qui se combine avec le gaz, et se transforme en gaz oléifiant, qui a une puissance d'éclairage beaucoup plus considérable que l'hydrogène sulfuré. Mais il faut se garder de trop élever la température, car elle produirait l'effet inverse, c'est-à-dire qu'elle décomposerait une partie du gaz oléifiant, et le convertirait en carbone et en hydrogène carboné.

Quant à la qualité de la lumière que donnent les deux espèces de gaz, il n'y a pas de comparaison à faire : celle du gaz de l'huile est incontestablement plus belle, plus blanche et plus agréable.

L'une et l'autre sont souvent incommodes ; mais l'odeur qu'ils exhalent tient à une combustion incomplète : quand elle est entière, ils sont tout-à-fait inodores. Parmi les substances dont le gaz est chargé, l'hydrogène sulfuré est celui qu'il est le plus indispensable d'isoler ; il est toujours possible de l'isoler ; mais lors même que les réactifs les plus délicats n'en accusent plus de traces, le gaz n'est pas dépouillé de tout le soufre qui le souillait ; car si on le brûle, les produits de la combustion présentent des atomes d'acide sulfureux, preuve que tout le soufre n'avait pas été isolé. (*Annals of Philosophy*. Septembre 1825.)

Nouvelle préparation du gaz hydrogène propre à l'éclairage.

Dans l'usine d'éclairage au gaz, à Londres, dite l'*Indépendante*, les cornues ont la forme d'un cylindre posé horizontalement suivant son axe, et dont la partie inférieure est rentrée en dedans. Les *têtes* sont adaptées sans brides ni boulons ; elles s'ajustent comme les tuyaux à manchons, à l'aide d'un peu de lut.

Le corps de la cornue est garanti de l'action immédiate du feu par un enduit argileux. Les foyers, dont deux chauffent cinq cornues sous la même voûte, diffèrent des autres, en ce qu'à 8 pouces sous la grille une auge en fonte, constamment remplie d'eau, fournit au combustible (le coke) un mélange d'air et de vapeur d'eau : de cette manière on utilise une assez grande partie de la chaleur qui rayonne sous le foyer, et de celle produite par la combustion des élémens de l'eau décomposée par le charbon incandescent : les produits de la combustion passent sous des cylindres bouilleurs qui mettent en mouvement une machine à vapeur destinée au service de l'établissement; enfin, ils s'échappent sans cheminée par de petites issues dans l'atelier; on conçoit qu'ils n'y répandent pas de fumée visible. Le coke consommé comme combustible, est dans la proportion du cinquième au quart de la houille distillée.

La machine à vapeur met en mouvement les agitateurs dans trois cuves à laver le gaz; le lait de chaux qui y est contenu passe de l'une dans l'autre en suivant une direction contraire à celle du gaz, en sorte que la chaux se sature des acides hydrosulfurique et carbonique, et que le gaz, avant de se rendre au gazomètre, traverse toujours une eau de chaux neuve : les deux gazomètres sont à l'air, sans toiture, sans contre-poids; huit colonnes, sur lesquelles roulent des poulies adaptées latéralement à ces gazomètres, dirigent leurs mouvemens; le gaz les soulève constamment par une pression de 3 à 4 pouces d'eau, et ils peuvent recevoir en même temps qu'ils dépensent sans danger. (*Bulletin de la Société d'Encouragement.* Janvier 1826.)

Combustion du gaz comprimé; par M. Davies.

Lorsque l'ouverture du bec du gaz est trop grande, on n'y saurait maintenir la flamme, et elle se trouve emportée par le courant rapide du gaz: une ouverture petite ne présente pas le même phénomène. Si on élargit cette ouverture, sans toutefois la porter au point où la combustion vient à cesser, la flamme sera bleue, bruyante et agitée, et donnera très peu de lumière; mais l'auteur a reconnu que si, lorsque la flamme se trouve dans ce dernier état, on donne au vaisseau une position inverse, la flamme prend aussitôt un nouveau caractère, et devient intense, fixe et silencieuse.

Voici comment l'auteur explique les causes de ce phénomène.

Le gaz, raréfié par la chaleur, étant plus léger que l'air atmosphérique, a, lorsque le vaisseau qui le contient repose sur sa base, une tendance à se mouvoir dans la direction de la flamme; c'est pourquoi, dans ce cas, il se meut avec une vitesse plus grande que dans toute autre position du bec. Au contraire, la flamme, dirigée du haut en bas, tend à se replier sur elle-même; ainsi le mouvement ascensionnel de l'air chaud ne tend évidemment plus à raréfier la flamme. En effet, la position droite naturelle du bec permet à une partie du gaz qui n'est pas brûlé de s'échapper; mais dans la position inverse la flamme revient sur le courant du gaz, et la combustion qui auparavant était incomplète, devient alors plus complète. (*Annals of Philosophy*. Février 1826.)

Gaz hydrogène pour l'éclairage, extrait de la graine du cotonnier; par M. Olmsted.

L'auteur a fait des expériences sur la graine de coton, dans la vuë d'en obtenir un gaz hydrogène propre à l'éclairage. Il résulte de ses recherches faites au collége d'Yale, aux États-Unis d'Amérique, que la graine de coton est une substance très oléagineuse. En la desséchant, puis en la soumettant à la distillation avec les précautions connues pour la distillation des graines oléagineuses et des huiles, c'est-à-dire en ménageant la température et en multipliant le contact entre la vapeur oléagineuse et les surfaces distillantes, M. *Olmsted* a obtenu un gaz hydrogène carboné, de très bonne qualité, et dont les propriétés éclairantes ont été reconnues peu inférieures à celles du gaz de l'huile. Une once de graine a fourni 1018 pouces cubes de gaz; par conséquent, une livre de graine produirait 16,288 pouces cubes de gaz, ou plus d'un muid. D'après une estimation de la récolte annuelle des graines de coton aux États-Unis, on évalue qu'elle pourrait donner, non compris celle qui est utile pour la semence, 2,827,500,000 pieds cubes d'excellent gaz hydrogène carboné. (*American Journ. of Science*, vol. 10.)

Appareil pour préparer et purifier le gaz ; par M. Hobbin.

Cet appareil consiste en une cornue composée de trois pièces. Celle du milieu seule est exposée à l'action du feu ; les deux autres qui s'y adaptent parfaitement, et qui y sont fixées par de fortes vis, ont des destinations différentes ; l'une reçoit le charbon à distiller au moyen d'une trémie exactement fermée ; il est poussé dans le cylindre du milieu par une cloison mobile attachée à une tige métallique ; la dernière pièce contient aussi une autre cloison mobile servant à ramener le coke dans une espèce d'entonnoir qu'elle forme, et qui est terminé par un large cylindre qu'on peut fermer à volonté ; c'est par là que le coke passe dans l'endroit destiné à le recevoir. Le gaz se rend par un tube de la cornue dans l'appareil qui doit le purifier. C'est un cylindre d'une grande profondeur, traversé suivant son axe par un tube qui s'élève de sa base à son extrémité supérieure. Le cylindre est divisé par des cloisons circulaires concentriques en plusieurs espaces qu'on recouvre d'autres cylindres renversés, découpés à leur partie inférieure pour livrer passage au gaz ; celui-ci arrive par le tube du milieu, s'élève dans le vase renversé qui le recouvre, et quand la pression est assez forte il passe dans le second vase, de là dans le troisième, et ainsi de suite. Ces vases sont plein d'eau de chaux ou de tout autre mélange purifiant, de manière que le gaz en sort après avoir traversé plusieurs fois ce mélange et va se rendre assez pur dans le gazomètre.

Cette méthode de production du gaz, outre l'avantage de pouvoir conserver presque indéfiniment une partie de la cornue, économise le temps et le combustible, puisqu'il n'est pas besoin de laisser refroidir l'appareil pour en extraire le coke et lui donner une nouvelle charge. (*Repert. of patent Inventions*, Juillet 1826.)

Nouveau gazomètre; par M. W. CONGRÈVE.

L'auteur propose de mesurer le gaz par le temps qu'il met à passer à travers une ouverture donnée; un robinet étant ouvert dans le tuyau qui alimente le bec dont l'orifice a une aire donnée, la quantité de gaz qui passe à travers cet orifice par un temps aussi donné, peut, d'après l'auteur, se déterminer plus facilement que par tous les autres moyens employés jusqu'ici. Connaissant donc la quantité de gaz qui, sous les circonstances existantes, passera par l'orifice du robinet durant une heure, il suffit au vendeur du gaz de s'assurer combien de temps le robinet a été ouvert, et de fournir la quantité de gaz qui passerait par cet orifice dans cet espace de temps. Afin donc de déterminer exactement combien de temps le robinet du bec a été ouvert, l'auteur propose d'appliquer au robinet un mouvement d'horlogerie; à l'inspection du cadran, on saura toujours pendant combien d'heures le robinet a été ouvert, et par un calcul très simple on aura la quantité de gaz qui aura passé par le robinet. (*London. Journal of Arts*. Août 1826.)

GLACES.

Enduit pour conserver le tain des glaces; par M. Lefèvre

L'encaustique blanc s'obtient en ajoutant à un demi-litre de vernis blanc à l'esprit de vin, une demi-once d'essence.

On prépare l'encaustique vert en mêlant ensemble dans un vase, 8 onces de vernis au gros guillot; 4 onces blanc de céruse broyé à l'huile blanche; 3 onces de vert de gris broyé à l'huile de lin; 1 once d'essence.

Huit jours après que la glace est étamée on la met sur une table, le tain en dessus, que l'on frotte légèrement avec de la flanelle et sur lequel on répand de la poudre à poudrer que l'on frotte de même; l'on étend ensuite l'encaustique sur le tain avec le pinceau; on donne deux couches, en mettant entre la première et la seconde un intervalle de 48 heures, et on laisse sécher au moins pendant six jours avant de placer la glace dans son parquet. (*Description des Brevets*. t. 10.)

MASTIC HYDROFUGE.

Composition d'un mastic hydrofuge propre à préserver de la détérioration les peintures sur pierre et sur plâtre, et à assainir les lieux bas et humides; par MM. Darcet *et* Thenard.

Ce mastic hydrofuge consiste dans un mélange de

cire jaune ou de résine avec de l'huile de lin lithargirée. Pour obtenir l'huile de lin lithargirée l'on fait dissoudre à chaud une partie de litharge en poudre fine dans dix parties d'huile de lin pure. Pour faire le mastic à la cire l'on prend :

Cire jaune, 1 partie; huile de lin cuite, 3 parties, avec un dixième de son poids de litharge : on fait dissoudre le tout à une douce chaleur, et on le conserve pour s'en servir.

Le mastic résineux se fait de la même manière; mais l'on prend alors résine, 2 parties; huile lithargirée, 1 partie.

Ce dernier mastic étant moins cher est employé pour les ouvrages communs et de peu de valeur. Le mastic à la cire, au contraire, est préférable pour les objets précieux, pour les moulures, les sculptures; il pénètre avec facilité les détails les plus délicats; il ne laisse aucune épaisseur à la surface, et, par conséquent, n'altère point la pureté des traits.

Toute la difficulté de l'emploi de ce mastic consiste dans son application; mais c'est à ce mode d'application surtout, qu'il doit la préférence sur tous les autres mastics hydrofuges.

Lorsqu'on veut l'appliquer sur la surface d'un mur ou d'une voûte, il est nécessaire de le chauffer préalablement afin d'en chasser toute l'humidité, et que le mastic puisse pénétrer dans l'intérieur de la pierre. L'on se sert, pour cet effet, d'un fourneau de doreur, qui est un parallélipipède en tôle garni d'une grille de fer, et dans l'intérieur duquel on place du charbon incandescent. L'on présente le côté de la grille à la partie que l'on veut chauffer ; on fait ensuite glisser le fourneau devant la partie voisine, et lorsque celle-ci s'échauffe à son tour, l'on applique le mastic à la température de 100° avec de larges pinceaux. Si l'on s'aperçoit que toute la surface n'est pas également couverte de mastic, on la chauffe de nouveau pour en appliquer encore, et l'on répète cette opération. L'enduit pénètre à la profondeur de 4 à 5 millimètres; il se solidifie par le refroidissement, et prend en six semaines ou deux mois une dureté considérable ; il ne met pas seulement la peinture à l'abri de l'humidité, il prévient encore *l'embu* par l'impossibilité où se trouve l'huile d'être absorbée, et dispense le peintre de vernir son tableau, avantages dont il est facile de sentir le prix.

Ce mastic a été appliqué avec le plus grand succès à la coupole de l'église de Sainte-Geneviève ; une expérience d'onze années a confirmé ce succès.

Des murs très humides d'un rez-de-chaussée ont été assainis et séchés de la même manière ; en chauffant la surface au moyen du fourneau et y appliquant cinq couches de mastic résineux, la dépense a été de 16 sous par mètre carré, ou 3 fr. 20 c. par toise.

Le plâtre reçoit parfaitement l'enduit et le durcit en peu de temps. Seulement la chaleur doit être ménagée, autrement le plâtre se décomposerait. L'opération réussit toujours très bien sur les plâtres neufs et secs ; mais si les murs étaient trop salpétrés, le mastic n'y pénétrerait qu'avec peine et pourrait même se détacher.

On sait que la peinture sur les plafonds en plâtre se détériore peu à peu. Les auteurs sont convaincus qu'en les imprégnant d'un enduit de cire et d'huile lithargirée on les conserverait presque autant que s'ils étaient de pierre, et que les couleurs n'éprouveraient pas plus d'altération que sur la toile.

Lorsqu'on veut conserver des objets précieux en plâtre, tels que statues, bas-reliefs, médailles, etc., on emploie un mastic composé de la manière suivante :

On prend de l'huile de lin pure, on la convertit en savon neutre au moyen de la soude caustique, on y ajoute ensuite une forte dissolution de sel marin, et l'on pousse la cuisson jusqu'au point de donner une grande densité à la lessive et d'obtenir le savon nageant en petits grains à la surface de la liqueur; le tout est mis sur un carrelet, et quand le savon est bien égoutté, on le soumet à la presse pour en exprimer le plus de lessive possible; alors on le fait dissoudre dans de l'eau distillée, et on passe la dissolution chaude à travers un linge fin. D'un autre côté, on fait dissoudre dans de l'eau également distillée, un mélange de 80 parties de sulfate de cuivre et 20 parties de sulfate de fer du commerce; on filtre la liqueur, et après en avoir fait bouillir une partie dans un vase de cuivre bien propre, on y verse peu à peu de la dissolution de savon jusqu'à ce que la dissolution métallique soit complétement décomposée. Ce point de décomposition étant atteint, une nouvelle quantité de dissolution de sulfate de cuivre et de fer doit être versée dans le vase, la liqueur agitée de temps en temps et portée à l'ébullition. De cette manière le savon sous forme de flocons se trouve lavé dans un excès de sulfate, après quoi il doit l'être successivement à grande eau bouillante et à l'eau froide; puis il est passé dans un linge pour l'essuyer et le sécher le plus possible, et c'est dans cet état qu'on s'en sert comme il va être dit.

On fait cuire 1 kilogramme d'huile de lin pure avec 250 grammes de litharge pure en poudre très fine; on passe le produit dans un linge et on le laisse déposer à l'étuve; il se clarifie assez promptement. Cela fait on prend :

Huile de lin cuite.	300 grammes.
Savon de cuivre et de fer.	160
Cire blanche pure.	100

On fait fondre le mélange à la vapeur ou au bain-marie, dans un vase de faïence; on le tient fondu pour laisser dégager le peu d'humidité qui s'y trouve; on fait chauffer le plâtre jusqu'à 80 ou 90° centigrades dans une étuve puis on l'en retire et l'on y applique le mélange fondu.

Lorsque le plâtre se refroidit assez pour que le mélange n'y pénètre plus, on remet le plâtre à l'étuve, on le chauffe de nouveau à 80 ou 90° et l'on continue d'y appliquer la couleur grasse jusqu'à ce que le plâtre en ait absorbé assez; le plâtre est alors remis à l'étuve pendant quelques instans pour qu'il ne reste pas de couleur à sa surface, et pour que toutes les finesses de la sculpture paraissent et ne soient pas empâtées. A cette époque on le retire de l'étuve, on le laisse refroidir à l'air, on l'y laisse exposé dans un endroit couvert pendant quelques jours, ou plutôt, tant qu'il n'a pas perdu l'odeur de la composition, on le frotte avec du coton ou un linge fin, et le travail est fini.

Cet enduit remplit tous les pores du plâtre sans laisser rien à la surface, sans former d'épaisseur, sans empâter les finesses des gravures et sans rendre *flous* les traits qui y sont sculptés.

En mettant de l'or en coquille sur les points culminans du plâtre et préparant ensuite le plâtre comme il vient d'être dit, on obtiendrait la patine antique avec le bronze métallique apparent dans les endroits saillans.

Une plus grande quantité de savon de fer dans l'enduit procurerait facilement la patine rougeâtre que présentent certains bronzes. Le savon de fer seul donnerait une teinte rouge-brun; les savons de zinc, de bismuth et d'étain imiteraient le marbre blanc. (*Annales de Chimie*. Mai 1826.)

NITRE.

Moyen de former des nitrières artificielles; par M. Dubuc.

On prend 200 parties de fanes de pommes de terre, au moment de la récolte; on les hache grossièrement et on les mêle avec 500 parties de terre mélangée dans les proportions suivantes : vieux ciment, 70; terre de jardin, un peu siliceuse, 160; plâtre, 70.

On mêle les plantes hachées avec la terre et on en forme des couches de 18 pouces de hauteur sur 2 pieds $\frac{1}{2}$ de longueur, en commençant la couche par 4 pouces de terre et terminant de même; on arrose cette couche afin de lui donner un degré d'humidité convenable; on abandonne le tout pendant deux mois, sans y toucher; la couche s'affaisse, le mélange se colore en brun et laisse dégager une odeur fade et désagréable.

Au bout de deux mois, on retourne la couche, au moyen du louchet, et on l'arrose de nouveau. Six mois après, on retourne de nouveau la couche et on l'arrose; enfin, après vingt-six mois de travail, on a fait l'essai du produit par le lessivage et on a obtenu un terreau ayant un goût frais et salpétré, en tout analogue à celui de la terre contenant des nitrates, et semblable à celle que l'on retire des caves et des lieux bas.

M. *Dubuc* a reconnu, par l'analyse du lessivage, que 100 livres de plantes employées donnent, en deux ans, par ce procédé, plus de 4 livres de bon salpêtre. (*Bulletin des Sciences technologiques.* Avril 1826.)

PAPIER.

Procédé pour coller le papier en pâte; par M. Braconnot.

Pour coller, dans la cuve de fabrication, 100 parties de pâte pesée sèche, on ajoutera à la pâte convenablement délayée dans l'eau, une dissolution bouillante et bien homogène de 8 parties de farine, dont on favorisera la dissolution par un peu de potasse caustique et une partie de savon blanc, aussi préalablement dissous dans l'eau chaude; d'autre part on fera chauffer $\frac{1}{2}$ partie de galipot avec la quantité suffisante de dissolution de potasse caustique à la chaux pour dissoudre entièrement cette résine; et après avoir mélangé le tout, il ne s'agira plus que d'y verser une dissolution d'une partie d'alun.

Il paraît qu'en introduisant des matières grasses et résineuses dans la pâte du papier, on a principalement pour objet d'y fixer et d'y agglutiner, en quelque sorte, la colle, afin de l'empêcher de sortir par la pression. (*Annales de Chimie.* Septembre 1826.)

Nouvelle fabrication du papier.

Un fabricant de papier, de la Silésie prussienne, a trouvé le moyen d'appliquer avec tant de succès la vapeur à la préparation des chiffons, que, même avec les plus mauvais, il fabrique les meilleures et les plus belles qualités de papier. (*Revue Encyclopédique.* Avril 1826.)

PLACAGE.

Moyen de doubler ou de plaquer les objets en fer avec du cuivre ou du laiton; par MM. Gordon et Bowser, de Londres.

Les plaques, barres, tringles ou tous autres objets en fer, qu'on veut couvrir avec du cuivre, sont d'abord décapés avec soin, de manière à ce qu'il n'y reste aucune tache de rouille. On les introduit ensuite dans un fourneau où ils sont chauffés au rouge. Dans cet état on les plonge dans du laiton ou du cuivre en bain, ou si les objets sont trop grands, on verse dessus le cuivre fondu, en évitant le contact de l'air, qui oxiderait le fer et empêcherait l'union des deux métaux.

Si l'opération est bien conduite, l'adhérence du laiton ou du cuivre, sera tellement intime, qu'on pourra soumettre au marteau ou au laminoir le fer ainsi plaqué et lui donner telle forme qu'on désire, sans crainte d'altérer le placage.

Les auteurs emploient un fourneau à vent ou à réverbère, et, dans quelques cas, deux fourneaux réunis, dont l'un est destiné à chauffer le fer et l'autre à mettre le cuivre en fusion. Quand le fer a été chauffé au degré convenable; on le saisit avec des pinces et on le fait passer immédiatement dans l'autre fourneau, où il est plongé dans le cuivre en bain. Une disposition particulière des portes des fourneaux empêche l'accès de l'air, qui nuirait au succès de l'opération.

Le temps pendant lequel le fer doit rester plongé dans le cuivre ou le laiton dépend de l'épaisseur de la couche qn'on veut obtenir; 15 minutes suffisent pour le placage le plus épais; il faut avoir l'attention de tenir les objets en fer complétement immergés dans le cuivre fondu.

Pour que le fer ne puisse s'oxider, après qu'il a été décapé, on le couvre d'une couche de résine fondue ou de toute autre matière susceptible de s'évaporer à une température au-dessous de celle nécessaire pour le plaquer.

Ce procédé est particulièrement applicable aux cylindres employés pour l'impression des toiles peintes, aux objets de sellerie, etc.

M. Poole a obtenu en 1817 une patente pour un procédé analogue, mais, au lieu de chauffer le fer séparément, il le couvre d'une dissolution de borax, et après l'avoir placé dans une chaudière dont le fond est couvert de cuivre ou de laiton, il fait chauffer les deux métaux en contact, jusqu'à ce que le cuivre soit fondu; l'adhérence est également parfaite. (*Lond. Journ. of Arts.* Septembre 1826.)

PLATINE.

Emploi du platine dans la dorure; par M. Letellier.

Le mélange de la couleur de l'or avec celle de l'argent est très agréable; aussi a-t-on souvent essayé de le produire; mais on a dû y renoncer en voyant avec quelle rapidité les vapeurs sulfureuses répandues dans l'atmosphère se combinent avec l'argent et le noircissent.

Le platine, au contraire, conserve son éclat autant que l'or. M. *Letellier* a tiré parti de cette propriété en composant des cadres dans lesquels l'or est mêlé avec beaucoup de goût au platine. Les feuilles de platine battues qu'il emploie sont aussi minces que celles d'or, et d'une extrême pureté. (*Bulletin de la Soc. d'Encour.* Décembre 1825.)

PLOMB.

Perfectionnement dans la fabrication du plomb à giboyer ; par M. Manton.

Ces perfectionnemens consistent à couvrir de mercure la surface du plomb, au moyen de quoi elle devient blanche, beaucoup plus propre et exempte de l'inconvénient de nuire à la qualité de la chair du gibier ; le plomb glisse aussi plus facilement dans le canon du fusil de chasse.

Pour l'emploi de ce procédé, on prend de préférence le plomb avant qu'il ait été glacé avec du molybdène. On le met dans un vaisseau en fer ou autre matière, de forme, soit sphérique, soit cylindrique, hermétiquement fermé et mobile sur un axe. On met dans ce cylindre 100 livres pesant de plomb et environ une livre de mercure, puis on le remplit presque entièrement d'eau. Alors on agite vivement le tout jusqu'à ce que la totalité du mercure se soit répandue uniformément et ait blanchi la surface du plomb ; après quoi on le lave bien dans l'eau. Cette opération terminée, on répand le plomb sur un drap ou une toile grossière encadrée dans un châssis de bois et on le frotte avec une éponge ou du drap, ce qui le fera sécher plus promptement. Si, au bout de quelque temps, le plomb venait à perdre sa couleur argentine, on pourra la lui rendre en répétant l'opération ci-dessus. (*Repertory of patent Inventions*. Décembre 1825.)

POUDRE.

Sur l'inflammation de la poudre par le choc du cuivre et d'autres corps.

Le fer produisant des étincelles par le choc d'un autre morceau de fer ou celui d'un autre corps dur, n'a été employé dans la construction des machines, ustensiles et bâtimens des poudreries, qu'avec la plus grande circonspection, et seulement dans les cas où l'usage en était tout-à-fait indispensable. Au lieu de fer, on avait toujours recommandé l'usage du cuivre, comme ne présentant pas les mêmes causes de danger; des réglemens même l'ont prescrit; et c'était avec la plus grande confiance que ce métal était admis dans les ateliers de poudrerie, ainsi que dans les magasins à poudre. Cependant, on pouvait bien présumer que le choc violent du cuivre par du fer, du cuivre ou de tout autre corps dur serait capable de produire un dégagement de chaleur assez grand pour enflammer de la poudre placée au point de contact; mais jusqu'ici aucun fait, aucune expérience directe n'avait démontré la possibilité de cette inflammation.

L'explosion arrivée au Bouchet, le 19 avril 1825, dans l'usine où était placé un granulateur mécanique, donna l'idée à M. le colonel *Aubert* de reprendre des expériences qu'il avait essayées sans succès un an auparavant, pour enflammer de la poudre par le choc du cuivre. Quelques jours après, aidé de M. le capitaine Tardy, il obtint un grand nombre d'inflammations de poudre, en frappant simplement du cuivre par du cuivre ou par des alliages de cuivre : il rendit compte de ces faits à M. le directeur général des poudres et salpêtres, qui ordonna que ces essais seraient répétés en présence de tous les membres du comité consultatif des poudres.

M. le colonel *Aubert* répéta ces essais, ainsi que cela lui avait été prescrit, et obtint, comme il l'avait annoncé, les résultats suivans.

Fer contre fer.

1°. Une pincée de poudre, mise sur une enclume ou sur une masse de fonte et frappée avec un marteau de fer, s'enflamme toutes les fois que l'on frappe juste, ce qui arrive souvent;

Fer contre cuivre.

2°. La même chose arrive, mais moins facilement, lorsqu'on place la poudre sur l'enclume ou sur la masse de fonte, et que l'on frappe avec une masse de *cuivre jaune*, ou bien lorsque la poudre est mise sur une masse de cuivre jaune et que le coup est donné par un marteau de fer.

Il y a aussi inflammation, en se servant d'un marteau d'alliage de cuivre et d'étain (100 cuivre et 16 étain).

Cuivre contre cuivre.

3°. On obtient encore l'inflammation en plaçant la

poudre sur du cuivre et la frappant avec un marteau de même métal; mais on arrive à ce résultat plus difficilement que dans les cas précédens; et seulement en donnant un coup bien dur et bien sec.

Ces divers résultats s'obtiennent plus aisément en mettant dans chacune des circonstances indiquées une petite feuille de papier sur la poudre.

La poudre s'enflamme encore, mais assez difficilement, en la plaçant entre deux morceaux de cuivre posés sur une enclume, et frappant le morceau supérieur avec une masse métallique. On réussit également, soit que les morceaux soient en cuivre jaune ou en cuivre rouge.

Fer contre marbre.

4°. On a aussi obtenu l'inflammation de la poudre en la plaçant sur un bloc de marbre noir ne contenant aucune partie siliceuse, et la frappant avec un marteau de fer.

On a tenté, mais inutilement, devant le comité d'enflammer la poudre par le choc du fer, en la posant sur des masses de plomb et de bois debout; elle était cependant violemment frappée par un ouvrier avec un marteau dit de devant; mais les deux faits suivans montrent évidemment que la vitesse du choc n'était pas encore assez grande, puisqu'on a pu réussir quelques jours après de la manière suivante.

Plomb contre plomb.

On avait mis de la poudre dans un enfoncement

de la masse de plomb du pendule balistique de la direction ; la balle tirée par le fusil-pendule dans cet enfoncement a déterminé par son choc l'inflammation de la poudre qui y avait été placée. Le fusil avait une charge de 10 grammes, la masse de plomb était à 3 mètres de la bouche du canon, et on avait eu la précaution de mettre, dans l'intervalle, un grand diaphragme percé d'un petit trou pour le passage de la balle, afin d'arrêter la flamme de la charge.

Bois contre bois.

La masse de plomb ayant été remplacée par un bloc de bois debout, la poudre répandue dans un trou fait précédemment dans ce bloc par une balle, a été enflammée par le choc d'une nouvelle balle, tirée comme ci-dessus avec le fusil-pendule.

Les poudres employées dans toutes ces expériences étaient des poudres superfines de chasse, du Bouchet, de Toulouse, du Ripault et de Dartford (Angleterre), et de la poudre de guerre du Ripault.

Ces faits démontrent d'une manière directe et évidente que, dans le travail des poudres et dans toutes les manœuvres qu'elles peuvent subir, il faut éviter tous chocs violens, puisque des chocs de cette espèce peuvent déterminer un dégagement de chaleur capable de produire l'inflammation de la portion de poudre qui s'y trouve exposée.

ROBINETS.

Robinet pour transvaser les gaz corrosifs.

On prépare un cylindre en platine, que l'on perce d'outre en outre d'un petit trou; on adapte ce cylindre dans un robinet de cuivre et dans la clef. Les extrémités du tube de platine doivent dépasser celles du robinet, afin qu'on les puisse rabattre pour protéger l'épaisseur du robinet; enfin deux disques en platine sont incrustés dans la clef du robinet, entre les deux extrémités de son ouverture et opposés l'un à l'autre, en sorte que, dans la position de cette clef qui ferme le robinet, les sections du tube en platine dans le boisseau portent sur les deux disques, et que de toutes parts le gaz est en contact avec du platine. (*Repert. of patent Invent.* Février 1826.)

Nouveaux Robinets; par M. Taylor.

Dans ces nouveaux robinets on a remplacé la clef par un tube qu'on fait glisser dans l'intérieur de la cannelle à l'aide d'une poignée. Ce tube est perforé tout à l'entour de petits trous afin de permettre au liquide d'y passer, mais il est fermé à son extrémité. Lorsqu'on l'a poussé au fond de la cannelle, le liquide peut couler du tonneau dans le tube, et le parcourir pour en sortir à l'orifice du robinet comme à l'ordinaire. (*Lond. Journ. of Arts.* Janvier 1826.)

SOUDE.

Moyen de purifier les Soudes factices.

On met dans une grande chaudière de plomb et mieux de fonte les solutions de sous-carbonate de soude, qui contiennent des hydrosulfates ou des hyposulfites (les eaux-mères ou la solution obtenue par la chaleur de la soude factice). On ajoute à ces liquides salins des pommes de terre que l'on a nettoyées au moyen d'une brosse et de l'eau ; ces tubercules sont ajoutés dans la proportion de trente livres pour deux cents livres de sels dissous ; on fait alors bouillir et évaporer. On ajoute, si l'on veut, pendant l'opération, de nouvelles quantités de solution et de tubercules (toujours dans les mêmes proportions) ; on continue l'évaporation. Pendant celle-ci les pommes de terre se cuisent, et par le mouvement de l'ébullition elles se divisent ; on continue l'évaporation ; et sur la fin, lorsque le produit s'épaissit, on brasse fortement la matière de manière à en faire une masse homogène, que l'on agite sans cesse ; la matière ne pouvant être desséchée entièrement dans la bassine de plomb, qui pourrait se fondre, on porte la masse dans une chaudière de fonte, où le produit achève de se dessécher. La dessiccation étant terminée, on porte la masse saline sur la sole d'un fourneau à calciner, et l'on chauffe ; pendant que la calcination s'opère, il y a dégagement de vapeurs épaisses d'hydrosulfate d'ammoniaque, et conversion des hydrosulfates en sel de soude propre au lessivage. Le sel de soude obtenu est mêlé de sulfates et d'hydrochlorates, mais il est exempt d'hydrosulfates et d'hyposulfites. Le produit ainsi obtenu est une excellente préparation, qui peut être livrée au commerce et employée avec avantage dans les blanchisseries. On peut, à défaut de pommes de terre, employer des grains de céréales ou du son provenant de ces mêmes grains; mais le bas prix des pommes de terre doit leur faire accorder la préférence.

Ce procédé est employé dans les grandes manufactures de soude de l'Écosse, où il est particulièrement appliqué au traitement des eaux-mères d'où l'on a extrait le sous-carbonate de soude. (*Bull. des Sciences technologiques*. Avril 1826.)

STUC.

Composition d'un nouveau stuc pour les bâtimens et pour d'autres usages; par M. Beavan.

L'auteur désigne ce nouveau stuc sous le nom de *ciment de Vitruve;* il est composé de marbre, de silex, de craie et de chaux amalgamés ensemble avec de l'eau, et est susceptible de recevoir un beau poli.

Pour former ce stuc on prend parties égales de marbre pulvérisé, de silex réduit en poudre et de craie; on mélange bien ces ingrédiens à sec, et on les passe à travers un tamis fin; puis on y ajoute une partie de chaux, qui a dû être éteinte au moins trois mois à l'avance. On délaie la masse dans une suffisante quantité d'eau, et après l'avoir bien gâchée et brassée, on en obtient une pâte très fine, qui est étendue sur une surface raboteuse en couche aussi mince que possible, et ensuite égalisée avec la truelle. Après que le stuc a séché, on le polit avec du talc de Venise jusqu'à ce que la surface soit parfaitement unie et brillante.

Pour appliquer ce stuc à la façade extérieure des bâtimens, il faut que les parties destinées à être couvertes soient rendues raboteuses ; ce qui peut se faire de la manière suivante : prenez parties égales de gros sable de rivière et de pierres meulières pulvérisées ; mêlez ensemble, et ajoutez un tiers de chaux éteinte depuis trois mois, et autant d'eau qu'il est nécessaire pour former une pâte homogène. Quand on veut faire usage de ce ciment, on y ajoute un cinquième de chaux réduite en poudre fine, et on l'applique comme le plâtre, mais sans l'unir.

Si le stuc doit imiter le marbre, on y trace les veines au pinceau après qu'il a été uni à la truelle, et aussitôt que la peinture est sèche on polit avec le talc de Venise.

Pour augmenter l'éclat de ce stuc, M. *Beavan* recommande d'employer un vernis composé de 4 onces de savon blanc, 8 onces cire vierge et pareille quantité de salpêtre, qu'on fait bouillir dans deux pintes d'eau jusqu'à dissolution complète. Quand le stuc est entièrement sec, le vernis est étendu sur sa surface, et ensuite frotté avec un chiffon usé jusqu'à ce que le lustre soit complet. (*London Journal of Arts.* Juillet 1826.)

SUCRE.

Moyen de purifier le sucre brut à l'aide de l'alcool ; par M. DEROSNE.

Sur une quantité donnée de sucre brut on verse une quantité déterminée d'alcool bien rectifié, et marquant de 32 à 34 degrés à l'aréomètre de Baumé. On agite les deux substances et on les laisse en digestion pendant quelques heures ; on renouvelle l'agitation de temps en temps, puis on décante l'alcool de dessus le sucre non dissous, et on répète cette manipulation jusqu'à ce que les dernières portions d'alcool ne soient plus sensiblement colorées.

Le sucre bien égoutté et desséché à une douce chaleur, ou tout simplement à l'air libre, a l'aspect et le goût des belles cassonades de la Martinique ou de la Havane ; il a sur elles l'avantage d'être privé en grande partie de la matière féculente, qui jusqu'alors exigeait l'emploi de la chaux et du sang de bœuf pour son entière séparation.

Ce procédé, fondé sur la propriété que possède l'alcool de ne dissoudre à froid que la mélasse contenue dans le sucre brut et de ne point agir sur le sucre cristallisé, est beaucoup plus expéditif que l'ancien ; et comme il se fait à froid, il y a économie de combustible et de main-d'œuvre. L'alcool n'est point perdu ; on le redistille, et il peut servir à d'autres opérations. (*Description des Brevets*, t. 10.)

Nouveau procédé du raffinage du sucre; par M. CLELAND.

On fait couler le suc de la canne dans des réservoirs de quelques pouces de profondeur, dont le fond est percé d'un grand nombre de trous d'un pouce et demi de diamètre; à chacun de ces trous est suspendu un sac de drap de six pieds de long, à travers lequel la liqueur peut se filtrer et passer dans un vase placé au-dessous, en déposant sa partie cristalline ou le sucre dans l'intérieur des sacs. Les trous doivent avoir une forme conique, afin de mieux retenir les orifices des sacs qui sont garnis d'une virole en étain ou en fer qui repose sur le bord des trous, et y est assujettie par une pièce en forme d'entonnoir. Les extrémités inférieures des chausses ou sacs étant fortement liées avec un cordon, on verse le suc de canne dans le réservoir et on le laisse filtrer à travers le tissu du sac; quand tout a été traité de cette manière, on enlève le récipient avec ce qu'il contient, on délie les extrémités des sacs et on en retire le sucre cristallisé qui s'y trouve déposé. (*Lond. Journ. of Arts.* Février 1825.)

Nouveau procédé de préparation du sucre de fécule; par M. WEINREICH.

Si l'on expose, dit l'auteur, la fécule avec de l'eau et de l'acide sulfurique à une température supérieure de quelques degrés à celle de l'eau bouillante, la saccharification n'exige plus que l'emploi de 1 à 2 pour

100 d'acide sulfurique, et elle est tellement complète au bout de deux à trois heures, que le sirop concentré se transforme complétement en sucre qui cristallise facilement. Il affirme en outre que la conversion d'un quintal de fécule en sucre non raffiné ne coûte que 4 fr., et que cent livres de pommes de terre peuvent rendre dix à quinze livres de ce sucre.

TEINTURE.

Procédé pour dégrader *les nuances de la teinture en bleu de Prusse sur soie; par M.* Chevreul.

On doit à M. Raymond, professeur de chimie à Lyon, un procédé précieux pour teindre la soie en une couleur éclatante et solide par le bleu de Prusse. Ce chimiste habile conçut, il y a quelques années, l'idée heureuse de former de toutes pièces ce composé sur l'étoffe même qu'il voulait teindre; il parvint de cette manière à obtenir des nuances foncées, beaucoup plus brillantes qu'avec l'indigo, et des bleus-ciel qu'il eût été impossible de produire avec cette dernière substance. La seule difficulté que présenta encore la teinture en bleu de Prusse, c'était de produire à volonté toutes les nuances entre le bleu le plus intense et le blanc parfait, ou, en termes de l'art, de *dégrader* cette couleur.

M. *Chevreul* est parvenu à obtenir cette dégradation par un procédé très simple qu'il a communiqué à l'Académie des Sciences. Il consiste à imprégner les différens échantillons de soie avec des proportions différentes d'oxide de fer, à l'aide de solutions dosées d'avance. Pour les tons les plus foncés, il emploie l'acétate, et pour les autres l'hydro-chlorate ou le sulfate de peroxide. Après avoir rincé chacun d'eux convenablement, il les plonge dans des bains de prussiate de potasse, dont le dosage correspond aux quantités d'oxide de fer déjà uni à la soie de chaque échantillon. Il obtient ainsi des nuances différentes qui se rapprochent autant qu'on le veut; mais toutes celles qui sont claires tirent sensiblement au verdâtre. M. *Chevreul* a observé qu'un lavage assez long à l'eau de rivière ramenait, en général, toutes les nuances au bleu pur. Lorsque ce lavage ne suffit pas, on y parvient par un arrivage à l'acide hydro-chlorique étendu; dans ce cas, c'est un excès d'oxide de fer que l'acide enlève à la soie.

On voit que ce procédé nouveau, qui promet d'importans résultats, consiste dans un lavage à l'eau de rivière, ou un avivage à l'acide hydro-chlorique. (*Journal des Connaissances usuelles*. Août 1826.)

Emploi du bois et de l'écorce du châtaignier pour teindre et tanner.

L'écorce du châtaignier renferme deux fois autant de tannin que l'écorce de chêne, et environ deux fois autant de matière colorante que le bois de campêche; aussi l'emploie-t-on avec succès pour tanner et pour faire de l'encre. Les cuirs ainsi préparés, ont plus de solidité et de souplesse. A l'égard de la teinture en noir, il paraît que la laine s'unit plus facilement à cette substance qu'avec le sumac ou la noix de galle, et que la teinte qu'on obtient est inaltérable par l'air et la lumière. On prépare aussi avec cette écorce de l'encre qui est d'un beau noir. (*Rep. of patent invent.* Avril 1825.)

Procédé de teinture en écarlate, au moyen de la laque-laque; par M. George.

Le mordant employé dans la teinture en écarlate par la laque s'obtient en dissolvant trois livres d'étain dans soixante livres d'acide muriatique, pesant spécifiquement 1,19. Pour teindre, on ajoute $\frac{1}{4}$ de pinte de ce mordant pour chaque livre de laque-laque, et l'on mêle le tout avec une spatule de bois. On ajoute ensuite quatre onces d'une dissolution d'étain dans l'acide nitrique par livre de substance colorante; on abandonne alors la laque-laque six heures à l'action de l'acide avant d'en faire usage. Les étoffes avant d'être teintes doivent être nettoyées avec de la terre à foulon. Pour teindre cent livres de demi-drap ou drap léger, on remplit presque entièrement d'eau claire un vase de la capacité de trois cents gallons, et l'on allume le feu dans le fourneau; puis, à la température de 60° ou 66° centigrades, on jette dans ce liquide une poignée de son et une demi-pinte de dissolution d'étain; on enlève alors l'écume qui se forme au moment où l'eau approche de l'ébullition. Lorsque le mélange bout, on y jette dix livres $\frac{1}{2}$ de laque-laque, préalablement mêlée avec sept pintes de mordant et trois parties $\frac{1}{2}$ de dissolution d'étain; un moment après, on ajoute dix livres $\frac{1}{2}$ de tartre et quatre livres de jeunes pousses de sumac renfermées dans un sac de toile, et on fait bouillir le tout pendant cinq minutes. On retire alors le feu du fourneau; on verse dans les cuves à teindre vingt gallons d'eau froide, et dix pintes $\frac{1}{2}$ de dissolution d'étain; on y plonge les étoffes et on les y retourne rapidement pendant dix minutes; puis on rallume le feu et on retourne l'étoffe plus lentement; on fait bouillir la liqueur, autant que possible, pendant une heure; on lave l'étoffe avec soin à la rivière; ensuite on lave à l'eau seule dans l'appareil à foulon. Ces proportions donnent une teinte écarlate brillante, tirant un peu sur le bleu. Si l'on veut une teinte plus orange, on substitue l'argol de Florence au tartre, et l'on emploie plus de sumac. (*Annals of Philosophy*. Juin 1826.)

Teinture avec les produits du cocotier; par M. Hammer-Baker.

Le procédé de l'auteur consiste dans l'application à la teinture de la soie, du coton, de la laine, etc., des enveloppes de la noix du cocotier. Comme la solution de ces enveloppes contient beaucoup de tannin et d'acide gallique, on ne doit employer aucun ustensile de fer qui noircirait la couleur.

On se sert donc d'une cuve de bois qu'on remplit presque en totalité des matières tinctoriales, et sur lesquelles on verse de l'eau; on laisse infuser pendant deux jours, ou plus long-temps, suivant la température, et on obtient une belle nuance d'un brun jaunâtre. Toutes les étoffes imprégnées des mordans ordinaires prennent dans cette teinture une belle couleur nankin très solide.

En ajoutant à la dissolution une certaine quantité de sels de fer, on en retire un beau bleu foncé, qu'on peut modifier de plusieurs manières, et varier par l'application des mordans. Si l'infusion de la noix du cocotier a lieu avec les divers rouges, on obtient une grande variété de couleurs olives, brunes claires ou foncées, très belles et très solides. (*Lond. Journ. of Arts.* Avril 1826.)

Teinture à la réserve des toiles peintes ; par M. Hirst.

L'auteur recouvre les parties à réserver des étoffes à soumettre à la teinture, d'une composition que l'action chimique des substances tinctoriales employées ne puisse altérer, en sorte que les parties ainsi préservées étant débarrassées de la composition, conservent leur couleur primitive, ou restent incolores; ce qui permet de faire des dessins variés de différentes couleurs.

La composition se fait en mêlant quarante livres de fleur de farine avec quatre gallons d'eau : on en forme une pâte molle; et après que ce mélange est resté dans cet état pendant trois ou quatre jours, on y ajoute les blancs et les jaunes de quarante œufs crus, et le tout est bien malaxé.

Pour se servir de cette composition, on l'étend à la brosse lorsqu'on veut préserver de la teinture de grandes parties de l'étoffe, ou avec des planches à impression lorsqu'on veut faire des petits dessins.

On laisse sécher, puis on suit les procédés ordinaires de teinture, et on enlève la composition en la raclant, ou de toute autre manière. (*Même journal.* Juillet 1826.)

VERNIS.

Appareil pour faire à froid le vernis laque pour le cuivre ; par M. Callahan.

M. *Callahan* se sert pour faire le vernis à froid d'une bouteille de la capacité de deux gallons, au col de laquelle il mastique avec du plâtre un tube de cuivre portant une vis, qui reçoit un bouchon ou un robinet à deux tubes.

On introduit dans la bouteille environ un gallon et demi (6 litres) d'alcool le plus concentré, avec la quantité de laque en grains et les matières colorantes utiles, pour former le vernis. On assujettit fortement le bouchon ; et après avoir agité la bouteille, on la couche sur le côté ; les jours suivans, et pendant plus ou moins de temps, suivant la saison, on renouvelle l'agitation. Quand la dissolution est suffisante, on retire le bouchon, auquel on substitue le robinet, et la bouteille étant couchée, on tourne le robinet de manière que l'air entrant par l'une des ouvertures, le vernis coule par l'autre, et l'on peut ainsi décanter tout le liquide. (*Technical Repository.* Janvier 1826.)

Moyen de dissoudre le copal.

Faites dissoudre une once de camphre dans une

pinte d'alcool ; mettez la dissolution dans un verre et ajoutez 8 onces de copal en petits fragmens ; placez ce mélange sur un bain de sable ou sur un bain-marie, dont la température doit être réglée de manière que les bulles qui s'élèvent du fond puissent se compter, jusqu'à ce que la dissolution soit complète.

Ce procédé dissoudra plus de copal que le liquide n'en retiendra à froid. La méthode la plus économique est de mettre à part, pour quelques jours, le vase qui contient la composition, et lorsque la dissolution est parfaite, de décanter le vernis clair et de laisser le reste pour une prochaine opération. (*Lond. Mechanic's Register*, t. 3.)

Composition du vernis noir de la Chine.

Prenez du goudron pur, versez-le dans un pot étroit par le haut, et faites-le cuire à petit feu pendant deux ou trois jours jusqu'à ce qu'il se convertisse en une masse compacte et noire et ne s'attache pas aux mains ; mettez cette masse dans un matras, faites-la cuire sur un feu assez fort en y versant peu à peu de l'essence de térébenthine ; si elle prend feu, il suffit, pour l'éteindre, de boucher le matras avec un feutre. Continuez ce procédé jusqu'à ce que la composition prenne une consistance fluide.

Les objets qu'on veut couvrir de ce vernis doivent être faits de bois bien sec et séchés encore après, le plus qu'il est possible. (*Télégraphe de Moscou.* 1825.)

VERRE.

Verres colorés en rouge; par M. Bontems.

Ces verres, colorés sur une de leurs surfaces et imitant parfaitement les plus beaux verres rouges des anciens vitraux peints, ont une teinte pure et égale, et résistent parfaitement à l'action de l'air. L'auteur en produit de toutes les nuances de rouge qu'on peut désirer. (*Bulletin de la Soc. d'Encour.* Août 1826.)

Moyen de démastiquer les carreaux de vitre; par M. Caisson.

On enduit, à l'aide d'un pinceau, le mastic avec un mélange d'essence de térébenthine et d'huile fixe; ensuite on passe doucement sur ce mastic une espèce de fer à souder rougi au feu; enfin, on enlève avec un ciseau de menuisier le mastic ainsi ramolli.

Ce procédé ne peut être pratiqué facilement que sur des croisées déplacées; il serait difficile à appliquer sur des croisées en place. Néanmoins, il pourra être utile quand on aura une grande quantité de carreaux à desceller.

Méthode pour couper le verre.

Quand on veut couper un cylindre en verre, on peut prendre une pierre à fusil qui ait un angle bien tranchant, une agate, un diamant ou une lime, et on marque au pourtour du verre une ligne circulaire à l'endroit où l'on a dessein de le couper; on prend un long fil soufré dont on fait deux ou trois tours sur la ligne circulaire que l'on a tracée, on met le feu au fil et on le laisse brûler ; lorsque le verre est bien chauffé on y jette quelques gouttes d'eau froide; dans l'instant la pièce se détache net comme si on l'eût coupée avec des ciseaux. Lorsqu'on veut couper des carreaux de vitres ou des plaques de verre, il suffit de tracer une ligne avec les corps ci-dessus et de faire un léger effort pour détacher les portions de verre. (*Journ. des Connaissances usuelles*, n° 19.)

ZINC.

Méthode de traitement du minerai de zinc en Angleterre ; par M. Mosselman.

On fabrique en Angleterre le zinc métallique dans des usines situées aux environs de Bristol, de Birmingham et de Sheffield. La calamine est d'abord grillée dans des fours à réverbère, puis fondue (étant mélangée avec un poids de charbon égal au sien) dans des pots ou creusets placés sur le pourtour d'un four circulaire ou rectangulaire. Ces pots sont percés à leur fond d'un trou par lequel le zinc s'écoule au moyen de tuyaux de tôle, nommés *condenseurs*, dans des bassins de réception placés en terre et quelquefois remplis d'eau ; le zinc recueilli est en gouttes ou poudre très fine mélangée d'oxide, dont on le sépare en le fondant dans une chaudière de fer. On fabrique aussi du zinc avec de la blende, en grillant ce minerai dans un four à réverbère, et mélangeant la blende grillée avec partie égale de calamine, dans les creusets du fourneau de fusion. On fait dans ce fourneau cinq charges en quinze jours, dans lesquelles on consomme 50 à 100 quintaux métriques de calamine ou blende grillée, et 220 à 240 quintaux métriques de houille. Le produit en zinc est environ de 20 quintaux métriques. (*Lond. Journ. of Arts.* Novembre 1825.)

ARTS ÉCONOMIQUES.

BAINS.

Thermophores ou bains portatifs; par M. SUWERKROP.

Le thermophore est une voiture suspendue, destinée à transporter les baignoires et l'eau chaude; sa partie inférieure renferme des caisses contenant l'eau froide et l'eau chaude dont on doit se servir pour les bains. Il y a aussi sur la voiture des places pour les baquets, ou autres réservoirs qu'on peut chauffer en les plongeant dans l'eau chaude. Le chauffeur du linge est un vase cylindrique dans lequel est inséré un autre vase. L'espace entre ces deux vases est rempli d'eau chaude.

Le filtre, de l'invention de l'auteur, est un tube avec une cloison au milieu, qui le partage en deux portions, dans chacune desquelles il y a un faux fond percé de trous comme une passoire. Au-dessus de cette passoire on a placé une quantité considérable de sable sur lequel on verse l'eau à filtrer. Cette eau traverse le sable, les trous du faux fond, un tamis de crin qui y est attaché, et finalement elle arrive au fond du vase parfaitement clarifiée. Pour chauffer l'eau, l'auteur la verse dans une cuve où l'on a renfermé une petite étuve; le feu qu'on allume est alimenté d'air qui passe par de petits tubes venant du dehors. Les conduits de cette étuve sont en forme de serpentin; ils se développent à travers l'eau et vont porter la fumée au sommet. C'est par cette étuve et par l'air chaud qui parcourt les serpentins que l'on échauffe l'eau de la cuve. (*Lond. Journal of Arts.* Juin 1826.)

BARILS.

Barils métalliques pour préserver les marchandises des avaries en mer; par M. Dikenson.

Ces barils en fer et de forme cylindrique doivent être construits de manière qu'on puisse aisément ôter et replacer les fonds; l'intérieur et l'extérieur sont revêtus de matières fibreuses ou des étoffes qu'on fixe au moyen d'une vernis de caoutchouc, de poix noire et d'essence de térébenthine, le tout dissous dans une liqueur spiritueuse convenable, à la température de 71 à 72° centigrades. Lorsque les barils doivent contenir des matières sèches, il suffit de bronzer l'intérieur à la manière des canons de fusil. Le couvercle du baril est rendu mobile au moyen de clavettes; en frappant sur ces clavettes on fixe le couvercle et on ferme hermétiquement le baril. (*Même journal.* Juill. 1825.)

BASSINOIRES.

Bassinoire sanitaire ; par M. Delbeuf.

Cette bassinoire, un peu moins grande que les anciennes, est formée de deux espèces de capsules de cuivre soudées l'une à l'autre à leur plus grand diamètre ; une douille pratiquée au côté sert de poignée et d'ouverture par où l'on introduit l'eau bouillante à l'aide d'un entonnoir ; on y adapte un manche de deux pieds de longueur. La bassinoire, qui est ronde et a peu d'épaisseur, s'introduit facilement sous la couverture, et parcourt, sans beaucoup d'effort, la surface du lit sans laisser échapper ni eau ni vapeur, parce qu'elle est hermétiquement fermée. Elle peut aussi servir utilement aux personnes qui voyagent en voiture pendant l'hiver, surtout lorsqu'on l'enveloppe d'une étoffe de laine qui conserve la chaleur, empêche les pieds de glisser de dessus et de la salir, de manière qu'en arrivant à la couchée elle peut servir à bassiner le lit.

Le prix de cette nouvelle bassine est de 25 fr. (*Bull. de la Soc. d'Encour.* Janvier 1826.)

BIÈRE.

Clarification de la bière ; par M. Dikenson.

Dans l'ancien procédé de fabrication de la bière, après avoir fait bouillir le moût, on le mettait à fermenter dans des cuves, puis on le transvasait dans des barils qu'on laissait débouchés, et la levure sortait par la bonde; mais il fallait sans cesse surveiller l'opération, afin de remplacer par de nouveau liquide celui qui s'était écoulé.

M. *Dikenson* pour éviter cette surveillance gênante propose de ténir les barils droits, d'y réserver une ouverture dans laquelle on place un tube d'étain de 6 à 8 pouces de hauteur. Un autre tube est encore placé sur le baril; au fond de ce tube est un trou à travers lequel passe le tube d'étain. On remplit ce dernier de la quantité de moût nécessaire pour remplacer la levure qui s'élève dans le tube d'étain, et se déverse dans l'autre tube. Par ce moyen il n'y a aucune perte de liquide. (*London Journal of Arts.* Mars 1825.)

BLANCHIMENT.

Procédé de blanchiment des toiles.

On commence par faire tremper les toiles dans l'eau pendant 48 heures. Alors on les fait sécher et on les traite par une lessive de cendres, dont on diminue la force à raison de la finesse du tissu. Pour les plus fins, on remplace la lessive de cendres par une dissolution de savon mou, savon de potasse; on les laisse 12 à 24 heures dans cette lessive. Après les avoir retirés, on les rince et on les porte dans un appareil à vapeur comprimée où on les abandonne pendant 5 à 8 heures. Après cette dernière opération on les passe au fouloir; on les rince de nouveau avec soin, et on les étend sur le pré où ils doivent rester pendant deux jours, en ayant soin de les arroser. Alors on recommence encore la série des opérations dans l'ordre qu'on vient d'indiquer, en leur donnant la même durée, jusqu'à ce que le tissu ait acquis le degré de blancheur voulu.

L'auteur assure avoir exécuté ce procédé en grand, et avoir obtenu, au bout de 30 jours de travail, un blanc comparable au blanc hollandais. (*Kunst und Gewerbblatt*. Janvier 1826.)

Blanchîment perfectionné du fil et des tissus de coton ; par M. Miles-Turner.

On jette dans un cuvier de savonnerie ordinaire du sulfure de potasse cassé en petits morceaux et de la chaux vive ; le tout dans la proportion d'environ 8 boisseaux de chaux sur 15 quintaux de sulfure. Ce cuvier est surmonté d'un autre cuvier ; le fond de l'un et de l'autre est garni d'un lit de paille, de cendres, de gravier ou de toute autre matière à travers laquelle la lessive puisse filtrer. Ensuite on remplit d'eau le cuvier inférieur qui contient le sulfure et la chaux. Décantée au bout d'un certain temps, cette eau forme la première lessive propre au blanchîment. Cette opération terminée, on transporte dans le cuvier supérieur les matières qui, dans celui de dessous, n'ont point subi une dissolution complète, et l'on verse une nouvelle quantité d'eau sur ces résidus. D'un autre côté, on met dans le cuvier inférieur une nouvelle charge de sulfure et de chaux. Lorsque l'eau contenue dans le cuvier supérieur y est restée le temps nécessaire, on la fait écouler dans celui de dessous. Après un autre intervalle, on décante ce second produit, qui, dans cet état, forme encore une lessive. Par une répétition du même procédé on sépare du sulfure et de la chaux toute la matière propre au blanchîment. Après avoir subi deux infusions, ce qui reste de matière dans les deux cuviers ne sera plus que comme des résidus de savonnerie; la lessive produite ainsi qu'il vient d'être dit, doit être étendue d'eau jusqu'à ce qu'elle ait à l'aréomètre à peu près le degré de densité de la lessive de potasse employée pour le même usage; et alors on y fait bouillir le fil ou l'étoffe; on les transporte immédiatement du cuvier où ils ont bouilli, dans une solution acide, et ensuite on les plonge dans une solution de chlore à la densité ordinaire. Le tout doit être de nouveau lavé et bouilli dans la lessive, puis trempé comme il vient d'être dit. On doit avoir soin de ne point l'exposer à l'air extérieur avant qu'il ait acquis un blanc parfait. (*Repertory of patent Inventions.* Janvier 1826.)

Machine à blanchir les toiles et le linge; par M. Wright.

Les matières à blanchir ou à nettoyer sont serrées les unes près des autres dans un vase conique hermétiquement fermé, dont le grand diamètre est à la partie supérieure; des tuyaux d'arrivée et de décharge garnis de robinets, font, à volonté, communiquer la partie supérieure et la partie inférieure de ce vase avec une chaudière à vapeur et différens réservoirs qui contiennent les solutions alcalines ou les agens chimiques qu'on emploie ordinairement.

Au moyen de la vapeur plus ou moins comprimée, on peut échauffer ces solutions, les forcer à passer une ou plusieurs fois au travers des substances à blanchir. On peut aisément opérer une sorte de rinçage à l'eau, puis à la vapeur ; enfin, l'auteur espère parvenir à dessécher économiquement les objets blanchis et rincés en les faisant traverser par un courant d'air chaud. (*Lond. Journ. of Arts*. Mai 1826.)

BOIS.

Procédé pour durcir le bois et l'empêcher de travailler *par l'effet de l'humidité; par M.* Atlee.

Le bois est d'abord débité en planches ou en pièces parallélogrammiques qui devront avoir une épaisseur égale sur toute leur longueur. Ensuite ces pièces sont passées entre les cylindres de fer ou d'acier bien poli d'un laminoir qui les comprime à la manière des feuilles métalliques. L'écartement entre les cylindres se règle suivant l'épaisseur du bois; mais pour qu'il n'éprouve pas une compression brusque qui romprait ses fibres et le ferait éclater ; l'auteur propose de placer plusieurs paires de cylindres à la suite l'une de l'autre, afin que la pression soit graduelle et successive. L'écartement de ces cylindres devra être tel qu'à mesure qu'ils s'éloignent, ils soient plus serrés. M. *Atlee* assure que, par ce moyen, la sève ou l'humidité sont forcées de sortir du bois sans altérer le grain ; ce bois sera ainsi rendu plus compacte, plus lourd, plus solide, moins susceptible de se pourrir, ce qui le rendra très propre aux constructions navales ; mais c'est principalement pour l'ébénisterie qu'il en recommande l'usage, comme ne travaillant pas, prenant un beau poli et se rayant difficilement. On est dispensé d'ailleurs de l'emploi de la varlope et du rabot attendu que le laminage donne aux planches une surface très unie. (*Même journal.* Août 1826.)

Enduit propre à conserver les bois de charpente.

On prend trois parties de chaux éteinte à l'air, deux parties de cendres de bois, et une partie de sable fin ; on passe le tout à travers un tamis ; on le mêle bien et on le broie avec de l'huile de lin préparée, comme on le fait ordinairement pour les couleurs : l'on applique ensuite cet enduit sur le bois que l'on veut préserver ; seulement il faut avoir soin de ne donner à la première couche que la plus faible épaisseur possible : la deuxième couche doit être très épaisse. La dépense de l'huile n'est pas aussi considérable que pour les couleurs à l'huile ordinaires, et l'enduit résiste aussi bien à l'humidité qu'à la chaleur la plus ardente du soleil. (*Kunst und Gewerbblatt.* 1824.)

Moyen d'empêcher les bois de pourrir ; par M. Hartig.

On sait que lorsqu'on enfonce des pieux en terre on est dans l'usage de les charbonner, afin de les préserver de la pourriture. Ce moyen ne réussit pas toujours : celui proposé par l'auteur paraît plus efficace. Il commence par charbonner les pieux à la profondeur de deux lignes sur toute la partie qui doit être enterrée et même à un pied au-dessus; il les enduit ensuite de trois à quatre couches de goudron bouillant de pin ou de houille.

Ce procédé est économique et facile à exécuter; il convient particulièrement pour les tuyaux de conduits en bois placés en terre, pour les corps de pompe plongés dans les puits, pour les tuteurs, les échalas, les palissades, les barrières, et en général pour tous les bois exposés à la pourriture. En renouvelant la couche tous les deux ou trois ans, on sera encore mieux assuré du succès. (*Bulletin de la Société d'Encouragement.* Juillet 1826.)

BRIDES.

Mors de bride perfectionné; par M. Diggle.

L'anneau auquel est attachée la bride tient à l'extrémité d'un ressort à boudin couché le long de la moitié supérieure de la face du mors, et qui descend un peu plus bas que l'intersection de la face et du mors proprement dit. Ce ressort peut prendre l'extension nécessaire pour couvrir entièrement la face avec laquelle il est lié, au moyen d'un deuxième anneau; de sorte que le bras du levier sur lequel agit la puissance devient plus ou moins long, selon que le cheval oppose plus ou moins de résistance. Au moyen de cette amélioration dans la confection du mors, on peut se passer de doubles rênes, et une main faible peut conduire un cheval qui est fougueux, et qui a la bouche dure, aussi aisément que le cheval le plus sensible et le plus paisible. On évite aussi dans l'emploi de ce mors ces saccades inutiles qui fatiguent tant la bouche de l'animal, et le rendent bientôt si difficile à conduire Le ressort est couvert d'une enveloppe métallique pour le garantir de la pluie et de la poussière. (*Repert. of patent Invent. Suppl.* 1826.)

CHANDELLES.

Chandelles à mèches creuses; par M. HÉBERT.

On sait que lorsqu'on mouche très court une chandelle ordinaire elle coule aussitôt. M. *Hébert* a cherché à remédier à cet inconvénient, en fabriquant, à l'aide d'un métier qu'il a fait construire, des mèches de coton cylindriques, dans lesquelles il introduit des broches de gros fil, et obtient ainsi des chandelles percées dans toute leur longueur. Son but n'a pas été d'obtenir un courant d'air simple ou double; il a cherché seulement en supprimant la mèche pleine, à la remplacer par une creuse d'un plus grand diamètre, afin de consumer successivement tout le suif à mesure que la flamme le fond autour de la mèche, et par là d'y former un godet plus prononcé, pour éviter la coulure, et il a bien réussi.

Ces chandelles ont une plus grande intensité de lumière et plus de durée que celles à mèches pleines;

elles se conservent plus long-temps, et ont une odeur approchant de celle de la cire : leur prix est très modique. (*Bull. de la Soc. d'Encour.* Octobre 1826.)

CHAUSSURES.

Nouvelle espèce de bottes pour garantir le cavalier des éclaboussures dans le mauvais temps ; par M. Green.

Ces bottes en cuir fort sont attachées à la selle et ouvertes par-devant, afin que le cavalier, s'il vient à tomber, ne s'y trouve point pris par le pied. La courroie par laquelle la botte est suspendue à la selle passe de l'œil de l'étrier aux brides du même étrier qu'elle traverse. Le derrière de la botte descend un peu au-dessous du talon, afin de garantir de l'humidité.

La partie postérieure de la plante du pied est soutenue par une courroie et un ressort renfermé dans la doublure, et revêtu d'une peau huilée pour le préserver de la rouille : des éperons peuvent être attachés à ces bottes. (*Lond. Journ. of Arts.* Octobre 1824.)

CIMENT.

Planchers employés dans le Derbyshire.

C'est avec le résidu de fusion des mines de plomb, grossièrement pulvérisé et lavé pour en retirer le peu de plomb qu'il contient encore, que l'on fait ces planchers susceptibles d'une grande dureté et d'un beau poli. Pour cela on mêle ces résidus avec un quart de leur poids de chaux délayée dans une quantité d'eau convenable; on met sur le plancher des morceaux de houille à demi brûlés, puis on y étend une couche de cette pâte : on la bat ensuite avec un battoir plat, et on la polit, lorsqu'elle est presque sèche, avec des pierres arrondies. Les plafonds se font aussi de la même manière, et sont très solides. (*Technical Repository*. Avril 1826.)

Fabrication des pouzzolanes ou trass factices; par M. Treussart.

On prend des argiles grasses au toucher et un peu calcaires; on en fait des briques que l'on fait calciner dans un four à réverbère disposé de manière à leur donner un grand courant d'air. Avant d'opérer en grand, il est bon de faire chauffer dans un petit fourneau à réverbère une certaine partie de l'argile que l'on veut employer, afin de reconnaître le degré de calcination le plus convenable. Ces argiles, calcinées à divers degrés, sont réduites en poudre fine, et transformées en mortiers avec la chaux commune, mélangée dans le rapport de 2 à 1, mesurée en pâte. Ces mortiers sont plongés dans l'eau, après leur avoir laissé prendre une demi-consistance par un séjour à l'air de dix à douze heures. Si, au bout de trois ou quatre jours, le durcissement est tel, qu'en pressant le mortier avec le pouce on n'y fasse aucune impression, on peut être certain qu'on a une véritable pouzzolane factice.

Dans la calcination en grand, on doit chercher à

atteindre le degré de calcination du ciment qui fait durcir la chaux le plus promptement. M. *Treussart* a remarqué que tous les cimens qui n'ont pas la propriété de faire durcir la chaux commune dans l'eau, ne produisent pas plus d'effet dans les mortiers à l'air que si on n'y mettait que du sable, tandis que le contraire arrive pour les cimens hydrauliques; et il tire de ces observations cette conséquence importante pour l'art des constructions, que les meilleurs mortiers pour la bâtisse à l'air, sont ceux qui sont fabriqués avec un mélange de ciment capable de faire durcir la chaux dans l'eau.

Les chaux hydrauliques naturelles sont toujours préférables aux chaux communes pour les constructions, soit dans l'eau, soit à l'air. (*Ann. de Chimie.* Mars 1826.)

CUIR.

Cuir tortillé pour harnais et courroies, etc.

On prend des peaux de vache sèches, on les dépile avec de l'eau chaude et le couteau à râcler, on les coupe en bandes, que l'on coud au bout l'une de l'autre, alors on les laisse sécher imparfaitement, on les double, on les imprègne de graisse, et on les attache par l'une des extrémités à un point fixe, tandis que de l'autre on les tord fortement pour y faire entrer le corps gras. La torsion s'opère alternativement dans les deux sens à l'aide d'un bâton, au milieu duquel on attache la courroie, et l'on continue de tordre et d'ajouter de la graisse jusqu'à ce que le cuir soit bien souple et bien gras.

Ce cuir, qui est d'un grand emploi en Russie et en Pologne, est fabriqué par les cultivateurs eux-mêmes. (*Deutche Vater Landsk.* n° 40. Octobre 1825.)

Nouveau Cuir remplaçant le papier.

Un Anglais a inventé une sorte d'étoffe qui a beaucoup d'analogie avec le papier. Le procédé consiste à faire broyer des rognures de cuir dans une pile ou machine semblable à celle qui sert à triturer le chiffon. Cette étoffe, nommée *papier de cuir*, se fabrique au moyen des mêmes procédés que les feuilles de papier. Quand elle a été collée avec soin et soumise pendant quelques instans à l'action d'une presse, elle présente, dans son ensemble, beaucoup de douceur et de tenacité; elle remplace avec avantage la basane pour la reliure des livres et pour la couverture des bureaux et autres meubles, et est susceptible de recevoir la dorure et toute espèce de couleurs et vernis. (*Nouv. Hygie.* 24 sept. 1826.)

CORDES.

Cordes et Cordages inaltérables; par M. HANCOCK.

L'auteur plonge la corde ou le chanvre à l'état de fil, dans le suc d'un arbre appelé *hevaea*, et qui est très commun dans l'Amérique du Sud. Ce suc, qui a beaucoup d'analogie avec la gomme élastique, a la consistance et l'aspect de la crême lorsqu'il commence à couler. On l'emploie de la même manière que le goudron, excepté qu'on ne le chauffe pas. On peut enduire les cordages de plusieurs couches successives de cette matière, en ayant soin de ne pas mettre une nouvelle couche avant que la précédente ne soit sèche. On place ensuite les cordages dans une étuve modérément chauffée jusqu'à ce que la matière gommeuse, appliquée sur leur surface, soit devenue parfaitement souple. Les cordages ainsi préparés sont aussi faciles à manier que ceux imprégnés de goudron, et comme la matière ne saurait se fendiller en séchant, de manière à exposer les fibres intérieures à l'action de l'air ou de l'humidité, les cordages ainsi préparés dureront beaucoup plus long-temps que ceux qui ont subi le traitement ordinaire. (*Lond. Journ. of Arts.* Juin. 1826.)

CREUSETS.

Nouveaux creusets pour la fonte du fer et du cuivre; par M. ANSTEY.

Pour former la pâte de ses creusets, M. *Anstey* prend deux parties d'argile de Stourbridge, réduite en poudre fine, et une partie de coke provenant des établissemens d'éclairage au gaz, également pulvérisé et passé par un crible de toile métallique dont les mailles ont $\frac{1}{8}$ de pouce d'ouverture. La poudre de coke ne doit pas être trop fine parce que les creusets seraient exposés à se crevasser. Après avoir mêlé les ingrédiens avec une suffisante quantité d'eau, l'auteur en forme une pâte qu'il pétrit à la main, et étend, le plus uniformément possible, sur un moule en bois qu'il couvre d'avance d'une coiffe d'étoffe de lin ou de coton mouillée, afin d'empêcher l'argile d'adhérer au moule; ensuite le creuset est enlevé; on unit ses surfaces intérieures et ses bords, et on y pratique une petite gouttière pour verser le métal fondu. Ainsi préparés, les creusets sont mis à sécher à l'air pendant quelque temps, puis exposés à une chaleur graduée. Pour en faire usage on commence par les échauffer; on les renverse ensuite sur le feu dont on modère l'intensité, en mettant du coke non allumé sur celui qui est incandescent; puis on les entoure et on les couvre de combustible, et on les chauffe au rouge. Parvenus à cet état on retourne les creusets, et, sans leur permettre de refroidir, on les charge aussitôt de la quantité de fer qu'ils peuvent contenir. Les plus grands creusets tiennent quarante livres de métal, qui, en une heure et demie et sans addition d'aucun flux, est en parfaite fusion. Le même creuset peut servir pour seize à dix-huit fontes successives, pourvu qu'on ait soin de ne pas le laisser refroidir dans l'intervalle.

D'après les expériences de M. Campbell, il paraît que ces creusets sont bien supérieurs à ceux de mine de plomb, à ceux de Wedgwood, de Birmingham, et même aux creusets de Hesse, et qu'à des températures excessivement élevées, ils n'éprouvent pas même un commencement de fusion. Les grands se vendent 14 pences (1 fr. 40 c.) la pièce; les petits, qui peuvent contenir vingt livres de métal, 1 fr.

Le fourneau de M. *Anstey* n'est pas, à proprement parler, un haut fourneau. La cheminée n'est pas plus élevée que celles des maisons ordinaires à trois étages; son extrémité supérieure est formée d'un tuyau de tôle de 7 à 8 pieds. Les briques qui servent à sa construction ne sont que posées l'une sur l'autre sans être réunies par aucun ciment, et cela afin de pouvoir les renouveler avec plus de facilité. Le foyer n'ayant que 11 pouces en carré, dont 7 sont occupés par le creuset, doit être chargé de coke réduit en fragmens de la grosseur d'une noix.

Dans les ateliers de M. *Anstey* se préparent journellement des instrumens en fonte décarbonée, qui sont préférables, pour leur homogénéité et leur ductilité, à ceux de fer battu. Pour décarboner la fonte il l'entretient à une chaleur rouge pendant une quinzaine de jours, entourée d'hématite, minerai de fer composé de protoxide et de peroxide de ce métal.

La Société d'Encouragement de Londres a décerné à M. *Anstey* une médaille d'argent et une somme de vingt guinées pour la communication de son procédé.

Il paraît que ces creusets ne sont pas également propres pour la fonte du laiton, étant trop poreux pour résister aux flux employés. Un habile fondeur a communiqué à M. Gill, rédacteur du *Technical Repository*, une composition de creusets plus convenable pour cet objet. Elle est formée, sur 100 parties, de

Argile de Stourbridge.	50
Anciens creusets concassés et pulvérisés. . . .	25
Coke dur.	12,50
Terre de pipe pour boucher les pores.	12,50
	100,00

Cet ouvrier, pour donner plus de tenacité à sa pâte, la comprime dans des moules métalliques au moyen d'une vis de pression. Ses creusets lui servent pendant quinze jours sans être attaqués par les flux, qui sont le nitre ou le sel marin, pourvu qu'on ne les laisse pas refroidir. Pour fondre le laiton, il met d'abord en fusion le cuivre et le flux, puis il met le zinc sur le cuivre fondu; il évite ainsi l'oxidation d'une partie de ce dernier métal. (*Technical Repository*. Avril 1826.)

ÉCLAIRAGE.

Sur l'emploi de l'huile empyreumatique du goudron pour l'éclairage au gaz; par M. SCHWARTZ.

L'huile que l'on obtient pendant qu'on fait bouillir le goudron pour en faire de la poix, donne, par la distillation, un gaz qui répand une lumière très vive en brûlant. 100 pouces cubes produisent 56 à 60 pieds cubes de gaz, qui contiennent environ le quart de leur volume de gaz oléifiant. L'huile du goudron est même préférable aux huiles grasses ordinaires pour la préparation du gaz éclairant, parce qu'étant plus volatile, elle entraîne rapidement le gaz hors de l'appareil, et empêche que le gaz oléifiant, en restant trop long-temps exposé à la chaleur, ne se transforme en hydrogène proto-carboné. La vapeur de l'huile, qui passe avec le gaz, se condense dans les tuyaux, que l'on doit tenir constamment à une température très basse, et on peut la distiller de nouveau. (*Ann. des Mines*, 2e livr. 1826.)

ENCRE DE LA CHINE.

Préparation d'une encre de la Chine de bonne qualité.

Les propriétés et les caractères auxquels on reconnaît l'encre de la Chine de bonne qualité, sont les suivans : sa cassure est d'un beau noir luisant ; mouillée, elle se dessèche, en offrant une superficie luisante, un peu cuivrée. Sa pâte, complétement homogène, est excessivement fine ; délayée, elle donne, suivant les proportions d'eau, des teintes plus ou moins foncées, depuis les plus légères jusqu'aux plus intenses, toujours parfaitement uniformes, dont les bords peuvent être *fondus* en passant à temps un pinceau mouillé d'eau pure, mais qui, étant desséchées, ne sont plus susceptibles d'être *délavées* à l'eau, même à l'aide du frottement d'un pinceau, ce qui prouve que l'encre de la Chine réagit sur l'une des substances contenues dans le papier ; car, étendue sur la porcelaine ou l'ivoire, elle est facilement délayée et enlevée au pinceau.

C'est après avoir étudié ces divers caractères de l'encre de la Chine, que M. *Mérimée* est parvenu à en composer une qui jouit de toutes les propriétés de la meilleure qu'on trouve dans le commerce. Voici la recette qu'il indique :

On rend de la gélatine fluide et non susceptible de se prendre en gelée par une longue ébullition ; on en précipite une partie par une infusion aqueuse de noix de galle ; on fait dissoudre ce précipité par l'ammoniaque, puis on ajoute le reste de la gélatine altérée. Il faut que cette solution soit assez épaisse pour former, avec le noir de fumée, une pâte consistante susceptible d'être moulée.

Le noir de fumée doit être choisi de la plus grande ténuité possible; on peut prendre celui qui, dans le commerce, est connu sous le nom de *noir léger fin;* on le mêle avec une quantité suffisante de colle préparée; on y ajoute un peu de musc ou quelque autre aromate pour masquer l'odeur désagréable de la colle; puis on broie le tout avec soin sur une glace à l'aide d'une molette; on donne ensuite à la pâte épaisse, ainsi obtenue, la forme de bâtons ou parallélipipèdes rectangles, à l'aide des moules en bois incrustés des lettres et dessins qui doivent paraître en relief sur toutes les faces.

On fait dessécher lentement ces bâtons en les tenant recouverts de cendres; enfin la plupart sont dorés par l'application d'une feuille d'or sur toute leur superficie humectée. (*Dictionnaire technologique*, tome 8.)

Nouvel encrier; par M. Edwards.

Ce nouvel encrier est construit de manière qu'en tournant son bouchon, muni d'une vis, l'encre coule de l'intérieur dans un petit godet placé sur le côté de la partie inférieure, et en le tournant en sens contraire, l'encre repasse de la capacité dans l'intérieur. Pour cet effet, on introduit dans l'encrier du crin, de la laine ou du coton, et on verse dessus de l'encre, qui est aussitôt absorbée. On place sur la laine un disque de verre, qui doit s'ajuster exactement dans l'intérieur de l'encrier, et sur lequel appuie la vis du bouchon. En faisant tourner cette vis le disque descend, comprime la laine, et l'encre coule aussitôt dans le petit godet latéral où l'on trempe la plume. Quand on a fini d'écrire on détourne la vis, l'élasticité de la laine agit contre le disque et l'encre rentre dans l'intérieur. (*Lond. Journ. of Arts.* Octobre 1825.)

Enduit pour donner aux murs l'apparence de la pierre; par M. Aspdin.

On prend une quantité de pierre calcaire qu'on fait cuire dans un four à chaux ordinaire; on éteint la chaux qui en résulte dans de l'eau, et on y ajoute une semblable quantité d'argile qu'on y incorpore bien. Ce mélange est placé dans des vases peu profonds pour que la dessiccation s'opère plus promptement. Quand le tout est sec on le casse par morceaux et on le calcine de nouveau dans le four à chaux jusqu'à ce que tout l'acide carbonique soit entièrement chassé. La matière est ensuite pulvérisée et réduite en poudre fine qu'on mêle pour l'usage avec une quantité d'eau suffisante pour lui donner la consistance du mastic; on applique cet enduit sur les murs pour leur donner l'apparence de la pierre.

FILETS A PÊCHER.

Conservation des filets de pêcheur ; par M. Sémen Souworof.

Les pêcheurs du lac de Seliger, près d'Otchakof en Russie, se servent du procédé suivant pour préserver de l'humidité et de la pourriture les filets qu'ils emploient, et qui sont pour eux l'objet d'une grande dépense :

Ils jettent d'abord la résine retirée des troncs du sapin dans une chaudière de cuivre ou de fer fondu qu'ils exposent à un feu léger, afin que la cuisson ne s'opère que graduellement. Lorsque la résine est en ébullition, on y ajoute le tiers de la masse d'eau, c'est-à-dire deux cents livres d'eau pour six cents livres de résine. Dès que ce liquide s'est évaporé, on jette le filet dans la chaudière ; on l'y laisse cinq minutes, au bout desquelles on le retire au moyen d'un rouleau qui sert dans le principe à immerger le filet. Pendant ce temps un homme, debout devant la chaudière, presse le tissu contre le bord du vase avec la pelle, afin d'y faire tomber le superflu de la résine, tandis qu'un autre pêcheur, debout vis-à-vis du premier, le presse également avec une pelle au moment où il entre dans la rigole pratiquée au milieu de la forme, opération après laquelle il se trouve entièrement sec ; un troisième homme l'enroule autour d'un cylindre qu'il fait tourner au moyen de rayons de fer adaptés au rouleau.

On ne goudronne pas le filet tout d'un coup, mais partiellement, en commençant par le haut. Pour que le filet soit bien goudronné, il faut que la résine ait pénétré, non seulement dans chaque fil, mais dans les nœuds qui servent à le former ; 2°. qu'elle ne s'attache point aux mains et qu'elle ne se détache point du tissu après des frottemens réitérés. Les pêcheurs ne goudronnent leurs filets que lorsqu'ils ont été pendant quelque temps exposés à l'humidité. (*Nouveau Magas. de Phys. et de Chim. de Pétersbourg*. 1824.)

FOURNEAUX.

Haut fourneau d'une nouvelle construction ; par M. Althaus.

Ce fourneau se distingue des hauts fourneaux ordinaires par une enveloppe en fonte qui simplifie la construction, et qui, en supprimant des masses de mâçonnerie, économise le terrain et rend les réparations moins fréquentes. C'est surtout sous ce dernier point de vue que l'on assigne au nouveau fourneau une grande économie dans toutes les circonstances et dans toutes les localités. Pour les hauts fourneaux qui se trouvent à proximité des fonderies, l'économie de la construction est incontestable. Plusieurs fourneaux de ce genre existent en Prusse et en Bavière. (*Archiv fur Bergbau.* 1826.)

Fourneaux pour la fonte des métaux; par MM. White *et* Sowerby.

Ce fourneau diffère du haut fourneau et du fourneau à coupelle, en ce qu'on peut, à l'aide d'ouvertures pratiquées sur les quatre côtés, changer à volonté la direction du courant d'air, et qu'on n'a besoin d'avoir recours à aucun agent mécanique pour produire le courant.

Il n'occupe dans sa construction qu'un quart de la place qu'occupe le fourneau à réverbère; l'établissement n'exige pas un cinquième des dépenses de ce dernier, les grilles y sont inutiles; il n'est pas nécessaire de doubler la cheminée de briques réfractaires, et il entre fort peu de fer dans sa construction. Les ouvertures y sont tellement ménagées, qu'elles interceptent en grande partie le rayonnement du calorique en dehors, de sorte que l'air qui alimente le fourneau est fort peu dilaté, et, par conséquent, il est plus propre à la combustion que dans le fourneau à réverbère, où il passe par le cendrier.

Il y a de plus une très grande économie de combustible dans l'emploi de ce fourneau. Le métal qu'on y fond est d'une qualité supérieure pour divers usages, parce qu'il n'est point exposé à l'action constante et immédiate de la flamme, qui souvent lui enlève une partie de son carbone.

La fusion est plus prompte et le déchet est moindre, ainsi que les réparations. La fusion n'a besoin ni de soufflet, ni de la force motrice nécessaire pour ce soufflet; il est exempt de la dépense de tout cet appareil, et d'une grande partie de celle occasionnée par les fréquentes réparations, comme aussi du chômage que ces réparations nécessitent. (*Rep. of patent Inventions*. Mai 1826.)

FOURS.

Four de carbonisation du bois; par M. SCHWARTZ.

Ce four est exactement formé par quatre murailles en briques et surmonté d'une voûte cintrée. Il a vers le milieu une légère pente parallèle à sa longueur, et servant à recueillir et à porter au-dehors, à travers des conduits de fer, les vapeurs, et particulièrement le goudron, qui se condense dans sa capacité. Il est muni de deux foyers placés en regard l'un de l'autre et courbés à angles droits. Par cette disposition l'on a une espèce de pont, sur lequel la flamme et l'air chaud, en passant et en rencontrant des combustibles, sont complétement brûlés; l'on évite ainsi de porter dans le four de l'oxigène, qui pourrait détruire le charbon. Les vapeurs sont reprises au niveau de la sole par des conduits qui les portent au-dehors, dans des appareils disposés pour la condensation, d'où elles passent dans la cheminée.

Aussitôt que la charbonnière est chargée, on met le feu aux deux foyers; et là, la flamme, avant d'arriver à la sole, est arrêtée par un angle droit du four, traverse de nouveau combustible, où elle se dépouille de son oxigène. Il faut avoir soin de donner beaucoup de solidité aux murs d'enceinte, et de veiller à ce qu'il ne s'y forme aucune crevasse qui puisse livrer passage à l'air. On construit le fourneau en briques ordinaires; mais pour les foyers, il faut en prendre de très réfractaires, capables de résister à une haute température. Les ouvertures servant à l'introduction du bois et à la sortie du charbon, sont fermées avec des briques cimentées avec un mortier au sable afin de pouvoir les démolir facilement.

Les avantages qui caractérisent cette méthode consistent en ce que l'air atmosphérique ne peut pas venir y toucher le bois à carboniser, la carbonisation s'opérant seulement avec la flamme produite par le combustible des foyers où l'air est complétement brûlé. On obtient dans ce fourneau une plus grande quantité de charbon que dans les fours ordinaires. Ce charbon est plus compacte et de meilleure qualité. (*Archiv fur Bergbau, par Karsten.* 1er vol., 2e part. 1825.)

FOYERS.

Foyers à grilles perfectionnés; par MM. Atkins *et* Mariott.

Cette invention consiste, 1°. à remédier aux inconvéniens de la fumée; 2°. à économiser le combustible, et à régulariser la chaleur qui se dégage des foyers ou grilles destinés au chauffage ou à la cuisine.

Les auteurs proposent de brûler la fumée au moyen d'une caisse ou réservoir qu'on fixe au foyer, et dont le fond s'incline en avant et communique au foyer par un orifice à travers la plaque de derrière ; il peut être fermé en dessus par une porte à coulisse ou à charnière, ou par une porte circulaire tournant à pivot.

Au lieu de jeter le charbon à la manière ordinaire, au-dessus du feu établi sur une grille ordinaire, on le jette derrière, dans le réservoir, dont on ferme immédiatement la porte ; aussitôt que le combustible arrivera au fond du réservoir, et se trouvera en contact avec le combustible enflammé, il se dégagera une fumée noire et dense, qui, ne pouvant s'échapper par la porte supérieure du réservoir, est forcée de traverser les matières en ignition avant d'arriver au tuyau de cheminée et de s'y élever. Par cette opération la vapeur du goudron de la houille, le carbone et le gaz hydrogène carboné, s'enflamment instantanément en se combinant avec l'oxigène de l'atmosphère, tandis que l'azote, le gaz ammoniacal et l'acide carbonique s'élèvent rapidement dans la cheminée sans déposer de suie d'une manière sensible.

Un autre perfectionnement de ces foyers consiste dans un récipient de chaleur, placé immédiatement au-dessous des barreaux de la grille et s'avançant en saillie jusqu'à la distance ordinaire d'un garde-feu. Ce récipient est rempli de matières qui absorbent la chaleur du foyer et par ce moyen l'empêchent de s'échapper. Les côtés et le dessus de la cheminée sont également creux et remplis de même de matières conductrices de la chaleur. (*Repert. of patent Inventions.* Janvier 1826.)

GLACE.

Glacière de Saint-Ouen, près Paris.

Cet établissement, où tout a été prévu pour ralentir la fusion de la glace et la produire par des moyens particuliers, peut en contenir près de dix millions de livres. Des expériences faites sur la plus grande échelle, par des températures très peu inférieures à zéro, ont prouvé que, dans les hivers les moins rigoureux où il ne se trouve aucune congélation sur les rivières ou sur les eaux dormantes, l'établissement de Saint-Ouen réunira sur son terrain la quantité de glace nécessaire à une grande consommation.

L'établissement fera porter la glace à domicile. Il offre aux consommateurs, 1°. une fontaine qui conserve, du matin au soir, à la température de zéro, la quantité d'eau nécessaire pour la consommation d'un jour, ainsi que les autres liquides qu'on veut rafraîchir : dans cet appareil la glace produit le *maximum* de son action ; 2°. des glacières portatives contenant de cent à cinq cents livres de glace et pouvant la conserver pendant douze à quinze jours, ce qui donne à chacun le moyen de restreindre ou d'étendre sa consommation, suivant les circonstances, sans autre embarras que de faire remplir la glacière à des époques plus ou moins rapprochées. L'établissement s'occupe aussi de la construction des réfrigérans destinés à abaisser la température des chambres des malades, des cabinets de travail, etc. (*Revue Encyclopédique*. Avril 1826.)

HARNAIS.

Colliers de chevaux perfectionnés; par M. Musselwhite.

La principale amélioration que l'auteur a faite dans la construction des colliers de chevaux, consiste dans deux pièces de liége enchâssées solidement au milieu de la bourre de crin. Le liége présente l'avantage de conserver la forme des parties de la poitrine sur lesquelles l'effort de l'animal doit surtout s'exercer, et d'éviter l'échauffement si nuisible aux chevaux qui portent des colliers ordinaires. (*Repert. of patent Inventions.* Septembre 1826.)

IMPRESSION.

Planche d'acier à imprimer; par M. Hollunder.

On fait un moule de l'objet qu'on veut imprimer, et l'on y verse, à l'état de fusion, un alliage formé d'une livre de cuivre et de cinq onces d'étain. On enduit alors de térébenthine la planche d'acier sur laquelle l'impression doit se faire; on la recouvre ensuite de papier brouillard, et le tout est enveloppé de terre afin de préserver de l'oxidation la surface polie de l'acier. On chauffe ensuite jusqu'au rouge la planche d'acier; aussitôt qu'elle est arrivée à cet état, on la retire du feu; on enlève la terre, et, au moyen d'une forte pression, on imprime sur l'acier l'alliage ci-dessus mentionné. On peut exécuter de la même manière les impressions en cuivre jaune ou en tout autre métal, et obtenir avec beaucoup de facilité toutes espèces d'impressions. (*Lond. Journ. of Arts.* Juin 1826.)

LAMPES.

Lampe hydrostatique; par M. Thilorier.

Cette lampe est à réservoir inférieur; sa flamme est isolée, et peut éclairer de toutes parts sans porter aucune ombre autour d'elle. La force qui fait monter l'huile jusqu'au bec, résulte de deux principes d'hydrostatique très simples : 1°. La colonne d'huile est soutenue par une autre colonne d'un liquide plus pesant, et qui est par conséquent plus courte dans le rapport inverse des densités; 2°. ce liquide auxiliaire s'écoule peu à peu sans que sa colonne change de longueur, et les portions qui s'écoulent tombent au-dessous de la colonne d'huile, la soulèvent et maintiennent le sommet à son niveau primitif, qui, sans cela, baisserait continuellement par la combustion. Le liquide dont se sert M. *Thilorier* est le sulfate de zinc, qui se conserve très fluide, et ne paraît éprouver aucune espèce d'altération par son contact avec l'huile. Cette substance qui a successivement coulé sous la colonne d'huile pour la soulever, et qui a été d'un grand secours pendant toute la durée de la combustion, devient un grand inconvénient quand la combustion est terminée. M. *Thilorier* a levé complétement cette difficulté au moyen d'un entonnoir tellement ajusté, qu'il s'adapte directement et hermétiquement sur le bec, sans même qu'on ôte sa mèche, ni qu'on fasse aucune autre préparation. Cet entonnoir quand il est en place, a la hauteur convenable, pour que, étant rempli d'huile, la pression soit capable de refouler le sulfate de zinc jusqu'au sommet de son réservoir, et c'est ainsi que la lampe se remplit avec une grande facilité et très promptement. Quand l'opération est finie, on soulève un peu l'entonnoir, et alors son huile s'écoule par le conduit intérieur du bec, et passe de là dans un tube qui traverse toute la la longueur de la lampe et qui aboutit à un réservoir particulier destiné à la recevoir.

Quant aux effets produits par cette lampe, on remarque que l'éclat de la flamme est d'abord égal à celui d'une lampe de Carcel, du même bec; mais au bout de quelques heures cet éclat diminue.

Quoi qu'il en soit, la lampe de M. *Thilorier* a une supériorité incontestable sur les lampes à couronne, d'abord, parce que la flamme éclaire de toutes parts sans porter aucune ombre, et en second lieu, parce que le changement de niveau étant très faible la combustion est plus régulière. (*Bull. de la Soc. d'Encour.* Septembre 1826.)

Lampe perfectionnée ; par M. Farey.

Le réservoir d'huile est un sac de cuir renfermé dans le socle ou pied de la lampe. L'huile est élevée vers le bec par un tuyau latéral, au moyen d'un poids qui presse constamment sur le réservoir ; elle tombe dans une coupe, au milieu de laquelle se trouve placée la mèche qu'elle alimente, et celle qui échappe à la combustion est reçue par un autre conduit latéral dans le cylindre ou socle qui entoure le réservoir. Quand le réservoir est vide et que les poids sont descendus, on les remonte au moyen d'un engrenage, et l'huile qui se trouve dans le cylindre pénètre alors dans le réservoir, au moyen d'une soupape placée dans le fond de celui-ci. (*Repert. of patent Inventions. Suppl.*, 1826.)

LINGE.

Encre pour marquer le linge ; par M. Thomassin.

On commence par mouiller le linge, à l'endroit où on veut le marquer, avec une dissolution d'une once de sous-carbonate de soude desséché, et de deux gros de gomme arabique dans quatre onces d'eau. Ensuite, et lorsque l'endroit est bien sec, on écrit avec une plume, ou on applique la marque au moyen d'un cachet, en se servant d'une encre composée de deux gros de nitrate d'argent fondu, et d'un gros de gomme arabique dissous dans sept gros d'eau distillée. Les caractères sont d'abord presque incolores ; il faut, pour les aviver, les exposer au soleil pendant quelques minutes ; alors ils deviennent très noirs.

On peut marquer de cette manière tous les effets de laine, coton, fil ou peau ; les marques sont inaltérables par les lessives ordinaires. (*Journ. de Pharmacie.* Mai 1825.)

MIEL.

Procédé pour purifier le miel.

Le miel séparé de la cire est exposé, pendant quinze

jours environ, au froid le plus rigoureux de l'hiver. On le place à cet effet dans des vases de bois ou d'autre matière, où il est garanti des rayons du soleil, de la neige et des autres intempéries. Il ne s'y congèle pas, mais il y acquiert une blancheur et une dureté tout-à-fait semblables à celles du sucre.

Les miels les plus communs sont privés, par ce procédé simple et facile, de la couleur, de l'odeur et du goût désagréable qui leur sont inhérens. Le sucre de miel ainsi obtenu, est employé avec succès, à Dantzick et à Trieste, pour la préparation des liqueurs. (*Wochen. des Landw. vereins in Baiern.* Décembre 1825.)

POÊLES.

Poêle en fonte de fer à circulation d'air chaud ; par M. Fortier.

Ce poêle cylindrique en fonte de fer moulée avec beaucoup de soin, est formé à l'extérieur de deux corps superposés, d'un socle, d'un laboratoire à trois pièces, et d'un couvercle. L'intérieur se compose de deux plaques, dont l'une forme la base du foyer, et l'autre la partie supérieure ; deux autres plaques, posées verticalement, complétent le foyer. Aux deux plaques horizontales sont pratiquées des ouvertures par lesquelles passe l'air pris sous le poêle, qui s'échauffe le long des parois du foyer, sans communiquer avec l'intérieur de celui-ci. Une espèce de coffre sans fond, ou cylindre creux, pose dans des rainures sur la plaque supérieure du foyer. Ce coffre laisse entre lui et le corps du poêle un espace vide que parcourt en totalité la fumée à l'aide de petites cloisons qui la forcent à suivre la route qui lui est tracée, pour sortir ensuite par l'extrémité supérieure.

Ce poêle brûle moins de bois que les poêles ordinaires, en chauffant bien et très promptement; on peut y préparer les mets nécessaires à la nourriture d'une famille, sans brûler sensiblement plus de bois; ce qui présente une double économie. (*Bull. de la Soc. d'Encour.* Octobre 1826.)

RASOIRS.

Nouveaux affiloirs pour les rasoirs; par M. Finot.

Ces affiloirs, qui ont la propriété de donner aux rasoirs un tranchant vif et doux, sont de deux espèces. L'une résulte du mélange d'une pâte fine de carton avec de l'émeri, et l'autre de la même pâte avec du rouge à polir. Ces cartons sont ensuite trempés dans du suif fondu, passés au laminoir, puis dressés de manière à offrir une surface bien plane. Après cela on les colle en bandes sur des lames de bois : chaque lame porte les deux cartons différens sur ses deux faces. (*Même journal.* Avril 1826.)

RELIURES.

Emploi de la dissolution d'or pour marbrer les reliures; par M. Kroeze.

On prend des feuilles ou plutôt de la limaille d'or

fin; on jette le tout dans un mélange composé de deux parties d'acide muriatique et d'une partie d'acide nitrique, et on les y laisse dissoudre. Quand la dissolution est achevée, on concentre un peu pour évaporer l'excès d'acide.

On étend ensuite la dissolution avec de l'eau de source ou de pluie pure, observant à cet égard que plus la dissolution est concentrée, plus le marbré de la reliure est rouge.

Ce mélange a dans cet état la propriété de teindre d'une couleur pourpre la peau non préparée; mais il n'a point cette propriété pour le cuir tanné. Pour arriver à ce dernier résultat, il faut préalablement enduire la reliure que l'on veut marbrer d'une couche consistant en une dissolution d'hydrochlorate d'étain. Au moyen de ce nouveau procédé, le métal, en se précipitant, prend une couleur rouge qui résiste à l'action des acides les plus actifs. (*Konst en letter bode*, du 17 avril 1826.)

SEL.

Appareil évaporatoire pour la fabrication du sel; par M. Parkes.

La chaudière est en forme de cône renversé, terminé inférieurement par un cylindre, au fond duquel est un tuyau portant un robinet par lequel doit sortir le sel. Un tube latéral communique par deux robinets avec la partie supérieure de la chaudière, et avec l'extrémité la plus basse du cylindre. Le premier de ces robinets sert à porter le liquide chargé de sel dans l'appareil; le second sert à introduire un peu de ce liquide dans le cylindre pour le refroidir. Le feu n'entoure que la partie conique de la chaudière; mais la portion cylindrique, plus basse que le foyer, n'y est pas exposée; l'eau la plus chargée de sel tombe dans ce cylindre, d'où elle se rend, lorsque la condensation est opérée, dans des vases placés au-dessous de l'appareil. La chaudière est surmontée d'un couvercle muni d'un tube qui peut porter la vapeur où l'on veut. Mais si on ne voulait que faire évaporer l'eau du sel, il serait moins dispendieux d'évaporer par de larges surfaces, et en faisant circuler le liquide dans des vases disposés en cascades. (*Lond. Journ. of Arts.* Avril 1825.)

SELLES.

Selles perfectionnées; par M. Wicherley.

L'auteur perfectionne la construction des selles ordinaires, en rembourrant la partie antérieure de manière à ce qu'elle s'applique plus exactement sur le dos du cheval, et que la sangle étant suffisamment serrée, une croupière devient inutile pour empêcher la selle de se porter en avant.

Il ajoute aux panneaux une courroie qui, attachée à la sangle, passe dans l'intérieur du bâtis de la selle sur des galets, et porte à son extrémité l'étrier. Cette disposition a pour but de faire serrer la sangle par le propre poids du cavalier, et d'éviter ainsi que la selle ne tourne. (*Même journal.* Juillet 1826.)

III. AGRICULTURE.

ÉCONOMIE RURALE.

ARBRES.

Machine pour arracher les souches d'arbres ; par M. Makay.

L'auteur ayant à nettoyer un terrain dont le bois avait été exploité, s'est servi d'un cabestan qu'il a attaché à la souche la plus forte ; il s'était pourvu d'un certain nombre de chaînes de différentes longueurs ayant un anneau à l'une des extrémités et un crochet à l'autre. En passant le crochet dans l'anneau, elles étaient fixées aux souches les plus voisines de celle qui retenait le cabestan, et lorsqu'il était dressé, ces chaînes s'attachant successivement à la chaîne principale, il se trouvait employé sans interruption jusqu'à ce que le dernier tronc fût arraché. M. *Makay* employa cinq hommes à l'appropriation de son terrain ; deux étaient au cabestan, deux autres fixaient les chaînes, et le cinquième veillait à la souche qu'on devait enlever. Lorsqu'elle était déracinée, ceux qui étaient aux chaînes se mettaient au cabestan.

Par ce procédé on peut faire, avec quatre hommes, plus d'ouvrage qu'on n'en aurait pu faire avec vingt par l'ancien procédé. (*Transact. of the Soc. of Encour. of Arts.* 1825.)

BESTIAUX.

Moyen de guérir la météorisation des herbivores; par M. Thenard.

On a reconnu que l'acide carbonique, résultat de la fermentation des alimens herbacés, dans l'estomac des bestiaux, forme les neuf dixièmes environ des gaz qui amènent la distension de l'abdomen; rien n'était donc plus simple que de faire avaler à l'animal météorisé une substance avec laquelle le gaz pût se combiner. L'ammoniaque remplit parfaitement cette indication; on en mêle une cuillerée à un verre d'eau et on fait avaler ce mélange à l'animal; alors on voit graduellement diminuer tous les accidens qui accompagnent la météorisation, et au bout d'une heure l'animal est revenu à son état naturel. Il n'y a plus que quelques légères précautions à prendre, suivant le degré auquel le mal est porté.

C'est à M. *Thenard* qu'on doit l'indication de ce traitement, qui est immanquable et d'un effet immédiat. Sur quatorze vaches météorisées il en a guéri douze par ce moyen. (*Bulletin des Sciences agricoles.* Juin 1826.)

BÊTES A LAINE.

Sur les Bêtes à laine d'Angleterre.

On compte en Angleterre environ 4,153,308 bêtes à laine longue ou à peigner, qui entre principalement dans la fabrication des draps. Elles consomment en grande partie le produit de 3,939,583 acres. Le poids de leur toison varie de cinq à neuf livres. Le rapport entre le nombre des bêtes nourries et celui des acres employés, est entre 21 bêtes par 4 acres, et une bête par 3 acres.

Quant aux bêtes à laine courte, dont la laine est employée en grande partie dans la bonneterie, on en compte 12,834,299 subsistant sur 28,412,202 acres. Leur toison pèse d'une livre et demie à cinq livres. Le rapport entre leur nombre et celui des acres qui les nourrissent, est depuis 4 bêtes sur 3 acres jusqu'à une pour 4 acres. La proportion générale, sur la totalité des bêtes à laine de diverses races, est de $\frac{19}{32}$ par acre, et celle des toisons est de quatre livres huit onces.

Le nombre total des bêtes à laine en Angleterre, en y comprenant les races mêlées et croisées, est de 26 millions. On calcule qu'environ un quart est livré annuellement à la boucherie, et que leur poids débité varie de neuf livres à trois livres par quartier. La proportion moyenne est de dix-neuf livres. (*Ann. de l'Agr. franç.* Septembre 1825.)

CAFÉ.

*Usage de l'*Astragalus bæticus *comme succédanée du café; par M.* Vander Plaat.

Cette plante réussit le mieux dans un sol plus sablonneux que glaiseux. On fume dans le courant de l'automne et on laboure au printemps, à un pied de profondeur. Il convient que le terrain soit exposé au midi, et, autant que possible, à l'abri des vents du nord. Au mois d'avril, après que la terre, humectée par les gelées blanches, a été successivement fumée, labourée à la profondeur de quinze à vingt pouces et hersée, on procède immédiatement, avant que la chaleur du soleil ait desséché le sol, à l'ensemencement. A cet effet, on fait, dans la terre, des couches de $3\frac{1}{2}$ à 4 pieds de largeur, et l'on y plante, à la profondeur d'environ un pouce et transversalement, les pois de semence, qui ont été préalablement humectés jusqu'à germination; ensuite on remplit les trous avec de la terre, et on arrose une ou deux fois jusqu'à ce que les pousses commencent à paraître, ce qui a lieu au bout de huit à neuf jours; il faut aussi sarcler le plant jusqu'à ce qu'il ait atteint six à huit pouces.

La récolte commence en juillet ou au commencement d'août, et elle se continue jusqu'en octobre. Deux fois par semaine on enlève les cosses mûres et on les fait sécher à l'air. La récolte doit être faite avec précaution parce que les cosses mûres s'ouvrent facilement et s'égrènent. On conserve les plus grosses et les plus mûres jusqu'aux prochaines semailles. Pour les écosser plus facilement, on fait tremper les cosses dans de l'eau chaude pendant quelque temps. Chaque plante porte deux cents cosses, et chaque cosse dix pois. Un arpent de terre, dont l'ensemencement exige douze onces de graines, doit produire seize cents livres.

On mêle ces graines dans la proportion de $\frac{2}{3}$ avec $\frac{1}{3}$ de café, on les fait torréfier ensemble dans un brûloir à café jusqu'à ce qu'ils aient acquis, les premières une couleur d'un brun clair, et celui-ci une teinte d'un brun foncé. Aussitôt que ce mélange est brûlé on le renferme encore chaud, soit moulu, soit en grains, dans des bouteilles ou des vases, que l'on a soin de bien boucher et recouvrir, et où il se conserve parfaitement. (*Konst en letter bode.* Octobre 1825.)

CANTHARIDES.

Des cantharides, et de leur récolte.

Les cantharides sont très abondantes en Sicile, et ce pays en fournit une grande partie à l'Europe. A l'odeur que ces insectes répandent, les paysans connaissent qu'elles ne sont pas loin. Après les avoir vues se poser sur quelque olivier, arbre qui les attire particulièrement, ils viennent le matin au lever du soleil, et tendent une grande toile au-dessous de l'arbre : quelques secousses données à l'arbre les y font tomber : on les jette ensuite dans un vase de terre, où on les arrose de temps en temps avec du vinaigre qui leur donne la mort. On peut aussi les faire sécher à l'ombre en les étendant sur des cadres en toile ou en papier, ayant soin de les remuer avec un petit rateau pour n'être pas incommodé par la poussière qui s'en échappe, et dont le contact est dangereux.

On conserve les cantharides, après les avoir fait sécher, soit dans des boîtes, soit dans des barils garnis intérieurement de papier, et fermés avec soin :

sans cette précaution, elles pourraient être attaquées par un insecte : dans cet état, elles se conservent aussi long-temps qu'on le veut; on les pulvérise lorsqu'on veut en faire usage. (*Journal des Connaissances usuelles*, n° 16.)

CHARANÇONS.

Moyen de détruire les charançons ; par M. PUYRADEAU.

Ce moyen consiste, quand le blé contenu dans un grenier est attaqué par les calandres (*calandra granaria*), à étendre sur le tas, des toisons de laine qui ne sont point débarrassées de leur suint; on les y laisse trois ou quatre jours, au bout desquels on vient les relever; elles sont alors entièrement couvertes de charançons morts, que l'on fait tomber en les secouant légèrement : on les place de nouveau pour le même laps de temps. Après avoir répété quatre ou cinq fois cette opération, qui ne demande pas plus de quinze à vingt jours, l'on peut être assuré qu'il ne reste plus de charançons. (*Bulletin des Sciences agricoles*. Juillet 1826.)

CHARRUES.

Nouvelle Charrue ; par M. MATHIEU DE DOMBASLE.

Cette charrue n'a ni avant-train ni roues; elle porte, vers l'extrémité de l'axe, un régulateur consistant en une tige de fer verticale, recourbée à angle droit à son extrémité inférieure, et formant une crémaillère horizontale et perpendiculaire à la direction du tirage. Au moyen de ce régulateur, qui ne repose jamais à terre, on peut d'abord élever ou abaisser à volonté le crochet auquel la volée est attachée, rendre ainsi la direction du tirage plus ou moins oblique à l'horizon, et obtenir des sillons de profondeur convenable : au moyen de la crémaillère, on peut placer la chaîne d'attelage plus à droite ou plus à gauche, donner au coutre une direction plus ou moins oblique, par rapport au sillon déjà tracé, et faire retourner à la charrue une bande de terre plus ou moins large, selon les convenances. Le sep est moins long que dans les charrues ordinaires; le coutre est incliné et placé à 5 ou 6 pouces de distance en avant du soc, afin qu'aucun corps étranger ne puisse se loger entre eux; ce qui nuirait au labour. L'âge a une forme courbe, afin que la charrue ne s'engorge pas quand elle laboure du chaume. Le versoir, beaucoup moins long que dans la charrue ordinaire, est formé d'une seule pièce de bois très contournée; la partie antérieure de ce versoir fait corps et se raccorde avec le soc; l'angle qu'elle forme avec l'horizon est plus petit que dans les autres charrues, ce qui facilite le soulèvement de la bande de terre détachée par le coutre et par le soc.

L'autre portion du versoir, après avoir passé par la position verticale, est contournée en S, en se rapprochant de l'âge par sa partie inférieure; ce qui laisse ainsi glisser la terre sous elle sans grand frottement, tandis que la partie supérieure qui s'éloigne au contraire de l'âge, retourne et amenuise sans à-coups la terre soulevée.

C'est à cette forme de versoir que la charrue de M. *de Dombasle* doit d'exiger un effort de traction moins grand que la charrue de Brabant. Elle n'exige que deux chevaux dans les terrains ordinaires : dans les terres fortes il en faut trois.

La Société d'Agriculture et Sciences de Metz a décerné à l'auteur une médaille d'or de la valeur de 300 fr. (*Séance générale de la Société d'Agriculture de Metz*, du 15 mai 1826.)

ENGRAIS.

Usage des sarmens comme engrais pour les vignes; par M. Ramello.

Après avoir ramassé tous les sarmens que produit l'émondage, et les avoir liés en petites bottes, on creuse la terre autour de chaque pied de vigne, à la profondeur de 6 pouces; ensuite, près des premières racines chevelues, on range deux, trois ou quatre petits fagots de sarmens, que l'on dispose de manière à former le cercle. On répand ensuite la terre sur les sarmens ; on la foule avec la herse et avec les pieds, en ayant toujours soin que la terre soit plus élevée vers la partie inférieure du terrain, pour que l'eau ne puisse pas descendre trop rapidement vers le bas, et pénètre entre les racines de la vigne.

Les sarmens enfouis de cette manière s'échauffent insensiblement, se colorent, se divisent en exhalant une odeur fétide, s'amollissent, se dissolvent en partie en un liquide brun très odorant, et se réduisent enfin en une matière friable, noirâtre, qui devient pulvérulente, et qui, se confondant avec la terre en passant peu à peu à l'état de terreau, enrichit considérablement le sol, et amende la vigne pour de longues années. (*Propagatore*, t. 3, n°s 11 et 12.)

Emploi des os broyés comme amendement des terres.

Il y a long-temps qu'on sait que les os forment en même temps un excellent engrais et un excellent amendement; l'engrais, à raison de la gélatine et de la graisse qu'il contient; l'amendement, à raison du calcaire qui en fait la base. Cependant, nulle part en France, on ne les emploie habituellement et en grand. Il n'en est pas de même en Angleterre, et surtout en Écosse; la quantité qu'on en consomme est si grande que le pays n'en peut fournir suffisamment, et qu'il s'en importe de grandes quantités de France, de Hollande, d'Allemagne, etc. Les os réussissent le mieux dans les terres sèches, sablonneuses et argileuses, et leur effet se prolonge pendant trente ans; mais sur celles qui sont humides ou calcaires, ils sont de peu d'utilité : leur action sur les prairies est très marquée. (*Annales de l'Agr. franç.* Novembre 1825.)

FOURRAGES.

Nouvelle espèce de fourrage.

M. *Moncroft* a fait passer à la Compagnie des Indes

des semences d'une plante à fourrage indigène, de Braz, aux confins de l'Inde et de la Chine. Ce végétal est nommé *prangos*; il se rapproche du genre *cachrys*, et il a deux congénères seulement; l'un croissant dans le Levant, l'autre en Crimée. L'acquisition de cette plante est d'une haute importance, si l'on ajoute foi à la moitié des merveilles qu'en racontent les Indous. Il paraît au moins certain qu'elle donne au bétail une excellente nourriture, et qu'elle n'exige presque aucun soin pour sa multiplication; elle engraisse les troupeaux dans un espace de temps extrêmement court, et les guérit, dit-on, du flux hépathique et de la pourriture, qui est si funeste aux moutons après les pluies d'automne. C'est une plante herbacée, pérennale, de la famille des ombellifères. (*Revue Ecyclopédique*. Février 1826.)

MOULINS.

Moteur à ailes horizontales; par M. COMOY.

Ce moteur se compose de quatre ailes horizontales, dont celle qui est frappée par le vent, en prenant la position verticale, force celle qui lui est opposée à ne présenter que sa tranche, et celle-ci poussée à son tour, force l'autre à prendre la position qu'elle vient de quitter, de façon que chacune des quatre ailes est successivement poussée par le vent.

Ce qui distingue cette machine, c'est la disposition des bras des ailes qui sont placés sur angle, retenus par des boulons à anneaux, dans lesquels se trouve le seul point de frottement, et la facilité de tendre ou détendre, au besoin, les voiles, en agissant sur un câble par un seul mouvement qui, à l'instant, fait plier ou déplier les mêmes voiles à chaque aile.

La disposition et les assemblages de ce moteur en rendent les réparations faciles; il peut être appliqué à divers usages. (*Bull. de la Soc. d'Agr. du Cher*, n° 7.)

MURIER.

Feuille propre à remplacer celle du mûrier pour les vers à soie.

Le docteur *Sterler* a découvert pour les vers à soie un aliment qui remplace parfaitement le mûrier, que les larves préfèrent même à celui-ci, et qui les rend sujettes à beaucoup moins de maladies. La soie que produisent les vers ainsi nourris, est plus belle et de meilleure qualité que l'ancienne. Les feuilles substituées au mûrier sont celles de l'*acer tartaricum*. (*Jour. des Débats*. 23 septembre 1826.)

PAILLE.

Mode de Culture employé en Toscane de la plante qui fournit les tresses des chapeaux de paille; par M. FOURNIER.

Le froment barbu (*triticum turgidum*) est cultivé en grande quantité en Toscane, et pour la nourriture, et pour la fabrication des tresses. Dans quelques parties du Val-d'Arno, entre Pise et Florence, où on l'emploie à ce dernier usage, on sème la graine épaisse dans un terrain pauvre, pierreux, sur les bords de la rivière; lorsque le blé s'élève à la hauteur de quelques pouces, on le fauche à une certaine distance de terre, ce qui maîtrise plus ou moins la vigueur de la plante et en rend les pousses plus délicates; si elles sont trop grosses on fauche de nouveau, et encore jusqu'à trois ou quatre fois, suivant la force de la plante; lorsque les tiges sont suffisamment fines on les laisse croître, et lorsque la plante est en fleur, le grain étant encore en lait, on l'arrache et on l'expose au soleil, sur le sable de la rivière, en ayant soin de l'arroser de temps en temps. Aussitôt que la paille a acquis une couleur convenable, on en fait le triage avec un soin tout particulier, en suivant les degrés de finesse, et on la partage ensuite en différentes sortes, d'après la longueur du brin. La seule partie qu'on emploie est celle qui s'étend de la base de l'oreille à quelques pouces du premier joint; la partie qui est entre le premier et le troisième nœud est réservée pour les tresses communes. (*Trans. de la Soc. d'Encouragement de Londres.* 1825.)

PLUMES.

Sur les cigognes qui fournissent les plumes déliées connues sous le nom de marabou.

On est parvenu dans l'Inde à rendre domestiques les trois espèces de cigognes suivantes : la *cyconia marabou, argala* et *capillata*. Leur éducation devient une branche d'industrie et de commerce très lucrative pour les habitans des campagnes, surtout pour ceux des environs de Calcutta et de Madras, qui s'y adonnent exclusivement. Toutes les plumes connues sous le nom de *marabou*, et si recherchées pour la parure, sont fournies par ces oiseaux, et ne sont autres que les couvertures inférieures de la queue. (*Ann. des Sciences naturelles.* Janvier 1826.)

SUMAC.

Culture du Sumac des corroyeurs (rhus coriaria, L.) *en Espagne.*

Le sumac croît très bien dans les climats chauds de l'Europe, et même dans les régions où le froid a une certaine intensité durant l'hiver. Sa culture ne demande d'autre condition que le défoncement à la bêche du terrain auquel on veut confier les rejetons. On les met en terre au mois d'octobre, par rangées, à la distance de deux brasses les unes des autres, à la profondeur de trois pieds. On les laboure deux fois pendant l'hiver et au commencement du printemps. On taille à fleur de terre, à la seconde ou troisième année, au mois d'août, les plantes, qui ont alors acquis toute la croissance et dont les feuilles sont bien mûres. On fait une coupe pareille chacune des années suivantes. On sèche les tiges au soleil et on en sépare ensuite la feuille par le battage, qui se fait avec des bâtons ou des fourches. On réduit ces feuilles en poudre en les faisant passer sous une meule verticale, pareille à celle qu'on emploie dans la fabrication de l'huile, et elles sont alors propres au tannage des cuirs. On les transporte dans des sacs de toile.

La feuille du sumac est excellente pour préparer les maroquins et autres cuirs; on s'en sert aussi pour laver les peaux qui ont trempé dans l'eau de chaux avant de les faire passer à la teinture. (*Journ. des Connaiss. usuelles.* Août 1826.)

THÉ.

Sur le Thé du Paraguay.

Le plus renommé de tous les thés d'Amérique est le thé du Paraguay, dont on importe une grande quantité au Pérou, au Chili et dans les établissemens de Buenos-Ayres; son usage est si répandu dans l'Amérique méridionale, que les indigènes ont toujours une quantité de thé tout préparé. On prépare ce thé simplement en versant de l'eau chaude sur les feuilles et en le passant à travers un filtre d'argent ou de verre qu'on porte à la main. On mêle souvent à ce thé du jus d'un petit citron, et on le prend avec ou sans sucre.

Ce thé est très remarquable en ce qu'il est produit par un arbuste regardé jusque-là comme vénéneux, et décrit sous le nom d'*ilex paraguensis*. Il est de la grosseur d'un oranger, avec lequel il a une grande ressemblance pour les feuilles et sous tous les autres rapports; les fleurs sont blanches, disposées en petites capsules dans l'axe des feuilles; elles sont à quatre corolles et des baies rouges les remplacent. Les feuilles vertes ou desséchées sont tout-à-fait inodores ; mais lorsqu'on verse de l'eau chaude dessus, elles répandent une odeur agréable. (*Bull. des Sciences agricoles.* Mai 1826.)

HORTICULTURE.

ARBRES FRUITIERS.

Moyen de prévenir les effets de la gelée sur les arbres.

On fait des entailles dans l'écorce des arbres altérés par la gelée ; il en sort une liqueur épaisse assez semblable au jus de fruits cuits. On enlève cette écorce et on frotte le tronc avec de l'argile rendue liquide. Cette opération arrête l'écoulement de la liqueur, l'écorce se reforme promptement et acquiert en peu de temps une ligne d'épaisseur. (*Ann. pomolog. d'Altembourg*, 1er vol., 2e cah.)

CHENILLES.

Moyen de détruire les Chenilles dans les greniers ; par M. Planke.

Il faut entretenir dans les greniers un grand courant d'air, beaucoup de lumière et de propreté, ensuite enduire de chaux les murs, les piliers, etc. Au printemps, après quelques nuits chaudes, les papillons sortent des chrysalides et restent quelques jours sans mouvement, accrochés contre les murs ; on doit alors leur faire la chasse pour détruire les femelles. Si la chaleur continue, les papillons voltigent dans les greniers; on en ferme alors les portes et on y répand avec précaution des vapeurs sulfureuses qui les font tomber. Pendant la floraison des arbres fruitiers il convient d'ouvrir le grenier pour donner entrée aux oiseaux, qui font alors la chasse aux insectes. Quand le sureau commence à fleurir on en met de petites branches en fleurs sur les tas de grains et on les renouvelle à mesure que les fleurs se fanent. A la fin de l'été et en automne on couvre les tas de grands draps de toile grossière, sur lesquels on trouve bientôt les chenilles. (*Landw. zeit. für Kurhessen.* Juillet, 1824.)

CHOUX-FLEURS.

Moyen de conserver les choux-fleurs pendant l'hiver; par M. Cockburn.

Semer la graine au commencement de juillet sur couche, au midi. Quand les plantes sont un peu fortes, on les éclaircit de manière à laisser entre elles un espace de 12 à 14 pouces. Comme elles ne peuvent supporter que 3 ou 4 degrés de gelée, on les rentre vers la mi-novembre, et on les met dans du terreau, en laissant à leurs racines le plus de terre possible. On enlève les feuilles à mesure qu'elles se forment, et on coupe successivement les plantes qui paraissent ne pas pouvoir se soutenir.

On peut en conserver ainsi jusqu'en février. (*Garten Magazin*, IVe vol. 2e cah.)

INDUSTRIE NATIONALE

DE L'AN 1826.

I.

SOCIÉTÉ D'ENCOURAGEMENT POUR L'INDUSTRIE NATIONALE, SÉANT A PARIS.

Séance générale du 24 mai 1826.

Cette séance a été consacrée à la lecture faite par M. le baron *Degérando*, du compte-rendu des travaux du conseil d'administration, depuis le 27 avril 1825, et celle du rapport sur les recettes et dépenses de la Société pendant l'année 1825, présenté par M. *Molinier de Montplanqua*. Il résulte de ce rapport que les recettes se sont élevées à . . 68,644 f. 29 c.

Et les dépenses de toute nature, y compris l'achat de onze actions de la banque, à 60,533 54

Partant la recette excède la dépense de . . . . 8,110 f. 75 c.

A quoi ajoutant une somme de 2,000 f. qui se trouve, à titre de

Ci-contre.	8,110 f. 75 c.
dépôt, dans la caisse, et la valeur représentative de cent soixante-six actions de la banque, ci.	338,150
On voit que le fonds social était, au 1er janvier 1826, de	346,260 f. 75 c.

Indépendamment d'un legs d'environ 262,000 f. fait à la Société par feu M. le comte *Jollivet*, et dont elle doit entrer en jouissance dans le courant de 1827. Alors le capital formera une somme de plus de 600,000 f., qui produira 30,000 f. d'intérêts. Si l'on y ajoute 44,000 f., produit des souscriptions, tant du gouvernement que des membres, et 6,000 f. provenant de la vente du Bulletin, on voit que la Société jouira d'un revenu annuel de 80,000 f. Cette situation prospère lui permettra d'augmenter la valeur de ses prix, et d'accorder à l'industrie les encouragemens qu'elle réclame. Les médailles d'encouragement, distribuées dans cette séance, sont au nombre de cinq, toutes en or, dont quatre de première classe, et une de seconde, savoir :

1. A M. *Gambey*, ingénieur en instrumens de mathématiques, à Paris, une médaille d'or de première classe, pour avoir exécuté plusieurs instrumens d'astronomie avec une perfection remarquable, et en avoir inventé d'autres dont la science retire les plus grands avantages. . . . .

2. A M. *Hallette* fils, ingénieur-mécanicien à Arras (Pas-de-Calais), une semblable médaille, pour avoir

établi dans cette ville des ateliers de construction, d'où sont sortis un grand nombre de machines d'un service utile et d'une construction très soignée.

3. A MM. *Aitken* et *Steel*, ingénieurs-mécaniciens, une semblable médaille, pour avoir formé à la Gare près Paris, un vaste établissement de fonderie et de construction de machines, qui a une grande influence sur notre industrie, et avoir apporté de notables perfectionnemens aux machines à vapeur.

4. A M. *Debergue*, mécanicien à Paris, la grande médaille d'or, pour l'invention d'un métier à tisser, mécanique, qui présente de nombreux avantages. (*Voyez* plus haut, page 319.)

5. A MM. *Casalis* et *Cordier*, ingénieurs-mécaniciens, une médaille d'or de deuxième classe, pour avoir formé à Saint-Quentin (Aisne) un établissement de construction de mécaniques, et avoir placé, dans diverses manufactures, des machines à vapeur d'un nouveau système, qui réunissent l'économie à la simplicité et à la solidité.

Objets présentés dans cette séance.

1. MM. *John Collier* et *Magnan*, ingénieurs-mécaniciens, rue Richer, n. 24, avaient exposé une pièce de drap de deux aunes trois quarts de large, au compte de 2,600, fabriquée sur un métier mécanique de leur invention. On avait douté jusqu'alors qu'il fût possible de tisser des étoffes de grande largeur, et principalement des draps sur ces sortes de métiers. Des tentatives faites à cet égard en Angle-

terre n'avaient point réussi. La France, si renommée pour la beauté et la bonne qualité de ses draps, peut donc se glorifier d'avoir résolu cet important problème ; et c'est à M. *J. Collier*, dont les talens, comme mécanicien, sont justement appréciés, que nous devrons l'introduction, dans nos manufactures, d'un métier qui réunit à la solidité nécessaire la facilité et la légèreté dans les mouvemens, un prix modéré, une économie considérable de temps sur le même travail fait à la main, et qui donne des produits remarquables pour la régularité et la beauté de leur tissage.

Ce métier, dont le bâtis et les principales pièces sont en fonte de fer, est applicable à toutes les largeurs d'étoffes. Les mouvemens de la châsse et de la navette, et l'ouverture du pas de la chaîne, sont ingénieusement combinés, et réglés de telle sorte, qu'on peut obtenir à volonté une étoffe plus ou moins serrée, mais toujours égale et bien frappée, sans avoir à craindre la rupture d'un grand nombre de fils, ce qui fait perdre beaucoup de temps pour le rattachage, et a été un des principaux obstacles à l'adoption des métiers mécaniques. Celui de M. *Collier* permet de fabriquer six aunes de drap par journée de douze heures de travail, tandis qu'un bon tisserand à la main n'en pourrait faire plus de quatre à cinq aunes dans le même temps. Un ouvrier, homme ou femme, suffit pour conduire deux de ces métiers ; ses dimensions en largeur n'ont pu être changées, mais il a subi une réduction d'un tiers en profondeur, et sa hauteur est de 5 pieds 6 pouces seulement : il exige très peu de force motrice; enfin son prix est modique: celui de la plus grande largeur pour drap de Sédan, ne coûte que 1,100 f., et n'est pas susceptible de se déranger.

2. MM. *Irroy* et compagnie, à Bercy près Paris, ont présenté, 1°. de l'acier de cémentation et de l'acier fondu provenant du fer des Pyrénées; ces aciers, très durs, ont la faculté de pouvoir se souder facilement; ils en fabriquent de plusieurs qualités, suivant les divers usages auxquels ils sont destinés. On se rappelle que M. *Irroy*, alors établi à Arc, département de la Nièvre, obtint, aux expositions des produits de l'industrie de 1806 et 1819, deux médailles d'or, pour la supériorité de ses aciers; 2°. des clous carrés, fabriqués par machines, dont la tête est refoulée, et qui, au lieu d'être pointus comme les clous ordinaires, sont aplatis et tranchans par leur extrémité; cette forme leur procure l'avantage de pénétrer aisément dans le bois, d'y adhérer très solidement, et de ne pas le fendre comme les clous d'épingle ronds, et dont la pointe est mousse; fabriqués avec du fer dur de Berry ou de Champagne, ils sont beaucoup plus roides, quoique plus minces d'un tiers pour la même longueur; 3°. des limes de toutes espèces, très bien taillées, et faites avec des aciers de choix; elles sont de très bonne qualité; 4°. des ressorts de toutes formes pour voitures, rivalisant pour leur force et leur élasticité avec les meilleurs ressorts anglais; 5°. des creusets destinés à fondre l'acier, et qui sont annoncés

comme parfaitement réfractaires; 6°. enfin, des échantillons de coke (charbon de terre désoufré) de très bonne qualité, préparé par un procédé particulier pour lequel M. *Irroy* est brévété, et qui peut être employé pour la fonte des métaux, le chauffage domestique, etc.

3. M. *Chenavard*, fabricant de tapis de S. A. R. madame la Dauphine, boulevard Saint-Antoine, n. 65, avait exposé des tapis de table vernis, enrichis d'ornemens et de peintures de très bon goût, et des stores transparens en soie, pour croisées, écrans, etc. Ces stores, analogues à ceux en usage en Angleterre et en Russie, sont à plus bas prix et préférables sous le rapport de la fabrication et du choix des dessins; ils ont l'avantage de modérer la vivacité de la lumière, et de répandre dans les appartemens une clarté douce et agréable, qui produit l'effet des vitraux gothiques.

4. M. *Grenet*, fabricant à Rouen, un assortiment de colle transparente et colorée, remplaçant celle de poisson, et d'une force d'adhérence supérieure à celle de Flandre et d'Angleterre. Une médaille d'or a été décernée à M. *Grenet* au dernier concours de la Société d'Encouragement, pour cette colle, qui est sans goût, d'une pureté remarquable, et convient aux ébénistes, facteurs d'instrumens de musique, bijoutiers, et pour l'apprêt des tissus. Le dépôt est établi à Paris, chez MM. *Briffaut de Lille*, et *J. Mercier*, rue des Deux-Portes-Saint-Sauveur, n. 28.

5. M. le marquis *de Pontéjos*, espagnol réfugié à Paris, et amateur distingué des arts, a présenté deux

modèles de machines à vapeur de la force de quatre chevaux, réduits au quart de leur proportion naturelle, d'après les dessins de M. *Leblanc;* l'une est à cylindre vertical, d'après le système de *Watt;* et l'autre à cylindre horizontal, d'après MM. *Taylor* et *Martineau;* cette dernière convient pour les bateaux à vapeur, étant peu volumineuse et légère. Les pièces principales de ces modèles, presque entièrement en fer, ont été exécutées avec beaucoup de soin par M. *de Pontéjos* lui-même; il a été aidé dans ce travail par M. *Vallot*, rue Saint-Martin, n. 246, qui a aussi fait preuve d'habileté.

6. M. *Christophle*, horloger, rue des Quatre-Fils, n. 19, au Marais, une horloge destinée pour l'Imprimerie Royale, d'une construction solide et soignée; les roues sont en cuivre et les pignons en acier trempé; elle sonne l'heure et les quarts par le même corps de rouage; chaque quart s'annonce par un double coup.

7. M. *Hubert Desnoyers*, rue du Faubourg-Saint-Martin, n. 74, des parapluies à vis, dont la monture est assez solide pour pouvoir résister aux plus grands vents, et qui conservent plus long-temps leur couverture que les parapluies ordinaires, ayant des charnières et des goupilles en cuivre.

8. M. *Saint-Maurice Cabany*, rue Sainte-Avoie, n. 57, un assortiment de divers objets de sa fabrique, remarquables par la pureté de leurs formes et le bon goût de leurs ornemens, tels que boîtes, paniers et pelottes à ouvrage, nécessaires, album et carnets, dont la couverture en double d'or et d'argent gaufré,

imite les ouvrages d'orfévrerie. Ces cartonnages, en général assez solides et à un prix modéré, sont très recherchés du public.

9. M. *Bontems*, directeur de la verrerie de Choisy, des carreaux de verre colorés en diverses nuances et d'une teinte pure et égale.

10. M. *Dearn*, à Hières, du fil de lin de diverses grosseurs, filé à la mécanique et de la toile fabriquée avec ce fil.

11. M. *Letellier*, rue de la Juiverie, n. 32, des cadres et autres objets dans lesquels il a su allier avec beaucoup de goût l'or et le platine; il est parvenu à réduire cette dernière matière en feuilles très minces, et d'une ductilité telle qu'elles peuvent être employées à tous les usages des feuilles d'or.

12. M. *Pugnant*, à Belleville près Paris, une jauge en fer pour mesurer la capacité des tonneaux et autres vases, et qui paraît être d'un usage commode.

13. M. *Fortier*, rue de la Pépinière, n. 123, un calorifère rond, en fonte de fer, très bien exécuté.

14. M. *Vincent Chevallier*, ingénieur-opticien, quai de l'Horloge, n. 69, son microscope achromatique, construit d'après le système d'Euler, et dont les effets sont supérieurs à ceux des autres microscopes.

15. M. *L'Homond*, rue Coquenard, n. 36, déjà avantageusement connu pour ses cheminées économiques, des pierres de taille factices et des ornemens d'architecture imitant le marbre, qu'il annonce comme étant très solides et pouvant résister aux intempéries de l'air.

16. M. *Legendre*, six tableaux de lecture et d'arithmétique.

17. M. *Darcet*, membre de l'Académie des Sciences, un fragment de tuyau de plomb rempli d'un dépôt calcaire très dur, qu'il est parvenu à dissoudre au moyen de l'acide hydrochlorique.

18. Enfin, des foulards en soie de diverses couleurs, de la fabrique de MM. *Calla* et compagnie, à Lyon.

M. *Castéra* avait présenté les modèles de diverses embarcations sous-marines pour la défense des ports et des rades. Cet appareil a reçu plusieurs perfectionnemens, entre autres un brûlot, composé d'un bateau-poisson et d'un bateau articulé. Le premier sert à couvrir un homme d'une enveloppe qui empêcherait de remarquer sa présence, lors même qu'il serait obligé de remonter momentanément à la surface de l'eau ; le mouvement de ses bras est libre, à l'aide de manches en cuir ; il tient une corde attachée au bateau principal, laquelle lui donne un point d'appui, et conséquemment la facilité de rompre le fil de l'eau dans une direction toujours parallèle à la surface.

Le bateau articulé a sa principale division disposée en brûlot; elle est remplie de matières combustibles, et munie d'un lest et d'un gouvernail transversal servant, avec sa poupe, au maintien de son équilibre. La petite division, formant l'arrière du bâtiment, et qui s'en sépare à volonté, contient deux rameurs; le bateau-poisson la dirige au moyen de cordes; l'un et l'autre sont pourvus de tuyaux flexibles, par lesquels s'opère le renouvellement de l'air, et de pompes aspirantes et foulantes pour pouvoir plonger au besoin. Parvenu à sa destination, le bateau-poisson donne le signal aux rameurs, qui détachent leur bateau et s'éloignent tandis que lui, au moment de s'en séparer également, lâche le lest et la détente, qui met le feu au brûlôt; celui-ci sort immédiatement de l'eau et entre en combustion.

Séance générale du 22 novembre 1826.

La distribution des prix mis au concours pour l'année 1826, et la proposition de quelques nouveaux sujets, a été l'objet de cette réunion, qui avait attiré un concours nombreux de sociétaires.

Sur vingt et un prix qui ont été proposés pour 1826, et dont la valeur s'élevait à 52,300 fr., il en est neuf pour lesquels il ne s'est présenté aucun concurrent; sur les douze autres, deux ont été complétement gagnés, deux ont obtenu des accessits et des médailles, et huit ont donné lieu à des recherches, sans cependant avoir été remportés.

Aucun concurrent ne s'est présenté pour disputer les prix suivans :

1°. Pour la construction d'une machine propre à raser les poils des peaux employées dans la chapellerie;

2°. Pour la découverte d'un outre-mer factice;

3°. Pour les laines propres à faire des chapeaux communs à poils;

4°. Pour la découverte d'un étamage de glaces à miroirs, par un procédé différent de ceux qui sont connus;

5°. Pour le perfectionnement des matériaux employés dans la gravure en taille-douce ;

6°. Pour la découverte d'un métal ou alliage moins oxidable que le fer et l'acier, propre à être employé dans les machines à diviser les substances molles alimentaires ;

7°. Pour la construction d'un moulin propre à nettoyer le sarrazin ;

8°. Pour l'introduction des puits artésiens dans les cantons où ils n'existent pas ;

9°. Pour l'importation en France des plantes utiles à l'agriculture, aux arts et aux manufactures.

Le prix de 2,000 fr. pour l'application de la presse hydraulique à l'extraction de l'huile, du vin et des sucs des fruits, a été décerné à M. *Hallette*, ingénieur-mécanicien, à Arras (Pas-de-Calais).

Le prix de 500 fr. pour un semis de pins d'Écosse dans un canton où il ne s'en trouve pas, a été décerné à M. *Le Roy-Berger*, propriétaire à Boulogne.

Une médaille d'or et un encouragement de 500 fr. ont été accordés à M. *Savaresse* de Nevers, pour avoir perfectionné la fabrication des cordes à boyaux propres aux instrumens de musique. Une somme de 500 fr. a été allouée pour le même objet à M. *Savaresse-Sara*.

Une médaille d'or de seconde classe a été décernée à M. *Santyago-Grimauld*, espagnol, pour avoir présenté du papier très bien fabriqué avec de l'écorce de mûrier, à l'imitation des papiers de Chine.

Une médaille d'argent a été accordée à M. *Cordier*, mécanicien à Beziers, pour avoir remplacé la vis en usage dans les pressoirs à vin, par une presse hydraulique d'une construction simple et solide.

Le prix pour la construction d'une machine propre à travailler les verres d'optique a été retiré.

Il a été proposé, dans cette séance, trois nouveaux sujets de prix; savoir :

1°. Un prix de 2,000 fr. pour la fabrication des briques, tuiles et carreaux par machines;

2°. Un prix de 5,000 fr. pour le perfectionnement des scieries à bois, mues par l'eau;

3°. Un prix de 6,700 fr., comprenant dix questions, sur le perfectionnement de l'art lithographique.

Les deux premiers prix seront décernés en 1827, le troisième en 1828.

Les prix proposés pour l'année 1827 sont au nombre de vingt-cinq, et forment une valeur de 76,300 fr.; savoir :

Arts mécaniques.

1. Pour la fabrication des briques, tuiles et carreaux par machines.	2,000 f.
2. Pour le perfectionnement des scieries à bois, mues par l'eau.	5,000
3. Pour l'application en grand, dans les usines et manufactures, des *turbines hydrauliques* ou roues à palettes courbes de *Belidor*.	6,000
4. Pour la fabrication du fil d'acier propre à faire les aiguilles à coudre. . . .	6,000
	19,000 f.

Ci-contre. . . . . . 19,000 f.

5. Pour la fabrication des aiguilles à coudre. 3,000

6. Pour la construction d'ustensiles simples et à bas prix propres à l'extraction du sucre de la betterave ; deux prix, l'un de 1,500 fr. ; l'autre de 1,200 fr., ensemble. 2,700

7. Pour la construction d'un moulin à bras propre à écorcer les légumes secs. 1,000

8. Pour la construction d'une machine propre à raser les poils des peaux employées dans la chapellerie. 1,000

Arts chimiques.

9. Pour la fabrication de la colle forte. 2,000

10. Pour l'établissement en grand d'une fabrication de creusets réfractaires. . . . 3,000

11. Pour la fabrication de la colle de poisson. 2,000

12. Pour la fabrication du papier avec l'écorce du mûrier à papier. 3,000

13. Pour la découverte d'un outre-mer factice. 6,000

14. Pour des laines propres à faire des chapeaux communs à poils. 600

15. Pour l'étamage des glaces à mi-

43,300 f.

De l'autre part.	43,300 f.
roirs, par un procédé différent de ceux qui sont connus.	2,400
16. Pour le perfectionnement des matériaux employés dans la gravure en taille-douce.	1,500
17. Pour la découverte d'un métal ou alliage moins oxidable que le fer et l'acier, propre à être employé dans les machines à diviser les substances molles alimentaires.	3,000

Arts économiques.

18. Pour la dessiccation des viandes. .	5,000
19. Pour le perfectionnement de la construction des fourneaux, trois prix de 3,000 f. chacun, ci.	9,000
20. Pour la découverte d'une matière se moulant comme le plâtre, et capable de résister à l'air autant que la pierre. .	2,000

Agriculture.

21. Pour la description détaillée des meilleurs procédés d'industrie manufacturière, qui ont été ou qui pourront être exercés par les habitans des campagnes, deux prix; l'un de 3,000 f., l'autre de 1,500 f., ci. . . , ...	4,500
	70,700 f.

Ci-contre.	70,700 f.
22. Pour la construction d'un moulin propre à nettoyer le sarrazin.	600
23. Pour un semis de pins d'Ecosse (*pinus rubra*).	500
24. Pour l'introduction des puits artésiens dans un pays où ces sortes de puits n'existent pas, trois médailles d'or, de 500 f. chacune, ci.	1,500
25. Pour l'importation en France et la culture des plantes utiles à l'agriculture, aux manufactures et aux arts, deux prix; l'un de 2,000 f., l'autre de 1,000 f., ci.	3,000
TOTAL.	76,300 f.
Six prix, parmi lesquels un nouveau, ont été proposés pour l'année 1828; leur valeur est de	20,700
Deux prix pour l'année 1829.	12,000
Deux prix pour l'année 1830.	6,000
TOTAL GÉNÉRAL.	115,000 f.

Objets exposés dans cette séance.

1. Des schalls longs et carrés, de diverses couleurs, en laine de cachemire, imitant ceux de l'Inde, de la fabrique de M. *Rey*, rue Sainte-Appoline, n. 13.

2. Des crêpes de Chine, des popelines lustrées et moirées, et des gazes de laine de la manufacture

royale de la Savonnerie, qui surpassent, par la variété des couleurs et la beauté des dessins, les tissus analogues provenant d'Angleterre, et qui sont très recherchés dans ce pays pour vêtemens de femmes. Cette industrie, originaire de France, où elle est pratiquée avec beaucoup de succès, principalement à Reims et à Amiens, a été transportée en Angleterre, d'où elle nous revient aujourd'hui améliorée. Ce qui a contribué à cet abandon de notre part, c'est le défaut de la matière première. En effet, les étoffes rases exigent des laines longues et lustrées que nos moutons ne fournissent pas, et qu'on trouve en abondance chez nos voisins sur la race dite du Leicestershire. L'objet le plus important était donc d'introduire, et de naturaliser en France cette race : on a ensuite cherché à se procurer une machine à apprêter, sans laquelle les étoffes rases n'auraient aucune valeur. Les deux tentatives ont été couronnées du succès, et la manufacture de la Savonnerie, fondée par la munificence royale, est aujourd'hui en possession de cette précieuse industrie qui nous rendait tributaires de l'étranger. La popeline, étoffe légère et brillante, dont la chaîne est en soie et la trame en laine, est très recherchée pour sa souplesse, son éclat et la modicité de son prix ; elle convient surtout pour vêtemens de femmes.

3. Des fils de lin filés à la mécanique, par MM. *Breidt* et compagnie, à Nogent-les-Vierges, près Creil, département de l'Oise, et dont le principal mérite consiste dans une grande égalité et une grande finesse.

4. Une horloge dont tous les rouages sont en cuivre, et qui se remonte d'elle-même par l'effet de la sonnerie. Elle sonne les heures et les quarts, et marche huit jours. Construite pour S. A. R. Mgr le duc d'Orléans, par M. *Wagner,* horloger-mécanicien du Roi, rue du Cadran; elle mérite de fixer l'attention des connaisseurs par le fini de toutes les pièces de son mécanisme.

5. Une nouvelle lampe mécanique, sans intermittence, par *le même.* On sait que le défaut des lampes à rouages est de porter l'huile au bec par secousses successives, d'où résulte des alternations d'éclat et d'affaiblissement de lumière. M. *Wagner* a paré à cet inconvénient par un mécanisme fort ingénieux qui lui procure un jet d'huile continu.

6. Des lampes hydrostatiques, de diverses formes et d'une bonne exécution, de M. *Thilorier.* Elles se distinguent par leur simplicité, la vivacité de leur lumière, la facilité de leur service, l'absence de toute ombre causée par un réservoir supérieur; enfin, par la modicité de leur prix. On les trouve chez M. *Maystre,* ferblantier-lampiste, rue des Fourreurs, n. 14.

7. Une lampe à gaz hydrogène comprimé et portatif, et une lampe à huile, par M. *Tespaz,* rue des Filles-Saint-Thomas, n. 2. Ces lampes sont surmontées d'un appareil fumivore vaporisateur, qui, en absorbant la vapeur du gaz brûlé, régularise la hauteur de la flamme, augmente l'éclat de la lumière, et diminue la consommation.

8. Des robinets à gaz, d'une construction aussi

simple qu'ingénieuse, et un briquet à gaz comprimé, de MM. *Gallois* et *Langlois*, passage des Panoramas.

9. Une pendule dite *géographique*, composée d'un globe terrestre argenté, sur lequel sont tracés les terres, les mers, les états et les villes, et qui surmonte un fût de colonne renfermant le mouvement qui fait tourner le globe. Les heures marquées sur une zone viennent se présenter successivement à un index fixé au haut de la colonne. Cette pendule, construite par M. *Cœur*, horloger, rue de la Verrerie, n. 35, est d'une forme élégante et d'un prix modique.

10. Une pendule à équation, dont la roue annuelle indique les années bissextiles, le quantième séculaire et l'heure du lever et du coucher du soleil. Ce triple effet est obtenu, sans le secours d'aucun rouage, par un mécanisme aussi simple que sûr, inventé et exécuté par M. *Laresche*, horloger-mécanicien, Palais-Royal, n. 145.

11. Des montres à échappement libre, à détente et à repos; d'autres qui se remontent sans le secours d'une clef, au moyen d'un bouton percé dans la queue; par M. *Plaine*, rue du Cherche-Midi, n. 30.

12. Une aigrette en stras et des perles factices imitant les perles fines, par M. *Bourguignon*, bijoutier, rue de la Paix, n. 1.

13. Des échantillons de blanc de baleine purifié, des bougies diaphanes, de bonne qualité, et des bougies en cire blanchie par un nouveau procédé, de la

fabrique de MM. *Pasquier* et *Meyer*, rue de la Chaussée-d'Antin, n. 35.

14. Des chandelles de suif durci, à mèches creuses et cylindriques; par M. *Hébert*, rue du Monceau, n. 46.

15. Un appareil distillatoire destiné à préparer, d'une manière facile et économique, les liqueurs de table aromatisées; par M. *Maillard-Dumeste*, rue de la Bucherie, n. 18.

16. Un instrument, nommé *Diapasorama*, composé d'un certain nombre de diapasons fixés sur une table d'harmonie, à l'aide duquel on peut accorder soi-même son piano; par M. *Matrot*, rue Saint-Louis, au Marais, n. 43.

17. Deux dynamomètres à ressorts à boudin; par M. *Fresez*, horloger, rue Saint-Victor.

18. Des limes en acier fondu, de la fabrique de M. *Striffler*, à Strasbourg.

19. Deux tarauds, un ciseau à froid, un crochet de tour, cinq morceaux d'acier fondu, de différens calibres, à raison 1 fr. 30 c. le demi-kilogramme, de la fabrique de M. *Jappy*, à Beaucourt (Haut-Rhin).

20. Un poêle en fonte de fer, à circulation d'air chaud; par M. *Fortier*, rue de la Pépinière, n. 23.

21. Le modèle d'une machine à polir les verres d'optique.

22. Le modèle en fer d'un moulin à vent à ailes horizontales; par M. *Macquart*, entrepreneur des travaux des ponts et chaussées, à Lods près Lille.

23. Des cordes d'instrumens de musique, de M. *Savaresse* de Paris, et *Savaresse-Sara* de Nevers.

24. D'autres cordes de violon, remarquables par leur transparence, leur égalité et leur tenacité; par M. *Gelinsky*, à Blois (Loir-et-Cher).

25. Des tissus et taffetas dits *hygiéniques*; des mesures linéaires, des cordons de jalousie et autres objets, couverts d'un enduit imperméable, de la fabrique de M. *Champion*, rue Grenétat, n. 6.

26. Des semelles dites *anti-catarrhales*, propres à être mises dans les chaussures, de M. *Turban*, rue Saint-Honoré, n. 114.

27. Des tuyaux de chanvre sans couture, à l'usage des pompes à incendie et pour l'arrosement des jardins, par M. *Quetier* fils, de Corbeil, et dont le dépôt est chez M. *Barbier*, rue du Bac, n. 42, à Paris.

28. Des échantillons de papiers de diverses qualités, fabriqués avec l'écorce du mûrier à papier, par M. *Grimauld-Santyago*, espagnol.

29. Des méridiennes horizontales et verticales, des thermomètres, des cadrans solaires et autres objets de gnomonique, par M. *Champion*, ingénieur-mécanicien, rue Saint-Honoré, n. 363.

30. Des lits et matelas élastiques, de M. *Molinard*, rue Basse-du-Rempart, n. 44; ces couchers, doux et commodes, réunissent plusieurs avantages, en ce qu'ils restent toujours tendus, conservent leur forme, et dispensent de l'emploi d'un second matelas et d'un lit de plumes. Ils conviennent également aux personnes malades et blessées. Le même système s'applique aux meubles, tels que canapés, divans, fauteuils, chaises, etc. Ces matelas doivent leur élasticité

à des ressorts en spirale en fort fil de fer dont ils sont garnis intérieurement.

M. *Bréant*, vérificateur général des essais à la Monnaie, à qui les arts industriels sont redevables du procédé d'épuration en grand du minerai de platine, et des premières applications de ce métal à la concentration de l'acide sulfurique, devait exposer un nouveau siphon en platine, destiné à la décantation de cet acide; une circonstance fortuite ayant empêché qu'il fût présenté, les membres de la Société n'ont pu juger du mérite de cet ingénieux appareil. M. *Payen*, qui en avait pris connaissance, a annoncé, dans une séance précédente, que le nouveau siphon, composé d'un faisceau de quatre branches, offre à l'acide un passage quadruple de celui des siphons ordinaires; qu'il effectue quatre fois plus vite la décantation et le refroidissement de l'acide, immédiatement après la concentration; que par cette économie de temps, il permet de faire une ou deux opérations de plus en vingt-quatre heures, ce qui équivaudrait à une augmentation de capacité du vase distillatoire, et présente une économie de main-d'œuvre, de combustible, et de capital en platine.

II.

LISTE

DES BREVETS D'INVENTION,

D'IMPORTATION ET DE PERFECTIONNEMENT,

ACCORDÉS PAR LE GOUVERNEMENT PENDANT L'ANNÉE 1826.

---

1. A M. *Vincard (Bonaventure-Auguste)*, quai aux Fleurs, n. 21, à Paris, un brevet d'invention de cinq ans, pour un tissu qu'il appelle *mexico-français*, destiné à fabriquer des chapeaux. (Du 5 janvier.)

2. A MM. *Paturlé-Lupin* et compagnie, négocians, rue Lepelletier, n. 2, à Paris, un brevet d'invention de cinq ans, pour une machine qu'ils appellent *épinceteuse*, destinée à dégager les tissus de toute espèce de nœuds, vrilles et autres aspérités qui se trouvent à leur surface. (Du 5 janvier.)

3. A M. *Barnet (Isaac-Cox)*, consul des États-Unis d'Amérique, rue Plumet, n. 14, à Paris, un brevet d'importation de quinze ans, pour un procédé propre à convertir le fer en acier. (Du 12 janvier.)

4. A M. *Saint-Étienne (François-Xavier)*, fabricant de fécule, rue de la Colombe, n. 4, à Paris, un brevet d'invention de cinq ans, pour une machine propre à séparer, au moyen d'un tamis mécanique qu'il appelle

accélérateur, la fécule de pommes de terre de son parenchyme ou marc. (Du 12 janvier.)

5. A M. *Pigeau* (*Nicolas-Eloi*), parfumeur, rue Saint-Denis, n. 124, à Paris, un brevet d'invention de cinq ans, pour une huile qu'il nomme *huile de castor*, propre à faire croître les cheveux. (Du 12 janvier.)

6. A M. *Large* (*Benoît*), à Lyon (Rhône), un brevet d'invention et de perfectionnement de quinze ans, pour deux systèmes de chaudières propres aux machines à vapeur. (Du 20 janvier.)

7. A M. *Reboul* (*François*), à Marseille (Bouches-du-Rhône), un brevet d'invention de dix ans, pour une scie qu'il appelle *sans fin* ou *rondin*. (Du 20 janvier.)

8. A M. *Falatieu* (*Joseph*), rue de Joubert, n. 26, à Paris, un brevet d'invention et de perfectionnement de cinq ans, pour des perfectionnemens apportés à la fabrication des fers en barre. (Du 20 janvier.)

9. A M. *Rimbert* (*François-Narcisse*), lampiste-mécanicien, vieux marché Saint-Martin, n. 15, à Paris, un brevet d'invention de cinq ans, pour une lampe mécanique. (Du 20 janvier.)

10. A M. *Theron* (*Jean-Pierre*), menuisier-mécanicien, à Lyon (Rhône), un brevet d'invention de cinq ans, pour une *cantre* ou machine propre à ourdir la soie. (Du 26 janvier.)

11. A M. *Sharp* (*Thomas*), rue du Mail, n. 1, à Paris, un brevet d'importation de quinze ans, pour une machine qu'il nomme *mulljenny perfectionnée*,

propre à filer le coton, la laine et toute autre matière filamenteuse. (Du 26 janvier.)

12. A M. *Cordier* (*Jean-Marie*), mécanicien à *Béziers* (Hérault), un brevet d'invention de cinq ans, pour une pompe à double effet. (Du 26 janvier.)

13. A M. *Fouache* aîné, constructeur de navires au Havre (Seine-Inférieure), un brevet d'invention de dix ans, pour un système de bateaux bordés avec des planches croisées. (Du 3 février.)

14. A M. *Duvoir* (*Nicolas-Grégoire*), mécanicien, rue de Houssaye, n. 1 *bis*, à Paris, un brevet d'invention de dix ans, pour un lit à extension de la colonne vertébrale. (Du 10 février.)

15. A MM. *Mariotte* (*Etienne*), chimiste, et *Berthault* (*Claude-Jean-Baptiste-Alexandre*), ingénieur des ponts et chaussées à Châlons-sur-Saône (Saône-et-Loire), un brevet d'invention de quinze ans, pour la construction des toitures, plafonds, planchers, cloisons, et à l'épreuve du feu, au moyen de fils métalliques revêtus, en dessus et en dessous, d'un enduit quelconque. (Du 10 février.)

16. A M. *Finot* (*Gaspard-Michel*), rue Meslée, n. 28, à Paris, un brevet d'invention de quinze ans, pour une composition en carton imprégnée de divers oxides, destinée à remplacer les cuirs à rasoir, et qu'il appelle *euthégone* ou *bon aiguiseur*. (Du 10 février.)

17. A M. *Tulloch* (*John*), faubourg Poissonnière, n. 32, à Paris, un brevet d'importation de quinze ans, pour une mécanique propre à scier le marbre et la pierre et à faire des rainures. (Du 10 février.)

18. A M. *Mahiet* fils (*Charles*), arquebusier à Tours (Indre-et-Loire), un brevet d'invention de cinq ans, pour un fusil à percussion perfectionné. (Du 10 février.)

19. A MM. *Dumont* frères et *Poitevin*, à Pont-de-Bordes (Lot-et-Garonne), un brevet de perfectionnement de dix ans, pour un appareil distillatoire continu, ambulant, fixé sur une charrette et condensant sans le secours de l'eau. (Du 10 février.)

20. A M. *Lepaute* (*Jean-Joseph*), horloger, rue Saint-Honoré, n. 247, à Paris, un brevet d'invention de cinq ans, pour deux machines servant à procurer à la combustion du gaz une lumière constante et régulière. (Du 10 février.)

21. A M. *Barnet* (*William-Armand-Genet*), rue Plumet, n. 14, à Paris, un brevet d'importation de quinze ans, pour de nouveaux procédés de fabrication des chapeaux. (Du 10 février.)

22. A M. *Boucarut* (*Jean-Louis*), peintre-doreur, rue de Cléry, n. 11, à Paris, un brevet d'invention de dix ans, pour des procédés propres à la confection de panneaux inaltérables, à l'usage de la peinture. (Du 10 février.)

23. A M. *Klepfer-Dufaut* (*Henri*), facteur de pianos à Lyon (Rhône), un brevet d'importation et de perfectionnement de dix ans, pour un forte-piano d'une nouvelle construction. (Du 10 février.)

24. A MM. *Julin-Achard* et compagnie, négocians à Lyon (Rhône), un brevet d'invention et de perfectionnement de cinq ans, pour des bains portatifs à domicile. (Du 10 février.)

25. A M. *Lenoir* (*Barnabé-Antoine*), quai de la Mégisserie, n. 66, à Paris, un brevet d'invention et de perfectionnement de dix ans, pour des procédés de production, de conservation et de transport de la glace, et pour son application à divers objets d'utilité. (Du 15 février.)

26. A MM. *Allen* (*Édouard*) et *Vanhoutem* (*Servais*), fabricans d'aiguilles, rue de l'Échiquier, n. 24, à Paris, un brevet d'invention de dix ans, pour une scierie portative propre à scier le marbre et la pierre. (Du 15 février.)

27. A M. *Warneke* (*Louis-George*), à Nancy (Meurthe), un brevet d'invention de cinq ans, pour un instrument de musique qu'il appelle *guitare-basson*. (Du 24 février.)

28. A M. *Smith* (*John*), rue du Port-Mahon, n. 3, à Paris, un brevet d'importation de dix ans, pour la préparation d'un extrait composé des parties salubres, du malt et du houblon, au moyen duquel il obtient les diverses espèces de bière. (Du 24 février.)

29. A M. *Lechartier* (*Jean-François*), professeur de dessin et de mathématiques, rue Croix-des-Petits-Champs, hôtel de l'Univers, à Paris, un brevet d'invention de dix ans, pour une machine propre à la fabrication des clous d'épingle. (Du 24 février.)

30. A M. *Rouard* (*Frédéric*), couvreur, rue du Jour, n. 19, à Paris, un brevet d'invention et de perfectionnement de cinq ans, pour la fabrication de tuiles propres aux couvertures des bâtimens. (Du 3 mars.)

31. A M. *Rodier* fils (*Denis*), à Nîmes (Gard), un brevet d'invention de quinze ans, pour des procédés propres à donner toute espèce d'ouvraison à la soie, à la laine, au coton. (Du 3 mars.)

32. A M. *Heurtault* (*Eléonor*), rue Richer, n. 9 *bis*, à Paris, un brevet d'invention de dix ans, pour une drague circulaire avec ses accessoires. (Du 3 mars.)

33. A MM. *Lemarchand* frères (*Isaac-Alexandre* et *Jean-François-César*), à Canteleu (Seine-Inférieure), un brevet d'invention et de perfectionnement de cinq ans, pour un séchoir condensateur à air chaud. (Du 3 mars.)

34. A M. *d'Aiguebelle* (*Charles-François-Joseph*), rue de l'Université, n. 40, à Paris, un brevet d'invention et de perfectionnement de cinq ans, pour des procédés propres à reproduire en lithographie tous les végétaux, feuilles et fleurs. (Du 3 mars.)

35. A M. *Bertaux* (*Alexandre-Marie*), rue Saint-Martin, n. 48, à Paris, un brevet d'invention de dix ans, pour des moyens de rendre les voitures inversables. (Du 11 mars.)

36. A M. *Dronsart* (*Charles-Jean*), ingénieur-mécanicien, rue du Grand-Prieuré, n. 16, à Paris; un brevet d'invention et de perfectionnement de quinze ans, pour un système de navigation intérieure qu'il appelle *équipage anthelctique*, mu par une machine à vapeur agissant sur des points fixes. (Du 17 mars.)

37. A M. *de la Martizière*, quai Voltaire, n. 21, à Paris, un brevet d'invention et d'importation de dix ans, pour une mécanique qu'il appelle *vat-amont*,

propre à faire remonter les bateaux par la force du courant. (Du 17 mars.)

38. A M. *Levavasseur-Précour* (*Charles-Louis*), rue de Cléry, n. 11, à Paris, un brevet d'importation de quinze ans, pour un système de machines propres à filer la laine peignée. (Du 17 mars.)

39. A M. *Weydemann* (*Jean-Pierre*), sellier-carrossier, rue des Poulies, n. 8, à Paris, un brevet d'invention de cinq ans, pour une espèce de calèche qu'il appelle *calèche-weydemann.* (Du 25 mars.)

40. A M. *Nicholson* (*John*), ingénieur, rue des Fossés-Montmartre, n. 2, à Paris, un brevet d'importation de quinze ans, pour une machine servant à conduire à la surface des bobines ou broches les rubans de coton, de fil, et à guider et comprimer ces mêmes rubans à ces surfaces. (Du 25 mars.)

41. A M. *Sartoris* (*Urbain*), banquier, rue de la chaussée d'Antin, n. 32, à Paris, un brevet d'importation et de perfectionnement de quinze ans, pour un système de barrages et vannes propres à faciliter la navigation. (Du 25 mars.)

42. A M. *Charoy* (*Nicolas*), mécanicien, boulevard du Temple, n. 8, à Paris, un brevet d'invention de cinq ans, pour un mécanisme qu'il appelle le *guide du fileur* ou *renvideur régulier*, s'adaptant aux mull-jennys. (Du 25 mars.)

43. A M. *Dussurgey* (*Antoine*), docteur en médecine, à Lyon (Rhône), un brevet d'invention de cinq ans, pour la préparation d'une substance qu'il appelle *gallate de tannin*, propre à remplacer les astrin-

gens dans la teinture et autres arts. (Du 25 mars.)

44. A M. *Levavasseur-Précour* (*Charles-Louis*), rue de Cléry, n. 11, à Paris, un brevet d'importation et de perfectionnement de quinze ans, pour un système de fabrication des briques, tuiles et carreaux. (Du 25 mars.)

45. A M. *Pailliette* (*Louis-Laurent*), mécanicien, rue Contrescarpe, n. 2, à Paris, un brevet d'invention de cinq ans, pour une chaussure qu'il appelle *à semelle ligno-métallique.* (Du 31 mars.)

46. A M. *Dugueyt* (*Camille*), négociant à Lyon (Rhône), un brevet d'importation et de perfectionnement de cinq ans, pour un métier mécanique propre au tissage de toute espèce d'étoffes de soie, de laine, de coton et fil. (Du 31 mars.)

47. A MM. *Pellecat* et *Baudot*, négocians, rue Neuve-des-Petits-Champs, n. 26, à Paris, un brevet d'importation de dix ans, pour une machine propre à arçonner et bastisser les chapeaux d'homme. (Du 31 mars.)

48. A M. *Redmund* (*David*), rue Neuve-Saint-Augustin, n. 28, à Paris, un brevet d'importation et de perfectionnement de quinze ans, pour des perfectionnemens à la construction des bateaux et navires. (Du 31 mars.)

49. A M. *Hoyau* (*Louis-Alexandre-Désiré*), mécanicien, rue Paradis-Poissonnière, n. 39, à Paris, un brevet d'invention de quinze ans, pour des machines propres à exécuter rigoureusement les surfaces planes, sphériques, cylindriques ou coniques, et qui sont

applicables à la fabrication des glaces, des verres d'optique, au dressage et polissage des marbres. (Du 31 mars.)

50. A M. *Favre* (*Ferdinand*), à Nantes (Loire-Inférieure), un brevet d'invention de cinq ans, pour des rouleaux de cylindres inaltérables et d'exécution économique, propres tant aux presses d'impression des toiles peintes et en taille-douce, qu'à l'apprêt des étoffes à la calandre et aux cylindres à chaud et à froid. (Du 7 avril.)

51. A M. *de Jongh* (*Maurice*), négociant, passage des Petits-Pères, n. 1, à Paris, un brevet d'importation de quinze ans, pour une machine propre à filer la laine. (Du 7 avril.)

52. A M. *Cloué* (*Jacques-Charles*), menuisier-mécanicien, rue du Bac, n. 123, à Paris, un brevet d'invention et de perfectionnement de cinq ans, pour des perfectionnemens apportés aux presses lithographiques. (Du 24 avril.)

53. A M. *Decaudin* (*Jean-Géri*), fabricant de franges, rue du faubourg Saint-Denis, n. 214, à Paris, un brevet d'invention de dix ans, pour une machine propre à fabriquer des franges. (Du 24 avril.)

54. A M. *Duméry* (*Louis*), mécanicien, rue de l'Aiguillerie, n. 2, à Paris, un brevet d'invention de cinq ans, pour un moteur hydraulique perfectionné. (Du 24 avril.)

55. A madame veuve *Renaux-Bainville*, à Mézières (Ardennes), un brevet d'invention de cinq ans, pour une machine qu'elle appelle *pluseuse*, propre à net-

toyer la laine destinée à la fabrication des draps. (Du 24 avril.)

56. A M. *Frichot* (*Pierre-Aurore*), fabricant d'aciers polis, rue des Gravilliers, n. 42, à Paris, un brevet d'invention et de perfectionnement de cinq ans, pour la confection au laminoir, en fer ou en acier, de toutes les pièces connues dans la fabrication de l'acier poli sous le nom de *pièces perlées*. (Du 24 avril.)

57. A M. *Fleischinger*, serrurier-mécanicien, faubourg Montmartre, n. 39, à Paris, un brevet d'invention de cinq ans, pour une machine en acier coupant, propre à broyer les couleurs à sec, lorsqu'elles sont en pierres ou en morceaux. (Du 24 avril.)

58. A M. *Marchand* (*Jean-François*), quincaillier, rue Saint-Denis, n. 155, à Paris, un brevet d'invention de cinq ans, pour une machine propre à découper, dans des plaques de métal, des écrous et des rondelles, et à forger des pièces de différentes formes. (Du 24 avril.)

59. A M. *Virton-Huet* (*Jean-Charles-Nicolas*), rue de Grenelle-Saint-Honoré, hôtel des Quatre-Fils-Aymon, un brevet d'invention de cinq ans, pour une machine qu'il appelle *table mobile*, propre à battre le blé et autres grains. (Du 24 avril.)

60. A M. *Descroisilles* (*Paul*), manufacturier à Rouen (Seine-Inférieure), un brevet d'invention de quinze ans, pour des appareils à combustion d'alcool, appliqués au flambage de toute espèce de tissus de laine, de coton, etc. (Du 28 avril.)

61. A M. *Gancel* (*André-Jacques*), à Rouen (Seine-

Inférieure), un brevet d'invention de cinq ans, pour une machine qu'il appelle *lavoir économique des laines propres à la fabrication des draps*. (Du 28 avril.)

62. A MM. *Englerth*, *Reuleaux* et *Dobbe*, à Mézières (Ardennes), un brevet d'importation et de perfectionnement de cinq ans, pour une machine propre à fouler les draps. (Du 28 avril.)

63. A M. *Rotch* (*Benjamin*), rue du Marché-Saint-Honoré, n. 11, à Paris, un brevet d'importation de quinze ans, pour un procédé propre à filer, tordre, doubler et organiser la soie. (Du 28 avril.)

64. A M. *Delcambre* (*Edouard*), négociant, rue Neuve-d'Orléans, n. 22, à Paris, un brevet d'invention de quinze ans, pour une épuration mécanique, à tout degré de finesse voulu, des substances minérales et végétales. (Du 5 mai.)

65. A M. *Garnier* dit *Rousselin* (*Jean*), île d'Oléron (Charente-Inférieure), un brevet d'invention de dix ans, pour un appareil distillatoire. (Du 5 mai.)

66. A M. *Chaumette* (*Geniez-Maurice*), ingénieur-mécanicien à Lyon (Rhône), un brevet d'invention de dix ans, pour des encriers et écritoires à bascule et à soupape. (Du 5 mai.)

67. A MM. *Chalmas* aîné (*Jean-Jacques-Esther*) et *Barret* (*Jean-Marie*), à Lyon (Rhône), un brevet d'invention de quinze ans, pour une voiture mécanique à trois roues, que deux hommes font mouvoir, et pour l'application du mécanisme de cette voiture à toute espèce d'usines. (Du 5 mai.)

68. A M. *Douet* jeune (*Auguste*), à Tours (Indre

et Loire), un brevet d'invention de cinq ans, pour un vermicelle qu'il appelle *analeptique*, au sagou, au salep, à l'arrow-root, au tapioca, au lichen d'Islande, et au cachou. (Du 5 mai.)

69. A M. *Christofle* (*Isidore*), fabricant de boutons, rue du Temple, n. 22, à Paris, un brevet d'invention de cinq ans, pour des boutons à facettes métalliques. (Du 5 mai.)

70. A M. *Brocot* (*Louis-Gabriel*), horloger, rue Bourtibourg, n. 24, à Paris, un brevet d'invention de cinq ans, pour un mouvement de pendule avec sonnerie à rateau et échappement à repos. (Du 5 mai.)

71. A M. *Hayward* (*Joseph*), boulevard Saint-Jacques, n. 4, à Paris, un brevet d'invention et d'importation de cinq ans, pour un appareil à vapeur propre à faire bouillir toute espèce de liquides. (Du 5 mai.)

72. A M. *Dupon* (*Jean-Pierre*), négociant, rue aux Fers, n. 18, à Paris, un brevet d'invention de quinze ans, pour un appareil de chauffage et d'éclairage par le gaz hydrogène, qu'il appelle *cheminée gazofumivore*. (Du 5 mai.)

73. A M. *Lorillard* (*Michel*), serrurier-mécanicien à Nuits (Côte-d'Or), un brevet d'invention de cinq ans, pour une machine propre à percer les planches destinées à recevoir les bouteilles vides. (Du 5 mai.)

74. A M. *Andrieu* (*Clément-Joseph*), mécanicien, rue du Petit-Reposoir, n. 6, à Paris, un brevet d'invention et de perfectionnement de quinze ans, pour

une machine destinée à être mise en mouvement par certain gaz en remplacement de la vapeur d'eau. (Du 5 mai.)

75. A M. *Ubrich* (*John Gottlieb*), rue Neuve-Saint-Augustin, n. 28, à Paris, un brevet d'importation et de perfectionnement de quinze ans, pour des perfectionnemens spéciaux apportés à la composition et à la construction des chronomètres. (Du 5 mai.)

76. A M. *Despiau* père (*Jean*), fabricant à Bordeaux (Gironde), un brevet d'invention de dix ans, pour une machine propre à nettoyer la laine, qu'il appelle *apprêteur de laines.* (Du 12 mai.)

77. A M. *Thilorier* (*Adrien-Jean*), place Vendôme, n. 21, à Paris, un brevet d'invention de cinq ans, pour une lampe qu'il appelle *hydrostatique*, à réservoir inférieur, propre à remplacer celles dites *à la Carcel*, et ne renfermant aucun rouage ou pièce mobile. (Du 12 mai.)

78. A M. *Tastemain* (*Pierre-Nicolas*), à Senonches (Eure-et-Loir), un brevet d'invention de quinze ans, pour une machine propre à couper le blé dans les champs. (Du 12 mai.)

79. A M. *Pape* (*Jean-Henri*), facteur de musique, rue des Bons-Enfans, n. 19, à Paris, un brevet de perfectionnement de dix ans, pour un piano perfectionné, à sommier fendu et à nouvelle disposition de marteaux. (Du 12 mai.)

80. A madame veuve *Regnauld*, rue Montmartre, n. 154, à Paris, un brevet d'invention de quinze ans, pour la confection d'un bonbon pectoral, qu'elle

appelle *pâte pectorale balsamique.* (Du 19 mai.)

81. A M. *Norbert Rillieux*, mécanicien, rue Louis-le-Grand, n. 16, à Paris, un brevet d'invention de dix ans, pour un moyen d'obtenir immédiatement le gaz hydrogène carboné à une pression plus ou moins grande. (Du 19 mai.)

82. A M. *Perot* (*Jean-Baptiste*), serrurier, rue Maubuée, n. 5, à Paris, un brevet d'invention et de perfectionnement de cinq ans, pour des procédés et compositions, servant à marquer les points des jeux de cartes, dominos, etc. (Du 19 mai.)

83. A M. *Guigo* (*Charles*), mécanicien à Lyon (Rhône), un brevet d'invention et de perfectionnement de dix ans, pour un métier mécanique, à deux étages, avec régulateur à vis sans fin. (Du 19 mai.)

84. A MM. *Daullé* (*Pierre-Marie*) et *Cordier* (*Louis-Joseph*), rue Neuve-Saint-Augustin, n. 36, à Paris, un brevet d'importation de cinq ans, pour une machine propre à préparer les laines, les soies, etc. (Du 19 mai.)

85. A M. *Tremblot Lacroix* (*Paul*), rue de l'Ouest, n. 7, à Paris, un brevet d'invention de cinq ans, pour une machine destinée à composer des pages de caractères d'imprimerie, et qu'il appelle *compositeur typographique.* (Du 2 juin.)

86. A M. *Burle* (*Jean-Joseph*), bijoutier, Palais-Royal, galerie vitrée, n. 215, à Paris, un brevet d'invention de cinq ans, pour une composition de platine. (Du 2 juin.)

87. A M. *Langlois* (*Théodore*), fabricant d'encre,

rue de la Verrerie, n. 83, à Paris, un brevet d'invention de cinq ans, pour un robinet pouvant s'adapter à toute machine contenant du gaz ou fluide quelconque. (Du 2 juin.)

88. A M. *Tespaz* (*Pierre*), tourneur en cuivre, rue des Filles-Saint-Thomas, n. 2, à Paris, un brevet d'invention et de perfectionnement de dix ans, pour un appareil qu'il appelle *fumivore, vaporisateur, condensateur,* propre à condenser la vapeur produite par la combustion du gaz, de l'huile, etc. (Du 2 juin.)

89. A. M. *Fehr,* à Vic-Dessos (Arriége), un brevet d'invention de dix ans, pour la construction de vases clos portatifs, propres à la fabrication du charbon végétal, minéral et animal. (Du 2 juin.)

90. A M. *Walker* (*George-Wood*), petite rue Saint-Roch, n. 16, à Paris, un brevet d'invention de dix ans, pour une voiture portant avec elle sa route en fer, qu'il appelle *locomotive universelle.* (Du 2 juin.)

91. A M. *Christofle* fils (*Antoine*), fabricant de boutons, rue des Enfans-Rouges, n. 7, à Paris, un brevet d'invention, d'importation et de perfectionnement de cinq ans, pour la fabrication de boutons en écaille et en corne fondue, imitant ceux de soie, de toutes couleurs, nuances, formes et dimensions, avec incrustation de la queue de paillettes d'argent et d'or. (Du 2 juin.)

92. A M. *Rocher* (*Jean*), directeur de la Compagnie du gaz portatif, rue Montaigne, n. 14, à Paris, un brevet d'invention de quinze ans, pour une roue

servant à régulariser l'émission du gaz comprimé. (Du 2 juin.)

93. A M. *Maillard-Dumeste* (*Jules-Frédéric*), capitaine en retraite, rue de la Bucherie, n. 18, à Paris, un brevet d'invention de dix ans, pour un appareil distillatoire cylindrique propre à la fabrication des liqueurs, d'après les procédés usités aux Antilles. (Du 2 juin.)

94. A M. *Ravier* (*Philibert*), rue du Faubourg-du-Temple, n. 52, un brevet d'invention et de perfectionnement de dix ans, pour une composition qu'il appelle *café des dames.* (Du 2 juin.)

95. A M. *Fisher* (*John-Dix*), rue Neuve-Saint-Augustin, n. 28, un brevet d'invention, d'importation et de perfectionnement de quinze ans, pour des perfectionnemens spéciaux dans les mécaniques propres à carder, à préparer et à filer la laine ou toutes autres matières filamenteuses, et notamment à produire dans le cardage des laines un ruban et des préparations continues, au lieu de loquettes. (Du 9 juin.)

96. A M. *Comoy* (*Marie-Joseph*), à Nevers (Nièvre), un brevet d'invention de cinq ans, pour un pressoir à vin, à double levier et à danaïde. (Du 9 juin.)

97. A M. *Kinkelin* (*Paul-Émile*), rue de Corneille, n. 5, à Paris, un brevet d'invention de cinq ans, pour un moyen de fixer les bateaux qui naviguent sur les fleuves et rivières, et qu'il appelle *ancrage instantané.* (Du 9 juin.)

98. A M. *Dutertre* (*Abel*), rue du Faubourg-Poissonnière, n. 19, à Paris, un brevet d'invention de

quinze ans, pour un nouvel instrument à l'usage de la vûe. (Du 16 juin.)

99. A M. le comte de *Buquoy* (*George*), et M. *Bernhardt* (*Maximilien-Joseph*), rue Neuve-Saint-Augustin, n. 28, à Paris, un brevet d'invention et d'importation de dix ans, pour un procédé propre à régénérer ou reproduire un cuir factice, ou substance remplaçant le cuir de peau animale. (Du 16 juin.)

100. A madame la baronne de *Gavedell-Geanny*, rue Trudon, chaussée d'Antin, n. 2, à Paris, un brevet d'importation et de perfectionnement de quinze ans, pour une machine propre à la fabrication des tuiles, briques et carreaux. (Du 16 juin.)

101. A M. *Hunter* (*Pierre*), rue des Marais, n. 27, à Paris, un brevet d'invention de cinq ans, pour une machine propre à fabriquer des peignes d'acier, servant à tisser toutes sortes d'étoffes. (Du 16 juin.)

102. A M. *Buisson* (*Jean-Baptiste*), à Clignancourt près Montmartre (Seine), un brevet d'invention de dix ans, pour un procédé de blanchîment, sèchement et repassage de toute espèce de linge par le moyen de la vapeur. (Du 16 juin.)

103. A M. *Lebouyer de Saint-Gervais* (*Bernard*), rue Notre-Dame-des-Victoires, n. 16, un brevet d'invention de dix ans, pour un appareil mécanique, qu'il appelle *voltige*, propre à remplacer, dans les jardins publics, le jeu des montagnes russes. (Du 16 juin.)

104. A M. *Anthaume* (*Charles-Pompée*), à Rouen (Seine-Inférieure), un brevet d'invention et de perfectionnement de cinq ans, pour un moyen de coudre

mécaniquement les élastiques des bretelles, en tissu de coton et autres. (Du 23 juin.)

105. A M. *Brugnière* (*Henri*), à Nîmes (Gard), un brevet d'invention de cinq ans, pour des perfectionnemens apportés à l'appareil distillatoire du sieur *Derosne.* (Du 23 juin.)

106. A M. *Daste* (*Pierre*), à Condom (Gers), un brevet d'invention de cinq ans, pour une machine à moudre les grains. (Du 23 juin.)

107. A M. *Vital* (*Pierre*), au Palais-Royal, galerie vitrée, n. 224, à Paris, un brevet d'invention de cinq ans, pour un moyen d'apprendre à écrire en peu de temps. (Du 23 juin.)

108. A M. *Lhomond* (*Amable-Nicolas*), fabricant de cheminées, rue Coquenard, n. 36, à Paris, un brevet d'invention et de perfectionnement de quinze ans, pour un procédé de fabrication de pierres de taille factices imitant le marbre, et d'ornemens d'architecture de même matière. (Du 23 juin.)

109. A M. *Poole* (*Moses*), rue du Marché-Saint-Honoré, n. 11, à Paris, un brevet d'invention de quinze ans, pour un procédé propre à tanner les peaux, en employant la pression de l'air atmosphérique. (Du 23 juin.)

110. A M. *Hayward* (*Joseph*), rue Saint-Martin, n. 67, à Paris, un brevet d'invention de cinq ans, pour des perfectionnemens dans la construction d'un appareil et d'une nouvelle méthode de filtrer et clarifier les sirops, et les préparer au raffinage. (Du 23 juin.)

111. A M. *Fessart* (*Edouard*), quai de la Mégisserie, n. 56, à Paris, un brevet d'invention de dix ans, pour un outil propre à nettoyer les bouteilles. (Du 30 juin.)

112. A M. *Suttil* (*John*), rue du Helder, n. 13, à Paris, un brevet d'importation et de perfectionnement de quinze ans, pour une série de machines propres à préparer et à filer le lin, le chanvre, et toute autre matière filamenteuse. (Du 30 juin.)

113. A M. *Baron* (*Jean-Laurent*), rue Mondovi, à Paris, un brevet d'importation et de perfectionnement de dix ans, pour des procédés de construction d'un four destiné à cuire le pain et autres substances ou matières. (Du 14 juillet.)

114. A M. *Hipert* (*Théodore*), à Montpellier (Hérault), un brevet d'invention de dix ans, pour un procédé propre à tirer la soie des cocons et à la filer. (Du 14 juillet.)

115. A M. *Lepetou* (*Jean-Marie*), rue Montmartre, n. 16, à Paris, un brevet d'invention de cinq ans, pour une pâte propre à détruire les punaises. (Du 14 juillet.)

116. A M. *Chaumette* (*Geniès-Maurice*), rue Porte-Foin, n. 6, à Paris, un brevet d'invention, d'importation et de perfectionnement de quinze ans, pour un nouveau jeu de cartes. (Du 14 juillet.)

117. A MM. *Dillemann* (*Christophe*), *Martin* et *Reinhardt* (*Jean-Michel*), à Strasbourg (Bas-Rhin); un brevet d'invention et de perfectionnement de dix ans, pour un mouvement de bobine horizontale à

pression verticale, propre à la filature du coton. (Du 14 juillet.)

118. A M. *Chereau* (*Pierre-Charles*), faubourg du Temple, n. 18, à Paris, un brevet d'invention et de perfectionnement de cinq ans, pour un billard à blouses nouvelles. (Du 21 juillet.)

119. A M. *Favreau* (*Edme-Nicolas*), à Gentilly près Paris, un brevet d'invention de quinze ans, pour un moteur hydraulique propre à l'exploitation des usines, des filatures de coton et autres fabriques. (Du 21 juillet.)

120. A M. *Guillaume* (*Victor-Emmanuel*), rue de Crussol, n. 13, à Paris, un brevet d'invention de cinq ans, pour des perfectionnemens apportés à la broie mécanique des sieurs *Laforest*, *Berryer* fils et Compagnie. (Du 21 juillet.)

121. A M. *Nicholson* (*John*), rue d'Artois, n. 16, à Paris, un brevet d'invention et de perfectionnement de quinze ans, pour des appareils propres à renfermer et à transporter le gaz hydrogène. (Du 21 juillet.)

122. A M. *Poole* (*Moses*), rue du Marché-Saint-Honoré, n. 11, à Paris, un brevet d'invention de quinze ans, pour un alliage imitant l'or. (Du 21 juillet.)

123. Au *meme*, un brevet d'invention de quinze ans, pour un procédé propre à orner et décorer en relief toutes sortes d'objets en métal. (Du 21 juillet.)

124. A M. *Truffaut* (*Louis-Henri*), rue Saint-La-

zare, n. 73, à Paris, un brevet d'importation et de perfectionnement de dix ans, pour une écritoire mécanique fournissant de l'encre toujours liquide, et qu'on fait disparaître à volonté, de manière qu'elle ne puisse se répandre. (Du 21 juillet.)

125. A MM. *Bélanger* père et fils, à Rouen (Seine-Inférieure), un brevet d'invention de dix ans, pour un cylindre débourreur adapté aux carderies de coton. (Du 21 juillet.)

126. A MM. *Arnaud* (*Joseph*), *Fournier* (*Jean-Baptiste*), et *Westermann* frères (*Joseph* et *James*), rue Neuve-Saint-Augustin, n. 23, à Paris, un brevet d'importation et de perfectionnement de dix ans, pour un système de machines propres à ouvrer, peigner, préparer et filer en toute longueur de fibres, la laine, le lin, le chanvre et autres matières filamenteuses. (Du 28 juillet.)

127. A M. *Souton* (*Jean-Baptiste*), à Rouen (Seine-Inférieure), un brevet d'invention de dix ans, pour un appareil propre à dégraisser et à laver les laines destinées à la fabrication des draps. (Du 28 juillet.)

128. A M. *Mercier* (*Nicolas-Ambroise*), à Louviers (Eure), un brevet d'invention de cinq ans, pour un cône à vis et sans fin, propre à remplacer l'ouvrier dans la conduite du chariot des filatures mécaniques. (Du 28 juillet.)

129. A M. *Ganahl* (*Joseph*), rue Saint-Lazare, n. 73, à Paris, un brevet d'importation de quinze ans, pour une machine à vapeur rotative, susceptible de recevoir diverses applications, soit comme mo-

teur, soit pour remplacer les pompes ou les roues hydrauliques. (Du 28 juillet.)

130. A M. *Thiselton* (*Charles-Alfred*), rue du Marché-Saint-Honoré, n. 11, à Paris, un brevet d'importation de dix ans, pour un procédé propre à faire mouvoir les voitures à l'aide de la vapeur. (Du 4 août.)

131. A M. *Berthault* (*Benoît-Léonard*), rue Montorgueil, n. 51, à Paris, un brevet d'invention et de perfectionnement de cinq ans, pour des tuiles à rebord et à rainure, et pour des dalles en terre cuite, propres à remplacer les plombs servant de gouttières. (Du 4 août.)

132. A M. *Pellecat* (*Henri*), rue Neuve-des-Petits-Champs, n. 26, à Paris, un brevet d'importation de quinze ans, pour un métier à tisser mécaniquement toute espèce d'étoffes. (Du 4 août.)

133. A M. *Kinkelin* (*Paul-Emile*), rue Corneille, n. 5, à Paris, un brevet d'invention de quinze ans, pour un système de navigation intérieure sur un ancrage continu. (Du 4 août.)

134. A Mlle *Guersant* (*Marie-Pauline*), à Caen (Calvados), un brevet d'invention de cinq ans, pour un procédé propre à fabriquer le picot, simultanément avec le corps même de la dentelle. (Du 11 août.)

135. A M. *Bailly* (*Michel*); rue de Richelieu, n. 83, à Paris, un brevet d'invention et de perfectionnement de cinq ans, pour un procédé à l'aide duquel toute personne peut se prendre la mesure d'un habit, d'un pantalon, etc. (Du 11 août.)

136. A M. *Manicler* (*Nicolas-Hégésippe*), rue de la Chaussée-d'Antin, n. 28, un brevet d'importation de quinze ans, pour la préparation d'une substance qu'il appelle *vaxême*, propre à la confection des bougies. (Du 11 août.)

137. A M. *Fichet* (*Victor-Mathieu*), cour des Coches, n. 41, faubourg Saint-Honoré, à Paris, un brevet d'invention et de perfectionnement de cinq ans, pour une machine propre à nettoyer les grains. (Du 11 août.)

138. A M. *Drouin* (*Jean-Baptiste*), à Amiens (Somme), un brevet d'invention de quinze ans, pour un procédé de teinture rouge solide, qui s'applique à l'impression de toute espèce de tissus de coton, et pour le perfectionnement de la laque de garance. (Du 19 août.)

139. A M. *Lacarrière* (*François*), rue Neuve-Saint-Laurent, n. 6, à Paris, un brevet d'invention de cinq ans, pour un régulateur propre à régler l'émission du gaz. (Du 19 août.)

140. A M. le vicomte *de Barrès-Dumolard*, à Valence (Drôme), un brevet d'invention de cinq ans, pour un nouveau système de ponts à grande portée. (Du 25 août.)

141. A M. *Lhomond* (*Amable-Nicolas*) rue Coquenard, n. 36, à Paris, un brevet d'invention et de perfectionnement de dix ans, pour des cheminées qu'il appelle *parisiennes*, préservant les appartemens de la fumée. (Du 2 septembre.)

142. A MM. *Anspach* et *Valentin*, à Metz (Mo-

sellè), un brevet d'importation de quinze ans, pour un moulin à huile. (Du 9 septembre.)

143. A MM. *Napier* (*Charles*) et *Polonceau* (*Antoine-Remi*), rue de la Paix, n. 6, à Paris, un brevet d'invention de dix ans, pour un système de barrage éclusé flottant, propre à la navigation des rivières et canaux. (Du 9 septembre.)

144. A M. *Bufnoir* (*George*), à Lyon (Rhône), un brevet de perfectionnement de cinq ans, pour des galoches d'un nouveau genre. (Du 9 septembre.)

145. A M. *Collier* (*John*), rue Richer, n. 24, à Paris, un brevet d'invention et de perfectionnement de quinze ans, pour un métier à tisser mécanique, à manivelle intermittente, et à simple ou double fouet de navette. (Du 9 septembre.)

146. A M. *Lorillard* (*Michel*), à Nuits (Côte-d'Or), un brevet d'invention de quinze ans, pour une machine propre à préparer le lin et le chanvre non rouis. (Du 9 septembre.)

147. A M. *Knowles* (*John*), rue du Petit-Reposoir, n. 6, à Paris, un brevet d'invention de dix ans, pour un système de construction de mâts de vaisseaux de ligne, frégates et bâtimens de commerce de première classe. (Du 9 septembre.)

148. A madame *Hue*, née *Zoller*, rue des Grands-Augustins, n. 28, à Paris, un brevet d'invention de cinq ans, pour un procédé propre à confectionner des baguettes prêtes à recevoir l'or, et destinées à l'encadrement des tableaux, estampes, ainsi qu'aux décors intérieurs d'appartement. (Du 16 septembre.)

149. A M. *Lenoble* (*Jean*), rue Guénégaud, n. 7, à Paris, un brevet d'invention et d'importation de cinq ans, pour un nouveau moyen de peigner la laine par mécanique. (Du 16 septembre.)

150. A M. *Vallée* (*Severin*), rue Saint-Denis, n. 311, à Paris, un brevet d'invention et de perfectionnement de dix ans, pour la fabrication du fil de coton à coudre, qu'il appelle *coton-cordonnet*. (Du 16 sept.)

151. A M. *de Coninck* (*Louis-Charles*), rue Coquenard, n. 21, à Paris, un brevet d'importation de quinze ans, pour un procédé servant à chauffer la vapeur de manière à la porter sans pression à un degré d'élévation plus ou moins considérable, et pour appliquer cette vapeur, soit comme calorique, soit comme moteur. (Du 16 septembre.)

152. A M. *L'Evêque* (*Désiré*), à Alençon (Orne), un brevet d'invention de cinq ans, pour un amorçoir à l'usage du fusil à piston, système *Prélat*. (Du 22 septembre.)

153. A MM. *Mouton* (*Victor*) et *Guiot* (*Jean-Claude*), rue du faubourg Saint-Antoine, n. 15, un brevet d'invention et de perfectionnement de cinq ans, pour la fabrication de bâtons couverts en doublé d'or, d'argent, cuivre rouge, zinc et étain uni et décoré. (Du 29 septembre.)

154. A M. *Stock* (*Samuel*), rue Saint-Lazare, n. 73, à Paris, un brevet d'importation et de perfectionnement de dix ans, pour des procédés propres à imprimer ou à peindre des deux côtés la surface des tissus des étoffes en fil, soie, laine ou coton, et générale-

ment toutes les matières qui en sont susceptibles. (Du 6 octobre.)

155. A M. *Nichols* (*Jean-Baptiste-Philippe*), rue Saint-Nicolas-d'Antin, n. 17, à Paris, un brevet d'invention de dix ans, pour un appareil propre à rafraîchir la bière. (Du 6 octobre.)

156. A M. *Debezis* (*Pierre-Jacques*), rue des Jeûneurs, n. 19, à Paris, un brevet d'invention de dix ans, pour un appareil de distillerie propre à extraire, à chaud et à froid, les parfums des fleurs et autres substances. (Du 6 octobre.)

157. A M. *Franc* (*Samson*), rue Neuve-Sainte-Élisabeth, n. 2, à Paris, un brevet d'importation et de perfectionnement de cinq ans, pour une espèce de cirage qu'il appelle *luisant de Cordova*. (Du 20 octobre.)

158. A MM. *Lemoine* et *Meurice*, rue Richer, n. 17, à Paris, un brevet d'invention de quinze ans, pour une machine à broyer les couleurs. (Du 20 octobre.)

159. A MM. *Alluaud* frères, à Limoges (Haute-Vienne), un brevet d'invention de dix ans, pour un procédé de broiement instantané et continu à l'eau, qui opère la réduction en poudre impalpable, et la conversion en pâte ou émail, des substances siliceuses, terreuses et autres oxides métalliques. (Du 20 octobre.)

160. A M. *Joly* (*René-Marie*), rue Saint-Jacques, n. 283, un brevet d'invention de cinq ans, pour une chaussure imperméable. (Du 20 octobre.)

161. A M. *Lebourlier* (*François-Pierre*), rue Phé-

lipeaux, n. 27, à Paris, un brevet d'invention de cinq ans, pour un moyen de dépouiller le poivre noir de son écorce et de le blanchir. (Du 20 octobre.)

162. A M. *Laborde* (*Jean*), rue Saint-Joseph, n. 3, à Paris, un brevet d'importation et de perfectionnement de cinq ans, pour un appareil mécanique propre à évaporer, à concentrer, à épaissir et à clarifier les liquides ou toutes substances liquéfiées. (Du 27 octobre.)

163. A M. *Bérèche* (*Charles-Edouard-Mardochée*), rue d'Antin, n. 6, à Paris, un brevet d'importation, d'addition et de perfectionnement de quinze ans, pour un nouveau système de bateaux et de navires à vapeur, construits plus légèrement que par la méthode ordinaire. (Du 27 octobre.)

164. A M. *Gensoul* (*Alexis-Bruno*), à Bagnols (Gard), un brevet d'invention de dix ans, pour un moyen propre au chauffage des bassines à filer les cocons, avec économie de combustible. (Du 27 octobre.)

165. A MM. *Bérard* (*Simon*) et *Wilkinson* (*James*), rue du Helder, n. 13, à Paris, un brevet d'importation et de perfectionnement de quinze ans, pour une bobine et son chariot propres à filer, étirer et retordre le fil de soie, de lin, de chanvre, de laine, de coton, et de toutes autres matières filamenteuses. (Du 27 octobre.)

166. A M. *Arnut* (*Pierre*), à Rochefort (Charente-Inférieure), un brevet d'invention de cinq ans, pour une cheminée économique préservant de la fumée et

pour une machine propre à la ramoner. (Du 27 octobre.)

167. A M. *Rivaux* (*Adolphe*), à Lyon (Rhône), un brevet de perfectionnement de cinq ans, pour une navette de tisserand, où la canette éprouve un mouvement rétrograde de rotation qui se fait sentir précisément à la fin de chaque lancée, et qui fait remonter sur la canette la portion de la trame qui s'était dévidée de trop. (Du 27 octobre.)

168. A M. *Davenne* (*Louis-Dominique*), rue du Bac, n. 35, à Paris, un brevet d'invention et de perfectionnement de quinze ans, pour des bandes mobiles de billard. (Du 27 octobre.)

169. A M. *Nicholson* (*John*), à Lille (Nord), un brevet d'importation de quinze ans, pour un nouveau moyen perfectionné propre à donner dans les machines de préparation, et dans celles dont l'objet est de filer et de retordre les matières fibreuses, le mouvement nécessaire aux bobines, tubes et autres instrumens servant à rouler le ruban et le fil. (Du 3 nov.)

170. A M. *Galy-Cazalat* (*Antoine*), à Perpignan (Pyrénées-Orientales), un brevet d'invention de dix ans, pour un fusil à percussion avec sa cartouche. (Du 3 novembre.)

171. A M. *Walker* (*John*), rue de Richelieu, n. 38, à Paris, un brevet d'invention de quinze ans, pour la fabrication de bretelles, ceintures et jarretières élastiques, dont les ressorts sont couverts en tissu double. (Du 3 novembre.)

172. A M. *Dietz* (*Jean-Chrétien*), rue Chantereine,

n. 36, à Paris, un brevet d'invention de cinq ans, pour une machine à vapeur et une pompe à eau, l'une et l'autre à piston métallique et élastique, propres à remplacer les chevaux dans toutes les circonstances, et à servir de moteur aux vaisseaux et bateaux remontant les canaux, fleuves et rivières, et susceptibles d'être appliquées au dessèchement des marais. (Du 3 nov.)

173. A M. *Werdet*, rue Dauphine, n. 31, à Paris, un brevet d'invention et de perfectionnement de cinq ans, pour une méthode servant à faire écrire droit sans être tracé. (Du 10 novembre.)

174. A M. *Battendier*, rue de Bussy, n. 15, à Paris, un brevet d'invention de cinq ans, pour une malle en cuir à soufflet, avec serrure à pompe, à cuvette ou sans cuvette. (Du 10 novembre.)

175. A M. *Berolla* (*Alois-Ferdinand*), rue Saint-Martin, n. 102, à Paris, un brevet d'invention de cinq ans, pour un nouveau système de pendule, ou balancier, consistant en une figure sur une escarpolette, marchant en avant et en arrière, au lieu de gauche à droite. (Du 10 novembre.)

176. A MM. *Bart* (*Jean-Antoine*) et *Dorléans* (*Edme*), quai des Orfèvres, n. 38, à Paris, un brevet d'invention de dix ans, pour une mécanique propre à perfectionner la fabrication des verres d'optique. (Du 10 novembre.)

177. A M. *Lelyon* (*Jacques-Philippe*), à Versailles (Seine-et-Oise), un brevet d'invention de cinq ans, pour une carabine tournante à quatre coups, ne portant qu'un seul canon, et pouvant à volonté servir

de fusil, en adaptant un canon à l'emplacement de celui de la carabine. (Du 10 novembre.)

178. A MM. *Zuber* (*Jean*) et compagnie, rue des Jeûneurs, n. 8, à Paris, un brevet d'invention de dix ans, pour un moyen de substituer au mode actuel d'impression de papier à la main, celui d'impression au rouleau gravé en creux et en relief. (Du 10 nov.)

179. A M. *Godart* (*Jean-Baptiste*), à Amiens (Somme), un brevet d'invention de quinze ans, pour une machine propre à peigner la laine et autres matières. (Du 10 novembre.)

180. A M. *Néale* (*Jean*), rue Grange-Batelière, n. 7, à Paris, un brevet d'importation et de perfectionnement de cinq ans, pour une machine à vapeur à double pression. (Du 10 novembre.)

181. A M. *Frédéric* fils (*Charles*), à la Guillotière (Rhône), un brevet d'invention de quinze ans, pour un métier propre à la fabrication des filets à mailles carrées et fixes. (Du 10 novembre.)

182. A MM. *Galy-Cazalat* (*Antoine*), et *Dubain*, à Perpignan (Pyrénées-Orientales), un brevet d'invention de dix ans, pour un moteur agissant sans machines, pouvant remplacer la vapeur dans les bâtimens de commerce, et pour son application à un brûlot insubmersible sous-marin. (Du 10 novembre.)

183. A M. *Cessier*, boulevard Montmartre, n. 10, à Paris, un brevet d'invention et de perfectionnement de cinq ans, pour des perfectionnemens qu'il a apportés aux fusils à piston et à bascule, dits *à la Pauly*. (Du 10 novembre.)

184. A M. *Fromont* (*Alex.-Joseph*), rue Blanche, n. 22, à Paris, un brevet d'invention, de perfectionnement et d'importation de dix ans, pour un mastic composé, propre à recevoir l'impression de tous les sujets, tableaux à l'huile ou à la détrempe, sur la toile, le papier, le bois, les métaux et la pierre, ainsi que pour de nouveaux procédés servant, les uns, à l'impression du papier sur planches gravées, et les autres, à dorer et à argenter sans mercure ni feu, et pour une machine à imprimer les grands tableaux. (Du 18 novembre.)

185. A M. *Wilks* (*Joseph-Browne*), rue du Faubourg-Poissonnière, n. 8, un brevet d'importation de quinze ans, pour des perfectionnemens dans la vaporisation de l'eau destinée aux machines à vapeur ou à d'autres usages. (Du 18 novembre.)

186. A M. *Rotch* (*Louis*), à Sceaux-Penthièvre près Paris, un brevet d'invention de dix ans, pour un système de distillation dans le vide, avec ou sans dépense de chaleur. (Du 18 novembre.)

187. A M. *Cristophe* (*Isidore*), rue du Temple, n. 22, un brevet d'invention de cinq ans, pour un nouveau procédé de fabrication de boutons en corne et ergot. (Du 18 novembre.)

188. A M. *Chevandier*, rue des Trois-Frères, n. 3, à Paris, un brevet d'invention de cinq ans, pour un fourneau propre à consommer des braises, et principalement applicable aux séchoirs dits *carcaisses*, où l'on fait sécher le bois destiné dans les verreries à la fusion de la matière à vitrifier. (Du 18 novembre.)

189. A M. *Joarhit* (*Pierre*), à Saint-Étienne (Loire), un brevet d'invention de cinq ans, pour un appareil propre au décatissage des draps et autres étoffes à la vapeur de l'eau bouillante. (Du 18 novembre.)

190. A M. *Malbec* (*Anaclet*), rue du Foin-Saint-Jacques, n. 28, à Paris, un brevet d'invention de cinq ans, pour une manière de préparer et conserver l'extrait de lait ou lait de voyage. (Du 27 novembre.)

191. A M. *Coiffier* (*Humbert-Pascal*), à Lyon (Rhône), un brevet d'invention de dix ans, pour un alphabet fait en tissu, papier, cuir ou carton en toutes dimensions et couleurs, et avec dorure, propre à remplacer dans les enseignes et autres usages, tant sur le bois que sur le verre, les procédés ordinairement employés par les peintres. (Du 27 novembre.)

192. A M. *Middendorp*, rue Grenelle-Saint-Honoré, hôtel des Fermes, un brevet d'importation et de perfectionnement de cinq ans, pour une machine à imprimer. (Du 27 novembre.)

193. A M. *Chaussonnet* (*Pierre-Paul*), rue Saint-Denis, n. 256, à Paris, un brevet d'invention et de perfectionnement de cinq ans, pour une méthode de fabriquer en toute sorte de métal des boutons imitant ceux de soie de différentes couleurs. (Du 27 novembre.)

194. A MM. *Grégoire* aîné, et *Henri Lombard* jeune et compagnie, à Nîmes (Gard), un brevet d'invention de cinq ans, pour un procédé et un mécanisme adaptés au métier à maille fixe, et combinés avec le mécanisme de Jacquard, propres à obtenir des étoffes qu'ils appellent *tulle broché* et *blonde brochée*. (Du 1er déc.)

195. A M. *Lequart*, rue du faubourg Saint-Antoine, n. 58, à Paris, un brevet d'invention de dix ans, pour la fabrication des moulures en cuivre sur bois, notamment pour bordures de glaces, montans, ronds et carrés, et petits bois de tout profil, employés dans les devans de boutique. (Du 1er décembre.)

196. A M. *Leriche* aîné (*Michel-Josse*), rue Michel-le-Comte, n. 26, à Paris, un brevet d'invention et de perfectionnement de dix ans, pour l'application de la machine des anciens dite *catapulte* à l'extraction, aux déblais et remblais des terres. (Du 1er décembre.)

197. A M. *Galy-Cazalat*, rue Phelipeaux, n. 11, à Paris, un brevet d'invention de dix ans, pour une lampe et un chandelier aérostatique, à briquet et à deux combustibles. (Du 1er décembre.)

198. A M. *Avril*, rue Saint-Benoît, n. 9, à Paris, un brevet d'invention de cinq ans, pour une voiture à deux roues qu'il appelle *triolet*. (Du 9 décembre.)

199. A M. *Perpigna* (*Antoine*), rue du Faubourg-Poissonnière, n. 8, à Paris, un brevet d'importation de quinze ans, pour des procédés perfectionnés, propres à vaporiser l'eau. (Du 9 décembre.)

200. A M. *Delamare* aîné (*Jean-Pierre*), rue du faubourg Saint-Martin, n. 70, à Paris, un brevet d'invention et de perfectionnement de dix ans, pour des procédés de fabrication et de perfectionnement de la mine d'orange. (Du 15 décembre.)

201. A MM. *Lacote* (*Pierre-René*) et *Carulli* (*Ferdinand*), place des Victoires, n. 5, à Paris, un

brevet d'invention de cinq ans, pour une guitare à dix cordes, qu'ils appellent *décacorde*. (Du 15 décembre.)

202. A MM. *Cordier* et *Daullé*, rue et hôtel de Bussy, n. 6, à Paris, un brevet d'importation de cinq ans, pour une machine à peigner la laine. (Du 22 décembre.)

203. A M. *Briery* (*Pierre*), à Lyon (Rhône), un brevet d'invention de cinq ans, pour une étoffe destinée à remplacer les fourrures avec dessins variés, qu'il appelle *brieryne*, et pour des procédés de teinture des matières introduites dans sa fabrication. (Du 22 décembre.)

204. A M. *Croisat* (*Ferdinand*), rue de l'Odéon, n. 33, à Paris, un brevet d'invention de cinq ans, pour des procédés employés à la fabrication des fleurs en cheveux et en soie. (Du 22 décembre.)

205. A M. *Hall* (*Eward*), rue d'Enghien, n. 9, à Paris, un brevet d'importation de dix ans, pour une nouvelle pile à fouler les draps. (Du 29 décembre.)

206. A madame *Benoist*, rue Basse-Porte-Saint-Denis, n. 28, à Paris, un brevet d'invention et de perfectionnement de dix ans, pour un siége inodore et un couvercle absorbant, à l'usage des cabinets d'aisance. (Du 29 décembre.)

207. A M. *Stuckens* (*Pierre-Guillaume*), artiste-musicien, un brevet d'importation de cinq ans, pour un cor sans ton de rechange. (Du 29 décembre.)

208. A M. *Lépine*, rue Saint-Lazare, n. 37, à Paris, un brevet d'importation et de perfectionnement de dix ans, pour une lampe génératrice de son

gaz, qu'il appelle *gazo-lampe*. (Du 29 décembre.)

209. A M. *Larguier* (*Pierre*), à Saint-Roman, près Florac (Lozère), un brevet d'invention et de perfectionnement de cinq ans, pour une nouvelle application de la vapeur au chauffage de l'eau dans les filatures de soie. (Du 29 décembre.)

210. A M. *Joseph* (*Samuel*), rue Neuve-Saint-Augustin, n. 28, à Paris, un brevet d'importation et de perfectionnement de cinq ans, pour un nouveau mécanisme à adapter aux presses à vis, à l'effet d'en augmenter la puissance. (Du 29 décembre.)

211. A M. *Pape*, rue Saint-Lazare, n. 73, à Paris, un brevet d'invention et de perfectionnement de dix ans, pour une machine à percer et à débiter les bois de placage, ainsi qu'à tourner, à moleter les bases et les chapiteaux des pieds de pianos et autres meubles. (Du 29 décembre.)

212. A M. *Debergue* (*Louis-Nicolas*), rue de l'Arbalète, n. 24, à Paris, un brevet d'invention de quinze ans, pour un récipient propre à transporter le gaz. (Du 29 décembre.)

213. A M. *Poulliot* (*Jean-Jérémie*), rue du Jardin du Roi, n. 27, à Paris, un brevet d'invention de cinq ans, pour un régulateur pneumatique, applicable aux appareils à gaz hydrogène et aux machines à feu. (Du 29 décembre.)

214. A MM. *Leprince* et *Poulain*, rue des Amandiers-Popincourt, n. 11, à Paris, un brevet d'invention et de perfectionnement de cinq ans, pour une machine à laminer le coton. (Du 29 décembre.)

PRIX PROPOSÉS ET DÉCERNÉS

PAR DIFFÉRENTES SOCIÉTÉS SAVANTES, NATIONALES ET ÉTRANGÈRES.

I. SOCIÉTÉS NATIONALES.

ACADÉMIE ROYALE DES SCIENCES.

SÉANCE PUBLIQUE DU 5 JUIN 1826.

Prix décernés.

L'ACADÉMIE a décidé qu'il n'y avait pas lieu à décerner cette année le *prix de Physiologie expérimentale fondé par M.* DE MONTYON; mais, parmi les ouvrages soumis à son examen, elle a distingué celui de M. le docteur *Brachet*, de Lyon, qui a pour titre : *Recherches expérimentales sur les fonctions du système nerveux ganglionaire.* Ce mémoire contient un grand nombre d'expériences sur plusieurs des questions les plus importantes de la physiologie; sans le peu d'ordre de sa rédaction et ses lacunes fréquentes, l'Académie n'aurait pas hésité à couronner cet ouvrage. Elle se borne à accorder à M. *Brachet*, à titre d'encouragement, le montant de la somme de 895 fr. destinée au prix, en l'engageant à terminer et à perfectionner ce travail avant de le livrer au public.

Un autre ouvrage a fixé l'attention de l'Académie, c'est celui qu'a envoyé d'Italie M. le docteur *Lippi*.

Cet ouvrage, dont le titre est : *Illustrations anatomico-comparées du système lymphatique chylifère*, est remarquable sous le rapport des faits qu'il annonce et de l'exécution des planches qui l'accompagnent. Mais les commissaires nommés par l'Académie pour examiner ce travail, n'ayant pu vérifier d'une manière satisfaisante les faits principaux qui y sont annoncés, ont jugé convenable de renvoyer le jugement définitif à l'année prochaine, en réservant à M. *Lippi* le droit de concourir.

Prix pour le perfectionnement de l'art de guérir, fondés par M. DE MONTYON. — Les travaux de médecine et de chirurgie destinés à concourir aux prix fondés par M. *de Montyon* étaient en grand nombre ; mais l'Académie s'est vue forcée de se borner à l'examen des faits publiés seulement depuis le mois de juillet 1821 jusqu'à la fin de 1825.

La plupart des prétendues découvertes en médecine exigeant la sanction de l'expérience pour que les résultats annoncés puissent être réellement constatés, l'Académie n'a pu restreindre le concours aux seules découvertes qui auraient été faites dans l'année ; elle a même cru nécessaire de retarder son jugement définitif sur des travaux importans, parce que ses commissaires n'ont pu se convaincre d'une manière incontestable de tous les faits énoncés, les auteurs n'ayant pas cru de leur devoir de rapporter les cas d'insuccès avec les mêmes détails qu'ils avaient donnés pour ceux dans lesquels ils avaient parfaitement réussi.

D'après l'avis unanime de la commission, l'Académie a décidé qu'il ne serait pas décerné de grands prix, et que sur la somme destinée à ce noble emploi, il serait prélevé 16,000 fr. pour être distribués, à titre d'encouragement, de la manière suivante :

Pour la médecine : à M. le docteur *Louis*, auteur d'un ouvrage ayant pour titre : *Recherches anatomico-pathologiques sur la phthisie*, 2,000 fr.

L'Académie cite avec éloge le zèle et le dévoûment de M. le docteur *Bally*, qui a fait des recherches sur les fièvres pernicieuses des environs de Rome, et MM. les docteurs *Audouard* et *Lassis*, pour les travaux qu'ils ont entrepris sur l'examen des causes de la fièvre jaune et des maladies contagieuses.

Pour la chirurgie : à M. le docteur *Civiale*, qui a publié plusieurs mémoires importans sur la lithotritie ou sur les moyens de broyer les calculs dans la vessie urinaire, et qui a fait avec succès le plus grand nombre d'opérations sur le vivant, une somme de 6,000 fr.

Une somme de 2,000 fr. à chacun des trois médecins dont les noms suivent :

A M. *Amussat*, auteur d'un mémoire très remarquable sur la structure du canal de l'urètre;

A M. *Heurteloup*, auteur d'un mémoire sur l'extraction des calculs par l'urètre, et qui a très ingénieusement perfectionné les instrumens adaptés à cette opération ;

A M. *Leroy d'Étioles*, qui a publié, en 1825, un ouvrage sur le même sujet, et qui a le premier, en 1822, fait connaître les instrumens qu'il avait inventés et qu'il a depuis essayé de perfectionner.

En ne donnant cette année que des encouragemens aux personnes qui se sont occupées du broiement de la pierre dans la vessie, l'Académie croit pouvoir annoncer qu'un grand prix pourra être décerné dès l'an prochain, si les compétiteurs veulent bien se persuader qu'ils doivent à la science un compte fidèle, non seulement des succès, mais aussi des obstacles, des accidens, des revers et des rechutes qui pourraient être observés.

Enfin l'Académie décerne une pareille somme de 2,000 fr., à titre d'encouragement, à M. le docteur *Deleau*, auteur de différens mémoires, pour avoir principalement perfectionné le cathétérisme de la trompe d'Eustache ou le conduit guttural de l'oreille, et pour avoir guéri par ce moyen quelques individus affectés de cette cause rare de surdité.

Prix pour celui qui aura découvert le moyen de rendre un art ou un métier moins insalubre. — La commission chargée d'examiner la question de savoir s'il y avait eu en l'année 1825 quelques arts ou quelques métiers rendus moins insalubres, ayant pensé qu'aucun art ou qu'aucun métier n'a reçu de perfectionnemens assez notables à cet égard pour être digne d'une récompense, aucune pièce d'ailleurs n'ayant été envoyée au concours, l'Académie a décidé que ce prix ne serait pas décerné cette année.

Prix d'astronomie. — La médaille fondée par feu M. Delalande pour être donnée annuellement à la personne qui, en France ou ailleurs (les membres de l'Institut exceptés), aura fait l'observation la plus intéressante ou le mémoire le plus utile aux progrès de l'astronomie, a été décernée cette année à l'ouvrage qu'a publié récemment le capitaine *Sabine* sous le titre : *Account of experiments to determine the figure of the earth by mean of the pendulum vibrating seconds in different latitudes*, et qui renferme les résultats des nombreuses observations du pendule qu'il a faites dans l'hémisphère boréal depuis le Spitzberg jusqu'à l'île portugaise de Saint-Thomas.

PRIX PROPOSÉS POUR LES ANNÉES 1827, 1828 ET 1829.

Prix proposés pour l'année 1827.

Prix de physique. — L'Académie rappelle qu'elle a proposé le sujet suivant pour le prix de physique de l'année 1827 :

Présenter l'*Histoire générale et composée de la circulation du sang dans les quatre classes d'animaux vertébrés avant et après la naissance, et à différens âges.*

Le prix consistera en une médaille d'or de la valeur de 3,000 fr.

Prix de mathématiques. — L'Académie avait proposé le sujet suivant pour le prix de mathématiques qu'elle devait décerner dans sa séance publique de juin 1826 :

Méthode pour le calcul des perturbations du mou-

vement elliptique des comètes, appliquée à la détermination du prochain retour de la comète de 1759, et au mouvement de celle qui a été observée en 1805, 1819 *et* 1822.

Aucune des pièces envoyées n'ayant obtenu le prix, qui consiste en une médaille d'or de la valeur de 3,000 fr., l'Académie le met de nouveau au concours pour l'année 1827.

Autre prix de mathématiques. — L'Académie avait proposé la question suivante pour objet du prix de mathématiques qu'elle devait décerner en 1826 :

1°. *Déterminer par des expériences multipliées la densité qu'acquièrent les liquides, et spécialement le mercure, l'eau, l'alcool et l'éther sulfurique, par des compressions équivalentes au poids de plusieurs atmosphères ;*

2°. *Mesurer les effets de la chaleur produits par ces compressions.*

L'Académie a reçu trois mémoires qui ne lui ont pas paru mériter le prix ; mais elle a pensé que le temps qu'elle avait accordé n'avait pas suffi aux auteurs pour établir d'une manière certaine les expériences nécessaires à la solution de la question ; elle a donc jugé qu'il était convenable de proroger le concours jusqu'au 1er mars 1827.

Le prix consiste en une médaille de 3,000 fr.

Prix de physiologie expérimentale fondé par M. DE MONTYON. — L'Académie adjugera une médaille d'or de la valeur de 895 fr. à l'ouvrage imprimé ou manuscrit qui lui aura été adressé avant le 1er janvier

1827, et qui lui paraîtra avoir le plus contribué aux progrès de la physiologie expérimentale.

Prix de mécanique fondé par M. DE MONTYON. — L'Académie ayant jugé qu'il n'y avait pas lieu, cette année, de décerner ce prix, elle a décidé qu'il sera réuni avec celui de 1826 pour être adjugé en 1827. Il consiste en une médaille d'or de valeur de 1000 fr. Il ne sera donné qu'à des machines dont la description où les plans ou modèles, suffisamment détaillés, auraient été soumis à l'Académie, soit isolément, soit dans quelque ouvrage imprimé.

Prix de statistique fondé par M. DE MONTYON. — Aucun concurrent ne s'étant présenté pour ce prix, il sera doublé, et consistera en une médaille d'or équivalente à la somme de 1060 fr. (*Voyez* le programme que nous avons publié dans les Archives de 1825, p. 530.)

Grand prix du legs MONTYON. — La somme annuelle résultant du legs de M. de Montyon, pour récompenser les perfectionnemens de la médecine et de la chirurgie, sera employée pour moitié en un ou plusieurs prix à décerner à l'auteur ou aux auteurs des ouvrages ou découvertes qui, ayant pour objet le traitement d'une maladie interne, seront jugés les plus utiles à l'art de guérir; et l'autre moitié, en un ou plusieurs prix à décerner à l'auteur ou aux auteurs des ouvrages ou découvertes qui, ayant eu pour objet le traitement d'une maladie externe, seront également jugés les plus utiles à l'art de guérir.

La somme annuelle provenant du legs fait par le même testateur en faveur de ceux qui auraient trouvé les moyens de rendre un art ou un métier moins insalubre, sera également employée en un ou plusieurs prix à décerner aux ouvrages ou découvertes qui auraient paru dans l'année, sur les objets les plus utiles et les plus propres à concourir au but que s'est proposé le testateur.

Les sommes qui seront mises à la disposition des auteurs des découvertes, ou des ouvrages couronnés, ne peuvent être précisées d'avance; mais ils se trouveront toujours dédommagés des expériences ou des recherches dispendieuses qu'ils auront entreprises, et recevront des récompenses proportionnées aux services qu'ils auraient rendus, soit en prévenant ou diminuant beaucoup l'insalubrité de certaines professions, soit en perfectionnant les sciences médicales.

Ces différens prix seront décernés dans la séance publique de juin 1827.

Prix d'astronomie fondé par M. DELALANDE. — La médaille fondée par M. Delalande pour être décernée annuellement à la personne qui, en France ou ailleurs (les membres de l'Institut exceptés), aura fait l'observation la plus intéressante, ou le mémoire le plus utile aux progrès de l'astronomie, sera décernée dans la séance publique du premier lundi de juin 1827.

Prix proposé pour l'année 1828.

Prix de mathématiques. — Presque toutes les tentatives faites pour découvrir les lois de la résistance des fluides, pèchent contre la première règle des expériences par laquelle on doit s'attacher à décomposer les phénomènes dans leurs circonstances les plus simples. En effet, on s'est le plus souvent borné à observer le temps employé par différens corps à parcourir un espace donné dans un fluide en repos, ou le poids qui maintient en équilibre un corps exposé au choc d'un fluide, ce qui ne peut faire connaître que le résultat total des diverses actions que ce fluide exerce sur chacun des points de la surface du corps, actions très variées et souvent contraires. Dans cet état de choses, il s'opère des compensations qui masquent les lois primordiales du phénomène, et rendent les données de l'observation inappréciables pour tout autre cas que celui qui les a fournies. M. *Dubuat*, auteur des principes d'hydraulique, paraît être le premier qui se soit aperçu de ce défaut, et qui, pour l'éviter, ait cherché à mesurer les pressions locales dans les diverses parties de la surface des corps exposés au choc d'un fluide en mouvement. Ses expériences en petit nombre, qu'il ne lui a pas été possible de varier beaucoup, quant à la forme des corps, présentent néanmoins des résultats curieux. L'Académie a pensé qu'il était utile de reprendre ces expériences avec des instrumens perfectionnés, de les multiplier et d'en varier encore plus les circonstances; et elle propose en conséquence, pour sujet de prix, le programme suivant :

Examiner dans ses détails le phénomène de la résistance de l'eau, en déterminant avec soin, par des expériences exactes, les pressions que supportent séparément un grand nombre de points convenablement choisis sur les parties antérieures, latérales ou postérieures d'un corps, lorsqu'il est exposé au choc de ce fluide en mouvement, et lorsqu'il se meut dans le même fluide en repos; mesurer la vitesse de l'eau en divers points des filets qui avoisinent le corps; construire, sur les données de l'observation, les courbes qui forment les filets; déterminer le point où commence leur déviation en avant du corps; enfin établir, s'il est possible, sur les résultats de ces expériences, des formules empiriques que l'on comparera ensuite avec l'ensemble des expériences faites antérieurement sur le même sujet.

Le prix consistera en une médaille d'or de la valeur de 3,000 fr. Il sera décerné dans la séance publique du premier lundi de juin 1828.

Prix proposé pour l'année 1829.

Prix fondé par feu M. Alhumbert. — L'Académie n'ayant point reçu de mémoires satisfaisans sur les questions mises au concours, et dont les prix devaient être adjugés cette année, a arrêté que les sommes destinées à cet emploi seront réunies avec celles qui doivent échoir, pour former un prix de 1,200 fr., lequel sera décerné dans la séance publique du mois de juin 1829, au meilleur mémoire sur la question suivante :

Exposer d'une manière complète, et par des figures, les changemens qu'éprouvent le squelette et les muscles des grenouilles et des salamandres dans les différentes époques de leur vie.

SOCIÉTÉ ROYALE ET CENRALE D'AGRICULTURE.

Séance publique du 4 avril 1826.

Aucun prix n'a été décerné dans cette séance : la grande médaille d'or a été accordée :

1°. A M. *Mathieu de Dombasle*, directeur de la ferme expérimentale de Rouville (Meurthe), pour la traduction qu'il a publiée sous le titre de *Principes raisonnés d'Agriculture*, de l'ouvrage de sir John Sinclair, intitulé *Code of Agriculture*.

2°. A M. le lieutenant-général comte *Heudelet*, pour les importantes améliorations qu'il a opérées dans sa propriété de Bierre, près Semur (Côte-d'Or).

3°. A M. *Demerson*, pour le bel établissement rural qu'il a formé sur l'emplacement des anciens fossés et remparts de la ville de Langres (Haute-Marne).

4°. A M. *Polonceau*, ingénieur en chef des ponts et chaussées à Versailles, pour ses intéressantes expériences sur le croisement des chèvres asiatiques à duvet de cachemire, avec des boucs angora, au moyen desquelles la quantité du duvet, ainsi que sa longueur, ont été considérablement augmentées dans les métis provenus de ce croisement.

Des médailles d'or, à l'effigie d'Ollivier de Serres, ont été délivrées :

1°. A M. *Taiche*, vétérinaire à Rouy (Nièvre), pour des observations pratiques de médecine vétérinaire.

2°. A M. *Laure*, propriétaire-cultivateur à Lavalette, près Toulon, pour avoir, le premier, donné l'exemple, dans son canton, de l'emploi de divers engrais, particulièrement de la pratique de l'enfouissement du lupin en fleurs.

3°. A M. *Carbonnet*, propriétaire à Merfy près Reims, pour avoir cultivé des arbres à cidre.

4°. A M. *de Musset*, propriétaire à Cogners près Saint-Calais (Sarthe), pour le même objet.

5°. A M. *Rioms* (*J. B.*), garde du triage, n. 44, de la forêt de Signy, inspection de Charleville (Ardennes), pour des travaux d'amélioration exécutés par lui.

6°. Au sieur *Sanson*, berger, pour le zèle avec lequel il a soigné les troupeaux qui lui ont été confiés, et pour les bons conseils et les bons exemples qu'il a donnés à ses confrères.

Des médailles d'argent ont été décernées :

1°. A M. *Haren*, propriétaire à Bléré près Amboise (Indre-et-Loire), pour avoir établi des machines à égrainer le trèfle et à nettoyer sa graine.

2°. A M. *Dehen*, vétérinaire à Lunéville (Meurthe), pour des observations pratiques de médecine vétérinaire.

3°. A M. *Marimpoey*, vétérinaire à Nay (Basses-Pyrénées), pour un mémoire sur la cécité des chevaux et les moyens de la prévenir et d'y remédier.

4°. A M. *Dard*, propriétaire à Sennecey-le-Grand (Saône-et-Loire), pour le même objet.

5°. A M. *Santoma*, garde de la forêt domaniale de Foras (Jura), pour avoir opéré des améliorations dans cette forêt.

PRIX PROPOSÉS.

Pour être décernés en 1827. — 1°. Pour l'introduction, dans un canton de la France, d'engrais ou d'amendemens qui n'y étaient pas usités auparavant; 2°. pour des essais comparatifs faits en grand sur différens genres de culture de l'urate calcaire extrait des matières liquides des vidanges ; 3°. pour la traduction, soit complète, soit par extrait, d'ouvrages relatifs à l'économie rurale et domestique, écrits en langues étrangères, qui offriraient des pratiques neuves ou utiles ; 4°. pour des notices biographiques sur des agronomes, des cultivateurs ou des écrivains dignes d'être mieux connus pour les services qu'ils ont rendus à l'agriculture ; 5°. pour des mémoires et observations pratiques de médecine vétérinaire ; 6°. pour la pratique des irrigations; 7°. pour des renseignemens sur la statistique des irrigations en France, et sur la législation relative aux cours d'eau dans les pays étrangers; 8°. pour la culture du pommier et du poirier à cidre dans les cantons où elle n'est pas encore établie; 9°. pour la substitution d'un assolement sans jachères, spécialement l'assolement quadriennal, à l'assolement triennal usité dans la plus grande partie de la France.

La valeur de ces neuf sujets de prix consiste en des médailles d'or et d'argent.

10°. Un premier prix de 1,000 fr. et un second prix de 500 fr. pour un Manuel-pratique propre à guider les habitans des campagnes et les ouvriers dans les constructions rustiques; 11°. un prix de 600 f. pour l'indication d'un moyen efficace de détruire la cuscute; 12°. un prix de 1,000 fr. pour le meilleur mémoire à l'effet de déterminer si la maladie connue sous le nom de *crapaud*, des bêtes à cornes et à laine, est contagieuse; 13°. un premier prix de 2,000 f. et un second prix de 1,000 fr. pour la rédaction d'un Manuel ou Guide des propriétaires de domaines ruraux affermés.

Pour être décernés en 1828. — 14°. Un premier prix de 1,000 fr. et un second prix de 500 fr. pour la rédaction de mémoires ou instructions destinées à faire connaître aux agriculteurs quel parti ils pourraient tirer des animaux qui meurent dans les campagnes, soit de maladie, soit de vieillesse, ou par accident; 15°. un premier prix de 1,200 fr. et un second prix de 600 fr. pour la construction et l'établissement de machines domestiques, mues à bras, propres à égrainer le trèfle et à nettoyer sa graine.

Pour être décerné en 1830. — Un prix de 1,500 fr., ou des médailles d'or ou d'argent, pour les meilleurs mémoires sur la cécité des chevaux et sur les causes qui peuvent y donner lieu dans les diverses localités; sur les moyens de les prévenir et d'y remédier.

Pour être décerné en 1831. — Un prix de 1,000 fr., pour la culture du pavot (œillette) dans les arrondissemens où cette culture n'était point usitée avant l'année 1820.

Pour être décernés en 1834. — Un premier prix de 3,000 fr.; un second prix de 2,000 fr., et un troisième prix de 500 fr., pour la plus grande étendue de terrain de mauvaise qualité qui aurait été semée en chêne-liége, dans les parties des départemens méridionaux où cette culture peut être fructueuse.

SOCIÉTÉ LINNÉENNE SÉANT A PARIS.

La Société a mis au concours pour l'année 1828, le sujet suivant :

« Quelles sont les variations de température que « les végétaux éprouvent pendant les différens change- « mens de l'atmosphère? du terme moyen obtenu, peut- « on déduire des règles certaines de culture pour les « trois sortes de degrés d'acclimatation en France, des « plantes et des graines venues de l'étranger. »

Les expériences devront être faites comparativement sur les végétaux indigènes et exotiques, de nature, de taille, de circonférence et de contexture diverses, et placés à des expositions différentes.

Le prix consiste en une médaille de 300 fr.

ACADÉMIE ROYALE DE MÉDECINE.

L'Académie propose un prix de 1000 fr. qui sera décerné en 1828, à celui qui aura répondu à la question suivante :

« Apprécier, par des observations positives, l'action « plus ou moins nuisible que peuvent déterminer dans « l'économie animale, les émanations qui résultent de « l'exercice de certaines professions industrielles; re- « chercher et faire connaître les meilleurs moyens d'y « remédier. »

SOCIÉTÉ DE PHARMACIE DE PARIS.

La Société de Pharmacie propose pour sujet du prix, le programme suivant :

1°. Déterminer quels sont les phénomènes essentiels qui accompagnent la transformation des substances organiques en acide acétique dans l'acte de fermentation.

2°. La formation de l'acide acétique est-elle toujours précédée de la production d'alcool, comme la production du savon précède celle de l'alcool dans la fermentation alcoolique?

3°. Quelles sont les matières qui peuvent servir de ferment pour la fermentation acétique? et quels sont les caractères essentiels de ces sortes de ferment?

4°. Quelle est l'influence de l'air dans la fermentation acide? est-il indispensable? dans ce cas, comment agit-il? joue-t-il le même rôle que dans la fermentation alcoolique, ou bien, s'il est absorbé, devient-il partie constituante de l'acide, ou enfin, forme-t-il des produits étrangers?

5°. Établir en résumé une théorie de la fermentation acide en harmonie avec tous les faits observés.

La Société accordera une médaille d'or de la valeur de 1000 fr. à l'auteur qui aura résolu complétement toutes les questions proposées; la médaille sera de 500 fr. seulement pour l'auteur qui aura traité d'une manière satisfaisante le plus grand nombre de questions.

Le prix sera décerné en 1827.

II. SOCIÉTÉS ÉTRANGÈRES.

SOCIÉTÉ D'ENCOURAGEMENT DE BERLIN.

Prix proposés pour les années 1826 *et* 1827. 1°. Pour la fabrication de meubles construits avec goût, la médaille d'or ou la médaille d'argent; 2°. pour la fabrication de chapeaux fins avec des pailles indigènes; 3°. pour remplacer l'indigo par le pastel dans la préparation des cuves, la médaille d'or et 1,000 écus; 4°. pour le perfectionnement des cuves froides d'indigo, la médaille d'or et 400 écus; 5°. pour la préparation d'une cuve froide à indigo qui donne plus de matière colorante aux tissus de coton, la médaille d'or et 600 écus; 6°. pour l'établissement, à Berlin, d'une imprimerie lithographique qui soit aussi perfectionnée que les meilleures imprimeries de Paris, la médaille d'or et 800 écus; 7°. pour un mastic qui unisse fortement le verre aux métaux, la médaille d'argent et 100 écus; 8°. pour un moyen nouveau de peindre sur plâtre, pierre et chaux, avec des couleurs qui ne soient altérées ni par l'air ni par l'humidité, la médaille d'or et 200 écus.

SOCIÉTÉ D'ENCOURAGEMENT DES ARTS ET DES MANUFACTURES, SÉANT A LONDRES.

PRIX ET MÉDAILLES DÉCERNÉS PENDANT L'ANNÉE 1825.

Agriculture et Economie rurale.

1. A M. *Ralph Creyke*, écuyer, à Rawcliffe-House,

comté d'York, pour avoir desséché et fertilisé par un nouveau procédé, 429 acres de marais tourbeux; la grande médaille d'or.

2. A M. le colonel *James Wilson*, à Sneaton-Castle, pour avoir planté des arbres forestiers sur une étendue de 174 acres; la grande médaille d'or.

3. A M. *G. Whitworth*, écuyer, à Caistor, comté de Lincoln, pour la culture d'une nouvelle variété de ray-grass (*lolium perenne*); la médaille d'argent.

4. A M. *William Salisbury*, à Brompton, pour la communication de la méthode pratiquée en Toscane, pour cultiver la plante dont la paille est employée pour faire les chapeaux fins dits d'*Italie*; la médaille d'argent.

5. A MM. *Cowley* et *Staines*, à Winslow, comté de Bucks, pour avoir semé et cultivé une certaine quantité de l'herbe employée en Amérique pour fabriquer les chapeaux de paille; une récompense de 20 guinées.

Chimie.

6. A M. *Roberts*, à Saint-Helens, comté de Lancaster, pour l'invention d'un appareil au moyen duquel on peut respirer librement dans des endroits remplis de fumée ou de vapeurs suffocantes; la grande médaille d'argent et 50 guinées.

7. A M. *Sturgeon*, à Woolwich, pour un appareil électro-magnétique perfectionné; la grande médaille d'argent et 30 guinées.

8. A M. *Moore*, à Green-Hill, comté de Derby, pour l'invention d'un procédé destiné à creuser et

nettoyer l'albâtre; la grande médaille d'argent. (1)

9. A M. *L. Austey*, à Sommerstown, pour la fabrication de creusets réfractaires propres à fondre le fer et le cuivre; la petite médaille d'argent et 20 guinées.

Mécanique.

10. A M. *W. Hardy*, à Londres, pour un instrument destiné à déterminer de très petits intervalles de temps; la petite médaille d'or.

11. A M. *Dickenson*, capitaine dans la marine royale, à Purbrook-Heath, près Portsmouth, pour l'invention d'un procédé destiné à mettre le feu aux canons des vaisseaux au moyen d'amorces de poudre fulminante; la petite médaille d'or.

12. A M. *J. Cow*, charpentier de navires, à Woolwich, pour un nouveau moyen de transporter les ancres et les canons des vaisseaux à l'aide d'un canot; la petite médaille d'or.

13. A M. *Ainger*, écuyer, à Londres, pour un procédé d'assemblage des charpentes des cintres des arches de ponts; la petite médaille d'or.

14. A M. *C. Shakespear*, écuyer, directeur général des postes, à Calcutta, pour un pont en cordes portatif et facile à établir.

15. A M. *T. Cluley*, à Sheffield, pour un forceps à trois branches, propre à être employé dans l'opération de la lithotomie; la petite médaille d'or.

16. A M. *W. Brokedon*, écuyer, à Londres, pour

(1) Ce procédé est décrit plus haut, page 274.

un appareil propre à soutenir la rotule et le genou; la grande médaille d'argent.

17. A M. *C. Sockl*, à Londres, pour une soupape de sûreté propre à être adaptée aux chaudières à vapeur; la grande médaille d'argent et dix guinées.

18. A M. *D. Mathews*, à Londres, pour un nouveau moyen de creuser et de transporter les terres; la petite médaille d'argent.

19. A M. *Griffiths*, de l'Institution royale, pour un coin à expansion, à l'usage des scieurs de long; la petite médaille d'argent.

20. A M. *J.-P. Hubbard*, à Londres, pour une chaise pliante et portative; la médaille d'argent.

21. A M. *W. Friend*, à Finsbury, pour une serrure à secret; une récompense de dix guinées.

22. A M. *C. Williamson*, à Londres, pour un rabot perfectionné à l'usage des menuisiers; dix guinées.

23. A M. *J. Aitken*, à Londres, pour une nouvelle horloge sonnant les quarts; vingt guinées.

24. A M. *Pechey*, à Londres, pour une nouvelle pompe propre à élever l'eau; cinq guinées.

Manufactures.

25. A M. *R. Jones*, directeur de la maison de travail de Saint-Georges, à Chelsea, pour de la toile fabriquée avec du lin de la Nouvelle-Zélande; la médaille d'argent et cinq guinées.

26. Des médailles d'argent et des récompenses à différens artistes pour avoir fabriqué des chapeaux de

paille, à l'imitation de ceux d'Italie, avec des végétaux indigènes.

Commerce et Colonies.

27. A M. *Mackay*, écuyer, à Picton (Nouvelle-Écosse); pour un instrument propre à arracher les souches des gros arbres; la médaille d'or.

28. A MM. *Pechey* et *Wood*, à la terre de Van-Diemen (Nouvelle-Galles du Sud), pour avoir préparé et importé cinq tonneaux d'extrait d'écorce de mimosa propre au tannage des cuirs; la médaille d'or.

29. A M. *Le Cadre*, à l'île de la Trinité, pour des plantations du géroflier dans cette colonie; cinquante guinées.

Beaux-Arts.

Des médailles d'or et d'argent à divers artistes pour des peintures à l'huile, des dessins à l'aquarelle, à l'encre de la Chine et au crayon; des modèles en plâtre; des gravures en taille-douce, etc.

Mentions honorables.

A M. le capitaine *Bagnold*, à Londres, pour avoir appliqué avec succès le procédé d'Appert à la conservation du jus de citron.

Au même, pour la communication du procédé employé à Bombay, pour faire des canons de fusil à ruban et des lames de sabre à l'imitation de celles de Damas.

A M. *J. Clément*, à Londres, pour un nouveau chevalet propre à recevoir une table à dessiner de grande dimension et à pouvoir s'incliner dans toutes les positions.

A M. *Varley*, à Londres, pour un nouveau moyen de former des pas de vis.

A M. *Turrel*, à Londres, pour un vernis perfectionné à l'usage des graveurs.

A M. *Moreau*, vice-consul de France, pour ses tableaux présentant le développement des progrès du commerce de la Grande-Bretagne.

A M. *A. Sheffield*, pour l'application d'un aimant pour retirer des petites particules de fer et d'acier qui auraient pu pénétrer dans les yeux des ouvriers qui travaillent ces métaux.

FIN.

TABLE MÉTHODIQUE DES MATIÈRES.

PREMIÈRE SECTION.

SCIENCES.

I. SCIENCES NATURELLES.

Géologie.

Zoologie.

Botanique.

Minéralogie.

II. SCIENCES PHYSIQUES.

Physique.

Chimie.

Électricité et galvanisme.

Optique.

Météorologie.

III. SCIENCES MÉDICALES.

Médecine et Chirurgie.

Pharmacie.

IV. SCIENCES MATHÉMATIQUES.

Mathématiques.

Astronomie.

Navigation.

DEUXIÈME SECTION.

ARTS.

I. BEAUX-ARTS.

Dessin.

Gravure.

Peinture.

Sculpture.

Musique.

II. ARTS INDUSTRIELS.

ARTS MÉCANIQUES.

Armes.

Bateaux.

Billes.

Briques.

Brouettes.

Câbles.

Canons.

Cardes.

Chemins.

Cisailles.

Cloches.

Constructions.

Coton.

Croisées.

Déversoirs.

Diamans.

Draps.

Machines diverses.

Métiers à filer.

Métiers à tisser.

Minerais.

Mines.

Moulins.

Moteurs.

Soufflets.

Tissus.

Tonneaux.

Tuyaux.

Vaisseaux.

Voitures.

ARTS CHIMIQUES.

Acide pyroligneux.

Acier.

Affinage des métaux.

Alcool.

Alliages métalliques.

Boutons.

Carton.

Chapeaux.

Cire.

Conduites d'eau.

Couleurs.

Distillation.

Eau.

Évaporation.

Faïence.

Fer.

Fil de fer.

Fonte de fer.

Gaz hydrogène.

Glaces.

Mastic hydrofuge.

Nitre.

Papier.

Teinture.

Vernis.

Verre.

Zinc.

ARTS ÉCONOMIQUES.

Bains.

Barils.

Cordes.

Creusets.

Éclairage.

Encre de la Chine.

Filets à pêcher.

Fourneaux.

Fours.

Foyers.

Glace.

Bestiaux.

Bêtes à laine.

Café.

Cantharides.

Charançons.

Charrue.

Engrais.

Fourrages.

Moulins.

Mûrier.

Paille.

Plumes.

Sumac.

Thé.

HORTICULTURE.

Arbres fruitiers.

Chenilles.

Choux-fleurs.

INDUSTRIE NATIONALE DE L'AN 1826.

I.

SOCIÉTÉ D'ENCOURAGEMENT POUR L'INDUSTRIE NATIONALE, SÉANT A PARIS.

II.

PRIX PROPOSÉS ET DÉCERNÉS PAR DIFFÉRENTES SOCIÉTÉS SAVANTES, NATIONALES ET ÉTRANGERES.

I. SOCIÉTÉS NATIONALES.

II. SOCIÉTÉS ÉTRANGÈRES.

FIN DE LA TABLE MÉTHODIQUE.

DE L'IMPRIMERIE DE CRAPELET,
RUE DE VAUGIRARD, N° 9.

www.ingramcontent.com/pod-product-compliance
Lightning Source LLC
LaVergne TN
LVHW080955230826
846092LV00006B/1043
* 9 7 8 2 3 2 9 7 4 0 3 6 2 *